増補改訂版

Python クローリング＆スクレイピング

データ収集・解析のための実践開発ガイド

加藤耕太［著］

技術評論社

● サポート情報とサンプルファイルのダウンロード

サポート情報の確認、サンプルファイルのダウンロードは http://gihyo.jp/book/2019/978-4-297-10738-3 から行えます。

● 免 責

本書に記載された内容は、情報の提供だけを目的としています。したがって、本書を用いた運用は必ずお客様自身の責任と判断によって行ってください。これらの情報の運用の結果について、技術評論社および著者はいかなる責任も負いません。 本書の情報は2019年6月現在のものです。Webサイトの内容、利用規約やソフトウェアのバージョンなどは変わっている場合があります。

以上の注意事項をご承諾いただいた上で、本書をご利用ください。これらの注意事項を読まずにお問い合わせいただいても、技術評論社および著者は対処しかねます。

● 商標、登録商標について

本書に登場する製品名などは、一般に各社の登録商標または商標です。本文中の™、®などのマークは省略しています。

増補改訂版に寄せて

本書は2017年に出版された「Pythonクローリング＆スクレイピング ―データ収集・解析のための実践開発ガイド―」の増補改訂版です。初版はおかげさまで好評いただき、短い期間で6回の増刷を重ね、累計発行部数は1万部を超えました。

読者に感想を伺ったり、レビュー記事を拝見したりすると、主に次の点を評価していただきました。

- 基礎から丁寧に解説してある点
- サンプルコードが充実しており実践的である点
- クローリング・スクレイピングのフレームワークであるScrapyを詳しく解説している点

増補改訂版では、これらの良い点は引き継ぎながら、より素早く実践的な手法を学べる構成に変更しました。

内容もアップデートしており、Webサイトの変化、ツールの新しいトレンド、Pythonやライブラリの改善などを反映しています。

クローリング・スクレイピングに興味を持たれた方が素早く学習する助けになれば幸いです。

はじめに

Webサイトから効率よくデータを収集して活用したい、Webサイトでの定型的な処理を自動化したい、そんな時に役立つのがクローリング・スクレイピングです。

Webページを取得したり、そこからデータを抽出したりといった個々の作業は、難しいものではありません。

しかし、様々なWebサイトから思い通りにデータを得るには幅広い知識が必要です。

APIを使ってスマートにデータを収集できる場合もあれば、ブラウザーとにらめっこしながらの泥臭い作業が必要になる場合もあります。

対象のWebサイトに合わせて適切な手法を選択できるよう、本書では様々なWebサイトの実例を用いて解説しています。

筆者は単調な繰り返し作業が苦手で、作業を自動化するプログラムを書くことがよくあります。

Webサイトからデータを収集するクローラーもその1つです。

1ファイルだけの簡単なクローラーから、複数のWebサイトのデータを日々収集するクローラーまで、色々なものを作成・運用してきました。

本書の解説はこれらの経験に基づいています。

Web上には大量のデータが公開されており、アイデア次第で様々な応用が考えられます。

強力なライブラリを持つPythonを使うと、アイデアをすぐに形にできます。

参考となる活用例も多く掲載しています。

本書を片手に、ぜひ面白いアイデアを実現してみてください。

謝辞

増補改訂版の執筆にあたって、次の皆様に草稿をレビューしていただきました。

越智修司（ponpoko1968）氏、髙橋寛治氏、横山拓史氏（50音順）。

大型連休を含む貴重な時間を割いて、丁寧にレビューしてくださりありがとうございました。

皆様のご指摘によって、解説が洗練され、正確かつわかりやすいものになりました。

所々でいただいた肯定のお言葉も自信を持って執筆を進める力になりました。

増補改訂版を出版する機会に恵まれたのは、初版を手にとってくださった読者の皆様のおかげです。

そして、初版が多くの方に読んでもらえる書籍となったのは、関わっていただいたすべての方の力があったからこそです。

初版の出版に関わっていただいた皆様に感謝いたします。

特に初版の草稿をレビューしてくださった次の皆様に、改めてお礼申し上げます。

mozurin氏、takuya_1st氏、稲田直哉氏、越智修司（ponpoko1968）氏、折居直輝氏、野嶽俊則氏、吉村晴香氏、米山英謙氏（50音順）。

勤務先の同僚にも感謝します。

心理的安全性の高いチームの中で働けることが日々の幸せに繋がり、執筆が捗りました。

一緒に書いたPythonのコードや、アーキテクチャについての議論など、1つ1つの事柄が自分の血となり肉となり、書籍に影響を与えています。

最後に、支えてくれた家族に感謝します。

妻の加藤槙子には図版を作成してもらっただけでなく、執筆作業に集中できるよう配慮してもらいました。

また、最後まで校正に協力してもらいました。

息子と娘には、執筆作業のおかげで一緒に遊べず、寂しい思いをさせたことがありました。

終わったらたくさん遊ぼうね。

加藤 耕太

Contents 目次

第2章 Pythonではじめるクローリング・スクレイピング

第3章 ライブラリによる高度なクローリング・スクレイピング

第4章 実用のためのメソッド

第 5 章

クローリング・スクレイピングの実践とデータの活用

第6章 フレームワーク Scrapy

第7章 クローラーの継続的な運用・管理

第 1 章

Python Crawling & Scraping

クローリング・スクレイピングとは何か

第1章 クローリング・スクレイピングとは何か

1.1 本書が取り扱う領域

今日のインターネットにおいて、Webページは人間がブラウザーで見るためだけのものではありません。多くのロボットが日夜Webページ上の情報を収集しています。ロボットと言ってもドラえもんのような物理的なそれではなく、コンピューター上で稼働するプログラムを指します。このようにWebページ上の情報を取得するためのプログラムをWebクローラー（Web Crawler）、あるいは単に**クローラー（Crawler）**と呼びます。クローラーは、スパイダー（Spider）やボット（Bot）などとも呼ばれますが、本書ではクローラーで統一します。

クローラーは私たちの生活を支える重要な役割を担っています。一番身近な利用ケースとしては、GoogleやBingなどのWeb検索エンジンが挙げられます。Web検索エンジンは、クローラーを使って世界中のWebページを収集し、含まれる情報を解析して索引をつけます。これによって、ユーザーがキーワードを入力して検索したときに、即座に検索結果が表示されます。

他にも、RSSリーダーは人間の代わりにクローラーがRSSフィードをチェックして、更新があると教えてくれます。TwitterなどのSNSでWebページのURLを貼り付けると、ページのタイトルや画像が自動的に表示されることがあります。これもクローラーがそのページにアクセスし、情報を抜き出してくれているのです。

このようにクローラーは多くの用途で活用されており、読者のあなたもアイデア次第で様々な目的にクローラーを使えます。

例えば、ある美容院では、店舗の混雑状況をWebページ上でリアルタイムに提供しています。混雑状況がすぐにわかるだけでも便利ですが、ここから継続的に情報を取得すると、新しい発見があります。毎日1時間おきにWebページの混雑状況を取得してグラフ化することで、混雑する曜日や時間帯がわかってきます。すると空いている時間帯を狙って店舗を利用できます。

複数のWebサイトから情報を抜き出して、整理したいときにもクローラーは活躍します。例えば、クローラーを使っていくつかの電子書籍販売サイトから電子書籍の価格を取得すると、価格を比較して最安値で電子書籍を購入できます。

近年では、オープンデータが注目されています。政府や自治体、企業などが、自由な利用を認めて公開するデータです。このようなデータの収集にもクローラーは役立ちます。

大学や企業での研究で、Web上のデータを分析することもあります。特に自然言語処理や画像処理の分野では、データ量が多いほど良い結果につながりやすいため、大量のデータを収集できることが武器になります。研究用のデータセットが公開されている場合もありますが、そうでない場合もクローラーを使えばデータを収集できます。

このように、個人用途から業務、研究まで様々な場面でクローラーは活躍します。

しかし、クローラーは使い方を誤ると相手のWebサイトに負荷をかけてしまうため、利用には細心の注意が必要です。クローラーはプログラムなので、人間よりも高速にWebページを取得できます。そのため無計画に取得すると、Webページを提供するサーバーはあなたのリクエストで専有され、他の人やクローラーがアクセスできなくなってしまうかもしれません。また、インターネットのトラフィックは無料ではありません。日本の多くの家庭や企業では、定額での常時インターネット接続が一般的ですが、サーバー側では転送量に制限があったり、従量課金制で費用がかかったりすることもあります。本書では、相手のWebサイトに負荷をかけ過ぎずに、クローラーでデータを収集し活用する方法を解説します。

1.1.1 クローリングとスクレイピング

まず、本書で解説する内容について、2つの重要な用語の定義をします。クローラーを使ってデータを収集することを**クローリング(Crawling)**と呼びます。「クロール(Crawl)する」とも言います。クローリングと混同されやすい言葉として、**スクレイピング(Scraping)**があります。スクレイピングとは、Webページから必要な情報を抜き出す作業を指します。

まとめると「クローリング」と「スクレイピング」はそれぞれ次のように定義できます。

- クローリング
  Webページのハイパーリンクをたどって次々にWebページをダウンロードする作業。
- スクレイピング
  ダウンロードしたWebページから必要な情報を抜き出す作業。

1.1.2 クローリング・スクレイピングとPython

本書では主にPythonでクローリング・スクレイピングをしていきます。**Python**は1991年に最初のバージョンが公開され、現在もアクティブに開発されているスクリプト型のプログラミング言語です。特徴として、シンプルでわかりやすいこと、充実した標準ライブラリが付属していること、様々なプラットフォームで簡単に動作することが挙げられます。海外では古くから人気があり、日本でも近年の機械学習ブームによって人気が高まっています。

豊富なサードパーティ製のライブラリもPythonの強みです。科学の分野ではNumPy(数値計算)、

SciPy（科学技術計算）、scikit-learn（機械学習）、pandas（データ解析）などが、Web開発の分野ではWebアプリケーションフレームワークのDjangoやFlaskなどが有名です。

クローリングやスクレイピングの分野においても、lxml、Beautiful Soup、Scrapyなどの強力なライブラリ・フレームワークが存在し、効率よく開発できます。

本書では**2.3**でPythonの基礎知識を解説しているので、Pythonの経験がなくても読み進められます。ですが、プログラミング言語自体の経験がない場合は、別途Pythonの入門書を先に読むことをオススメします。

1.1.3 本書が対象とするプラットフォーム

Pythonは様々なプラットフォームで動作します。Windowsでもインストーラーでインストールするだけで簡単に使えますが、一部のライブラリやデータベースの使用が困難です。また、Windowsには標準では含まれない**Unixコマンド**も本書では利用します。

このため、Unix系の環境を解説に利用し、Windowsでは仮想マシンでUbuntuを利用します。

- Mac
  macOS 10.14 Mojave
- Linux
  Ubuntu 18.04 LTS
- Windows
  Windows 7/10（Vagrantを使ってVirtualBox上でUbuntu 18.04の仮想マシンを使用）

Windowsの環境構築は**Appendix**で解説します。あらかじめ環境を構築し、Ubuntuの操作を参考に読み進めてください*1。ターミナル（コマンドライン）の使い方についても**Appendix**で解説しているので、使ったことがない方は参考にしてください。

1.1.4 本書の構成

第1章では、Pythonを使わずにUnixコマンドで簡単にクローリング・スクレイピングを行います。クローリングとスクレイピングがどのようなものであるかを体感します。

第2章では、Pythonでクローリング・スクレイピングを行います。Pythonを使うことで柔軟にスクレイピングできることを体感します。代表的なサードパーティライブラリとして、Requestsとlxmlを

---

*1　Windows Subsystem for Linux（WSL）を使っている方は、これでUbuntu 18.04を動かしても良いでしょう。ただし本書では検証を行っていないため不具合などが発生してもサポートできません。その点はご留意ください。

使います。

第3章では、**第2章**で取り上げたものより発展的なライブラリを使って高度なクローリング・スクレイピングを行います。標準ライブラリだけでは難しい処理が簡単にできるようになります。

第4章では、実際のWebサイトを対象にクローリング・スクレイピングを行う際の注意点を解説します。

第5章では、実際のWebサイトからデータを収集し、活用します。データセットやAPIでデータを収集したり、グラフの作成や自然言語処理などの実践的なデータ活用方法を解説します。

第6章では、強力なクローリング・スクレイピングフレームワークのScrapyを使って、効率の良いクローラーを簡単に作成します。全文検索や顔画像の抽出などのデータ活用も解説します。

第7章では、クローラーを継続的に運用していくためのノウハウを解説します。クローリングの高速化についても紹介します。

1.2 Wgetによるクローリング

Pythonでのクローリング・スクレイピングの前に**Unixコマンド**で動作のイメージをつかみます。まずWgetで実際のサイトをクローリングしてみましょう。WgetはUnixにおける代表的なダウンローダーです。

1.2.1 Wgetとは

GNU Wget (Wget) *2とは、HTTP通信やFTP通信を使って、サーバーからファイルやコンテンツをダウンロードするためのソフトウェア(ダウンローダー)です。GNUプロジェクトの一部として開発されているフリーソフトウェアであり、コマンドラインから簡単に使えます。Unixにおいては**cURL** *3と並んで最も有名なダウンローダーの1つです。

Wgetの特徴として、クローリング機能が挙げられます。複数のファイルを一度にダウンロードしたり、Webページのリンクをたどって複数のコンテンツをダウンロードしたりできます。

一方、cURLはデフォルトでHTTPレスポンスがコンソールに表示されることや、オプションで様々なHTTPリクエストを簡単に送信できることから、Web APIの呼び出しによく使用されます。本書でも**第5章**以降でWeb APIを呼び出すのに使用します。

---

*2 https://www.gnu.org/software/wget/
*3 https://curl.haxx.se/

1

● macOSにおけるWgetのインストール

macOSにおいては、**Homebrew**というパッケージマネージャーを導入すると、様々なソフトウェアを簡単に導入・管理できるようになります。

インストール方法はHomebrewのWebサイト（https://brew.sh/index_ja.html）に書かれています。ターミナルを起動し、次のコマンドを実行してHomebrewをインストールします。

```
$ /usr/bin/ruby -e "$(curl -fsSL https://raw.githubusercontent.com/Homebrew/install/master/install)"
```

Homebrewをインストールすると、`brew`コマンドが使えるようになります。

```
$ brew --version
Homebrew 1.6.9-17-gb87fc8c
Homebrew/homebrew-core (git revision d3a81; last commit 2018-06-22)
```

Wgetをインストールします。

```
$ brew update  # Homebrew自体とインストール可能なソフトウェアのリストを更新する。
$ brew install wget
```

インストールに成功すると`wget`コマンドが使えるようになります。

```
$ wget --version
GNU Wget 1.19.5 built on darwin17.5.0.
...
```

● UbuntuにおけるWgetのインストール

Ubuntuにおいてはパッケージマネージャーの**APT**を使ってインストールします。OSインストール時の設定によってはWgetが最初からインストールされている場合もあります。

Wgetをインストールします[*4][*5]。

```
$ sudo apt update  # インストールに必要なパッケージリストを更新する。
$ sudo apt install -y wget
```

インストールに成功すると`wget`コマンドが使えるようになります。

＊4　パッケージをインストールする際は`sudo`を使って管理者権限を得ます。`sudo`をつけたコマンドを実行してパスワードを要求された場合は、自分のユーザーのパスワードを入力します。

＊5　以降では特に必要でない限り`apt update`を省略しますが、パッケージリストは定期的に更新が必要です。`apt install`に失敗する場合は`apt update`を実行しましょう。

1.2.2 Wgetの使い方

Wgetの使い方は簡単です。wgetコマンドの引数にURLを指定すると、そのURLのコンテンツがダウンロードされ、ファイルとして保存されます。

次のコマンドを実行すると、カレントディレクトリにgihyojp_logo.pngという名前でgihyo.jpのロゴファイル（**図1.1**）がダウンロードされます。

```
$ wget http://gihyo.jp/assets/templates/gihyojp2007/image/gihyojp_logo.png
--2018-06-29 22:32:52--  http://gihyo.jp/assets/templates/gihyojp2007/image/gihyojp_logo.png
gihyo.jp (gihyo.jp) をDNSに問いあわせています... 104.20.33.31, 104.20.34.31
gihyo.jp (gihyo.jp)|104.20.33.31|:80 に接続しています... 接続しました。
HTTP による接続要求を送信しました、応答を待っています... 200 OK
長さ: 1847 (1.8K) [image/png]
`gihyojp_logo.png' に保存中

gihyojp_logo.png          100%[===========================================>]   1.80K  --.-KB/s 時間 0s

2018-06-29 22:32:52 (23.2 MB/s) - `gihyojp_logo.png' へ保存完了 [1847/1847]
```

▼ 図1.1　gihyo.jpのロゴ

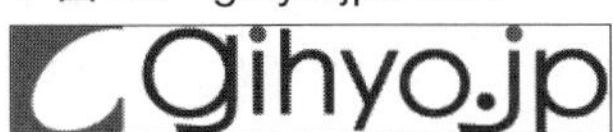

http://gihyo.jp/のようにディレクトリを表すURL(/で終わるURL)を指定すると、ダウンロードファイルはindex.htmlという名前になります。次のコマンドで、index.htmlという名前のgihyo.jpのトップページのHTMLファイルがダウンロードされます。

```
$ wget http://gihyo.jp/
...
2018-06-29 22:32:13 (1.52 MB/s) - `index.html' へ保存終了 [68079]
```

-Oオプションでファイル名を明示的に指定できます。gihyo_top.htmlという名前でgihyo.jpのトップページのHTMLファイルを保存します。

```
$ wget http://gihyo.jp/ -O gihyo_top.html
...
2018-06-29 22:33:20 (1.83 MB/s) - `gihyo_top.html' へ保存終了 [68079]
```

ファイル名として-(ハイフン)を指定すると、ファイルとして保存する代わりに標準出力*6に出力できます。コンソール画面に出力したり、パイプで他のコマンドに出力を渡す場合に使います。進捗状況などの表示を抑制する-qオプションを併用すると読みやすくなります。次のコマンドで、ダウンロードしたHTMLがコンソール画面に出力されます。

```
$ wget http://gihyo.jp/ -q -O -
<!DOCTYPE html>
<html xmlns="http://www.w3.org/1999/xhtml" xmlns:og="http://opengraphprotocol.org/schema/" xmlns: ↵
fb="http://www.facebook.com/2008/fbml" xml:lang="ja" lang="ja">
<head>
<meta http-equiv="Content-Type" content="text/html; charset=UTF-8" />
<title>トップページ|gihyo.jp … 技術評論社</title>
<meta name="description" content="技術評論社提供のIT関連コンテンツサイト" />
...
```

Wgetでよく使うオプションを**表1.1**にまとめました。

▼ **表1.1 よく使うWgetのオプション**

オプション	説明
-V, --version	Wgetのバージョンを表示する。
-h, --help	ヘルプを表示する。
-q, --quiet	進捗状況などを表示しない。
-O *file*, --output-document=*file*	*file*に保存する。
-c, --continue	前回の続きからファイルのダウンロードを再開する。
-r, --recursive	リンクをたどって再帰的にダウンロードする。
-l *depth*, --level=*depth*	再帰的にダウンロードするときにリンクをたどる深さを*depth*に制限する。
-w *seconds*, --wait=*seconds*	再帰的にダウンロードするときにダウンロード間隔として*seconds*秒空ける。
-np, --no-parent	再帰的にダウンロードするときに親ディレクトリをクロールしない。
-I *list*, --include *list*	再帰的にダウンロードするときに*list*に含まれるディレクトリのみをたどる。
-N, --timestamping	ファイルが更新されているときのみダウンロードする。
-m, --mirror	ミラーリング用のオプションを有効化する。-r -N -l inf --no-remove-listingに相当。--no-remove-listingはFTP通信でのみ有効な.listingファイルを消さないためのオプション。

1.2.3 実際のサイトのクローリング

ここまでは単一ファイルをダウンロードするだけでしたが、実際に技術評論社の電子書籍サイト(**図1.2**)を対象に、Wgetで複数のページをクロールしてみましょう。

*6 標準出力とパイプについては後ほど**1.3.1**で解説します。

- Gihyo Digital Publishing … 技術評論社の電子書籍
  https://gihyo.jp/dp

▼ 図1.2　技術評論社の電子書籍サイト Gihyo Degital Publishing

　なお、実際のWebサイトをクロールするため、この書籍の執筆時点からサイトの構成が変わってしまう可能性があります。このため、執筆時点のコンテンツを元に作成したサンプルサイト*7を用意しています。本書の記載通りにコマンドを実行して期待しない結果になる場合は、`https://gihyo.jp/dp`を`https://sample-2nd.scraping-book.com/dp`に置き換えて実行してください。

　Wgetでリンクをたどってクローリングするには、再帰的にダウンロードするための`-r`オプションを使います。`-r`オプションを使うと、次々にファイルをダウンロードして、サーバーやネットワークに負荷がかかるので注意が必要です。`-l`オプションでリンクをたどる深さを制限したり、`-w`オプションでダウンロード間隔を空けたりして、負荷をかけ過ぎないようにしましょう。

　次のコマンドで、`https://gihyo.jp/dp/`を起点として再帰的にクローリングします。ここでは`/dp/`という末尾に`/`がついたURLを使用する必要があるので注意してください*8。なお、`--no-parent`は親ディレクトリをクロールしないことを、`--restrict-file-names=nocontrol`はURLに日本語が含まれる場合に、日本語のファイル名で保存することを意味します。

---

*7　https://sample-2nd.scraping-book.com/dp

*8　URL末尾に`/`をつけずに実行すると、`/dp`に対応するファイルが`dp`という名前でダウンロードされます。その後`/dp/`以下のファイルがダウンロードされる際に`dp`という名前のディレクトリが作成され、`/dp`に対応するファイルは失われてしまいます。

```
$ wget -r --no-parent -w 1 -l 1 --restrict-file-names=nocontrol https://gihyo.jp/dp/
--2018-06-29 22:44:12--  https://gihyo.jp/dp/
gihyo.jp (gihyo.jp) をDNSに問いあわせています... 104.20.33.31, 104.20.34.31
gihyo.jp (gihyo.jp)|104.20.33.31|:443 に接続しています... 接続しました。
HTTP による接続要求を送信しました、応答を待っています... 200 OK
長さ: 特定できません [text/html]
`gihyo.jp/dp/index.html' に保存中

gihyo.jp/dp/index.html          [ <=>                                      ]  46.65K  --.-KB/s 時間 0.06s

2018-06-29 22:44:12 (822 KB/s) - `gihyo.jp/dp/index.html' へ保存終了 [47774]

robots.txtを読み込んでいます、エラーは無視してください。
--2018-06-29 22:44:13--  http://gihyo.jp/robots.txt
gihyo.jp (gihyo.jp)|104.20.33.31|:80 に接続しています... 接続しました。
HTTP による接続要求を送信しました、応答を待っています... 200 OK
長さ: 特定できません [text/plain]
`gihyo.jp/robots.txt' に保存中

gihyo.jp/robots.txt             [ <=>                                      ]     247  --.-KB/s 時間 0s

2018-06-29 22:44:13 (13.1 MB/s) - `gihyo.jp/robots.txt' へ保存終了 [247]
...
```

コマンドを実行すると、カレントディレクトリにgihyo.jpディレクトリが作成され、その中に次々とファイルがダウンロードされます。

実行が完了すると次のようなディレクトリ構造になり、リンクをたどってダウンロードできていることがわかります。treeコマンドはディレクトリ構造を表示します*9。

```
$ tree gihyo.jp/
gihyo.jp/
├── dp
│   ├── assets
│   │   ├── gdp-icon.png
│   │   ├── js
│   │   │   └── gdpFunction0512.min.js
│   │   └── style
│   │       └── store0921.css
│   ├── cart
│   ├── catalogs.opds
│   ├── ebook
│   │   └── 2018
│   │       ├── 978-4-7741-9719-7
│   │       ├── 978-4-7741-9813-2
```

*9 macOSではbrew install treeで、Ubuntuではsudo apt install -y treeでインストールできます。

```
...
|   |         ├── 978-4-7741-9947-4
|   |         └── 978-4-7741-9948-1
|   ├── genre
|   |   ├── Webサイト制作
|   |   ├── パソコン
...
|   |   ├── 資格試験（一般）・大学受験
|   |   └── プログラミング・システム開発
|   ├── help
|   ├── index.html
|   ├── information
|   ├── my-page
|   └── subscription
└── robots.txt

7 directories, 52 files
```

ダウンロードできたファイル群とWebページからのリンク（**図1.3**）を見比べてみましょう。`https://gihyo.jp/dp`から深さ1のリンクをたどってダウンロードできていることがわかります。

▼ 図1.3　電子書籍サイトからのリンク

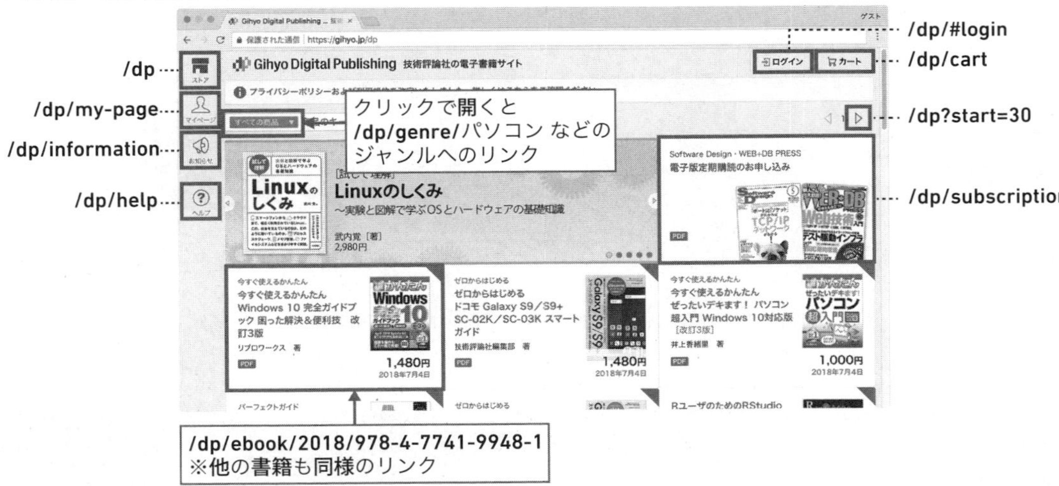

1.3　スクレイピングに役立つUnixコマンド

ダウンロードしたHTMLファイルからUnixコマンドでスクレイピングしていきます。

HTMLファイルは複雑なデータを含むテキストファイルなので、目的のデータを抜き出すためには複雑さに対抗する手段が必要です。ここではそのために、Unixコマンドと正規表現の使い方を学びます。

一つ一つのUnixコマンドは単純な機能しか持っていませんが、複数のコマンドを組み合わせることで複雑なテキスト処理も行えます。スクレイピングに使うだけでなく、データ集計などでも役立つので、知っておいて損はありません。データを抜き出す箇所は、正規表現という特殊な文字列表現で指定します。

1.3.1 Unixコマンドの基礎知識

Unixコマンドでテキストを処理するにあたって重要な概念である標準ストリームとパイプについて解説します。

● 標準ストリーム

多くのコマンドは、入力データを受け取り、それを加工して、出力するという3ステップで動作します。コマンドが入力を受け取る元を**標準入力**、結果を出力する先を**標準出力**、エラーなどの補足情報を出力する先を**標準エラー出力**と言います。これら3つを総称して**標準ストリーム**と呼びます（**図1.4**）。

▼ 図1.4 標準ストリーム

デフォルトでは、標準入力はキーボードからの入力、標準出力と標準エラー出力はコンソール画面への表示です。これらはファイルからの入力やファイルへの出力にも変更でき、**リダイレクト**と呼びます。

```
# 標準出力のリダイレクト：コマンドの実行結果（標準出力）をファイルに保存する。
$ コマンド > ファイルパス
# 標準入力のリダイレクト：ファイルの中身をコマンドの標準入力として与える。
$ コマンド < ファイルパス
```

● パイプ

パイプを使うと、あるコマンドの標準出力を他のコマンドの標準入力に渡せます。次の例でcatコマンドとgrepコマンドを区切っている|（縦棒）がパイプです。

```
$ cat yakei_kobe.csv | grep 六甲
14,鉢巻天覧台,神戸市灘区六甲山町南六甲
15,六甲ケーブル　天覧台,神戸市灘区六甲山町一ヶ谷1-32
16,六甲ガーデンテラス,神戸市灘区六甲山町五介山1877-9
```

この例では、パイプでcatコマンドの標準出力をgrepコマンドの標準入力に渡しています(**図1.5**)。コマンドについては後ほど解説しますが、catコマンドは引数で与えたファイルを標準出力にそのまま出力します。grepコマンドは標準入力に与えられた行から引数で与えた文字列にマッチする行のみを標準出力に出力します。よって最終的に六甲という文字列を含む行のみが表示されています。ここではコマンドは2つだけ使いましたが、パイプでさらに3つ以上のコマンドをつなげることも可能です。

▼ 図1.5 パイプでコマンドをつなげる

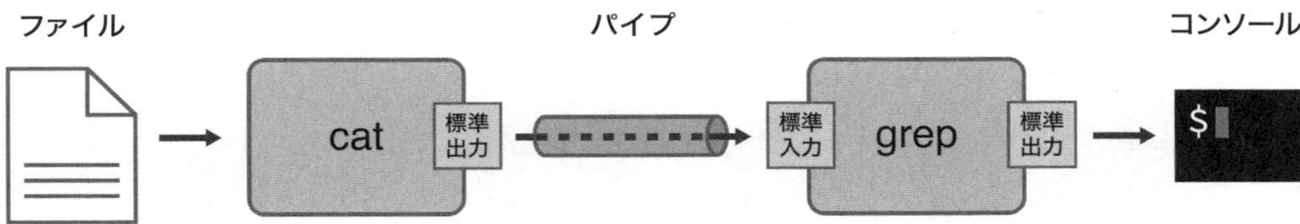

1.3.2 テキスト処理のためのUnixコマンド

テキスト処理に使えるコマンドとしてcat、grep、cut、sedの4つを紹介します。コマンド実行時のサンプルファイルとして、神戸市が公開している神戸市の夜景スポット一覧データを加工したファイルyakei_kobe.csvを使用します*10。これは1列目に番号が、2列目に夜景スポット名が、3列目に住所が書かれたCSVファイルです。

● catコマンド

catコマンドは引数で与えたファイルを出力します。yakei_kobe.csvを出力します。

```
$ cat yakei_kobe.csv
No,スポット名,所在地
1,高浜岸壁,神戸市中央区東川崎町1
2,中突堤西側,神戸市中央区波止場町
3,元町商店街,神戸市中央区元町通4
...
22,神戸空港マリンエア,神戸市中央区神戸空港1
```

*10　このファイルは書籍のサンプルファイル(https://gihyo.jp/book/2017/978-4-7741-8367-1)に含まれています。

● grepコマンド

grepコマンドは**図1.6**のようなイメージで一部の行を抜き出すために使います。引数で指定した文字列を含む行を抜き出すほか、正規表現（**1.3.3**で解説）を引数として指定すれば、その正規表現にマッチする行を抜き出せます。

▼ 図1.6　grepコマンド

六甲という文字列を含む行のみを出力します*11。

```
$ cat yakei_kobe.csv | grep 六甲
14,鉢巻天覧台,神戸市灘区六甲山町南六甲
15,六甲ケーブル　天覧台,神戸市灘区六甲山町一ヶ谷1-32
16,六甲ガーデンテラス,神戸市灘区六甲山町五介山1877-9
```

● cutコマンド

cutコマンドは**図1.7**のように特定の文字で区切られたテキストの一部の列を抜き出すために使います。

▼ 図1.7　cutコマンド

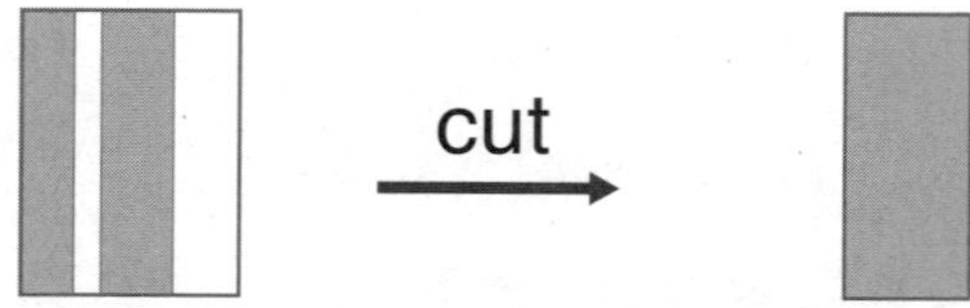

次のコマンドは ,（カンマ）で区切った1列目と2列目のみを出力します。-dオプションで区切り文字を、-fオプションで列の番号（複数指定可能）を指定します。

*11　catコマンドを使う代わりに、grepコマンドの引数でファイル名を指定したり、標準入力のリダイレクトを使ったりしても同じことはできます。ただ、パイプの最初にcatコマンドを置くと、パイプの順序とデータの流れが一致してイメージしやすくなるのでオススメです。

```
$ cat yakei_kobe.csv | cut -d , -f 1,2
No,スポット名
1,高浜岸壁
2,中突堤西側
3,元町商店街
...
22,神戸空港マリンエア
```

● sedコマンド

sedコマンドは**図1.8**のように特定の条件にマッチする行を置換したり、削除したりできます。引数に's/検索する正規表現/置換する文字列/オプション'という文字列を与えると、正規表現にマッチする箇所を置換する文字列に置き換えて出力します。

▼ 図1.8 sedコマンド

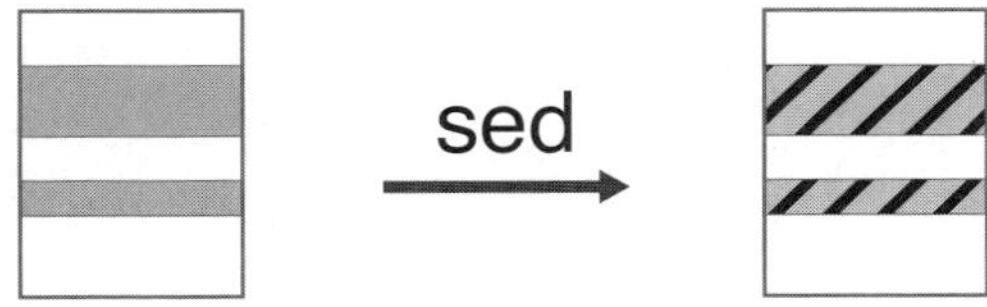

次のコマンドは ,(カンマ)をスペースに置き換えて出力します。末尾のオプションgは1行に検索する正規表現が複数回出現する場合でもすべて置き換えることを意味します。

```
$ cat yakei_kobe.csv | sed 's/,/ /g'
1 高浜岸壁 神戸市中央区東川崎町1
2 中突堤西側 神戸市中央区波止場町
3 元町商店街 神戸市中央区元町通4
...
22 神戸空港マリンエア 神戸市中央区神戸空港1
```

1.3.3 正規表現

正規表現(Regular Expression)とは、特定のパターンの文字列を表すための文字列表現です。パターンにマッチする文字列を検索するために使われます。

正規表現では、パターンを表すためにメタ文字と呼ばれる記号を使います。例えば、'iP(hone|ad)'

という正規表現の中では、'(' と '|' と ')' の3文字がメタ文字です[*12]。この正規表現はiPhoneまたはiPadという文字列にマッチします。

正規表現には様々な規格があり、次のものが代表的です。

- POSIXの基本正規表現（Basic Regular Expressions, BRE）
- POSIXの拡張正規表現（Extended Regular Expressions, ERE）
- Perlの正規表現

grepやsedなどのコマンドでは標準でPOSIXの基本正規表現（BRE）が使えます。-Eオプションをつけることで、表現力の高いPOSIXの拡張正規表現（ERE）を使えます。Perlの正規表現は拡張正規表現よりも強力で、様々なパターンを表現できます。多くのプログラミング言語でPerl互換の正規表現が実装されており、PythonでもPerlとほぼ同じ正規表現が使えます。

ここで学んだ知識がPythonを使うときにも役立つように、本章では基本的に-Eオプションをつけて拡張正規表現を使います。拡張正規表現のほうが基本正規表現に比べてPerlの正規表現に近いためです。拡張正規表現とPerlの正規表現で使える主なメタ文字とその使用例を**表1.2**で紹介します。基本正規表現では一部のパターンが使えない、バックスラッシュをつける必要があるなど違いがあります。

▼ 表1.2　拡張正規表現とPerlの正規表現で共通して使える主なメタ文字とその使用例

メタ文字	説明
.	任意の1文字にマッチする。 例：a.cというパターンはaac，abc，accなどの文字列にマッチする。
[]	[]で囲まれた文字のいずれか1文字にマッチする。 例：a[bc]dというパターンはabdとacdという文字列にマッチするがaadにはマッチしない。
[]内の-	-で文字の範囲を表すことができる。 例：[0-9]というパターンは0～9の中のいずれか1文字にマッチする。
[]内の^	^を最初につけることで否定を表す。 例：[^abc]というパターンはa，b，c以外の任意の1文字にマッチする。
^	行の先頭にマッチする。 例：^abcは行頭にあるabcのみにマッチする。
$	行の末尾にマッチする。 例：xyz$は行末にあるxyzのみにマッチする。
*	直前のパターンを0回以上繰り返す。 例：ab*cはac，abc，abbc，abbbcなどの文字列にマッチする。
+	直前のパターンを1回以上繰り返す。 例：ab+cはabc，abbc，abbbcなどの文字列にマッチする。
?	直前のパターンを0回か1回繰り返す。 例：ab?cはacまたはabcにマッチする。
{n}	直前のパターンをちょうどn回繰り返す。 例：ab{3}cはabbbcにマッチする。
()	()で囲まれたパターンをグループ化する。 例：(ab)+はab，abab，abababなどの文字列にマッチする。
|	|で区切られたパターンのいずれかにマッチする。 例：a(bc|cd|de)fはabcf，acdf，adefにマッチする。

*12　正規表現を囲んでいる '（シングルクオート）はわかりやすくするためのもので、正規表現の一部ではありません。以降も本文中では基本的にこの表記を使用します。

それではコマンドで正規表現を使ってみましょう。次の例で指定している正規表現'^1'は、行頭に1という文字列がある行にマッチします。このため、1番と10〜19番のスポットが表示されます。

```
$ cat yakei_kobe.csv | grep -E '^1'
1,高浜岸壁,神戸市中央区東川崎町1
10,ポーアイしおさい公園,神戸市中央区北港島1
11,ビーナスブリッジ,神戸市中央区諏訪山公園展望台
12,神戸布引ハーブ園 / ロープウェイ,神戸市北野町1-4-3
13,まやビューライン　掬星台,神戸市灘区摩耶山町2-2
14,鉢巻天覧台,神戸市灘区六甲山町南六甲
15,六甲ケーブル　天覧台,神戸市灘区六甲山町一ヶ谷1-32
16,六甲ガーデンテラス,神戸市灘区六甲山町五介山1877-9
17,旧居留地,神戸市中央区明石町周辺
18,明石海峡大橋(パールブリッジ),神戸市垂水区東舞子町
19,神戸ハーバーランド,神戸市中央区東川崎町1丁目一帯
```

次のgrepコマンドに指定している正規表現',.{5},'は,(カンマ)の後に任意の5文字が続き、さらに,(カンマ)が続く文字列にマッチします。このため、5文字のスポット名だけが表示されます。

```
$ cat yakei_kobe.csv | grep -E ',.{5},'
No,スポット名,所在地
2,中突堤西側,神戸市中央区波止場町
3,元町商店街,神戸市中央区元町通4
14,鉢巻天覧台,神戸市灘区六甲山町南六甲
```

1.4 gihyo.jpのスクレイピング

Unixコマンドと正規表現で実際にgihyo.jpのWebページから情報を抜き出してみましょう。

1.4.1 電子書籍の総数を取得する

まずは簡単な例として、gihyo.jpの電子書籍サイトに存在する電子書籍の総数を取得します。

- Gihyo Digital Publishing … 技術評論社の電子書籍
  https://gihyo.jp/dp

ブラウザーでページを開き、一番下までスクロールすると右下に**図1.9**のような表示があり、この時点では全部で2098の書籍があることがわかります。

▼ 図1.9　電子書籍の総数

1 - 30 / 2098

Twitter: @gihyoDP　このサイトについて　利用規約　プライバシーポリシー　特定商取引法に基づく表示

Copyright © 2018 All Rights Reserved by Gijutsu-Hyohron Co., Ltd.

HTMLの中から電子書籍の総数が書かれている場所を探します。このページのHTMLファイルは、クロールした際（**1.2.3**参照）に`gihyo.jp/dp/index.html`にダウンロード済みです*13。この例であれば「2098」のような文字列でファイルを検索しても構いませんが、ブラウザーの**開発者ツール**を使うと見つけやすくなります。

ブラウザーで目的とする要素を右クリックし、コンテキストメニューから「検証*14」（**図1.10**）を選ぶと、ウィンドウ下部に開発者ツールが表示されます。右クリックした要素がドキュメントツリー上で選択された状態になり、ツリー構造内での場所やclass名などがわかります（**図1.11**）。class名の「paging-number」でHTMLファイルを検索すると、**リスト1.1**の部分が見つかります。

▼ 図1.10　コンテキストメニューから要素を検証する

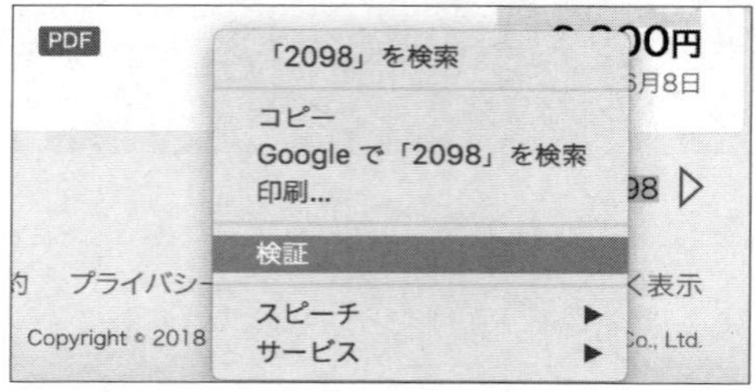

*13　ブラウザーで画像やリンク以外の場所を右クリックして、コンテキストメニューから「ページのソースを表示」のような項目を選んでもHTMLを見られます。

*14　これはGoogle Chromeの例ですが、他のブラウザーでも「要素を調査」など同様のメニューがあります。クローリング・スクレイピングにおいては開発者ツールを多用するのでぜひ使い慣れておきましょう。

▼ 図1.11 開発者ツールで目的とする要素を表示する

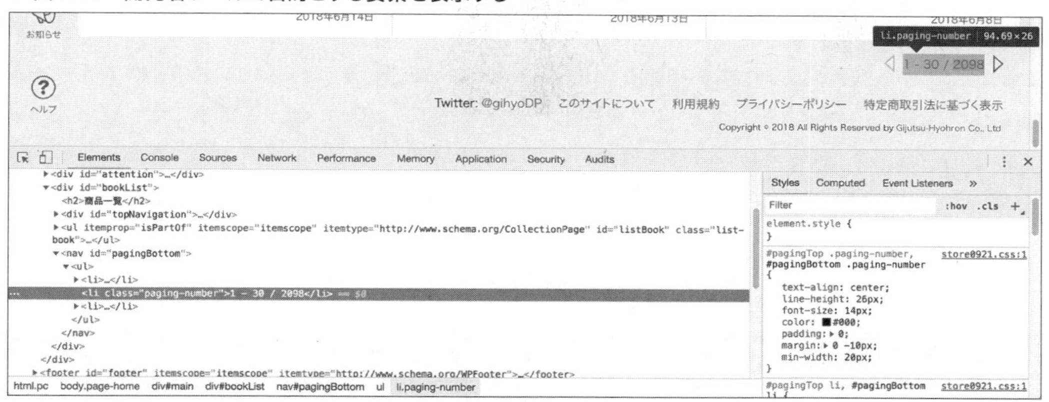

▼ リスト1.1 gihyo.jp/dp/index.htmlで全体の書籍数が書かれた部分

```
    <nav id="pagingBottom">        <ul>
      <li><span class="prev">—</span></li>
      <li class="paging-number">1 - 30 / 2098</li>
      <li><a href="/dp?start=30" title="次のページ" class="next">次</a></li>
    </ul>
  </nav>
```

ここから2段階で目的とする書籍の総数を抜き出します。

1. ファイル全体から`<li class="paging-number">1 - 30 / 2098</li>`の行を抜き出す。
2. 抜き出した行から書籍の総数を抜き出す。

● ファイル全体から目的の行を抜き出す

第1段階としてファイル全体から目的の行を抜き出すためには、その行に特有と思われる記述を探し、grepコマンドでフィルタリングします。この例では、class="paging-number"という記述がページの番号を格納する要素に特有な記述だと推測できます。目的の行に該当すると思われる記述が見つかったので、grepコマンドでフィルタリングしてみます。

```
$ cat gihyo.jp/dp/index.html | grep -E 'class="paging-number"'
            <li class="paging-number">1</li>
          <li class="paging-number">1 - 30 / 2098</li>
```

結果を見ると、目的とする行のほかに、もう1行取得してしまっています。これはページ上部にある現在のページ番号を表す要素です。2つの行の違いに注目し、目的の1行に絞り込みましょう。

まず行頭にあるスペースの数が異なります。1行目は12個ですが、2行目は10個です。このため、

1

'^ {10}<'という正規表現を書けば2行目だけに絞り込むことは可能です。しかし、このようにスペースなどの空白文字に注目するのはなるべく避けるべきです。

HTMLにおいて空白は大きな意味を持ちません。Webサイト管理者が少しソースコードのインデント量を変えただけで、10個のスペースに注目するプログラムは期待通りに動かなくなってしまいます。なるべく変化しにくいと思われる特徴に注目しましょう。

他には、li要素内の-(ハイフン)や/(スラッシュ)が2行目のみの特徴です。ハイフンもスラッシュもclass名や閉じタグとして1行目にも出現するので、それ単体では絞り込めません。class名の後に登場する-(ハイフン)という条件を加味して正規表現を変更すると、次のように絞り込めます。

```
$ cat gihyo.jp/dp/index.html | grep -E 'class="paging-number".*-'
          <li class="paging-number">1 - 30 / 2098</li>
```

なお、grepコマンドに--colorオプションをつけると、正規表現にマッチした箇所に色がつきます。正規表現が思い通りにマッチしない時は試してみると良いでしょう。

● 行から目的の文字列を抜き出す

さて、これで1行に絞り込むことができたので、第2段階としてここから目的の数字だけを抜き出してみましょう。行の中から目的の文字列だけを抜き出すには、sedコマンドやcutコマンド、awkコマンドなどが使えます。文字列の形式によって向き不向きがあるので、4つの方策を紹介します。

- 方策1: sedコマンドを使って正規表現にマッチした箇所を抜き出す。
- 方策2: sedコマンドを使って正規表現にマッチした箇所を取り除き、結果的に残った箇所を抜き出す。
- 方策3: cutコマンドを使って特定の文字で区切られた文字列からn番目を抜き出す。
- 方策4: awkコマンドを使ってスペースで桁揃えされた文字列からn番目を抜き出す。

方策1では、sedコマンドでs/.*(抜き出したい箇所にマッチする正規表現).*/\1/というコマンドを引数に与えて、()内だけを抜き出します。s///の左側で()内にマッチした文字列は、右側では\1という表記で参照でき、これをキャプチャと呼びます。()の前後に.*をつけて行全体にマッチさせ、行全体を\1に置き換えることで、結果的にキャプチャした部分だけを抜き出せるわけです*15。

次の例では、abcdefghという文字列からd.という正規表現にマッチする箇所を抜き出します。

```
$ echo abcdefgh | sed -E 's/.*(d.).*/\1/'
de
```

*15　grepコマンドの-oオプションを使うと同じことをよりシンプルに書けますが、sedコマンドを使うとキャプチャの前後の正規表現を自由に書けるメリットがあります。

方策2では方策1とは逆に、sedコマンドでs/取り除きたい箇所にマッチする正規表現//gというコマンドを引数に与えて、正規表現にマッチした箇所を取り除くことで、結果的に残った箇所を抜き出します。マッチした箇所を空白に置換することで取り除いています。最後にgオプションをつけることで、行内に複数出現した場合にもすべて取り除くことができます。

HTMLタグだけを取り除いて要素の中身を抜き出します。

```
$ echo '<li class="paging-number">1 - 30 / 2098</li>' | sed -E 's/<[^>]*>//g'
1 - 30 / 2098
```

方策3ではcutコマンドで、特定の文字で区切られた文字列からn番目を抜き出します。CSVファイルやUnixのpasswdファイルのように、特定の文字で区切られた文字列から一部の列を抜き出す際に役立ちます。cutコマンドは-dオプションで区切り文字を、-fオプションで抜き出す列の番号を指定します。

,(カンマ)で区切られた文字列から2番目の項目を抜き出します。

```
$ echo '1,高浜岸壁,神戸市中央区東川崎町1' | cut -d , -f 2
高浜岸壁
```

方策4ではawkコマンドでスペースで桁揃えされた文字列からn番目を抜き出します。方策3のcutコマンドは区切り文字に1文字しか指定できません。このため、スペースで桁揃えされた文字列のように、区切り文字が連続する場合には向いていません。このような場合には、スペースで区切られている場合に限定されますが、awkコマンドが使えます。awkコマンドは汎用的なテキスト処理のためのスクリプトを実行するコマンドです。それだけで本が1冊書けるほどのコマンドなので深入りはしませんが、awkコマンドの引数に{print $n}という文字列を与えると、n番目の文字列を抜き出せます。

スペースで桁揃えされた文字列から、4番目の項目を抜き出します。

```
echo 'PID    COMMAND      %CPU TIME     #TH   #WQ  #PORT MEM' | awk '{print $4}'
TIME
```

これらの方策で目的とする書籍の総数を抜き出しましょう。現時点ではこのような形です。

```
$ cat gihyo.jp/dp/index.html | grep -E 'class="paging-number".*-'
          <li class="paging-number">1 - 30 / 2098</li>
```

4つの方策のうち、今回は方策1が向いているでしょう。目的の数字はスラッシュとスペースの直後にある数字の連続なので、'/ ([0-9]+)'という正規表現で表せます。実際に取得したいのは()で囲まれた数字の部分だけです。

この正規表現を使うと、次のようにして書籍の総数を抜き出すことができます。正規表現の中に/(スラッシュ）が登場するため、sedコマンドに引数として与えるコマンドの区切り文字を@（アットマーク）に変更しています*16。

```
$ cat gihyo.jp/dp/index.html | grep -E 'class="paging-number".*-' | sed -E 's@.*/ ([0-9]+).*@\1@'
2098
```

いかがでしょうか？ Webページから数字を抜き出すだけで大変だったと思われるかもしれません。しかしUnixコマンドに慣れれば、コマンドを組み合わせて簡単に目的の部分を抜き出すことができるようになるでしょう。

column 正規表現における欲張り型のマッチ

正規表現の*は**欲張り型（greedy）**であるという点に注意が必要です。欲張り型とは、なるべく長い文字列にマッチするという意味です。例えば先ほどの例で、取得したい書籍の総数が閉じタグの直前にある数字の連続であるという点に着目すると、'([0-9]+)</'という正規表現も考えられます。しかし次のコマンドを実行すると、2098ではなく8という値が得られます。

```
$ cat gihyo.jp/dp/index.html | grep -E 'class="paging-number".*-' | sed -E 's@.*([0-9]+)</.* @\1@'
8
```

これは、sedの引数の一番最初にある.*がなるべく長い文字列にマッチしようとして、2098のうちの209にもマッチしてしまうためです。正規表現の実装によっては、なるべく短い文字列にマッチさせる方法もありますが、sedコマンドの拡張正規表現では使用できないため、ここでは深入りしません。詳しくは**2.5.1**で解説します。

1.4.2 書籍名の一覧を取得する

それでは、続いて書籍名の一覧を取得してみましょう。1つの書籍は、**リスト1.2**のようなli要素（該当部分は斜体）で表されており、このli要素がページ内の書籍の数だけ存在します。

▼ リスト1.2 1つの書籍を表すli要素

```
        </a></li>        <li class="new" id="978-4-7741-9926-9"><a itemprop="url" href="/dp/ebook/ ↵
2018/978-4-7741-9926-9">
          <img itemprop="image" src="/assets/images/dummy.png" width="100" height="147" data-image ↵
```

*16 sedコマンドに与えるコマンドの区切り文字は、任意の文字（改行とバックスラッシュは除く）に変更できます。正規表現中に/（スラッシュ）が登場する場合に、バックスラッシュでエスケープしなくてよくなるので、可読性が向上します。

```
="/assets/images/gdp/2018/thumb/TH100_978-4-7741-9926-9.jpg,/assets/images/gdp/2018/thumb/TH200_97 ↵
8-4-7741-9926-9.jpg" alt="カバー画像"/>
          <p itemprop="name" class="title"><span class="series">ゼロからはじめる</span> ゼロからはじめ ↵
る<br/>ドコモ Galaxy S9<wbr/>／<wbr/>S9+ SC-02K<wbr/>／<wbr/>SC-03K スマートガイド</p>
          <p itemprop="author" class="author">技術評論社編集部　著</p>
          <p itemprop="offers" itemscope="itemscope" itemtype="http://schema.org/Offer" class="pri ↵
ce"><span itemprop="price">1,480</span>円<meta itemprop="priceCurrency" content="JPY"/></p>
          <ul class="format">
            <li class="pdf">PDF</li>
          </ul>
          <ul class="date">
            <li class="notice"><time datetime="2018-7-04" itemprop="datePublished" class="publishe ↵
d">2018年7月4日</time></li>

          </ul>
        </a></li>        <li class="new" id="978-4-7741-9813-2"><a itemprop="url" href="/dp/ebook/ ↵
2018/978-4-7741-9813-2">
```

これを見ると、書籍名は`<p itemprop="name" class="title">`というタグで始まる要素で表されています。ここで、`itemprop="name"`という属性は、Microdataと呼ばれる規格で定義されているものです。**Microdata**[*17]はHTML中に検索エンジンなどのロボットにも読みやすいメタデータを埋め込むための規格です。Unixコマンドでスクレイピングするのもロボットの一種と言えるので、この`itemprop`属性を使って`grep`コマンドでフィルタリングしましょう。CSSでの装飾に使われる`class`属性の値は、ページのデザインの変更に伴って変わることがあります。ロボット向けのMicrodataを使うことで、デザインの変更に強くなります。

次のコマンドで、書籍名を含む`p`要素の一覧が取得できます。

```
$ cat gihyo.jp/dp/index.html | grep 'itemprop="name"'
          <p itemprop="name" class="title"><span class="series">今すぐ使えるかんたん</span> 今すぐ使え ↵
るかんたん<br/>Windows 10 完全ガイドブック 困った解決&<wbr/>便利技　改訂<wbr/>3<wbr/>版</p>
          <p itemprop="name" class="title"><span class="series">ゼロからはじめる</span> ゼロからはじめ ↵
る<br/>ドコモ Galaxy S9<wbr/>／<wbr/>S9+ SC-02K<wbr/>／<wbr/>SC-03K スマートガイド</p>
          <p itemprop="name" class="title"><span class="series">今すぐ使えるかんたん</span> 今すぐ使え ↵
るかんたん<br/>ぜったいデキます！ パソコン超入門 Windows 10<wbr/>対応版<br/><span class="sub">［改訂<wbr ↵
/>3<wbr/>版］</span></p>
...
```

行数を数える`wc -l`コマンドで30と表示されます。過不足なく1ページ分の書籍を取得できています。

```
$ cat gihyo.jp/dp/index.html | grep 'itemprop="name"' | wc -l
      30
```

---

*17　https://html.spec.whatwg.org/multipage/microdata.html

ここで、各書籍のp要素の中身に注目すると、<span class="series">というタグでシリーズ名がマークアップされていたり、改行を表すbr要素や改行してもよい場所を表すwbr要素が存在したりします。これらのタグをすべて除去してしまえば、書籍名をうまい具合に得られそうです。しかし、単純に除去してしまうとbr要素で改行されていた箇所がくっつき、意味が通らなくなってしまいます。このため、brタグはスペースに置換し、その他のタグは除去します。次のコマンドで、書籍名を得ます。

```
$ cat gihyo.jp/dp/index.html | grep 'itemprop="name"' | sed -E 's@<br/>@ @' | sed -E 's/<[^>]*>//g'
            今すぐ使えるかんたん 今すぐ使えるかんたん Windows 10 完全ガイドブック 困った解決&便利技  改訂3版
            ゼロからはじめる ゼロからはじめる ドコモ Galaxy S9／S9+ SC-02K／SC-03K スマートガイド
            今すぐ使えるかんたん 今すぐ使えるかんたん ぜったいデキます! パソコン超入門 Windows 10対応版[改訂3版]
...
```

先頭に残っている空白を除去すると、目的の書籍名一覧を取得できます。

```
$ cat gihyo.jp/dp/index.html | grep 'itemprop="name"' | sed -E 's@<br/>@ @' | sed -E 's/<[^>]*>//g ↵
' | sed -E 's/^ *//'
今すぐ使えるかんたん 今すぐ使えるかんたん Windows 10 完全ガイドブック 困った解決&便利技  改訂3版
ゼロからはじめる ゼロからはじめる ドコモ Galaxy S9／S9+ SC-02K／SC-03K スマートガイド
今すぐ使えるかんたん 今すぐ使えるかんたん ぜったいデキます! パソコン超入門 Windows 10対応版[改訂3版]
...
```

column &という文字列が含まれる場合の対応

本書の実行例にはありませんでしたが、次のように書籍名に&という文字列が含まれる場合もあります。

```
今すぐ使えるかんたんmini 今すぐ使えるかんたんmini CD&amp;DVD 作成超入門[Windows 10対応版]
```

この&は**文字参照**などと呼ばれる、HTML中に直接記述できない文字を記述するための表記方法(column「文字参照」参照)です。&は&を表すので、置換すれば正しい書籍名が得られます。

具体的には次のコマンドで、書籍名の&を&に置換できます。sedコマンドで&に置換する際、s///の右側で&は特別な意味*aを持つため、\&のようにバックスラッシュでエスケープします。

```
$ cat gihyo.jp/dp/index.html | grep 'itemprop="name"' | sed -E 's@<br/>@ @' | sed -E 's/<[^>] ↵
*>//g' | sed -E 's/^ *//' | sed -E 's/&amp;/\&/g'
```

```
今すぐ使えるかんたんmini 今すぐ使えるかんたんmini CD&DVD 作成超入門[Windows 10対応版]
```

*a　s///の右側に置かれた&は、左側の正規表現にマッチした文字列全体に置換されます。このため、&をエスケープせずに書いてしまうと、なにも置換しないのと同じ結果になります。

1.5 まとめ

本章では、Wgetでクローリングを、grepやsedなどのコマンドと正規表現でスクレイピングを行いました。Unixコマンドだけでも簡単にクローリングとスクレイピングができることがわかります。

これらのコマンドは手軽ですが、実用上は機能不足の面もあります。クローリングにおいては、たどるリンクやその順序を制御したいことは多くあります。Wgetでは、ディレクトリ単位での制限しかできず、たどる順序の明示的な制御もできません。また、ファイルをダウンロードしたタイミングで何らかの処理を行うこともできません。スクレイピングにおいては、Unixのコマンド群は行指向であり、行単位になっていないデータを扱うのは苦手です。例えば、今回の技術評論社のWebサイトでは、書籍名を含む要素がたまたま1行で書かれていたのでうまく扱えました。しかし、HTMLとしては次のように3行になっていても意味は同じです。このようになっているだけで、grepコマンドでタイトルが書かれた行を抜き出すのは難しくなります。

```
<p itemprop="name" class="title">
<span class="series">ゼロからはじめる</span> ゼロからはじめる<br/>ドコモ Galaxy S9<wbr/>／<wbr/>S9+ SC- ↵
02K<wbr/>／<wbr/>SC-03K スマートガイド
</p>
```

このような複雑なデータを相手にするには、より強力な道具が必要です。汎用プログラミング言語であるPythonにはクローリング・スクレイピングのための機能やライブラリが揃っています。次章からはPythonを使ってクローリング・スクレイピングに取り組みます。

第 2 章

Python Crawling & Scraping

Pythonではじめる
クローリング・スクレイピング

第2章 Pythonではじめるクローリング・スクレイピング

ここからはPythonを使ってクローリング・スクレイピングを行います。Pythonの開発環境構築と基本文法から、クローリング・スクレイピングの一連の過程をスクリプトにするまでを解説します。

2.1 Pythonを使うメリット

クローリング・スクレイピングにPythonを使うメリットとして、**第1章**のまとめで汎用的なプログラミング言語であることを挙げました。さらに次のメリットがあります。

- 言語自体の特性
- 強力なサードパーティライブラリの存在
- スクレイピング後の処理との親和性

2.1.1 言語自体の特性

1点目のメリットはPythonの言語そのものの特性です。Pythonは教育用に使われることもある読みやすく書きやすい言語です。一度書かれたプログラムは、その後何度も他の人(未来の自分を含む)に読まれることになるため、読みやすさは重要です。

PythonはBattery Included(電池付属)と言われています。電池つき電化製品のように、豊富な標準ライブラリが付属しており、インストール後すぐに使いはじめられることの比喩です。`urllib`などを用いれば標準ライブラリだけでもクローリング・スクレイピングができるほどです。ただし、本書では記述の簡潔さや実用性を重視し、サードパーティライブラリを適宜組み合わせて解説しています。本章で正規表現やCSV、JSONなど便利な標準ライブラリの使い方を解説しています。

さらに、複数のWebサイトから高速にデータを取得するためには、非同期処理が有効です。PythonにはTwistedやTornadoなどの非同期処理のためのフレームワークが存在し、Python 3.4からはasyncioと呼ばれる非同期処理のための標準ライブラリもあります。非同期処理の分野においてはNode.jsやGo言語が有名ですが、Pythonでも手軽に扱えます。

2.1.2 強力なサードパーティライブラリの存在

2点目は豊富なサードパーティライブラリの存在です。**PyPI（Python Package Index）**＊1には、世界中の開発者が数多くのライブラリを公開しており、簡単に使うことができます。特に、lxml（**2.5.3**参照）やBeautiful Soup（**3.1.1**参照）は有名なスクレイピングライブラリですし、**第6章**で紹介するScrapyは強力なクローリング・スクレイピングフレームワークです。このような強力なライブラリによって巨人の肩の上に乗り、短いプログラムを書くだけで素早くクローリング・スクレイピングを行えます。

2.1.3 スクレイピング後の処理との親和性

3点目はクローリング・スクレイピングでデータを取得した後、データ分析などの処理を行う際にもPythonが強力な武器になる点です。データ分析においてもPythonには優秀なライブラリが揃っているため、1つの言語を習得するだけで大抵のことは実現できてしまいます。

Pythonでは数値計算や科学技術計算の分野で古くからNumPyやSciPyといったライブラリが有名で、これらをベースとしたデータ分析用のライブラリが存在します。例えばpandas（**5.3.2**参照）は、NumPyをベースとしてデータの前処理（欠損値の処理・正規化など）や集計を簡単に行えるライブラリです。またmatplotlib（**5.3.3**参照）は数値データをグラフで可視化できます。データ分析の分野ではR言語が有名ですが、これらのライブラリでPythonでも同様の分析が行えます。他にも様々なライブラリがあります。

column Pythonの実行速度

Pythonはスクリプト言語なので、C++やJavaなどのコンパイル型の言語に比べると実行速度は劣ります。初めて使う場合は不安に感じるかもしれませんが、少なくともクローリング・スクレイピングというタスクにおいては、この差が問題になることは次の理由から稀です。

1. クローリングとスクレイピングを一緒に行う場合、相手のサーバーに負荷をかけないように待つ時間のほうが支配的である。
2. スクレイピングで活躍するlxml（**2.5**参照）は、CPU負荷の高い処理がC言語で記述されたライブラリ（C拡張ライブラリと呼ばれる）で、高速に動作する。

実行速度が劣っていたとしても、スクリプト言語であることや強力なライブラリの存在によって、試行錯誤しやすいことが重要です。これによって全体的な開発効率は高まり、結果的に欲しい結果を早く得られるでしょう。

＊1 https://pypi.org/ RubyにおけるRubyGems（https://rubygems.org/）やNode.jsにおけるnpm（https://www.npmjs.com/）に相当します。

2.2 Pythonのインストールと実行

Python 3をインストールし、仮想環境内で実行します。

2.2.1 Python 2とPython 3

Pythonには大きく分けて、**Python 2**系と**Python 3**系の2つのバージョンがあります。Pythonは後方互換性を重視する言語ですが、2008年にリリースされたバージョン3.0において後方互換性を崩す大きな変更が入りました。そのためライブラリの3系への対応が進まず、2系も並行して開発されてきた経緯があります。

近年では多くのライブラリが3系に対応し、Python 3を問題なく使える状況になってきています。3系は2系に比べて、よりわかりやすい文法への変更、Unicodeサポートの強化、標準ライブラリの整理などの改善が行われています。さらにマイナーバージョンアップで非同期I/Oや型ヒントなどの機能が強化されています。2系のサポートは2020年で打ち切られる予定になっており、今から使いはじめるのであれば3系を強くオススメします。本書では執筆時点で最新のPython 3.7を対象として解説します。

2.2.2 パッケージマネージャーによるPython 3のインストール

macOSではHomebrew（**1.2.1**参照）でインストールします*2。

```
$ brew install python  # macOSの場合
```

インストールに成功すると、`python3`コマンドでバージョンを確認できます。

```
$ python3 -V  # Vは大文字
Python 3.7.3
```

Ubuntu 18.04ではPython 3.6がデフォルトでインストールされていますが、本書の一部でPython 3.7の新機能を使用するため、APTでPython 3.7をインストールします。後の章で使用するC拡張モジュールのコンパイルに必要な開発用パッケージも一緒にインストールしておきます。

```
$ sudo apt install -y python3.7 python3.7-venv libpython3.7-dev python3-pip build-essential  # Ubu ↵
ntuの場合
```

*2 Pythonをインストールするためのツールとして、pyenv (https://github.com/pyenv/pyenv) やpythonz (https://github.com/saghul/pythonz) などが存在します。しかしPythonはメジャーバージョンが同じであれば基本的に後方互換があるので、マイナーバージョンが異なるPythonを使い分けたいといったこだわりがない限り、利用する必要はないでしょう。

インストールに成功すると、python3.7コマンド*3でバージョンを確認できます。

```
$ python3.7 -V  # Vは大文字
Python 3.7.1
```

2.2.3 仮想環境(venv)の使用

近年のプログラミング言語では**仮想環境(Virtual Environment)**と呼ばれる、ランタイムやライブラリを環境(用途)ごとに分離できる仕組みが多く使われています。

● 仮想環境とは

例えば、1台のコンピューターで2つの異なるプログラムAとBを書いているとしましょう。2つのプログラムはXというライブラリに依存しており、プログラムAではライブラリXのバージョン1に、プログラムBではライブラリXのバージョン2に依存しているとします。Pythonでは1つの環境に同じライブラリの複数バージョンをインストールできないため、インストールできるのはXのバージョン1か2のいずれかのみです。ライブラリXのバージョン1と2に互換性がない場合、プログラムAとBのどちらかは正常に動作しなくなってしまいます(**図2.1**)。

▼ 図2.1 仮想環境がない時

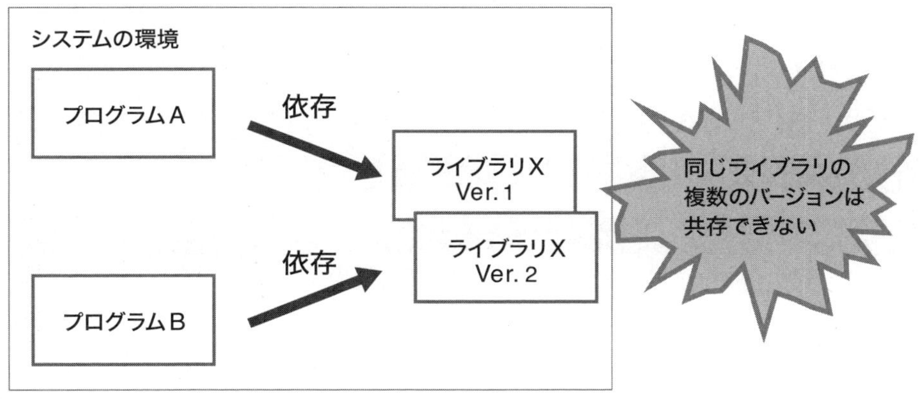

仮想環境を使うと、このような事態を避けられます。プログラムA用の仮想環境にXのバージョン1をインストールし、プログラムB用の仮想環境にXのバージョン2をインストールすることで、互いに

*3 Ubuntu 18.04ではpython3コマンドはPython 3.6を指しているため、python3.7コマンドを使います。後述する仮想環境を使えば、python3.7というコマンド名を何度も打つ必要はありません。

干渉することなくプログラムを開発できます（**図2.2**）。

▼ 図2.2　仮想環境がある時

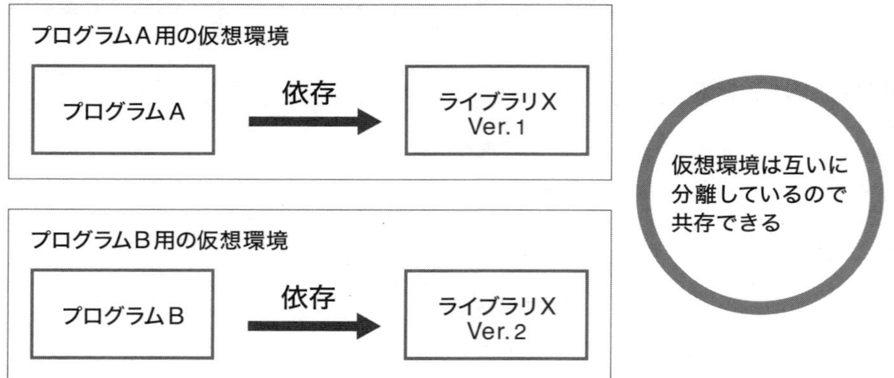

Pythonでは**venv**という標準モジュールで仮想環境を利用できます*4。

仮想環境内ではpython3コマンドのようにバージョン番号がついたコマンドを使わなくても、pythonコマンドで仮想環境に紐付けられたPythonランタイムを起動できるメリットもあります。また、仮想環境は通常の開発で広く使われているため、覚えておいて損はないでしょう。

● 仮想環境の使い方

次のコマンドで、仮想環境を作成します*5*6。-mオプションは指定したモジュールをスクリプトとして実行することを意味します。

```
$ python3 -m venv scraping  # macOSの場合
```

```
$ python3.7 -m venv scraping  # Ubuntuの場合
```

カレントディレクトリにscrapingディレクトリが作成されます。このディレクトリの名前が仮想環境の名前になります。ディレクトリの名前は自由に設定できます*7。

---

*4　かつては仮想環境を使うためにvirtualenv (https://virtualenv.pypa.io/en/latest/) というサードパーティのツールが広く使われてきました。Python 3.3以降はvenvを使えばvirtualenvを使う必要はありません。

*5　WindowsのVirtualBox上で仮想マシンを実行している場合、共有フォルダとしてマウントされているディレクトリ（Appendixの手順のデフォルトでは/vagrant/）内に仮想環境を作成するとシンボリックリンクの作成に失敗します。仮想環境はホームディレクトリ（~）など、共有フォルダ以外のディレクトリに作成してください。

*6　仮想環境の作成に成功すると何も表示されません。メッセージが表示された場合は、仮想環境を正常に作成できていないことが考えられるので、メッセージをよく読んで対応してください。

*7　仮想環境を作成した後にディレクトリをリネームしたり移動したりすると、正常に動作しなくなるので注意してください。

```
$ ls scraping/
bin        include    lib         pyvenv.cfg
```

仮想環境を有効にするには、.(ドット)コマンドでactivateスクリプトを実

```
$ . scraping/bin/activate  # ドットと引数の間にスペースを入れる。
```

.コマンドは引数で指定したファイルを読み込み、現在のシェルで実行するコマンドです。BashやZshなどではsourceコマンドも同じ意味を持ちます。

仮想環境を有効にすると、シェルのプロンプトの先頭に(scraping)と表示されるようになります。

```
(scraping) $
```

仮想環境が有効化された状態ではpythonコマンドでPython 3(仮想環境の作成時に使用したバージョンのPython)が実行できます。

```
(scraping) $ python -V
Python 3.7.3
```

whichコマンドでpythonコマンドのパスを確認すると、scraping/binディレクトリ内のpythonコマンドを指していることがわかります。

```
(scraping) $ which python
/path/to/scraping/bin/python
```

deactivateコマンドで仮想環境を無効化できます。仮想環境を無効化するとシェルのプロンプトから(scraping)の文字がなくなり、元に戻ります。

```
(scraping) $ deactivate
```

仮想環境自体が不要になった場合はディレクトリをまるごと削除します。

以降の説明では、特に断りのない限り仮想環境内でコマンドを実行します。書かれているとおりに実行しても結果が異なったり予期せぬエラーが発生したりする場合は、まず仮想環境内でPython 3を使用しているか確認してください。

2.2.4 インタラクティブシェルの使用

pythonコマンドを引数なしで実行すると、インタラクティブシェルが起動します。Pythonのコードを対話的に実行できるので、ライブラリの使い方の確認などに便利です。

```
ing) $ python
on 3.7.3 (default, Apr 13 2019, 16:40:46)
lang 10.0.1 (clang-1001.0.46.3)] on darwin
Type "help", "copyright", "credits" or "license" for more information.
>>>
```

1～3行目にはバージョンなどの情報と簡単な説明が表示され、4行目に>>>が表示されて入力を受け付ける状態になります。この>>>をプロンプトと呼びます。プロンプトのある行にPythonの式を入力して Enter を押すと、次の行にその式の値が表示されます。

```
>>> 1 + 1
2
```

プロンプトが表示されている時に Ctrl - D を押すか、exit()と入力して Enter を押すとインタラクティブシェルを終了できます。

入力中の場合は、Ctrl - C を押すと入力中の文字列がリセットされて、プロンプトが表示されます。通常のシェルと同じように、上下の矢印キーで以前の入力を表示したり、Ctrl - R で以前の入力からインクリメンタルサーチすることも可能です。

Pythonの公式ドキュメント*8でもインタラクティブシェル形式の解説が多くあります。新しい機能を使うときなどはインタラクティブシェルで試す習慣をつけると良いでしょう。

2.3 Pythonの基礎知識

本書を読み進め、実際にクローリング・スクレイピングする上で必要な、Pythonの文法をはじめとした基礎知識を解説します。最初は流し読みして、後で不明点があったときに戻ってきても良いでしょう。

2.3.1 スクリプトファイルの実行と構成

Pythonスクリプトファイルの実行方法と構成を解説します。

---

*8 https://docs.python.org/3/ Pythonの公式ドキュメントは、Pythonドキュメント翻訳プロジェクトによる日本語版も公開されています。ページのヘッダーでJapaneseを選択するか、URLの/3/を/ja/3/に置き換えると日本語版を参照できます。

● Pythonスクリプトファイルの実行

Pythonのスクリプトは.pyという拡張子のファイルに保存します。テキストエディターを使って、**リスト2.1**の中身を持つファイルをgreet.pyという名前で作成してください。ファイルのエンコーディングはUTF-8を使います。

▼ リスト2.1　greet.py — Pythonスクリプトの例

```
import sys


def greet(name):
    print(f'Hello, {name}!')

if len(sys.argv) > 1:
    name = sys.argv[1]
    greet(name)
else:
    greet('world')
```

Pythonのスクリプトファイルを実行するには、ファイルパスをpythonコマンドの引数に渡します。ファイルを保存したら、仮想環境内で次のコマンドを実行して、「Hello, world!」と表示されることを確認します。

```
(scraping) $ python greet.py
Hello, world!
```

この例では引数に文字列を与えて実行すると、表示が変わります。

```
(scraping) $ python greet.py Guido
Hello, Guido!
```

● Pythonスクリプトの構成

Pythonを使ったことがない方でも、他の言語の経験があればある程度**リスト2.1**のコードの意味するところが理解できるのではないでしょうか。このコードにコメントをつけると**リスト2.2**のようになります。行の#以降はコメントです。

▼ リスト2.2　greet_with_comments.py — Pythonスクリプトの例 (コメントつき)

```
import sys  # import文でsysモジュールを読み込む。

# def文でgreet()関数を定義する。インデントされている行が関数の中身を表す。
def greet(name):
    # 組み込み関数print()は文字列を出力する。
```

```
    # f'...' の文字列内部では {変数名} で変数を展開できる。
    print(f'Hello, {name}!')

# if文でもインデントが範囲を表す。sys.argvはコマンドライン引数のリストを表す変数。
if len(sys.argv) > 1:
    # if文の条件が真のとき
    name = sys.argv[1]  # 変数は定義せずに代入できる。
    greet(name)  # nameを引数としてgreet()関数を呼び出す。
else:
    # if文の条件が偽のとき
    greet('world')  # 文字列 'world' を引数としてgreet()関数を呼び出す。
```

Pythonのスクリプトは上から順に実行されます。関数は事前に定義されている必要があります。基本的に1行に1文だけを書き、行末にセミコロンなどの記号は不要です。

Pythonでは**インデント**が大きな意味を持ちます。次のようにブロックをインデントで表します。

```
if a == 1:
    print('a is 1')
else:
    print('a is not 1')
```

C言語やJavaScriptでは、if文などでブロックを表すときに{}（波括弧）を使い、多くの場合は読みやすいようにブロック内をインデントします。

```
if (a == 1) {
    printf("a is 1\n");
} else {
    printf("a is not 1\n");
}
```

しかし、ブロック内をインデントしなくても意味は変わりません。

```
if (a == 1) {
printf("a is 1\n");
} else {
printf("a is not 1\n");
}
```

ただし、プログラムが非常に読みにくくなってしまいます。Pythonではこのように読みにくくなることを避けるため、正しくインデントされていないブロックがあると`IndentationError`というエラーになり実行できません。構文として正しいインデントを強制することで、誰が書いても読みやすいプログラムになるのです。インデントでブロックを表す言語を使うのが初めての場合は気になるかもしれませんが、慣れれば自然と書けるようになるので安心してください。

Pythonでのインデントは一般的にスペース4つを使います。多くのテキストエディターでは、ソフトタブと呼ばれる設定を有効にすることで、Tab キーを押したときにスペース4つを挿入できます。なお、インデントを増やす直前の行の末尾には:(コロン)を置くことを忘れないでください。

2.3.2 基本的なデータ構造

Pythonでは数値、文字列、リスト、辞書などの基本的なデータ構造を手軽に扱えます。本書を読み進めるのに必要な基本的な使い方を解説しますが、より詳しくは組み込み型のドキュメント*9を参照してください。

● 数値

整数と実数の基本的な四則演算が行えます。pythonコマンドでインタラクティブシェルを起動して、次と同じように打ち込んでいくとわかりやすいでしょう。

```
>>> type(1)  # 整数はint型。type()関数でオブジェクトの型を確認できる。
<class 'int'>
>>> type(1.0)  # 実数はfloat型。
<class 'float'>
>>> 1 + 2
3
>>> 2 - 1
1
>>> 2 * 3
6
>>> 5 / 2  # / 演算子による除算結果は実数になる。
2.5
>>> 5 // 2  # // 演算子による除算結果は切り捨てられた整数になる。
2
>>> 5 % 2  # % 演算子で除算の余りを取得する。
1
>>> 1 + 2 * 3  # 演算子には優先順位があり、* のほうが + よりも優先される。
7
>>> (1 + 2) * 3  # () の中身のほうが優先順位が高い。
9
```

● 文字列

Unicode文字列を表すstr型と、バイト列を表すbytes型があります。文字列操作は基本的にstr型で行い、ファイルやネットワーク越しのデータの読み書きなど、Python以外との境界でbytes型に変換します。

---

*9 https://docs.python.org/3/library/stdtypes.html

```
>>> type('abc')  # 文字列はstr型。
<class 'str'>
>>> 'abc'  # 文字列は'または"で囲う。'...'内では"が、"..."内では'がエスケープせずに使える点を除いて違いはない。
'abc'
>>> 'あいうえお'
'あいうえお'
>>> "1970's"  # 'を含む文字列は"で囲うとわかりやすい。
"1970's"
>>> 'abc\n123'  # \nは改行文字を表す。他にも\t(タブ文字)などのエスケープシーケンスがある。
'abc\n123'
>>> print('abc\n123')  # print()関数を使うと、クオートやエスケープなしにそのまま表示される。
abc
123
```

```
>>> len('abc')  # 組み込み関数len()で文字列の長さを取得する。
3
>>> len('あいうえお')  # 文字列の長さはUnicode文字単位で数える。
5
>>> 'abcdef'[0]  # [0]で0番目の文字を表す1文字の文字列を得る。
'a'
>>> 'abcdef'[-1]  # [-1]のように負のインデックスを指定すると、後ろから数える。
'f'
# 開始インデックスと終了インデックスを指定して範囲の部分文字列を得る。この操作をスライスと呼ぶ。
>>> 'abcdef'[1:3]
'bc'
>>> 'abcdef'[:3]  # 開始インデックスを省略すると、先頭から終了インデックスまでの部分文字列を得る。
'abc'
>>> 'abcdef'[1:]  # 終了インデックスを省略すると、開始インデックスから末尾までの部分文字列を得る。
'bcdef'
>>> 'abc' + 'def'  # +演算子で文字列同士を結合する。
'abcdef'
# fを先頭に付けた文字列(フォーマット済み文字列リテラル)で、{}の部分をその式の値で置き換えた文字列を得られる。
# Python 3.6からの新機能なので、それ以前のバージョンではstr型のformat()メソッドを使う。
>>> message = 'Hello'
>>> version = 3
>>> f'{message}, Python {version}'
'Hello, Python 3'
```

```
# str型のencode()メソッドでbytesオブジェクトに変換。第1引数でエンコーディングの名前を指定。
>>> 'ABCあいう'.encode('utf-8')
b'ABC\xe3\x81\x82\xe3\x81\x84\xe3\x81\x86'
# b''はbytes型のリテラルを表す。
>>> type(b'ABC\xe3\x81\x82\xe3\x81\x84\xe3\x81\x86')
<class 'bytes'>
# bytes型のdecode()メソッドでstrオブジェクトに変換。第1引数でエンコーディングの名前を指定。
>>> b'ABC\xe3\x81\x82\xe3\x81\x84\xe3\x81\x86'.decode('utf-8')
'ABCあいう'
# str型のstrip()メソッドで前後の空白(スペース、タブ、改行など)を削除した文字列を取得する。
>>> '\n ABC あいう \n'.strip()
'ABC あいう'
```

column 文字列のシングルクオートとダブルクオート

文字列は好みでシングルクオートとダブルクオートのどちらで囲っても構いません。Python標準ライブラリのコーディング規約であるPEP 8*aでは次のように記述されています。

- どちらかを推奨することはないので、ルールを決めて守ること。
- 文字列にシングルクオートまたはダブルクオートが含まれる場合は、もう片方を使って可読性を向上させること。
- 複数行文字列リテラル(**2.5.3**参照)ではダブルクオート3つを使うこと。

なお、例を見ればわかるかもしれませんが、筆者の好みはシングルクオートです。

*a　https://www.python.org/dev/peps/pep-0008/ 日本語訳:https://pep8-ja.readthedocs.io/ja/latest/

● リスト

複数の値の列をひとまとめに扱うためのデータ型として**リスト(list)**があります。リストは文字列と同じく順序を持ち反復可能な型(シーケンスと呼ばれる)であり、同様の操作をサポートしています。他の言語では配列やArrayと呼ばれるデータ型に対応します。

```
>>> type([])  # []でリスト(list型)を得る。
<class 'list'>
>>> [1, 2, 3]  # 値はカンマで区切る。
[1, 2, 3]
>>> [1, 2, 3,]  # 末尾にカンマがあっても良い。
[1, 2, 3]
>>> [1, 2, 'Three']  # 任意のオブジェクトを要素として含められる。
[1, 2, 'Three']
>>> [1, 2, 3][0]  # [n]でn番目の要素を取得する。
1
>>> [1, 2, 3][1:2]  # 文字列と同様にスライスで部分リストを取得する。
[2]
>>> len([1, 2, 3])  # 組み込み関数len()でリストの長さを取得する。
3
>>> 1 in [1, 2, 3]  # in演算子で要素が含まれているかどうかをテストする。
True
>>> [1, 2, 3].index(1)  # index()メソッドで値のインデックスを取得。値が存在しない場合はValueError。
0
```

```
>>> [1, 2, 3] + [4, 5]  # +演算子でリスト同士を結合したリストを得る。
[1, 2, 3, 4, 5]
>>> a = [1, 2, 3]  # 変数aに代入する。変数に代入すると値は表示されない。
>>> a.append(4)  # append()メソッドで値を末尾に追加する。
>>> a  # 変数の中身を表示する。
[1, 2, 3, 4]
```

```
>>> a.insert(0, 5)  # insert()メソッドで第1引数のインデックスに第2引数の値を挿入する。
>>> a
[5, 1, 2, 3, 4]
>>> del a[0]  # del文で指定したインデックスの要素を削除する。
>>> a
[1, 2, 3, 4]
>>> a.pop(0)  # pop()で指定したインデックスの要素を取得し、リストから削除する。
1
>>> a
[2, 3, 4]
>>> a[0] = 1  # 要素に代入して書き換える。
>>> a
[1, 3, 4]
>>> 'a,b,c'.split(',')  # str型のsplit()メソッドで文字列を分割したリストを得る。
['a', 'b', 'c']
>>> ','.join(['a', 'b', 'c'])  # str型のjoin()メソッドでリストを結合した文字列を得る。
'a,b,c'
```

● タプル

リストと違って変更不可能なシーケンスとして**タプル（tuple）**があります。慣れるまではリストとの使い分けがわかりにくいかもしれません。変更しない設定値を記述するときや、関数の戻り値として複数の値を返すとき、シーケンス全体を1つの値として扱いたいときなどに使われます。

```
>>> type(())  # ()でタプル(tuple型)を得る。
<class 'tuple'>
>>> (1, 2)  # 値はカンマで区切る。
(1, 2)
>>> (1, 2,)  # 末尾にカンマがあっても良い。
(1, 2)
>>> (1,)  # 1要素のタプルは末尾のカンマが必須。
(1,)
>>> (1, 2, 3)[0]  # リストと同じようにインデックスで要素を取得できる。
1
```

● 辞書

キーと値のペアを複数まとめて扱うデータ型として**辞書（dict）**があります。他の言語では連想配列やハッシュ、Mapなどと呼ばれるデータ型に対応します。

```
>>> {'a': 1, 'b': 2}  # {}で辞書(dict型)を得る。Python 3.7以降ではキーの順序が保証される。
{'a': 1, 'b': 2}
>>> {'a': 1, 'b': 2, 3: 'c'}  # キー、値ともに複数のデータ型を混在させられる。
{'a': 1, 'b': 2, 3: 'c'}
>>> d = dict(a=1, b=2)  # 文字列をキーに持つ辞書であれば、組み込み関数dict()でも得られる。
>>> d
```

```
{'a': 1, 'b': 2}
>>> d['a']  # [キー]で対応付けられた値を取得する。
1
>>> d['c'] = 3  # [キー]に代入することで要素の追加、値の書き換えが可能。
>>> d
{'a': 1, 'b': 2, 'c': 3}
>>> del d['c']  # del文でキーを指定して要素を削除できる。
>>> d
{'a': 1, 'b': 2}
```

```
>>> 'a' in d  # in演算子でキーが存在するかどうかをテストする。
True
>>> d['x']  # []で存在しないキーの値を取得しようとするとKeyErrorになる。
Traceback (most recent call last):
  File "<stdin>", line 1, in <module>
KeyError: 'x'
>>> d.get('a')  # get()メソッドでも引数で指定したキーの値を取得できる。キーが存在しない場合はNone。
1
# keys()メソッドでキーの一覧を取得する。戻り値は辞書ビューと呼ばれる反復可能なオブジェクト。
# 組み込み関数list()でリストに変換できる。同様にvalues()メソッドで値の一覧を取得する。
>>> list(d.keys())
['a', 'b']
# items()メソッドでキーと値のペアの一覧を取得する。
>>> list(d.items())
[('a', 1), ('b', 2)]
```

2.3.3 制御構造と関数・クラス定義

if, for, while文などの制御構造が利用できます。関数定義、クラス定義についても解説します。より詳しくは言語リファレンス*10を参照してください。

● if文による条件分岐

リスト2.3のように、**if文**を使うと式の値に応じて処理を分岐できます。

▼ リスト2.3 if.py — if文

```
a = 1

# if文で処理を分岐できる。
if a == 1:
    print('a is 1')  # if文の式が真のときに実行される。
elif a == 2:
```

*10 https://docs.python.org/3/reference/index.html

```
    print('a is 2')  # elif節の式が真のときに実行される(elif節はなくても良い)。
else:
    print('a is not 1 nor 2')  # どの条件にも当てはまらなかったときに実行される(else節はなくても良い)。

print('a is 1' if a == 1 else 'a is not 1')  # 条件式で1行で書ける。可読性が下がるので多用しない。
```

if文の式には**表2.1**のような式を使えます。偽となる値は、None、False、数字の0、0.0、空のコンテナー(文字列、バイト列、リスト、タプル、辞書)などです。

▼ 表2.1　if文で使う式の例

式の例	説明
a == b	aとbが等しい場合に真。
a != b	aとbが等しくない場合に真。
a < b	aがbより小さい場合に真。
a <= b	aがb以下の場合に真。
a > b	aがbより大きい場合に真。
a >= b	aがb以上の場合に真。
a and b	aが偽の場合はa、aが真の場合はb。aとbの両方が真の場合に真となる。
a or b	aが真の場合はa、aが偽の場合はb。aまたはbのいずれかが真の場合に真となる。
not a	aが偽の場合に真。
a is b	aとbが同じオブジェクトの場合に真。
a is not b	aとbが異なるオブジェクトの場合に真。

● for文とwhile文による繰り返し処理

リスト2.4のように、**for文**を使うとリストなどの反復可能なオブジェクトの要素に対して繰り返し処理できます。**while文**を使うと、条件が真の間繰り返し処理できます。**break文**で繰り返し処理を抜けたり、**continue文**で反復の処理の途中で次の反復に移ったりできます。

▼ リスト2.4　for_and_while.py — for文とwhile文

```
# 変数xにinの右側のリストの要素が順に代入されて、ブロック内の処理が計3回実行される。
for x in [1, 2, 3]:
    print(x)  # 1, 2, 3が順に表示される。

# 回数を指定した繰り返しには組み込み関数range()を使う。
for i in range(10):
    print(i)  # 0～9が順に表示される。

# for文にdictを指定するとキーに対して繰り返す。
d = {'a': 1, 'b': 2}

for key in d:
    value = d[key]
```

```
    print(key, value)  # a 1, b 2 が表示される。

# dictのitems()メソッドで、dictのキーと値に対して繰り返す。
for key, value in d.items():
    print(key, value)  # a 1, b 2 が表示される。

# while文で式が真の間、繰り返し処理する。
s = 1
while s < 1000:
    print(s)  # 1, 2, 4, 8, 16, 32, 64, 128, 256, 512が順に表示される。
    s = s * 2
```

● try文による例外処理とwith文によるブロックの後処理

通常のプログラム実行を継続できないエラー（0による除算など）が発生した場合、例外が送出されます。例外が発生するとプログラムは終了しますが、**try文**で例外を処理するとプログラムの実行を継続できます。

▼ リスト2.5　try.py — try文による例外処理

```
d = {'a': 1, 'b': 2}

try:
    print(d['x'])  # 例外が発生する可能性がある処理。
except KeyError:
    # try節内でexcept節に書いた例外（ここではKeyError）が発生した場合、except節が実行される。
    print('x is not found')  # キーが存在しない場合の処理。
finally:
    # finally節は例外発生の有無によらず、ブロックを抜ける際に実行される。
    # except節とfinally節はどちらかがあれば良い。
    print('post-processing')
```

with文を使うと、後処理が必要なオブジェクトを簡単に扱えます。

▼ リスト2.6　with.py — with文によるブロックの後処理

```
# open()関数の戻り値を変数fに代入し、with節のブロック内で使う。
# このブロックを抜ける際（例外発生時を含む）に、f.close()が自動的に呼び出される。
with open('index.html') as f:
    print(f.read())

# このwith文の処理は次のコードと同等。
f = open('index.html')
try:
    print(f.read())
finally:
```

```
    f.close()
```


● def文による関数定義

リスト2.7のように**def文**で関数を定義できます。

▼ リスト2.7　def.py ― def文

```
# addという名前の関数を定義する。この関数はaとbの2つの引数を取り、加算した値を返す。
def add(a, b):
    return a + b  # return文で関数の戻り値を返す。

# 関数の呼び出しは、関数名の後に括弧で引数を指定する。
print(add(1, 2))  # 3と表示される。

# 引数名=値 という形式でも引数の値を指定でき、これをキーワード引数と呼ぶ。
print(add(1, b=3))  # 4と表示される。
```

● class文によるクラス定義

Pythonは手続き型やオブジェクト指向、関数型など複数のプログラミングパラダイムの良いところを取り入れたプログラミング言語です。オブジェクト指向プログラミングで使われるクラスを**class文**で定義できます(**リスト2.8**)。クラスの中にはdef文でメソッドを定義できます。

Pythonにおけるメソッド定義の特徴として、第1引数にselfを取ることが挙げられます。例えば、Rectクラスのコンストラクター Rect() は2個の引数を取りますが、__init__() を定義しているdef文ではselfを加えた3個の引数を持っています。selfは他言語におけるthisのように、メソッド呼び出しの対象となったインスタンス自身を表します。慣れるまでは気になるかもしれませんが、実際に使っていくうちに、オブジェクト指向プログラミングと関数型プログラミングの特徴を一貫性を保ったまま取り入れるための巧妙な設計であると実感できるでしょう。

▼ リスト2.8　class.py ― class文

```
# Rectという名前のクラスを定義する。
class Rect:
    # インスタンスが作成された直後に呼び出される特殊なメソッドを定義する。
    def __init__(self, width, height):
        self.width = width     # width属性に値を格納する。
        self.height = height   # height属性に値を格納する。

    # 面積を計算するメソッドを定義する。
    def area(self):
        return self.width * self.height

r = Rect(100, 20)  # Rectクラスのインスタンスを作成する。newなどのキーワードは不要。
print(r.width, r.height, r.area())   # 100 20 2000と表示される。
```

```
# Rectを継承したSquareクラスを定義する。
class Square(Rect):
    def __init__(seif, width):
        super().__init__(width, width)  # 親クラスのメソッドを呼び出す。
```

2.3.4 組み込み関数

Pythonにはいくつかの組み込み関数が存在し、特に宣言せずに使えます。これまでに何度も登場しているprint()関数やlen()関数も組み込み関数です。代表的な組み込み関数を**表2.2**にまとめました。詳しくは組み込み関数のドキュメント*11を参照してください。

▼ 表2.2 代表的な組み込み関数

関数	説明
dict()	dictオブジェクトを生成する。
dir()	現在のスコープの名前のリスト、オブジェクトの属性名のリストを取得する。
filter()	反復可能なオブジェクトから条件にマッチするものだけを取得する。
int()	文字列などを整数に変換する。
len()	オブジェクトの長さを取得する。
list()	listオブジェクトを生成する。
map()	反復可能なオブジェクトの各要素に関数を適用した結果を取得する。
max()	反復可能なオブジェクトの要素の最大値を取得する。
min()	反復可能なオブジェクトの要素の最小値を取得する。
open()	ファイルを開いてファイルオブジェクトを取得する。
print()	オブジェクトを表示する。
range()	数列のシーケンスを取得する。
repr()	オブジェクトを人間が読みやすい形で表した文字列を取得する。
reversed()	シーケンスを逆順にしたオブジェクトを取得する。
sorted()	反復可能なオブジェクトをソートした新しいリストを取得する。
str()	オブジェクトを文字列に変換する。
type()	オブジェクトの型を取得する。

2.3.5 モジュール

Pythonには豊富な標準ライブラリが付属しています。Pythonのライブラリは**モジュール**と呼ばれる単位で管理されます。モジュールには複数のクラスや関数が含まれます。

1つのモジュールは1つの.pyファイルに対応しており、あるモジュールにサブモジュールが存在することもよくあります。モジュールごとに名前空間が独立しているため、他のモジュールのクラスや関

*11 https://docs.python.org/3/library/functions.html

数を使うためには**import文**で明示的に宣言する必要があります。**リスト2.9**では2種類のimport文の書き方を示しています。

▼ リスト2.9　import.py — import文によるモジュールの使用

```
import sys  # sysモジュールを現在の名前空間にインポート。
from datetime import date  # datetimeモジュールから、dateクラスだけを現在の名前空間にインポート。

print(sys.argv)  # sysモジュールのargvという変数で、コマンドライン引数のリストを取得して表示する。
print(date.today())  # dateクラスのtoday()メソッドで今日の日付を取得して表示する。
```

インポート対象のモジュールはsys.pathというリストに含まれるパスから検索されます。代表的な標準モジュールを**表2.3**にまとめました。詳しくはライブラリリファレンス*12を参照してください。

▼ 表2.3　代表的な標準モジュール

モジュール名	説明
re	正規表現
datetime	日付と時刻
collections	組み込み以外のコレクション型
math	数学の関数
random	擬似乱数
itertools	反復可能なオブジェクトに対する操作
sqlite3	SQLiteデータベースの操作
csv	CSVの読み書き
json	JSONの読み書き
os	OS関連の様々な操作
os.path	ファイルやディレクトリなどのパスの操作
multiprocessing	マルチプロセスによる並列化
subprocess	他のプロセスの実行
urllib	URL関連の操作
unittest	ユニットテスト
pdb	Pythonのデバッガ
sys	Pythonインタプリター関連の変数や関数
typing	型ヒントのサポート

2.3.6　サードパーティライブラリのインストール

PyPIで公開されているライブラリのインストールには**pip***13というツールを使用します。仮想環境内ではpipが既定で有効になっていて、すぐに利用できます。pip installコマンドで仮想環境内にラ

*12　https://docs.python.org/3/library/index.html

*13　以前はeasy_installというツールが広く使われていましたが、ライブラリのアンインストールができないなどの弱点があったため、現在ではpipが取って代わっています。

イブラリをインストールします。

```
(scraping) $ pip install ライブラリ名
```

このコマンドでは最新バージョンがインストールされますが、特定のバージョンを指定してインストールすることも可能です。最新バージョンで本書の記載通りに動作しない場合は、このように本書記載のバージョンを指定してインストールしてください。

```
(scraping) $ pip install ライブラリ名==1.0
```

pipでは同じライブラリの複数のバージョンを共存させることはできません。複数のバージョンを使いたいときは、仮想環境を分けてそれぞれに別のバージョンをインストールします（**2.2.3**）。

`pip freeze`コマンドで、仮想環境内にインストールされている全ライブラリのバージョンを確認できます。

```
(scraping) $ pip freeze
requests==2.7.0
```

2.4 Webページを取得する

それではPythonを使って実際にWebページを取得してみましょう。本節ではサードパーティライブラリのRequestsを使って、技術評論社の電子書籍サイト（https://gihyo.jp/dp）のWebページを取得します。後の節では、本節で取得したWebページから電子書籍の情報をスクレイピングします。

Webページを取得する際には、HTTPヘッダーやHTMLの`meta`タグから文字コード*14を判別することで、文字化けせずにWebページの中身を取得できるようになります。

2.4.1 RequestsによるWebページの取得

Webページを取得するには、サードパーティライブラリの**Requests***15を使います。標準ライブラリの`urllib.request`モジュール*16でも取得できますが、あまり使い勝手が良くありません。`urllib.request`は基本的なGETやPOSTのリクエストのみであれば簡単に使えますが、HTTPヘッダーの追加やBasic認証などの少し凝ったことをしようとすると面倒な処理が必要になります。Requestsにはこの

*14　本書では文字コードとエンコーディングという2つの言葉を、文字とそれに対応するバイト列との変換規則という意味で使用し、特に区別しません。

*15　http://docs.python-requests.org/en/latest/ 本書ではバージョン2.19.1を使用します。

*16　https://docs.python.org/3/library/urllib.request.html

ようなケースでも簡単に使えるインターフェイスが用意されています。

pipでRequestsをインストールします。

```
(scraping) $ pip install requests
```

● Requestsの基本的な使い方

インストールできたらインタラクティブシェルで動作を試しましょう。

```
>>> import requests  # ライブラリをインポートして利用可能にする。
>>> r = requests.get('https://gihyo.jp/dp')  # get()関数でWebページを取得できる。
>>> type(r)  # get()関数の戻り値はResponseオブジェクト。
<class 'requests.models.Response'>
>>> r.status_code  # status_code属性でHTTPステータスコードを取得できる。
200
>>> r.headers['content-type']  # headers属性でHTTPヘッダーの辞書を取得できる。
'text/html; charset=UTF-8'
>>> r.encoding  # encoding属性でHTTPヘッダーから得られたエンコーディングを取得できる。
'UTF-8'
>>> r.text  # text属性でstr型にデコードしたレスポンスボディを取得できる。
'<!DOCTYPE HTML>\n<html lang="ja" class="pc">\n<head>\n  <meta charset="UTF-8">\n  <title>Gihyo D ↵
igital Publishing … 技術評論社の電子書籍</title>\n...
>>> r.content  # content属性でbytes型のレスポンスボディを取得できる。
b'<!DOCTYPE HTML>\n<html lang="ja" class="pc">\n<head>\n  <meta charset="UTF-8">\n  <title>Gihyo ↵
 Digital Publishing \xe2\x80\xa6 \xe6\x8a\x80\xe8\xa1\x93\xe8\xa9\x95\xe8\xab\x96\xe7\xa4\xbe\xe3\x ↵
81\xae\xe9\x9b\xbb\xe5\xad\x90\xe6\x9b\xb8\xe7\xb1\x8d</title>\n...
```

Responseオブジェクトのtext属性（r.text）で、str型の文字列を得られます。これは、レスポンスボディr.contentがエンコーディングr.encodingでデコードされたものです。このエンコーディングは正しくない場合もあり、r.textで得られる文字列が文字化けしてしまうこともあります。このような場合、r.encoding = 'cp932'のように上書きすると、text属性の取得時にそのエンコーディングでデコードされ、正しい文字列が得られます。詳しくは**2.4.2**で後述します。

レスポンスボディがgzip形式やDeflate形式で圧縮されている場合にも自動的に展開されるため、特に気にする必要はありません。

column HTTPリクエストとレスポンス

HTTP（Hypertext Transfer Protocol）はWebページなどの送受信に使用されるプロトコルです。クライアントはサーバーにHTTPリクエストを送信し、HTTPレスポンスを受け取ります。これまでHTTP/1.1が広く使われてきましたが、近年ではHTTP/2の利用も広がっています。HTTP/2ではHTTP/1.1までのテキストベースのプロトコルからバイナリベースのプロトコルに変更されましたが、意味論としては変わらないので、HTTP/1.1をベースに解説します。

HTTPリクエスト／レスポンスは、次の4つの要素から構成されます。

- 開始行
- ヘッダー（省略可能）
- 空行（ヘッダーの終わりを表す）
- ボディ（省略可能）

典型的なHTTPリクエスト／レスポンスは次のようなものです。WebページGETメソッドではリクエストボディは省略されます。

```
GET / HTTP/1.1                # リクエストの開始行（メソッド、パス、バージョン）
Host: example.com             # ここからリクエストヘッダー
User-Agent: curl/7.54.0
Accept: */*
                              # 空行
```

実際に取得したいHTMLはレスポンスボディに格納されており、レスポンスヘッダーがその補足情報を表します。

```
HTTP/1.1 200 OK                   # レスポンスの開始行（バージョン、ステータスコード、ステータス文字列）
Cache-Control: max-age=604800     # ここからレスポンスヘッダー
Content-Type: text/html
Date: Mon, 16 Jul 2018 07:26:16 GMT
Etag: "1541025663+ident"
Expires: Mon, 23 Jul 2018 07:26:16 GMT
Last-Modified: Fri, 09 Aug 2013 23:54:35 GMT
Server: ECS (sjc/4E38)
Vary: Accept-Encoding
X-Cache: HIT
Content-Length: 1270
                                  # 空行
<!doctype html>                   # ここからレスポンスボディ
<html>
<head>
    <title>Example Domain</title>
    ...
```

● Requestsの高度な機能

Responseオブジェクトにはjson()メソッドがあり、JSON形式のレスポンスを簡単にデコードしてdictやlistを取得できます。

```
# Livedoorお天気Webサービスで東京の天気をJSON形式で取得する。
>>> r = requests.get('http://weather.livedoor.com/forecast/webservice/json/v1?city=130010')
>>> r.json()
{'pinpointLocations': [{'link': 'http://weather.livedoor.com/area/forecast/1310100', 'name': '千代 ↵
田区'}, {'link': 'http://weather.livedoor.com/area/forecast/1310200', 'name': '中央区'}, {'link': ↵
 'http://weather.livedoor.com/area/forecast/1310300', 'name': '港区'}, ...
```

ここまでの例で使用したget()関数はHTTPメソッドのGETに対応します。他にも、post(), put(), patch(), delete(), head(), options()関数が存在し、それぞれHTTPメソッドのPOST, PUT, PATCH, DELETE, HEAD, OPTIONSに対応します。

```
# httpbin.orgというHTTPリクエスト/レスポンスを試せるサービスを検証に用いる。
# POSTメソッドで送信。キーワード引数dataにdictを指定するとHTMLフォーム形式で送信される。
>>> r = requests.post('http://httpbin.org/post', data={'key1': 'value1'})
```

さらにHTTPヘッダーの追加やBasic認証など、様々な指定が可能です。

```
# リクエストに追加するHTTPヘッダーをキーワード引数headersにdictで指定する。
>>> r = requests.get('http://httpbin.org/get',
...                  headers={'user-agent': 'my-crawler/1.0 (+foo@example.com)'})
# Basic認証のユーザー名とパスワードの組をキーワード引数authで指定する。
>>> r = requests.get('https://api.github.com/user',
...                  auth=('<GitHubのユーザーID>', '<GitHubのパスワード>'))
# URLのパラメーターはキーワード引数paramsで指定することも可能。
>>> r = requests.get('http://httpbin.org/get', params={'key1': 'value1'})
```

複数のページを連続してクロールする場合は、Sessionオブジェクトを使うのが効果的です。Sessionオブジェクトを使うと、HTTPヘッダーやBasic認証などの設定を複数のリクエストで使い回せます。Cookie（**4.1.1**で後述）も自動的に引き継がれます。

さらに、Sessionオブジェクトを使って同じWebサイトに複数のリクエストを送るときには、HTTP Keep-Aliveと呼ばれる接続方式が使われます。一度確立したTCPコネクションを複数のリクエストで使い回すので、オーバーヘッドとなるTCPコネクションの確立処理を省略でき、パフォーマンス向上が期待できます。特にhttps://で始まるURLにリクエストを送る場合、TCPコネクション確立時に行われる暗号化のためのTLS/SSLハンドシェイクはサーバーにとって負荷のかかる処理です。HTTP Keep-Aliveを使うことで、サーバー側の負荷も軽減できます。

```
>>> s = requests.Session()
# HTTPヘッダーを複数のリクエストで使い回す。
>>> s.headers.update({'user-agent': 'my-crawler/1.0 (+foo@example.com)'})
# Sessionオブジェクトにはget(), post()などのメソッドがあり、requests.get(), requests.post()などと同様に使える。
>>> r = s.get('https://gihyo.jp/')
>>> r = s.get('https://gihyo.jp/dp')
```

このように、RequestsではWebページの取得時に困りがちなところがカバーされています。

2.4.2 文字コードの扱い

Webページをネットワーク越しにHTTPで受信する際、Webページの中身はバイト列として表現されます。例えば同じ「あ」という文字でも、使用するエンコーディングによってバイト列の表現方法は異なります。

```
>>> 'あ'.encode('utf-8')  # UTF-8でエンコードした場合は E3 81 82 という3バイト。
b'\xe3\x81\x82'
>>> 'あ'.encode('cp932')  # CP932でエンコードした場合は 82 A0 という2バイト。
b'\x82\xa0'
>>> 'あ'.encode('euc-jp')  # EUC-JPでエンコードした場合は A4 A2 という2バイト。
b'\xa4\xa2'
```

このため、サーバーから受け取ったHTTPレスポンスに含まれるバイト列から元の文字列を復元するためには、どのエンコーディングでエンコードされたかを知る必要があります。しかし、Webページのエンコーディングを指定する方法は仕様で定義されているものの、Webサイトの管理者によって正しく指定されていなかったり、間違ったエンコーディングが指定されていることがあります。このような場合に誤ったエンコーディングでデコードしてしまうと、いわゆる文字化けが発生することになります。

最近ではHTML5以降のデフォルトエンコーディングであるUTF-8で作成されたWebページが多いため、UTF-8を前提にデコードするのも1つの手です。ですが、日本語を含む多様なサイトをクロールする場合は、複数のエンコーディングが入り混じる可能性があるため、適切なエンコーディングでデコードする必要があります。

クライアント側から見ると、Webページのエンコーディングを取得・推定する方法として次の3つがあります。あらゆるケースに対応できる完全な方法はないので、これらを対象サイトに合わせて組み合わせて使用します。

1. HTTPレスポンスの`Content-Type`ヘッダーの`charset`で指定されたエンコーディングを取得する
   正しくなかったり、`charset`が指定されてなかったりすることがある（特に静的ページの場合）。

2
2. HTTPレスポンスボディのバイト列の特徴からエンコーディングを推定する
   推定に使用するレスポンスボディが長いほど精度よく推定できるが、その分処理時間は長くなる。
3. HTMLのmetaタグで指定されたエンコーディングを取得する
   1が正しく指定されているサイトではmetaタグが指定されていないことがある。

以降で、それぞれの方法を詳しく見ていきます。

● HTTPヘッダーからエンコーディングを取得する

HTTPレスポンスのContent-Typeヘッダーを参照することで、そのページで使われているエンコーディングを知ることができます。日本語ページの典型的なContent-Typeヘッダーの値は次のようなものです。

- text/html
- text/html; charset=UTF-8
- text/html; charset=EUC-JP

charset=の後に書かれているUTF-8やEUC-JPがそのページのエンコーディングです。Requestsでは、Responseオブジェクトのencoding属性でこの値を得られます。

▼ リスト2.10　requests_header_encoding.py — HTTPヘッダーから取得したエンコーディングでデコードする

```
import sys
import requests

url = sys.argv[1]  # 第1引数からURLを取得する。
r = requests.get(url)  # URLで指定したWebページを取得する。
print(f'encoding: {r.encoding}', file=sys.stderr)  # エンコーディングを標準エラー出力に出力する。
print(r.text)  # デコードしたレスポンスボディを標準出力に出力する。
```

これをrequests_header_encoding.pyという名前のファイルに保存して実行すると、HTTPヘッダーから得られたエンコーディングとデコードされたレスポンスボディが出力されます。

```
(scraping) $ python requests_header_encoding.py https://gihyo.jp/dp
encoding: UTF-8
<!DOCTYPE HTML>
<html lang="ja" class="pc">
<head>
  <meta charset="UTF-8">
  <title>Gihyo Digital Publishing … 技術評論社の電子書籍</title>
  ...
```

次節以降で使うため、HTMLをdp.htmlというファイル名で保存しておきます。

```
(scraping) $ python requests_header_encoding.py https://gihyo.jp/dp > dp.html
encoding: UTF-8
```

この方法で注意すべき点は、Content-Typeヘッダーにcharsetが指定されていない場合にr.encoding == 'ISO-8859-1'となることです。ISO-8859-1はLatin-1とも呼ばれるラテン文字のためのエンコーディングで、日本語のWebサイトをISO-8859-1としてデコードすると文字化けしてしまいます。

日本語圏のWebサイトの取得時にr.encoding == 'ISO-8859-1'となった場合は、UTF-8とみなすか、他の方法を使用すると良いでしょう。

● レスポンスボディのバイト列からエンコーディングを推定する

各エンコーディングでエンコードされたバイト列にはよく出現するパターンなどの特徴があり、この特徴からエンコーディングを推定できます。Requestsでは、Responseオブジェクトのapparent_encoding属性で推定されたエンコーディングが得られます。内部的にchardet*17というライブラリが使用されます。

▼ リスト2.11 requests_apparent_encoding.py ― レスポンスボディのバイト列から推定されたエンコーディングでデコードする

```
import sys
import requests

url = sys.argv[1]  # 第1引数からURLを取得する。
r = requests.get(url)  # URLで指定したWebページを取得する。
r.encoding = r.apparent_encoding  # バイト列の特徴から推定したエンコーディングを使用する。
print(f'encoding: {r.encoding}', file=sys.stderr)  # エンコーディングを標準エラー出力に出力する。
print(r.text)  # デコードしたレスポンスボディを標準出力に出力する。
```

次のように実行します。これをrequests_apparent_encoding.pyという名前のファイルに保存して実行すると、レスポンスボディのバイト列から推定されたエンコーディングとデコードされたレスポンスボディが出力されます。

```
(scraping) $ python requests_apparent_encoding.py https://gihyo.jp/dp
encoding: utf-8
<!DOCTYPE HTML>
<html lang="ja" class="pc">
<head>
  <meta charset="UTF-8">
```

*17 https://pypi.org/project/chardet/

```
<title>Gihyo Digital Publishing … 技術評論社の電子書籍</title>
...
```

● metaタグからエンコーディングを取得する

HTMLのmetaタグでは、次のような形でエンコーディングが明示されます。

- `<meta charset="utf-8">`
- `<meta http-equiv="Content-Type" content="text/html; charset=Shift_JIS">`

metaタグのエンコーディングはRequestsの機能では取得できません。RequestsはHTTP通信のためのライブラリであり、HTMLなどの特定の種類のコンテンツに依存したエンコーディングを取得する方法を提供していないためです。

このため、正規表現を使ってmetaタグのcharsetの値からエンコーディングを取得します。正規表現を処理するためのreモジュールの使い方は、後の**2.5.1**で詳しく解説します。

▼ リスト2.12　requests_meta_encoding.py ― metaタグから取得したエンコーディングでデコードする

```
import sys
import re
import requests

url = sys.argv[1]  # 第1引数からURLを取得する。
r = requests.get(url)  # URLで指定したWebページを取得する。

# charsetはHTMLの最初のほうに書かれていると期待できるので、
# レスポンスボディの先頭1024バイトをASCII文字列としてデコードする。
# ASCII範囲外の文字はU+FFFD(REPLACEMENT CHARACTER)に置き換え、例外を発生させない。
scanned_text = r.content[:1024].decode('ascii', errors='replace')

# デコードした文字列から正規表現でcharsetの値を抜き出す。
match = re.search(r'charset=["\']?([\w-]+)', scanned_text)
if match:
    r.encoding = match.group(1)  # charsetが見つかった場合は、その値を使用する。
else:
    r.encoding = 'utf-8'  # charsetが明示されていない場合はUTF-8とする。

print(f'encoding: {r.encoding}', file=sys.stderr)  # エンコーディングを標準エラー出力に出力する。
print(r.text)  # デコードしたレスポンスボディを標準出力に出力する。
```

これをrequests_meta_encoding.pyという名前のファイルに保存して実行すると、metaタグから得られたエンコーディングとデコードされたレスポンスボディが出力されます。

```
(scraping) $ python requests_meta_encoding.py https://gihyo.jp/dp
encoding: UTF-8
<!DOCTYPE HTML>
<html lang="ja" class="pc">
<head>
  <meta charset="UTF-8">
  <title>Gihyo Digital Publishing … 技術評論社の電子書籍</title>
  ...
```

技術評論社のWebサイトは正しくエンコーディングが明示されていたため、3つの方法のいずれでも正しくエンコーディングを取得してデコードできました。コマンドライン引数で指定するURLを変更して様々なWebサイトで試してみると、正しいエンコーディングが得られずに文字化けしてしまうことがあるのを確認できるでしょう。

2.5 Webページからデータを抜き出す

ダウンロードしたWebページからスクレイピングしましょう。Pythonの標準ライブラリで保存したファイルから書籍のタイトルやURLなどのデータを抜き出します。

本節ではスクレイピングの手法として、次の2つを取り上げます。それぞれの手法で得意とするデータが異なるので、対象のWebサイトに合わせて使い分けられるようにしましょう。

- 正規表現
- HTMLパーサー

正規表現によるスクレイピングは、HTMLを単純な文字列とみなして必要な部分を抜き出します。きれいにマークアップされていないWebページでも、文字列の特徴を捉えてスクレイピングできます。Unixコマンドでのスクレイピング方法（**1.3.3**参照）と基本的には同じですが、Pythonではより強力な正規表現が使用できるので柔軟な処理が可能です。

HTMLパーサーによるスクレイピングは、HTMLのタグを解析（パース）して必要な部分を抜き出します。情報が適切にマークアップされているWebページでは、正規表現に比べて簡単かつ確実に必要とする部分を抜き出せます。

Pythonでは標準モジュールの`html.parser`モジュールがHTMLをパースする機能を提供しています。しかし、このモジュールはHTMLをパースするためにクラスを定義して、タグなどに応じた処理を記述する必要があるため気軽に使えるものではありません。そこで、サードパーティライブラリのlxmlを使用してスクレイピングします。その際に必要となるXPathとCSSセレクターについても学びます。

2

2.5.1 正規表現によるスクレイピング

まずは、正規表現でスクレイピングしましょう。標準ライブラリのreモジュールを使います。

● reモジュールの使い方

インタラクティブシェルを使ってreモジュール*18の使い方を簡単に見ていきます。なお、正規表現のパターンにはバックスラッシュが頻出するので、通常の文字列を使うとエスケープが面倒です。**raw文字列**と呼ばれるr'...'またはr"..."という形式の文字列リテラルを使うと、バックスラッシュがエスケープ文字として解釈されないので、正規表現のパターンをすっきり書けます。

```
>>> import re  # reモジュールをインポート。

# re.search()関数で、第2引数の文字列が第1引数の正規表現にマッチするかどうかをテストする。
# マッチする場合はMatchオブジェクトが得られ、マッチしない場合はNoneが得られる。
# 次の例ではMatchオブジェクトが得られ、match='abc'でabcの部分にマッチしたことがわかる。
>>> re.search(r'a.*c', 'abc123DEF')
<re.Match object; span=(0, 3), match='abc'>

# 次の例では、正規表現にマッチしないのでNoneが得られる。
# この場合インタラクティブシェルでは結果が何も表示されず、すぐ次の行にプロンプト(>>>)が表示される。
>>> re.search(r'a.*d', 'abc123DEF')

# 第3引数にオプションを指定できる。
# re.IGNORECASE(またはre.I)を指定すると大文字小文字の違いが無視されるため、マッチするようになる。
# 他にも . が改行を含むすべての文字にマッチするようになる re.DOTALL(またはre.S) などがある。
>>> re.search(r'a.*d', 'abc123DEF', re.IGNORECASE)
<re.Match object; span=(0, 7), match='abc123D'>

# Matchオブジェクトのgroup()メソッドでマッチした値を取得できる。
# 引数に0を指定すると、正規表現全体にマッチした値が得られる。
>>> m = re.search(r'a(.*)c', 'abc123DEF')
>>> m.group(0)
'abc'

# 引数に1以上の数値を指定すると、正規表現の()で囲った部分(キャプチャ)にマッチした値を取得できる。
# 1なら1番目のキャプチャに、2なら2番目のキャプチャにマッチした値が得られる。
>>> m.group(1)
'b'

# re.findall()関数を使うと正規表現にマッチするすべての箇所を取得できる。
# 次の例では、2文字以上の単語をすべて抽出している。
# \w はUnicodeで単語の一部になりえる文字にマッチする。他にも空白文字にマッチする \s などがある。
>>> re.findall(r'\w{2,}', 'This is a pen')
```

*18 https://docs.python.org/3/library/re.html

```
['This', 'is', 'pen']

# re.sub()関数を使うと、正規表現にマッチする箇所を置換できる。
# 第3引数の文字列の中で、第1引数の正規表現にマッチする箇所（次の例では2文字以上の単語）すべてを、
# 第2引数の文字列に置換した文字列を取得する。
>>> re.sub(r'\w{2,}', 'That', 'This is a pen')
'That That a That'
```

column reモジュールの search() と match()

reモジュールにはsearch()に似た関数として、match()があります。match()は文字列の先頭で正規表現にマッチする場合のみMatchオブジェクトを返します。他言語の経験がある方はmatch()という名前のほうが馴染むかもしれませんが、Pythonでは通常search()を使います。

```
>>> re.search(r'B.*', 'ABC')  # search()は文字列の途中からでもマッチする。
<re.Match object; span=(1, 3), match='BC'>
>>> re.match(r'B.*', 'ABC')  # match()は文字列の途中からはマッチしない。
>>> re.match(r'A.*', 'ABC')  # match()は文字列の先頭からしかマッチしない。
<re.Match object; span=(0, 3), match='ABC'>
```

● reモジュールを使ったスクレイピング

reモジュールを使うと、**リスト2.13**のようにして正規表現でHTMLから書籍のURLとタイトルの一覧を取得できます。なお、urljoin()関数による相対URLから絶対URLの変換については、**2.8**で後述します。

▼ リスト2.13　scrape_re.py ― 正規表現によるスクレイピング

```
import re
from html import unescape
from urllib.parse import urljoin

# 前節でダウンロードしたファイルを開き、中身を変数htmlに格納する。
with open('dp.html') as f:
    html = f.read()

# re.findall()を使って、書籍1冊に相当する部分のHTMLを取得する。
# *?は*と同様だが、なるべく短い文字列にマッチする（non-greedyである）ことを表すメタ文字。
for partial_html in re.findall(r'<a itemprop="url".*?</ul>\s*</a></li>', html, re.DOTALL):
    # 書籍のURLは itemprop="url" という属性を持つa要素のhref属性から取得する。
    url = re.search(r'<a itemprop="url" href="(.*?)">', partial_html).group(1)
    url = urljoin('https://gihyo.jp/', url)  # 相対URLを絶対URLに変換する。

    # 書籍のタイトルは itemprop="name" という属性を持つp要素から取得する。
```

```
    title = re.search(r'<p itemprop="name".*?</p>', partial_html).group(0)  # まずはp要素全体を取得する。
    title = title.replace('<br/>', ' ')  # brタグをスペースに置き換える。str.replace()は文字列を置換する。
    title = re.sub(r'<.*?>', '', title)  # タグを取り除く。
    title = unescape(title)  # 文字参照（後のコラムを参照）が含まれている場合は元に戻す。

    print(url, title)
```

これをscrape_re.pyという名前で保存して実行すると、書籍のURLとタイトルの一覧が表示されます。

```
(scraping) $ python scrape_re.py
https://gihyo.jp/dp/ebook/2018/978-4-297-10001-8 ゼロからはじめる ゼロからはじめる ドコモ arrows Be F-0 ↵
4K スマートガイド
https://gihyo.jp/dp/ebook/2018/978-4-297-10056-8 冒険で学ぶ はじめてのプログラミング
https://gihyo.jp/dp/ebook/2018/978-4-7741-9856-9 ポケットリファレンス [改訂新版]Android SDK ポケットリフ ↵
ァレンス
https://gihyo.jp/dp/ebook/2018/978-4-7741-9935-1 ゼロからはじめる ゼロからはじめる ドコモ Xperia XZ2 SO- ↵
03K スマートガイド
https://gihyo.jp/dp/ebook/2018/978-4-7741-9720-3 Software Design 2018年8月号
https://gihyo.jp/dp/ebook/2018/978-4-7741-9858-3 論文・レポートを読み書きするための理系基礎英語
...
```

column 文字参照

正規表現でスクレイピングする際、&のように&で始まり;で終わる文字列が出現することがあります。これは**文字参照**や**エンティティ**と呼ばれる表記方法で、<、>や&などのHTML中に直接記述できない文字を記述したり、その他のUnicode文字をASCII文字列だけで記述したりするために使われます。htmlモジュール*a のunescape()メソッドを使うと、文字列に含まれる文字参照を対応するUnicode文字に変換できます。

```
>>> from html import unescape
>>> unescape('クローリング&amp;スクレイピング')
'クローリング&スクレイピング'
```

*a　https://docs.python.org/3/library/html.html

2.5.2 XPathとCSSセレクター

次節でlxmlを使ってHTMLからスクレイピングするにあたって必要となる、XPathとCSSセレクターについて解説します。スクレイピングに用いるライブラリではこのいずれか、あるいは両方を使えることが多いです。

XPath（XML Path Language）は、XMLの特定の要素を指定するための言語です。例えば、//body/h1という表記で、body要素の直接の子であるh1要素を指定できます。

CSSセレクターは、CSSで装飾する要素を指定するための表記方法です。例えば、body > h1という表記で、body要素の直接の子であるh1要素を指定できます。CSSを書いたりjQueryを使ったりしたことがある方には馴染みやすい方法でしょう。

XPathとCSSセレクターを比較すると、XPathのほうが多機能で細かな条件を指定できます。しかし、多くの場合CSSセレクターのほうが簡潔に書けるので、どちらかだけを学習するのであればCSSセレクターのほうがオススメです。特にHTMLからのスクレイピングではclass属性による指定をよく使いますが、これが短く書けるのも大きなメリットです。CSSセレクターでざっくりと抜き出してからPythonで細かな処理を行うこともできるため、CSSセレクターの表現力が問題になることは少ないでしょう。

表2.4にXPathとCSSセレクターの書き方の例を示しました。

▼ **表2.4　XPathとCSSセレクターの書き方の例**

探したい要素	XPath	CSSセレクター
title要素	//title	title
body要素の子孫であるh1要素	//body//h1	body h1
body要素の直接の子であるh1要素	//body/h1	body > h1
body要素の任意の子要素	//body/*	body > *
id属性が"main"と等しい要素	id("main") または //*[@id="main"]	#main
class属性として"active"を含むli要素	//li[@class and contains(concat(' ', normalize-space(@class), ' '), ' active ')]	li.active
type属性が"text"と等しいinput要素	//input[@type="text"]	input[type="text"]
href属性が"http://"で始まるa要素	//a[starts-with(@href, "http://")]	a[href^="http://"]
src属性が".jpg"で終わるimg要素	//img[ends-with(@src, ".jpg")] ※XPath 2.0以降で使用可能	img[src$=".jpg"]
要素の子孫に"概要"というテキストを含むh2要素	//h2[contains(.,"概要")]	h2:contains("概要") ※cssselectの独自実装でCSSセレクターの仕様には含まれない
直下のテキストが"概要"というテキストであるh2要素	//h2[text()="概要"]	※CSSセレクターでは表現できない

各ライブラリでのXPathとCSSセレクターのサポート状況を**表2.5**にまとめました。lxml（とlxmlを内部的に使用しているpyquery）では、cssselectパッケージによってCSSセレクターをXPathに変換して実行します。

▼ **表2.5　ライブラリのXPathとCSSセレクターのサポート状況**

ライブラリ	種類	XPath	CSSセレクター
ElementTree（**3.2.1**のコラムで紹介）	標準ライブラリ	△（XPath 1.0のサブセット）	×
lxml + cssselect（**2.5.3**で紹介）	サードパーティ	○（XPath 1.0）	○（CSS3セレクター）
Beautiful Soup（**3.1.1**で紹介）	サードパーティ	×	△（CSS3セレクターのサブセット）
pyquery（**3.1.2**で紹介）	サードパーティ	×	○（CSS3セレクター）

2

● 開発者ツールの活用

モダンなブラウザーでは開発者向けのツールを使って、画面に表示されている要素のXPathやCSSセレクターを取得できます。例えば、Google Chromeでは取得したい要素を右クリックし、コンテキストメニューから「検証」を選択すると開発者ツールが表示されます。要素が選択された状態になるので、右クリックすると**図2.3**のようにコンテキストメニューが表示されます。「Copy」→「Copy XPath」を選択するとXPathが、「Copy selector」を選択するとCSSセレクターが、それぞれクリップボードにコピーされます。

▼ 図2.3 Google Chromeの開発者ツールでXPathとCSSセレクターを取得する

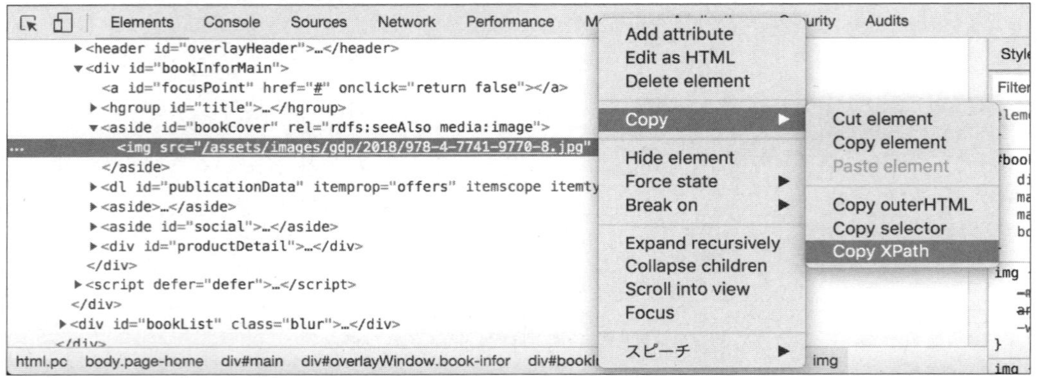

技術評論社の電子書籍のページ(この例はhttps://gihyo.jp/dp/ebook/2018/978-4-7741-9770-8)に表示されている書籍の表紙画像を対象に実行したところ、次のXPathとCSSセレクターが取得できました。

- XPath: `//*[@id="bookCover"]/img`
- CSSセレクター: `#bookCover > img`

この例では人間にとってわかりやすいXPathやCSSセレクターが得られましたが、いつもそうとは限りません。開発者ツールで取得するXPathやCSSセレクターは機械的に生成されるため、Webページのマークアップや取得する要素によっては、複雑で冗長になることもあります。その場合は開発者ツールに表示される要素と見比べて、本質的なところだけを抜き出したり、使用するセレクターを変更したりするとシンプルで変化に強くなるでしょう。

2.5.3 lxmlによるスクレイピング

lxmlを使ってHTMLからデータを抜き出します。**lxml**[*19]は、C言語で書かれたXML処理の著名なライブラリであるlibxml2とlibxsltのPythonバインディングです。libxml2とlibxsltはC言語で書かれているため、高速に動作します。単にC言語のライブラリをラップしただけでなく、Pythonとして使いやすいAPIを実装しているのが特徴です。一方、非常に多機能なので、初めて使うには戸惑うかもしれません。

lxmlにはいくつかのAPIが存在しますが、HTMLのパースには`lxml.html`を使います。

- `lxml.etree`: 標準ライブラリの`xml.etree.ElementTree`[*20]を拡張したAPIを持つXMLパーサー
- `lxml.html`: `lxml.etree`をベースとして壊れたHTMLも扱えるHTMLパーサー
- `lxml.objectify`: ツリーをオブジェクトの階層として扱うXMLパーサー
- `lxml.sax`: SAX形式のXMLパーサー

● lxmlのインストール

lxmlはlibxml2とlibxsltを使ったC拡張ライブラリです。基本的にはwheelと呼ばれるバイナリパッケージが提供されていますが、利用するプラットフォームやPythonのバージョンの組み合わせによっては、wheelが提供されていないこともあります[*21]。

wheelが提供されていない場合、pipでのインストール時に`.whl`ファイルではなく、`.tar.gz`ファイルがダウンロードされ、インストール時にC拡張モジュールのコンパイルが必要になります。インストールに失敗した場合は、column「lxmlのC拡張モジュールのコンパイルに必要なパッケージ」を参照してください。

pipでlxmlをインストールします。CSSセレクターの利用に必要なので、cssselect[*22]も一緒にインストールします。

```
(scraping) $ pip install lxml cssselect
```

インストールできたら、インタラクティブシェルでlxmlの使い方を確認します。サンプルコードの中で前節でダウンロードした`dp.html`を使用します。

```
>>> import lxml.html
>>> tree = lxml.html.parse('dp.html')  # parse()関数でファイルパスを指定してパースできる。
```

*19 https://lxml.de/ 本書ではバージョン4.2.3を使用します。
*20 https://docs.python.org/3/library/xml.etree.elementtree.html
*21 例えばPython 3.7.0公開直後の2018年7月時点では、macOS上のPython 3.7向けのwheelは提供されていませんでした。
*22 https://pypi.org/project/cssselect/ 本書ではバージョン1.0.3を使用します。

```
# parse()関数にURLを指定することも可能だが、取得時の細かい設定ができないのであまりオススメしない。
>>> tree = lxml.html.parse('http://example.com/')
# ファイルオブジェクトを指定してパースすることも可能。
>>> tree = lxml.html.parse(open('dp.html'))
>>> type(tree)  # パースすると_ElementTreeオブジェクトが得られる。
<class 'lxml.etree._ElementTree'>
>>> html = tree.getroot()  # getroot()メソッドでhtml要素に対応するHtmlElementオブジェクトが得られる。
>>> type(html)
<class 'lxml.html.HtmlElement'>

# fromstring()関数で文字列（str型またはbytes型）をパースできる。
# """～"""（または'''～'''）で囲われた部分は複数行文字列リテラルで、改行も含めて1つの文字列と解釈される。
# なお、encodingが指定されたXML宣言を含むstrをパースすると、ValueErrorが発生するので注意が必要。
>>> html = lxml.html.fromstring("""
... <html>
... <head><title>八百屋オンライン</title></head>
... <body>
... <h1 id="main"><strong>おいしい</strong>今日のくだもの</h1>
... <ul>
...     <li>りんご</li>
...     <li class="featured">みかん</li>
...     <li>ぶどう</li>
... </ul>
... </body>
... </html>""")
>>> type(html)  # fromstring()関数では直接HtmlElementオブジェクトが得られる。
<class 'lxml.html.HtmlElement'>

>>> html.xpath('//li')  # HtmlElementのxpath()メソッドでXPathにマッチする要素のリストが取得できる。
[<Element li at 0x1061825e8>, <Element li at 0x1081c14a8>, <Element li at 0x108869728>]
>>> html.cssselect('li')  # 同様にcssselect()メソッドでCSSセレクターにマッチする要素のリストが取得できる。
[<Element li at 0x1061825e8>, <Element li at 0x1081c14a8>, <Element li at 0x108869728>]
>>> html.cssselect('li.featured')  # 様々なセレクターで絞り込み可能。
[<Element li at 0x1081c14a8>]

>>> h1 = html.cssselect('h1')[0]  # h1要素を取得する。
>>> h1.tag  # tag属性でタグの名前を取得できる。
'h1'
>>> h1.text  # text属性で要素のテキストを取得できる。
'今日のくだもの'
>>> h1.get('id')  # get()メソッドで属性の値を取得できる。
'main'
>>> h1.attrib  # attrib属性で全属性を表すdict-likeなオブジェクトを取得できる。
{'id': 'main'}
>>> h1.getparent()  # getparent()メソッドで親要素を取得できる。
<Element body at 0x1061825e8>

>>> strong = h1.cssselect('strong')[0]  # h1要素内のstrong要素を取得する。
>>> strong.text  # text属性で要素のテキスト（より正確には開始タグ直後のテキスト）を取得できる。
'おいしい'
```

```
>>> strong.tail  # tail属性で要素の直後のテキストを取得できる。
'今日のくだもの'
>>> h1.text  # h1要素は開始タグの直後に次の要素があり、テキストがないのでtext属性はNoneとなる。
>>> h1.tail  # h1要素の直後は改行文字。
'\n'
>>> h1.text_content()  # text_content()メソッドで要素内のすべてのテキストを結合した文字列が得られる。
'おいしい今日のくだもの'
```

lxmlの基本的な使い方が理解できたら、実際のサイトを対象にスクレイピングしてみましょう。**リスト2.14**のようにして、HTMLから書籍のURLとタイトルを抽出できます。

▼ **リスト2.14** scrape_by_lxml.py — lxmlでスクレイピングする

```
import lxml.html

# HTMLファイルを読み込み、getroot()メソッドでHtmlElementオブジェクトを得る。
tree = lxml.html.parse('dp.html')
html = tree.getroot()
# 引数のURLを基準として、すべてのa要素のhref属性を絶対URLに変換する。
html.make_links_absolute('https://gihyo.jp/')

# cssselect()メソッドで、セレクターに該当するa要素のリストを取得して、個々のa要素に対して処理を行う。
# セレクターの意味：id="listBook"である要素 の子である li要素 の子である itemprop="url"という属性を持つa要素
for a in html.cssselect('#listBook > li > a[itemprop="url"]'):
    # a要素のhref属性から書籍のURLを取得する。
    url = a.get('href')

    # 書籍のタイトルは itemprop="name" という属性を持つp要素から取得する。
    p = a.cssselect('p[itemprop="name"]')[0]
    title = p.text_content()  # wbr要素などが含まれるのでtextではなくtext_content()を使う。

    # 書籍のURLとタイトルを出力する。
    print(url, title)
```

CSSセレクターが複雑に思えるかもしれませんが、次のように考えられます。**図2.4**を見ると、書籍を表すli要素は、id="listBook"であるul要素の子要素です。ただし同じ階層のli要素のうち、最初の2つはバナー（id="bannerTopAd"）と定期購読（class="subscription"）に関するものであり、書籍ではありません。**図2.5**を見ると、書籍を表すli要素には、子としてitemprop="url"という属性を持つa要素があります。さらにその内部に、itemprop="name"という属性を持つp要素があり、タイトルが格納されています。

▼ 図2.4　開発者ツールで書籍を表すli要素の一覧を確認する

▼ 図2.5　開発者ツールで単一の書籍を表すa要素を確認する

リスト2.14を保存して実行すると、書籍のURLとタイトルの一覧が表示されます。

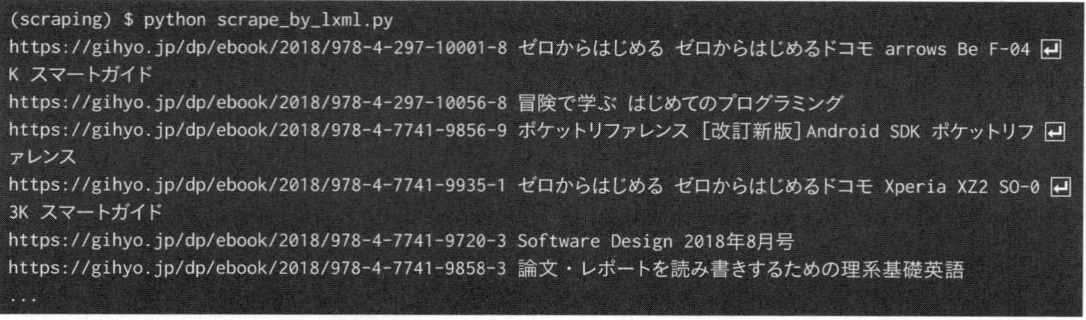

```
(scraping) $ python scrape_by_lxml.py
https://gihyo.jp/dp/ebook/2018/978-4-297-10001-8 ゼロからはじめる ゼロからはじめるドコモ arrows Be F-04 ⏎
K スマートガイド
https://gihyo.jp/dp/ebook/2018/978-4-297-10056-8 冒険で学ぶ はじめてのプログラミング
https://gihyo.jp/dp/ebook/2018/978-4-7741-9856-9 ポケットリファレンス ［改訂新版］Android SDK ポケットリフ ⏎
ァレンス
https://gihyo.jp/dp/ebook/2018/978-4-7741-9935-1 ゼロからはじめる ゼロからはじめるドコモ Xperia XZ2 SO-0 ⏎
3K スマートガイド
https://gihyo.jp/dp/ebook/2018/978-4-7741-9720-3 Software Design 2018年8月号
https://gihyo.jp/dp/ebook/2018/978-4-7741-9858-3 論文・レポートを読み書きするための理系基礎英語
...
```

CSSセレクターを使うと、正規表現を使った場合に比べて、プログラムをシンプルに書けることがわかるでしょう。

column lxmlのC拡張モジュールのコンパイルに必要なパッケージ

利用するプラットフォーム向けのwheelが提供されていない場合、インストール時にC拡張モジュールがコンパイルされます。C拡張モジュールをコンパイルするためには、libxml2とlibxslt、そのほかの開発用パッケージをインストールしておく必要があります。

```
$ brew install libxml2 libxslt  # macOSの場合
```

```
$ sudo apt install -y libxml2-dev libxslt-dev libpython3.7-dev zlib1g-dev  # Ubuntuの場合
```

column ブラウザーとライブラリのDOMツリーの差異

ブラウザーもlxmlなどのライブラリも、HTMLをパースして内部的にDOMツリーと呼ばれる木構造を作ります。ブラウザーが作るDOMツリーとlxmlなどのライブラリが作るDOMツリーは構造が異なる場合があるので注意が必要です。

有名なのは`<table>`タグの直下に`<tr>`タグがあると、ブラウザーが自動的に`tbody`要素を挿入するケースです。lxmlはHTMLの構造通りに解釈するので、`tbody`要素を挿入しません。HTMLに`<tbody>`タグが無いにも関わらず、開発者ツールを見て`tbody`が含まれるXPathやCSSセレクターを作ってしまうと、lxmlでは思い通りの要素を取得できません。

他にも次のようなケースで、ブラウザーが構築するDOMとライブラリが構築するDOMに違いが生まれます。

- JavaScriptで要素が動的に生成・変更されているケース[*a]
- タグの入れ子がおかしいなど、壊れたHTMLの場合にブラウザーとライブラリでは解釈が異なるケース

開発者ツールを見て作ったXPathやCSSセレクターで思い通りに要素を取得できない場合は、ブラウザーでページのソースを表示するなどしてHTMLの構造と差異がないかを確認すると良いでしょう。

*a　JavaScriptで生成・変更された要素からデータを取得する方法は**5.6**を参照してください。

2.6 データをファイルに保存する

これまでは取得したデータを見るだけでしたが、ファイルなどに保存しておくとデータを活用しやすくなります。まず手軽な方法として、テキストファイルのCSV形式とJSON形式で保存する方法を解説します。**3.3**では、リレーショナルデータベースのSQLite 3やMySQL、NoSQLのMongoDBに保存する方法を解説します。

2.6.1 CSV形式での保存

CSV (Comma-Separated Values) は1レコードを1行で表し、各行の値をカンマで区切ったテキストフォーマットです*23。行と列で構成される2次元のデータを保存するのに向いています。シンプルにCSV形式で保存する方法として、**リスト2.15**のように`str.join()`メソッドでカンマ区切りの文字列を出力する方法があります。

▼ リスト2.15　save_csv_join.py — シンプルにCSV形式で保存する

```
print('rank,city,population')  # 1行目のヘッダーを書き出す。

# 2行目以降を書き出す。join()メソッドの引数に渡すlistの要素はstrでなければならないことに注意。
print(','.join(['1', '上海', '24150000']))
print(','.join(['2', 'カラチ', '23500000']))
print(','.join(['3', '北京', '21516000']))
print(','.join(['4', '天津', '14722100']))
print(','.join(['5', 'イスタンブル', '14160467']))
```

これを実行すると、CSV形式で出力されます。

```
(scraping) $ python save_csv_join.py
rank,city,population
1,上海,24150000
2,カラチ,23500000
3,北京,21516000
4,天津,14722100
5,イスタンブル,14160467
```

標準出力をファイルにリダイレクトすることでファイルに保存できます。

```
(scraping) $ python save_csv_join.py > top_cities.csv
```

---

*23　カンマ区切りだけでなく、後述のTSVにおけるタブ文字のように、特定の文字で区切られたテキストフォーマットを総称してCSV (Character-Separated Values) と呼ぶ場合もあります。本書ではCSVはカンマ区切りのフォーマットを指します。

簡易的な出力としてはこれで十分ですが、値にカンマが含まれていると列がずれてしまいます。値にカンマが含まれる場合は、値の区切り文字としてタブ文字を使う**TSV（Tab-Separated Values）**形式のほうが扱いやすいこともあります。区切り文字をカンマ','からタブ文字'\t'に変えるとTSV形式で保存できます。

● csvモジュールによるCSV形式での保存

Microsoft ExcelなどのCSV形式をサポートしている多くのソフトウェアでは、適切にエスケープ*24されていれば、値にカンマや改行を含むCSVファイルを読み込むことができます。正しくエスケープするのは意外と大変ですが、csvモジュール*25を使うと特に意識せずにエスケープできます。

csv.writerを使うと**リスト2.16**のように簡単にCSV形式で出力できます。1行を出力するwriterow()メソッドは、引数としてlistやtupleなどの反復可能なオブジェクトを取ります。

注意が必要な点として、改行コードがあります。csv.writerはデフォルトでExcel互換の形式で出力し、Unix系のOSにおいてもファイルの改行コードとしてCRLFを使います。しかし、Unix系のOSにおいてopen()関数で普通にファイルを開くと、出力時に改行コードLFに自動変換されてしまいます。改行コードの自動変換を抑制するには、open()関数でファイルを開く際にnewline=''と指定する必要があります。

▼ リスト2.16　save_csv.py ― リストのリストをCSV形式で保存する

```
import csv

# ファイルを書き込み用に開く。newline=''として改行コードの自動変換を抑制する。
with open('top_cities.csv', 'w', newline='') as f:
    writer = csv.writer(f)  # csv.writerはファイルオブジェクトを引数に指定する。
    writer.writerow(['rank', 'city', 'population'])  # 1行目のヘッダーを出力する。
    # writerows()で複数の行を一度に出力する。引数はリストのリスト。
    writer.writerows([
        [1, '上海', 24150000],
        [2, 'カラチ', 23500000],
        [3, '北京', 21516000],
        [4, '天津', 14722100],
        [5, 'イスタンブル', 14160467],
    ])
```

次のコマンドを実行するとtop_cities.csvに保存されます。1行に相当する要素が辞書の場合は、**リスト2.17**のようにcsv.DictWriterを使います。

---

*24　明確な仕様はありませんが、一般的に値にカンマ・改行・ダブルクオートが含まれる場合は値をダブルクオートで囲い、値内のダブルクオートは2つ重ねてエスケープします。

*25　https://docs.python.org/3/library/csv.html

```
(scraping) $ python save_csv.py
```


▼ リスト2.17　save_csv_dict.py ― 辞書のリストをCSV形式で保存する

```
import csv

with open('top_cities.csv', 'w', newline='') as f:
    # 第1引数にファイルオブジェクトを、第2引数にフィールド名のリストを指定する。
    writer = csv.DictWriter(f, ['rank', 'city', 'population'])
    writer.writeheader()  # 1行目のヘッダーを出力する。
    # writerows()で複数の行を一度に出力する。引数は辞書のリスト。
    writer.writerows([
        {'rank': 1, 'city': '上海', 'population': 24150000},
        {'rank': 2, 'city': 'カラチ', 'population': 23500000},
        {'rank': 3, 'city': '北京', 'population': 21516000},
        {'rank': 4, 'city': '天津', 'population': 14722100},
        {'rank': 5, 'city': 'イスタンブル', 'population': 14160467},
    ])
```

● CSV/TSVファイルのエンコーディング

Pythonのopen()関数でファイルを開いて保存する際、一般的なUnix系OSのデフォルトエンコーディングはUTF-8です*26。UTF-8でエンコードされたCSV/TSVファイルをExcelで開くと文字化けすることがあるので注意が必要です。

日本語を含むCSV/TSVファイルのエンコーディングの候補とその特徴を**表2.6**に示しました。完璧と言える方法はないので、目的に合った方法を選んでください。ファイル出力時のエンコーディングを変更するには、次のようにopen()関数のencoding引数でエンコーディングを指定します。

```
with open('top_cities.csv', 'w', newline='', encoding='utf-8-sig') as f:
```

なおCP932とは、(狭義の)Shift_JISに拡張文字を追加した文字コードです。CP932のほうがShift_JISより多くの文字を扱えます。Windows環境でShift_JISと呼ばれる文字コード(広義のShift_JIS)の実体はCP932なので、Shift_JISを扱う際には常にCP932を指定するほうがUnicode関連のエラーに遭遇する可能性が低くなるためオススメです。

*26　デフォルトのエンコーディングは環境によって異なり、locale.getpreferredencoding()関数で得られる値です。

▼ 表2.6 ExcelにおけるCSV/TSVファイルのエンコーディング比較

エンコーディング	encodingの値	特徴
UTF-8	'utf-8'	Unicodeの文字を使用できるがExcelでは文字化けする。
UTF-8(BOM付き)	'utf-8-sig'	Unicodeの文字を使用できるがmacOS版Excelでは文字化けする。
UTF-16	'utf-16'	Unicodeの文字を使用できるがカンマで区切られたCSVファイルをExcelで開いたときに列が正しく分割されない。
Shift_JIS(CP932)	'cp932'	Excelで文字化けしないが使用可能な文字が限られる。

2.6.2 JSON形式での保存

JSON(JavaScript Object Notation)は、JavaScriptのオブジェクトに由来する表記方法を使うテキストフォーマットです。CSVはシンプルな2次元のデータ構造しか表せませんが、JSONではlistやdictを組み合わせた複雑なデータ構造を手軽に扱えます。JSONには明確な仕様が存在するため、実装による細かな違いに悩むこともありません。

● PythonからJSON形式で保存する

PythonでJSON形式を扱うにはjsonモジュール*27を使います。**リスト2.18**のようにjson.dumps()関数で、listやdictなどのオブジェクトをJSON形式の文字列に変換できます。

▼ リスト2.18 save_json.py — JSON形式の文字列に変換する

```
import json

cities = [
    {'rank': 1, 'city': '上海', 'population': 24150000},
    {'rank': 2, 'city': 'カラチ', 'population': 23500000},
    {'rank': 3, 'city': '北京', 'population': 21516000},
    {'rank': 4, 'city': '天津', 'population': 14722100},
    {'rank': 5, 'city': 'イスタンブル', 'population': 14160467},
]

print(json.dumps(cities))
```

これをsave_json.pyという名前で保存して実行すると、JSON形式の文字列が出力されます。

```
(scraping) $ python save_json.py
[{"rank": 1, "population": 24150000, "city": "\u4e0a\u6d77"}, {"rank": 2, "population": 23500000 ↵
, "city": "\u30ab\u30e9\u30c1"}, {"rank": 3, "population": 21516000, "city": "\u5317\u4eac"}, {"ran ↵
k": 4, "population": 14722100, "city": "\u5929\u6d25"}, {"rank": 5, "population": 14160467, "city": ↵
 "\u30a4\u30b9\u30bf\u30f3\u30d6\u30eb"}]
```

*27 https://docs.python.org/3/library/json.html

デフォルトでは1行で出力されますが、json.dumps()関数に引数を追加すると、人間にとって読みやすい形式で出力できます。ensure_ascii=Falseとすると、ASCII以外の文字を\uxxxxという形式でエスケープせずにそのまま出力します。indent=2とすると、適宜改行が挿入されて2つの空白でインデントされます。**リスト2.18**の最後をこのように書き換えて実行すると、整形されたJSON形式の文字列が出力されます。

```
print(json.dumps(cities, ensure_ascii=False, indent=2))
```

```
(scraping) $ python save_json.py
[
  {
    "city": "上海",
    "rank": 1,
    "population": 24150000
  },
  {
    "city": "カラチ",
    "rank": 2,
    "population": 23500000
  },
  ...
]
```

JSON形式の文字列を出力するのではなく、直接ファイルに保存するには、json.dump()関数を使います。json.dump()関数の第2引数にファイルオブジェクトを指定すると、そのファイルオブジェクトに書き込めます。

```
with open('top_cities.json', 'w') as f:
    json.dump(cities, f)
```

2.7 Pythonによるスクレイピングの流れ

ここまでの3つの節で解説した処理をつなげてみましょう。**リスト2.19**のようにするとWebページの取得、スクレイピング、データの保存をまとめて行えます。3つの処理を3つの関数に分けて、main()関数から順に呼び出しています。

- fetch(url: str) -> str
  引数urlで与えられたURLのWebページを取得する。

- `scrape(html: str, base_url: str) -> List[dict]`
  引数`html`で与えられたHTMLから正規表現で書籍の情報を抜き出す。引数`base_url`は絶対URLに変換する際の基準となるURLを指定する。
- `save(file_path: str, books: List[dict])`
  引数`books`で与えられた書籍のリストをSQLiteデータベースに保存する。

なお、関数の引数にある:以降の部分や、関数の引数リストの後ろにある->に続く部分はPython 3.5から導入された型ヒントと呼ばれる記述です。引数の:は引数の型を表し、->は関数の戻り値の型を表します。型ヒントは引数や戻り値の型を明示してわかりやすくするためのもので、入力が面倒な場合は省略しても構いません。型ヒントに対応したエディターでは入力候補が表示されるなどの恩恵を受けられますが、実行時に型が異なってもエラーになることはありません。

また、def文の下に複数行文字列リテラル("""～""")を使って関数の説明を書いているのは、docstringと呼ばれるPythonの慣習です。関数の先頭に文字列を配置しても実行時にはなにも副作用がないので、他言語での複数行コメントに似た使い方ができます。関数だけでなく、モジュールやクラスにもdocstringを書くことができ、doctestと呼ばれる簡単なユニットテストを記述することもできます。

▼ **リスト2.19　python_scraper.py — Pythonによるスクレイピング**

```
import csv
from typing import List  # 型ヒントのためにインポート

import requests
import lxml.html


def main():
    """
    メインの処理。fetch(), scrape(), save()の3つの関数を呼び出す。
    """

    url = 'https://gihyo.jp/dp'
    html = fetch(url)
    books = scrape(html, url)
    save('books.csv', books)


def fetch(url: str) -> str:
    """
    引数urlで与えられたURLのWebページを取得する。
    WebページのエンコーディングはContent-Typeヘッダーから取得する。
    戻り値：str型のHTML
    """
```

```
    r = requests.get(url)
    return r.text  # HTTPヘッダーから取得したエンコーディングでデコードした文字列を返す。


def scrape(html: str, base_url: str) -> List[dict]:
    """
    引数htmlで与えられたHTMLから正規表現で書籍の情報を抜き出す。
    引数base_urlは絶対URLに変換する際の基準となるURLを指定する。
    戻り値：書籍 (dict) のリスト
    """

    books = []
    html = lxml.html.fromstring(html)
    html.make_links_absolute(base_url)  # すべてのa要素のhref属性を絶対URLに変換する。

    # cssselect()メソッドで、セレクターに該当するa要素のリストを取得して、個々のa要素に対して処理を行う。
    # セレクターの意味：id="listBook"である要素 の直接の子である li要素 の直接の子である itemprop="url ↵
"という属性を持つa要素
    for a in html.cssselect('#listBook > li > a[itemprop="url"]'):
        # a要素のhref属性から書籍のURLを取得する。
        url = a.get('href')

        # 書籍のタイトルは itemprop="name" という属性を持つp要素から取得する。
        p = a.cssselect('p[itemprop="name"]')[0]
        title = p.text_content()  # wbr要素などが含まれるのでtextではなくtext_content()を使う。

        books.append({'url': url, 'title': title})

    return books


def save(file_path: str, books: List[dict]):
    """
    引数booksで与えられた書籍のリストをCSV形式のファイルに保存する。
    ファイルのパスは引数file_pathで与えられる。
    戻り値：なし
    """

    with open(file_path, 'w', newline='') as f:
        # 第1引数にファイルオブジェクトを、第2引数にフィールド名のリストを指定する。
        writer = csv.DictWriter(f, ['url', 'title'])
        writer.writeheader()  # 1行目のヘッダーを出力する。
        # writerows()で複数の行を一度に出力する。引数は辞書のリスト。
        writer.writerows(books)


# pythonコマンドで実行された場合にmain()関数を呼び出す。これはモジュールとして他のファイルから
# インポートされたときに、main()関数が実行されないようにするための、Pythonにおける一般的なイディオム。
if __name__ == '__main__':
    main()
```

いかがでしょう。今までの処理を関数の引数と戻り値でつなげることで、スクレイピングできていることがわかるかと思います。python_scraper.pyという名前で保存して実行すると、books.csvという名前のファイルに保存されます。

```
(scraping) $ python python_scraper.py
```

catコマンドでファイルの中身を確認できます。

```
(scraping) $ cat books.csv
url,title
https://gihyo.jp/dp/ebook/2018/978-4-297-10001-8,ゼロからはじめる ゼロからはじめるドコモ arrows Be F-04 ↵
K スマートガイド
https://gihyo.jp/dp/ebook/2018/978-4-297-10056-8,冒険で学ぶ はじめてのプログラミング
https://gihyo.jp/dp/ebook/2018/978-4-7741-9776-0,ビビッド&キッチュ! Photoshopレタッチ・合成 Super☆Making
https://gihyo.jp/dp/ebook/2018/978-4-7741-9895-8,平成30-31/01年 ITパスポート 出るとこマスター
https://gihyo.jp/dp/ebook/2018/978-4-7741-9856-9,ポケットリファレンス [改訂新版]Android SDK ポケットリフ ↵
ァレンス
https://gihyo.jp/dp/ebook/2018/978-4-7741-9935-1,ゼロからはじめる ゼロからはじめるドコモ Xperia XZ2 SO-0 ↵
3K スマートガイド
...
```

2.8 URLの基礎知識

Webページから URLを抜き出すのはよくあることですが、Webページに記載されるURLは必ずしも完全なURL(絶対URL)ではなく、変換が必要な場合があります。ここではURLの基礎知識として、URLの構造、絶対URLと相対URLの違い、Pythonでの相対URLから絶対URLへの変換を解説します。

2.8.1 URLの構造

URLはUniform Resource Locatorの略で、インターネット上に存在するリソース(ファイルなど)の場所を表す識別子です。本書ではURL構造の定義としてRFC 3986*28のものを紹介します。URLの各部分には**図2.6**のように名前がついており、それぞれ**表2.7**の意味を持ちます。

▼ 図2.6 URLの構造

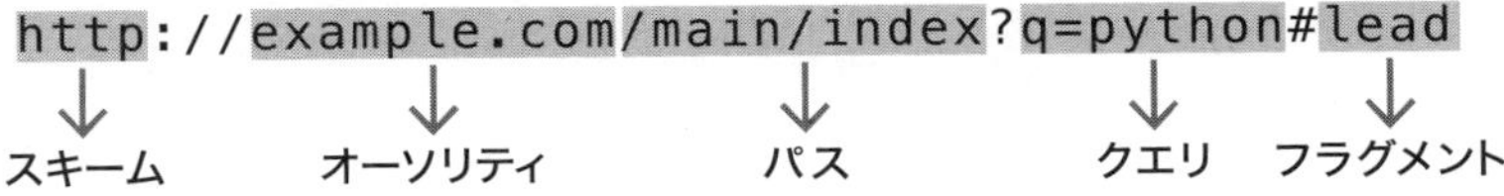

*28 https://tools.ietf.org/html/rfc3986 他にURLの構造の定義としては、RFC 3986を現実のブラウザーの実装に合わせたWHATWGの定義(https://url.spec.whatwg.org/)もあります。

▼ 表2.7　URLの各部分の意味

URLの部分	説明
スキーム	httpやhttpsのようにプロトコルを表す。
オーソリティ	//のあとに続き、通常ホスト名を表す。ユーザー名やパスワード、ポート番号を含む場合もある。
パス	/で始まり、そのホストにおけるリソースのパスを表す。
クエリ	?のあとに続き、パスとは異なる方法でリソースを指定するために使われる。存在しない場合もある。
フラグメント	#のあとに続き、リソース内の特定の部分などを表す。存在しない場合もある。

2.8.2　絶対URLと相対URL

URLには大きく分けて絶対URLと相対URLがあります。これらの言葉には明確な定義がなく、人によってマチマチです。さらに絶対パスと相対パスという言葉も絡んでくると、混乱しがちです。本書では、http://などのスキームで始まるURLを**絶対URL**と定義します。それ以外の、基準となる絶対URLがあり、それに対する相対的なURLを表すものを**相対URL**と定義します。相対URLには3種類の形式があります。

1. //で始まる相対URL
2. /で始まる相対URL
3. それ以外の相対パス形式の相対URL

例を**表2.8**に示します。基準となる絶対URLはhttp://example.com/books/top.htmlです。

▼ 表2.8　相対URLの例（基準URL: http://example.com/books/top.html）

形式	相対URL	相対URLが指す絶対URL
1	//cdn.example.com/logo.png	http://cdn.example.com/logo.png
2	/articles/	http://example.com/articles/
3	./	http://example.com/books/

1つ目の形式は//から始まり、スキームを含みません。絶対URLのスキームは基準URLと同じものになります。オーソリティやパスなどのスキーム以降の部分は、相対URLの値に置き換えられます。この形式の相対URLは、主にhttpとhttpsのリソースを混在させないようにするために使われます。

2つ目の形式は/から始まっており、パスのみで構成されます。絶対URLのスキームとオーソリティは基準URLと同じものになります。パス以降の部分は、相対URLの値に置き換えられます。この形式の相対URLは基準となるパスがわかりやすく、ホスト名の変更が容易なので、特にWebアプリケーションでよく使われます。

3つ目の形式は上記2つ以外の相対パスでの表記方法です。絶対URLのスキームとオーソリティは基準URLと同じであり、パスは基準URLのパス（表の例では/books/top.html）からの相対的なパスと解釈されます。相対パス./は基準となるパスと同じディレクトリを表すので、絶対URLのパスは/books/

となります。この形式の相対URLは、ファイルを配置するディレクトリが変わっても問題なく使えるため、手書きのHTMLファイルでよく使われます。

相対URLから絶対URLに変換する際の基準となるURLは、通常現在のページのURLです。しかし、HTMLのbaseタグで基準となるURLが指定されることもあります。あまり使われませんが、頭の片隅に置いておくと良いかもしれません。

```
<base href="http://example.com/books/top.html">
```

● 相対URLから絶対URLへの変換

Pythonで相対URLを絶対URLに変換するには、標準ライブラリのurllib.parseモジュール*29に含まれるurljoin()関数を使います。

urljoin()関数は、第1引数に基準となるURLを指定し、第2引数に相対URLを指定します。第2引数に絶対URLを指定した場合は第2引数の値が返ります。urljoin()関数を実行してみましょう。

```
>>> from urllib.parse import urljoin
>>> base_url = 'http://example.com/books/top.html'
>>> urljoin(base_url, '//cdn.example.com/logo.png')  # //で始まる相対URL
'http://cdn.example.com/logo.png'
>>> urljoin(base_url, '/articles/')  # /で始まる相対URL
'http://example.com/articles/'
>>> urljoin(base_url, './')  # 相対パス形式の相対URL
'http://example.com/books/'
```

2.9 まとめ

Pythonを使ってWebページを取得し、そこからデータを抜き出して、ファイルに保存しました。充実した標準ライブラリやサードパーティライブラリのおかげで、手軽にスクレイピングできることが理解いただけたでしょうか。

次章ではさらに発展的なライブラリを使用してスクレイピングを行います。データをファイルだけでなく、MySQLやMongoDBなどのデータベースに保存できるようになります。

また、単一のWebページからスクレイピングするだけでなく、クローラーとしてリンクをたどりながら複数のWebページを取得してスクレイピングする方法も解説します。強力なライブラリで、より高度で実践的なクローリング・スクレイピングに取り組んでいきましょう。

---

*29 https://docs.python.org/3/library/urllib.parse.html

第3章

Python Crawling & Scraping

ライブラリによる
高度なクローリング・スクレイピング

第3章 ライブラリによる高度なクローリング・スクレイピング

第2章では、サードパーティライブラリのRequestsとlxmlを使用しました。本章では、さらに発展的なライブラリを使用してデータをスクレイピングします。取得したデータをデータベースに保存する方法や、Webページのハイパーリンクをたどるクローラーを作成する方法も学びます。

3.1 HTMLのスクレイピング

2.5.3では、HTMLからスクレイピングするライブラリとして、lxmlを紹介しました。lxmlと同様の目的に使えるライブラリとして、Beautiful Soupとpyqueryを紹介します。好みのライブラリを見つけて、使いこなせるようになると良いでしょう。

Beautiful SoupはシンプルかつわかりやすいAPIでデータを抜き出せるのが特徴で、古くから人気のあるライブラリです。内部のパーサーを目的に応じて切り替えられます。

pyqueryは、JavaScriptライブラリのjQueryと同じようなインターフェイスでスクレイピングできるライブラリです。jQueryの`$()`関数にCSSセレクターを指定するのと同じように使えるので、jQueryを使ったことがある方には馴染みやすいでしょう。pyqueryは内部でlxmlを使用しています。

3.1.1 Beautiful Soupによるスクレイピング

Beautiful Soup*1は覚えやすいシンプルなAPIが特徴のスクレイピングライブラリです。目的に合わせて内部のパーサーを**表3.1**のものから選択できます。

▼ 表3.1 Beautiful Soupで使用できるパーサー

パーサー	指定するパーサー名	特徴
標準ライブラリの`html.parser`	`'html.parser'`	追加のライブラリが不要。
`lxml`のHTMLパーサー	`'lxml'`	高速に処理できる。
`lxml`のXMLパーサー	`'lxml-xml'`または`'xml'`	唯一XMLに対応していて高速に処理できる。
`html5lib`	`'html5lib'`	`html5lib`(`https://pypi.org/project/html5lib/`)を使ってHTML5の仕様通りにパースできる。

*1 https://www.crummy.com/software/BeautifulSoup/ 本書ではバージョン4.6.0を使用します。

Beautiful Soup 4*[2]をインストールします。

```
(scraping) $ pip install beautifulsoup4
```

インストールできたら、インタラクティブシェルでBeautiful Soupを使ってみましょう。

```
>>> from bs4 import BeautifulSoup  # bs4モジュールからBeautifulSoupクラスをインポートする。
# 第1引数にファイルオブジェクトを指定してBeautifulSoupオブジェクトを生成する。
# BeautifulSoup()にはファイル名やURLを指定することはできない。第2引数にパーサー名を指定する。
>>> with open('dp.html') as f:
...     soup = BeautifulSoup(f, 'html.parser')
...
# BeautifulSoupのコンストラクターにはHTMLの文字列を渡すことも可能。
>>> soup = BeautifulSoup("""
... <html>
... <head><title>八百屋オンライン</title></head>
... <body>
... <h1 id="main"><strong>おいしい</strong>今日のくだもの</h1>
... <ul>
...     <li>りんご</li>
...     <li class="featured">みかん</li>
...     <li>ぶどう</li>
... </ul>
... </body>
... </html>""", 'html.parser')

>>> soup.h1  # soup.titleのようにタグ名の属性で、title要素を取得できる。
<title>八百屋オンライン</title>
>>> type(soup.title)  # 要素はTagオブジェクト。
<class 'bs4.element.Tag'>
>>> soup.title.name  # Tagオブジェクトのname属性でタグ名を取得できる。
'title'
>>> soup.title.string  # Tagオブジェクトのstring属性で要素の直接の子である文字列を取得できる。
'八百屋オンライン'
>>> type(soup.title.string)  # string属性で得られる文字列はstrを継承したNavigableStringオブジェクト。
<class 'bs4.element.NavigableString'>
>>> soup.h1.string  # 直下の要素が文字列のみでない場合、string属性はNone。
>>> soup.h1.contents  # contents属性で子要素(NavigableStringを含む)のリストを取得できる。
[<strong>おいしい</strong>, '今日のくだもの']
>>> soup.h1.text  # text属性で要素内のすべての文字列を結合した文字列を取得できる。
'おいしい今日のくだもの'
>>> type(soup.h1.text)  # text属性で得られる文字列はstrオブジェクト。
<class 'str'>

>>> soup.h1['id']  # Tagオブジェクトはdictのようにして属性を取得できる。
'main'
```

*2 Beautiful Soupは2012年に公開されたバージョン4で大きく変更されました。基本的なAPIは変わらないものの、パッケージ名やモジュール名が変わっており、それ以前のものとは別物です。

```
>>> soup.h1.get('id')  # dictと同様にget()メソッドでも属性を取得できる。
'main'
>>> soup.h1.attrs  # attrs属性で全属性を表すdictオブジェクトを取得できる。
{'id': 'main'}
>>> soup.h1.parent  # parent属性で親要素（body要素）を取得できる。
<body>
<h1 id="main"><strong>おいしい</strong>今日のくだもの</h1>
<ul>
<li>りんご</li>
<li class="featured">みかん</li>
<li>ぶどう</li>
</ul>
</body>

>>> soup.li  # 複数の要素がある場合は先頭の要素が取得される。
<li>りんご</li>
>>> soup.find('li')  # find()メソッドも同様。
<li>りんご</li>
>>> soup.find_all('li')  # find_all()メソッドで指定した名前の要素のリストを取得できる。
[<li>りんご</li>, <li class="featured">みかん</li>, <li>ぶどう</li>]
# キーワード引数でclassなどの属性を指定できる。classは予約語なのでclass_を使うことに注意。
>>> soup.find_all('li', class_='featured')
[<li class="featured">みかん</li>]
>>> soup.find_all(id='main')  # タグ名を省略して、属性のみで探すことも可能。
[<h1 id="main"><strong>おいしい</strong>今日のくだもの</h1>]

# select()メソッドでCSSセレクターにマッチする要素を取得できる。
# BeautifulSoupではCSSセレクターのサブセットのみがサポートされていることに注意。
>>> soup.select('li')
[<li>りんご</li>, <li class="featured">みかん</li>, <li>ぶどう</li>]
>>> soup.select('li.featured')
[<li class="featured">みかん</li>]
>>> soup.select('#main')
[<h1 id="main"><strong>おいしい</strong>今日のくだもの</h1>]
```

基本的な使い方が理解できたら、実際のサイトを対象にスクレイピングしてみましょう。**リスト3.1**のようにして、HTMLから書籍のURLとタイトルを抽出できます。

▼ **リスト3.1　scrape_by_bs4.py — Beautiful Soup 4でスクレイピングする**

```
from urllib.parse import urljoin
from bs4 import BeautifulSoup

# HTMLファイルを読み込んでBeautifulSoupオブジェクトを得る。
with open('dp.html') as f:
    soup = BeautifulSoup(f, 'html.parser')

# select()メソッドで、セレクターに該当するa要素のリストを取得して、個々のa要素に対して処理を行う。
```

```
for a in soup.select('#listBook > li > a[itemprop="url"]'):
    # a要素のhref属性から書籍のURLを取得する。
    url = urljoin('https://gihyo.jp/dp', a.get('href'))

    # 書籍のタイトルは itemprop="name" という属性を持つp要素から取得する。
    p = a.select('p[itemprop="name"]')[0]
    title = p.text  # wbr要素などが含まれるのでstringではなくtextを使う。

    # 書籍のURLとタイトルを出力する。
    print(url, title)
```

これを保存して実行すると、リンクのURLとテキストが表示されます。

```
(scraping) $ python scrape_by_bs4.py
https://gihyo.jp/dp/ebook/2018/978-4-297-10001-8 ゼロからはじめる ゼロからはじめるドコモ arrows Be F-04 ↵
K スマートガイド
https://gihyo.jp/dp/ebook/2018/978-4-297-10056-8 冒険で学ぶ はじめてのプログラミング
https://gihyo.jp/dp/ebook/2018/978-4-7741-9856-9 ポケットリファレンス [改訂新版]Android SDK ポケットリフ ↵
ァレンス
https://gihyo.jp/dp/ebook/2018/978-4-7741-9935-1 ゼロからはじめる ゼロからはじめるドコモ Xperia XZ2 SO-0 ↵
3K スマートガイド
https://gihyo.jp/dp/ebook/2018/978-4-7741-9720-3 Software Design 2018年8月号
...
```

3.1.2 pyqueryによるスクレイピング

pyquery*3はjQueryと同じような使い方でHTMLからスクレイピングできるライブラリです。内部的にlxmlを使用しており、高速に処理できます。

pyqueryをインストールします。

```
(scraping) $ pip install pyquery
```

インタラクティブシェルでpyqueryを使ってみましょう。

```
>>> from pyquery import PyQuery as pq  # PyQueryクラスをpqという名前でインポート。
>>> d = pq(filename='index.html')  # ファイルパスを指定してパースできる。
>>> d = pq(url='http://example.com/')  # URLを指定してパースすることもできる。
# 文字列を指定してパースすることも可能。
>>> d = pq("""
... <html>
... <head><title>八百屋オンライン</title></head>
... <body>
```

*3 https://pypi.org/project/pyquery/ 本書ではバージョン1.4.0を使用します。

```
... <h1 id="main"><strong>おいしい</strong>今日のくだもの</h1>
... <ul>
...     <li>りんご</li>
...     <li class="featured">みかん</li>
...     <li>ぶどう</li>
... </ul>
... </body>
... </html>""")

# dはjQueryの$関数（jQuery関数）とほぼ同じ感覚で扱える。
# すなわち、CSSセレクターを指定してHTML要素に対応するオブジェクトを取得できる。
>>> d('h1')
[<h1#main>]
# 取得できるのはlistを継承したPyQueryクラスのオブジェクト。jQueryオブジェクトとほぼ同じ感覚で扱える。
>>> type(d('h1'))
<class 'pyquery.pyquery.PyQuery'>
>>> d('h1')[0]  # リストの中身はpyqueryが内部的に使用しているlxmlのElement。
<Element h1 at 0x10c9cf488>
>>> d('h1').text()  # text()メソッドで要素のテキストを取得できる。
'おいしい今日のくだもの'
>>> d('h1').attr('id')  # attr()メソッドで要素の属性を取得できる。
'main'
>>> d('h1').attr.id  # 属性やキーでも要素の属性にアクセスできる。
'main'
>>> d('h1').attr['id']
'main'
>>> d('h1').children()  # children()メソッドで子要素のリストを取得できる。
[<strong>]
>>> d('h1').parent()  # parent()メソッドで親要素のPyQueryオブジェクトを取得できる。
[<body>]

# 他にも様々なCSSセレクターにマッチする要素のリストを取得できる。
>>> d('li')
[<li>, <li.featured>, <li>]
>>> d('li.featured')
[<li.featured>]
>>> d('#main')
[<h1#main>]

# jQueryのようにメソッドチェインで絞り込んでいくことも可能。
# find()メソッドで、現在の要素の子孫の中からCSSセレクターにマッチする要素のリストを取得できる。
>>> d('body').find('li')
[<li>, <li.featured>, <li>]
# filter()メソッドで、現在の要素のリストの中からCSSセレクターにマッチする要素を絞り込める。
>>> d('li').filter('.featured')
[<li.featured>]
>>> d('li').eq(1)  # eq()メソッドで、現在の要素のリストの中から指定したインデックスの要素を取得できる。
[<li.featured>]
```

基本的な使い方が理解できたら、実際のサイトを対象にスクレイピングしてみましょう。**リスト3.2**のようにして、HTMLから書籍のURLとタイトルを抽出できます。

▼ リスト3.2　scrape_by_pyquery.py — pyqueryでスクレイピングする

```
from pyquery import PyQuery as pq

# HTMLファイルを読み込んでPyQueryオブジェクトを得る。
d = pq(filename='dp.html')
d.make_links_absolute('https://gihyo.jp/dp')  # すべてのリンクを絶対URLに変換する。

# d()でセレクターに該当するa要素のリストを取得して、個々のa要素に対して処理を行う。
for a in d('#listBook > li > a[itemprop="url"]'):
    # a要素のhref属性から書籍のURLを取得する。
    # 変数aで取得できるのはlxmlのElementなので、d(a)としてPyQueryオブジェクトを取得している。
    url = d(a).attr('href')

    # 書籍のタイトルは itemprop="name" という属性を持つp要素から取得する。
    p = d(a).find('p[itemprop="name"]').eq(0)
    title = p.text()

    # 書籍のURLとタイトルを出力する。
    print(url, title)
```

これを保存して実行すると、リンクのURLとテキストが表示されます。PyQueryオブジェクトのtext()メソッドでは、br要素などが改行文字に変換されるため、lxmlのtext_content()とは実行結果が異なります。

```
(scraping) $ python scrape_by_pyquery.py
https://gihyo.jp/dp/ebook/2018/978-4-297-10001-8 ゼロからはじめる ゼロからはじめる
ドコモ arrows Be F-04K スマートガイド
https://gihyo.jp/dp/ebook/2018/978-4-297-10056-8 冒険で学ぶ はじめてのプログラミング
https://gihyo.jp/dp/ebook/2018/978-4-7741-9856-9 ポケットリファレンス [改訂新版]
Android SDK ポケットリファレンス
https://gihyo.jp/dp/ebook/2018/978-4-7741-9935-1 ゼロからはじめる ゼロからはじめる
ドコモ Xperia XZ2 SO-03K スマートガイド
https://gihyo.jp/dp/ebook/2018/978-4-7741-9720-3 Software Design 2018
年
8
月号
...
```

3.2 XMLのスクレイピング

データをスクレイピングする対象はHTMLばかりではありません。本節ではXML（Extensible Markup Language）からデータをスクレイピングする方法を解説します。

XMLの代表的な例として、RSSを取り上げます。最初はlxmlを使ってXMLからスクレイピングします。次にRSSに特化したライブラリのfeedparserを使うとより簡単に情報を取得できることを学びます。

3.2.1 lxmlによるスクレイピング

lxmlを使ってRSSからスクレイピングします。ここではXMLの例としてRSSを取り上げますが、ここで学ぶ方法はRSS以外の一般的なXMLにも適用できます。

● RSSとは

ブログやニュースサイトなどのWebサイトでは、更新情報が**RSS**[*4]と呼ばれるXMLフォーマットで提供されていることがあります。RSSはXMLをもとに標準化されていて、HTMLよりも簡単かつ確実にパースできます。ニュースサイトで最新ニュースのURLとタイトルを取得したい場合など、スクレイピングしたい情報がRSSで提供されているときは利用しましょう。

近年ではソーシャルメディアの台頭などいくつかの要因から、RSSが提供されないこともありますが、まだまだ健在です。WebサイトがRSSを提供している場合、WebページからRSSへのリンクがあることが多いです。**RSS Autodiscovery**と呼ばれる規格に対応しているサイトであれば、ブラウザーの拡張機能などで**図3.1**のようなアイコンが表示され、RSSを提供していると判断できます[*5]。

▼ 図3.1 RSSのアイコン

● RSSをパースする

実際のWebサイトで提供されているRSSを見てみましょう。gihyo.jpでは、最新記事の一覧が次の3

*4 後述のAtomも含めて「RSS/Atomフィード」あるいは単に「フィード」と呼ぶほうが正確ですが、本書では特に区別が必要な場合を除き、「RSS/Atomフィード」を総称して「RSS」と呼びます。

*5 この例ではGoogle Chromeの「RSS Subscription Extension (by Google)」(https://chrome.google.com/webstore/detail/rss-subscription-extensio/nlbjncdgjeocebhnmkbbbdekmmmcbfjd)を利用。

種類のフォーマットで提供されています*6。

- RSS 1.0
- RSS 2.0
- Atom

歴史的な経緯により、RSSは複数のフォーマットが混在しています。いずれもコンテンツは同じですが、ここでは一番シンプルなRSS 2.0を解析します*7。解析するRSSをダウンロードします。

```
$ wget http://gihyo.jp/feed/rss2 -O rss2.xml
```

このファイルの中身は**リスト3.3**のようになっています。rss要素をルートとする木構造で、その中にフィードを表すchannel要素があります。channel要素の冒頭にはフィードのメタ情報を表すtitle要素やlink要素などがあり、個々の新着情報を表すitem要素が複数続いています。

▼ **リスト3.3　rss2.xmlの中身**

```
<?xml version="1.0" encoding="UTF-8" ?>
<rss version="2.0">
<channel>
 <title>gihyo.jp : 総合</title>
 <link>http://gihyo.jp/</link>
 <description>gihyo.jp（総合）の更新情報をお届けします</description>
 <language>ja-jp</language>
 <copyright>技術評論社 2018</copyright>
 <lastBuildDate>Sat, 28 Jul 2018 22:52:01 +0900</lastBuildDate>
 <image>
  <url>http://gihyo.jp/assets/templates/gihyojp2007/image/header_logo_gihyo.gif</url>
  <title>gihyo.jp</title>
  <link>http://gihyo.jp/</link>
 </image>
 <item>
  <title>2018年7月27日号　Ubuntu Communitheme &quot;Yaru&quot;・PowerShellのSnapパッケージ・オープンソ ⏎
ースカンファレンス2018 Kyoto ―― Ubuntu Weekly Topics</title>
  <link>http://gihyo.jp/admin/clip/01/ubuntu-topics/201807/27</link>
  <description>Ubuntuのデスクトップテーマが「新しい」世代のものに切り替わろうとしています。しかも名前は“Yaru” ⏎
。</description>
  <pubDate>Fri, 27 Jul 2018 10:17:00 +0900</pubDate>
  <category domain="http://gihyo.jp/admin/clip/01/ubuntu-topics">Ubuntu Weekly Topics</category>
  <guid>http://gihyo.jp/admin/clip/01/ubuntu-topics/201807/27</guid>
  <author>吉田史</author>
 </item>
```

*6　http://gihyo.jp/feed

*7　Atomも同程度にシンプルですが、本項で使用するlxmlやElementTreeモジュールは名前空間（xmlns属性）のついたXMLを扱うのが得意でないため、名前空間がついていないRSS 2.0を使用します。

```
...
```


gihyo.jpのRSSをパースして、最新の記事のタイトルとURLを取得しましょう。記事のタイトルとURLは、item要素内のtitle要素とlink要素に書かれています。

リスト3.4のようにしてlxml.etreeモジュールを使ってRSSをパースできます。XMLからのスクレイピングでは、CSSセレクターよりXPathの方が書きやすいケースが多いので、XPathを使用しています。

▼ **リスト3.4** scrape_rss_by_lxml.py — lxmlでRSSをパースする

```
import lxml.etree  # lxml.etreeモジュールをインポートする。

# parse()関数でファイルを読み込んでElementTreeオブジェクトを得る。
tree = lxml.etree.parse('rss2.xml')
# getroot()メソッドでXMLのルート要素（この例ではrss要素）に対応するElementオブジェクトを得る。
root = tree.getroot()

# xpath()メソッドでXPathにマッチする要素のリストを取得する。
# channel/item はchannel要素の子要素であるitem要素を表す。
for item in root.xpath('channel/item'):
    title = item.xpath('title')[0].text  # item要素内にあるtitle要素の文字列を取得する。
    url = item.xpath('link')[0].text     # item要素内にあるlink要素の文字列を取得する。
    print(url, title)  # URLとタイトルを表示する。
```

リスト3.4を保存して実行すると、URLとタイトルが表示されます。

```
(scraping) $ python scrape_rss_by_lxml.py
http://gihyo.jp/admin/clip/01/ubuntu-topics/201807/27 2018年7月27日号  Ubuntu Communitheme "Yaru" ↵
・PowerShellのSnapパッケージ・オープンソースカンファレンス2018 Kyoto ―― Ubuntu Weekly Topics
http://gihyo.jp/dev/serial/01/voiceui/0006 第6回  今，求められている音声サービスとは？ ―― 優しいUI～ ↵
ボイスユーザインターフェースで変わるコト
...
```

column 標準ライブラリのElementTreeによるスクレイピング

本文ではlxmlを使いましたが、XMLのスクレイピングは標準ライブラリの`xml.etree.ElementTree`モジュール*aでも行えます。基本的な機能しか使わない場合や、lxmlのインストールが難しい環境では役立つでしょう。

リスト3.5のようにして`ElementTree`モジュールを使ってRSSをパースできます。

▼ リスト3.5 scrape_rss_by_elementtree.py ― ElementTreeでRSSをパースする

```
from xml.etree import ElementTree  # ElementTreeモジュールをインポートする。

# parse()関数でファイルを読み込んでElementTreeオブジェクトを得る。
tree = ElementTree.parse('rss2.xml')
# getroot()メソッドでXMLのルート要素(この例ではrss要素)に対応するElementオブジェクトを得る。
root = tree.getroot()

# findall()メソッドでXPathにマッチする要素のリストを取得する。
# channel/item はchannel要素の子要素であるitem要素を表す。
for item in root.findall('channel/item'):
    # find()メソッドでXPathにマッチする要素を取得し、text属性で要素の文字列を取得する。
    title = item.find('title').text  # title要素の文字列を取得する。
    url = item.find('link').text     # link要素の文字列を取得する。
    print(url, title)  # URLとタイトルを表示する。
```

`findall()`メソッドや`find()`メソッドでは、XPath 1.0のサブセットのみをサポートしており、CSSセレクターは使えません(**2.5.2**参照)。**リスト3.5**を保存して実行すると、URLとタイトルが表示されます。

```
(scraping) $ python scrape_rss_by_elementtree.py
http://gihyo.jp/admin/clip/01/ubuntu-topics/201807/27 2018年7月27日号 Ubuntu Communitheme " ↵
Yaru"・PowerShellのSnapパッケージ・オープンソースカンファレンス2018 Kyoto ―― Ubuntu Weekly Topics
http://gihyo.jp/dev/serial/01/voiceui/0006 第6回 今，求められている音声サービスとは? ―― 優し ↵
いUI～ボイスユーザインターフェースで変わるコト
...
```

*a https://docs.python.org/3/library/xml.etree.elementtree.html

3

column 名前空間が使われたXMLからスクレイピングする

XMLには異なる意味で同じ名前の要素を1つの文書に混在できるよう、名前空間という仕組みが用意されています。lxmlで名前空間が使われたXMLからスクレイピングする際は、目的の要素が単純には取得できないため注意が必要です。

名前空間が使われたXMLの例として、Atomフィードがあります。gihyo.jpのAtomフィードは**リスト3.6**のようになっています。ルート要素であるfeed要素のxmlns属性で指定されたURI（http://www.w3.org/2005/Atom）が、この文書におけるデフォルト名前空間となります。他にも名前空間がある場合は、ルート要素の属性でxmlns:foo="他の名前空間のURI"のように指定され、その名前空間に属する要素はfoo:titleのように接頭辞をつけて記述されます。デフォルト名前空間が指定されている文書では、接頭辞のない要素は、デフォルト名前空間に属します。

なお、RSS 2.0のようにxmlns属性がないXML文書では、文書中に出現する要素は「名前空間なし」の名前空間に属します。

▼ リスト3.6 Atomフィードの中身

```
<?xml version="1.0" encoding="UTF-8" ?>
<feed xmlns="http://www.w3.org/2005/Atom">
 <title>gihyo.jp：総合</title>
 <subtitle>gihyo.jp（総合）の更新情報をお届けします</subtitle>
 <id>http://gihyo.jp/</id>
 <link href="http://gihyo.jp/"/>
 <author>
  <name>技術評論社</name>
 </author>
 <updated>2018-07-28T23:52:00+09:00</updated>
 <rights>技術評論社 2018</rights>
 <icon>http://gihyo.jp/assets/templates/gihyojp2007/image/header_logo_gihyo.gif</icon>
 <entry>
  <title>2018年7月27日号　Ubuntu Communitheme &quot;Yaru&quot;・PowerShellのSnapパッケージ・オ ↵
ープンソースカンファレンス2018 Kyoto ―― Ubuntu Weekly Topics</title>
  <link href="http://gihyo.jp/admin/clip/01/ubuntu-topics/201807/27"/>
  <id>http://gihyo.jp/admin/clip/01/ubuntu-topics/201807/27</id>
  <published>2018-07-27T10:17:00+09:00</published>
  <updated>2018-07-27T10:17:00+09:00</updated>
 <author>
  <name>吉田史</name>
 </author>
  <category scheme="http://gihyo.jp/admin/clip/01/ubuntu-topics" term="Ubuntu Weekly Topics ↵
" xml:lang="ja" />
  <summary>Ubuntuのデスクトップテーマが「新しい」世代のものに切り替わろうとしています。しかも名前は“Yar ↵
u”。</summary>
 </entry>
 ...
```

インタラクティブシェルを使って、これらの要素を抜き出してみましょう。title要素を取得したつもりが、空のリストが得られます。

```
>>> import lxml.etree
>>> tree = lxml.etree.parse('http://gihyo.jp/feed/atom')
>>> root = tree.getroot()
>>> root.xpath('title')
[]  # title要素を取得したつもりが、空リストが得られる。
```

このXPathは「名前空間なし」のtitle要素を表し、名前空間http://www.w3.org/2005/Atomのtitle要素は対象とならないのが原因です。

取得するためには、次のようにXPath内の要素名に別名（ここではatom）の接頭辞をつけ、キーワード引数namespacesに別名と名前空間の対応を表すdictを指定する必要があります。

```
>>> root.xpath('atom:title', namespaces={'atom': 'http://www.w3.org/2005/Atom'})
[<Element {http://www.w3.org/2005/Atom}title at 0x10d561408>]  # title要素が得られる。
```

なお、root.nsmapでその文書内で使われる名前空間のdict（デフォルト名前空間のキーはNone）を取得できるので、次のようにすることもできます。

```
>>> root.nsmap
{None: 'http://www.w3.org/2005/Atom'}
>>> root.xpath('atom:title', namespaces={'atom': root.nsmap[None]})
[<Element {http://www.w3.org/2005/Atom}title at 0x10d563108>]  # title要素が得られる。
```

3.2.2 RSSのスクレイピング

feedparser[*8]を使うと、RSSのフォーマットを意識せずにスクレイピングできます。RSSフィードにはRSS 0.9、RSS 1.0、RSS 2.0、Atomなど複数のフォーマットがありますが、feedparserはこれらの違いを吸収します。

feedparserをインストールします。

```
(scraping) $ pip install feedparser
```

インストールできたら、インタラクティブシェルでfeedparserを使ってみましょう。

解説の中で使用するので、はてなブックマークの人気エントリー（「テクノロジー」カテゴリ）のRSS（it.rss）をダウンロードしておきます。

```
$ wget http://b.hatena.ne.jp/hotentry/it.rss
```

```
>>> import feedparser
# parse()関数にURLを指定してパースできる。
>>> d = feedparser.parse('http://b.hatena.ne.jp/hotentry/it.rss')
```

*8　https://pypi.org/project/feedparser/ 本書ではバージョン5.2.1を使用します。

```
# parse()関数にはファイルパス、ファイルオブジェクト、XMLの文字列も指定できる。
>>> d = feedparser.parse('it.rss')
>>> type(d)  # parse()関数の戻り値はFeedParserDictオブジェクト。
<class 'feedparser.FeedParserDict'>
>>> d.version  # フィードのバージョンを取得する(この場合はRSS 1.0)。
'rss10'

>>> d.feed.title  # フィードのタイトルを取得する。
'はてなブックマーク - 人気エントリー - テクノロジー'
>>> d['feed']['title']  # 属性ではなく、dictの形式でもアクセスできる。
'はてなブックマーク - 人気エントリー - テクノロジー'
>>> d.feed.link  # フィードのリンクを取得する。
'http://b.hatena.ne.jp/hotentry/it'
>>> d.feed.description  # フィードの説明を取得する。
'最近の人気エントリー'

>>> len(d.entries)  # d.entriesでフィードの要素のlistを取得できる。
30
>>> d.entries[0].title  # 要素のタイトルを取得する。
'『ギークっぽい部屋』を作ろうと思ってるんだけど'
>>> d.entries[0].link  # 要素のリンクを取得する。
'https://anond.hatelabo.jp/20180729015737'
>>> d.entries[0].description  # 要素の説明を取得する。
'本棚にぎっしり並んだオライリーの本床に散乱するPCパーツやたら上下に並ぶPCモニタオクトキャットやらペンギンのス ↵
テッカーがやたらペタペタ貼られてるMacbookあと必要なものなんかある?'
>>> d.entries[0].updated  # 要素の更新日時を文字列で取得する。
'2018-07-28T17:01:35Z'
>>> d.entries[0].updated_parsed  # 要素の更新日時をパースしてtime.struct_timeオブジェクトを取得する。
time.struct_time(tm_year=2018, tm_mon=7, tm_mday=28, tm_hour=17, tm_min=1, tm_sec=35, tm_wday=5, ↵
 tm_yday=209, tm_isdst=0)
```

基本的な使い方が理解できたら、はてなブックマークのRSSからスクレイピングするスクリプトを作ります。**リスト3.7**のようにして、「テクノロジー」カテゴリの人気エントリーのRSSからURLとタイトルを取得できます。

▼ リスト3.7　scrape_rss_by_feedparser.py — feedparserでRSSをスクレイピングする

```
import feedparser

# はてなブックマークの人気エントリー(「テクノロジー」カテゴリ)のRSSを読み込む。
d = feedparser.parse('http://b.hatena.ne.jp/hotentry/it.rss')

# すべての要素について処理を繰り返す。
for entry in d.entries:
    print(entry.link, entry.title)  # URLとタイトルを出力する。
```

これを保存して実行すると、人気エントリーのURLとタイトルが表示されます。

```
(scraping) $ python scrape_rss_by_feedparser.py
https://anond.hatelabo.jp/20180729015737 『ギークっぽい部屋』を作ろうと思ってるんだけど
https://togetter.com/li/1251196 事務所の電気代が突如30倍に暴騰！原因はまさかの掃除のおばちゃんだった「IT ↵
に強すぎるおばちゃん」「2018の電気泥棒」 - Togetter
https://togetter.com/li/1251175 成果を出すチームは何が違う？Googleが分析した結果、大事なのは「何を言って ↵
も許されるし安心して働ける環境」らしい - Togetter
...
```

3.3 データベースに保存する

スクレイピングして抜き出したデータをデータベースに保存する方法を解説します。データベースにデータを保存すると、単純にファイルに保存するのと比べて、複数プロセスから読み書きしやすく、データの重複を防ぎやすくなります。後の工程で分析に利用する際、条件に合う一部のデータだけを取り出すのも簡単です。

データベースは、**リレーショナルデータベース**と**NoSQL**の大きく2つに分けられます。リレーショナルデータベースは、リレーショナルモデルやトランザクションによってデータの整合性を保つことができ、標準化されたSQL文によって柔軟にデータをクエリできます。NoSQLはリレーショナルデータベース以外のデータベースで、データの整合性を弱める代わりにスケーラビリティや読み書きの性能が高いなどの特徴があります。リレーショナルデータベースが向かない領域で利用が広がっています。

リレーショナルデータベースの例としてSQLite 3とMySQLを、NoSQLの例としてMongoDBを取り上げ、Pythonからデータを保存する方法を紹介します。SQLite 3はファイルベースの、MySQLはクライアント／サーバー型のリレーショナルデータベースです。MongoDBはNoSQLの中でもドキュメント型と呼ばれ、柔軟なデータ構造や使いやすさが特徴です。

3.3.1 SQLite 3への保存

SQLite 3（以降SQLite）はファイルベースのシンプルなリレーショナルデータベースです。SQL文を使ってデータを読み書きします。

SQLiteは様々なプログラムに組み込まれることを想定して作られており、Pythonでは標準ライブラリのsqlite3モジュール*9から使用できます。**リスト3.8**のようにして、データベースにデータを保存できます。

*9 https://docs.python.org/3/library/sqlite3.html

▼ リスト3.8　save_sqlite3.py ― SQLite 3への保存

```
import sqlite3

conn = sqlite3.connect('top_cities.db')  # top_cities.dbファイルを開き、コネクションを取得する。

c = conn.cursor()  # カーソルを取得する。
# execute()メソッドでSQL文を実行する。
# このスクリプトを何回実行しても同じ結果になるようにするため、citiesテーブルが存在する場合は削除する。
c.execute('DROP TABLE IF EXISTS cities')
# citiesテーブルを作成する。
c.execute("""
    CREATE TABLE cities (
        rank integer,
        city text,
        population integer
    )
""")

# execute()メソッドの第2引数にはSQL文のパラメーターのリストを指定できる。
# パラメーターで置き換える場所(プレースホルダー)は?で指定する。
c.execute('INSERT INTO cities VALUES (?, ?, ?)', (1, '上海', 24150000))

# パラメーターが辞書の場合、プレースホルダーは :キー名 で指定する。
c.execute('INSERT INTO cities VALUES (:rank, :city, :population)',
          {'rank': 2, 'city': 'カラチ', 'population': 23500000})

# executemany()メソッドでは、複数のパラメーターをリストで指定できる。
# パラメーターの数(ここでは3つ)のSQLを順に実行できる。
c.executemany('INSERT INTO cities VALUES (:rank, :city, :population)', [
    {'rank': 3, 'city': '北京', 'population': 21516000},
    {'rank': 4, 'city': '天津', 'population': 14722100},
    {'rank': 5, 'city': 'イスタンブル', 'population': 14160467},
])

conn.commit()  # 変更をコミット(保存)する。

c.execute('SELECT * FROM cities')  # 保存したデータを取得するSELECT文を実行する。
for row in c.fetchall():  # クエリの結果はfetchall()メソッドで取得できる。
    print(row)  # 保存したデータを表示する。

conn.close()  # コネクションを閉じる。
```

これをsave_sqlite3.pyという名前で保存して実行すると、保存したデータが表示されます。データはtop_cities.dbという名前のデータベースファイルに保存されます。

```
(scraping) $ python save_sqlite3.py
(1, '上海', 24150000)
(2, 'カラチ', 23500000)
```

```
(3, '北京', 21516000)
(4, '天津', 14722100)
(5, 'イスタンブル', 14160467)
```


sqlite3コマンド*10が使える場合は、保存したデータを確認できます。

```
(scraping) $ sqlite3 top_cities.db 'SELECT * FROM cities'
1|上海|24150000
2|カラチ|23500000
3|北京|21516000
4|天津|14722100
5|イスタンブル|14160467
```

SQLiteは手軽に使えるリレーショナルデータベースですが、ファイルの書き込みに時間がかかるという弱点があります。上記のサンプルのような少量のデータでは全く問題にはなりませんが、クロールして取得した大量のデータを断続的に書き込むと、ファイルへの書き込みがボトルネックになりえます。あるプログラムがファイルに書き込んでいる間は、他のプログラムからは同じファイルに書き込めないようロックされるため、複数プログラムからの同時書き込みにも向いていません。

この問題への対処法として、クライアント／サーバー型のリレーショナルデータベースであるMySQLやNoSQLのMongoDBが使えます。

3.3.2 MySQLへのデータの保存

MySQLは、オープンソースのリレーショナルデータベースです。SQLiteとは異なり、クライアント／サーバー型のアーキテクチャーを採用しています。様々なプログラミング言語から簡単に使用でき、大規模でもスケールアウトによる性能向上が見込めることから、人気のあるデータベースです。

スクレイピングしたデータを保存する際も、SQL文による柔軟なクエリが必要なときや、データ同士の関連をうまく扱いたいときには向いているでしょう。

macOSとUbuntuにおけるMySQLのインストール方法と、Pythonから接続してデータを保存する方法を解説します。

● macOSにおけるMySQLのインストール

macOSではHomebrewでインストールします。本書ではバージョン8.0.12を使います。

```
$ brew install mysql
$ mysqld --version
```

*10 macOSではデフォルトでインストールされています。Ubuntuでは`sudo apt install -y sqlite3`でインストールできます。

```
/usr/local/Cellar/mysql/8.0.12/bin/mysqld  Ver 8.0.12 for osx10.13 on x86_64 (Homebrew)
```


MySQLサーバーを起動します。mysql.server statusで正常に起動しているか確認できます。

```
$ mysql.server start
$ mysql.server status
 SUCCESS! MySQL running (96100)
```

● UbuntuにおけるMySQLのインストール

UbuntuではAPTでインストールします。あとで必要になるので開発用のパッケージlibmysqlclient-devも一緒にインストールしておきます。本書ではMySQLバージョン5.7.22を使います*11。

```
$ sudo apt install -y mysql-server libmysqlclient-dev
$ mysqld --version
mysqld  Ver 5.7.22-0ubuntu18.04.1 for Linux on x86_64 ((Ubuntu))
```

インストールと同時にMySQLサーバーが起動しています。次のコマンドで"Active: active (running)"と表示されることを確認します。表示されない場合は、sudo systemctl start mysqlで起動します。

```
$ sudo systemctl status mysql
● mysql.service - MySQL Community Server
   Loaded: loaded (/lib/systemd/system/mysql.service; enabled; vendor preset: enabled)
   Active: active (running) since Sun 2018-07-29 01:27:45 UTC; 50s ago
 Main PID: 6182 (mysqld)
    Tasks: 27 (limit: 1152)
   CGroup: /system.slice/mysql.service
           └─6182 /usr/sbin/mysqld --daemonize --pid-file=/run/mysqld/mysqld.pid

Jul 29 01:27:45 ubuntu-bionic systemd[1]: Starting MySQL Community Server...
Jul 29 01:27:45 ubuntu-bionic systemd[1]: Started MySQL Community Server.
```

*11 環境変数PATHの設定によっては、バージョン確認時に/usr/sbin/mysqld --versionのようにフルパスを指定して実行する必要があります。

column 実運用のためのMySQLの設定

本書の手順でインストールしたMySQLでは、rootユーザーのパスワードが空になるなど、開発環境では問題ないものの実運用には向かない設定になっています。mysql_secure_installationコマンドを実行し、対話式に入力することで実運用のための設定を行えます。詳しくはMySQLのリファレンス[*a]を参照してください。

＊a　https://dev.mysql.com/doc/refman/8.0/en/mysql-secure-installation.html

● データベースとユーザーの作成

MySQLでは実際にデータを格納するテーブルを束ねたものをデータベースと呼びます。ここではテーブルを格納するためのデータベースと、接続に必要なユーザーを作成します。

次のコマンドでrootユーザーとしてMySQLサーバーに接続します。

```
$ mysql -u root  # macOSの場合
```

```
$ sudo mysql -u root  # Ubuntuの場合
```

mysql>というプロンプトが表示されたら、SQL文を順に実行します。完了したらexitと入力して Enter を押すか、Ctrl-D でデータベースとの接続を終了します。

```
# scrapingという名前のデータベースを作成する。
# デフォルトの文字コードをutf8mb4（4バイト対応のUTF-8）とする。
mysql> CREATE DATABASE scraping DEFAULT CHARACTER SET utf8mb4;
Query OK, 1 row affected (0.00 sec)

# localhostから接続可能なユーザーscraperを作成し、そのパスワードをpasswordとする。
mysql> CREATE USER scraper@localhost IDENTIFIED BY 'password';
Query OK, 0 rows affected (0.00 sec)

# 作成したユーザーscraperにデータベースscrapingを読み書き可能な権限を与える。
mysql> GRANT ALL ON scraping.* TO scraper@localhost;
Query OK, 0 rows affected (0.00 sec)
```

● PythonからMySQLに接続する

PythonからMySQLに接続するためのライブラリはいくつかあります。ここでは枯れていてパフォーマンスも良い**mysqlclient**を使います。

- mysqlclient*12: Python 2時代に人気だったMySQL-pythonのPython 3対応版フォーク
- MySQL Connector/Python*13: Oracle社によるMySQL公式のクライアント
- PyMySQL*14: Pure PythonのMySQLクライアント

次のコマンドでmysqlclientをインストールします。

```
(scraping) $ pip install mysqlclient
```

mysqlclientはMySQLのクライアントライブラリであるlibmysqlclientを使ったC拡張ライブラリです。Ubuntuでmysqlclientのインストールに失敗する場合は、開発用パッケージ(**2.2.2**参照)が正しくインストールされていることを確認してください*15。

PythonからMySQLに接続してデータを保存するスクリプトは**リスト3.9**のようになります。

▼ リスト3.9 save_mysql.py — MySQLへの保存

```
import MySQLdb

# MySQLサーバーに接続し、コネクションを取得する。
# ユーザー名とパスワードを指定してscrapingデータベースを使用する。接続に使用する文字コードはutf8mb4とする。
conn = MySQLdb.connect(db='scraping', user='scraper', passwd='password', charset='utf8mb4')

c = conn.cursor()  # カーソルを取得する。
# execute()メソッドでSQL文を実行する。
# このスクリプトを何回実行しても同じ結果になるようにするため、citiesテーブルが存在する場合は削除する。
c.execute('DROP TABLE IF EXISTS `cities`')
# citiesテーブルを作成する。
c.execute("""
    CREATE TABLE `cities` (
        `rank` integer,
        `city` text,
        `population` integer
    )
""")

# execute()メソッドの第2引数にはSQL文のパラメーターを指定できる。
# パラメーターで置き換える場所(プレースホルダー)は%sで指定する。
c.execute('INSERT INTO `cities` VALUES (%s, %s, %s)', (1, '上海', 24150000))

# パラメーターが辞書の場合、プレースホルダーは %(名前)s で指定する。
```

*12 https://pypi.org/project/mysqlclient/ 本書ではバージョン1.4.2.post1を使用します。

*13 https://dev.mysql.com/downloads/connector/python/

*14 https://pypi.org/project/PyMySQL/

*15 「Failed building wheel for mysqlclient」というエラーメッセージが表示されても、「Successfully installed mysqlclient-1.3.13」と表示されていれば動作に支障ありません。気になる場合は、`pip install -U pip`でpip自体をアップグレードすると表示されなくなります。

```
c.execute('INSERT INTO `cities` VALUES (%(rank)s, %(city)s, %(population)s)',
          {'rank': 2, 'city': 'カラチ', 'population': 23500000})

# executemany()メソッドでは、複数のパラメーターをリストで指定し、複数（ここでは3つ）のSQL文を実行する。
c.executemany('INSERT INTO `cities` VALUES (%(rank)s, %(city)s, %(population)s)', [
    {'rank': 3, 'city': '北京', 'population': 21516000},
    {'rank': 4, 'city': '天津', 'population': 14722100},
    {'rank': 5, 'city': 'イスタンブル', 'population': 14160467},
])

conn.commit()  # 変更をコミット（保存）する。

c.execute('SELECT * FROM `cities`')  # 保存したデータを取得する。
for row in c.fetchall():  # クエリの結果はfetchall()メソッドで取得できる。
    print(row)  # 取得したデータを表示する。

conn.close()  # コネクションを閉じる。
```

これを保存して実行すると、保存したデータが表示されます。

```
(scraping) $ python save_mysql.py
(1, '上海', 24150000)
(2, 'カラチ', 23500000)
(3, '北京', 21516000)
(4, '天津', 14722100)
(5, 'イスタンブル', 14160467)
```

mysqlコマンドを使って、保存したデータを確認することもできます。パスワードの入力を求められるのでpassword（scrapingユーザーのパスワード）と入力してください。

```
$ mysql -u scraper -p scraping -e 'SELECT * FROM `cities`'
+------+--------------------+------------+
| rank | city               | population |
+------+--------------------+------------+
|    1 | 上海               |   24150000 |
|    2 | カラチ             |   23500000 |
|    3 | 北京               |   21516000 |
|    4 | 天津               |   14722100 |
|    5 | イスタンブル       |   14160467 |
+------+--------------------+------------+
```

3

column Python Database API 2.0

mysqlclientモジュールの使い方が、sqlite3モジュールの使い方とよく似ていることに気づいたかもしれません。これは、この2つのモジュールがPython Database API 2.0（https://www.python.org/dev/peps/pep-0249/）というPythonにおける標準的なリレーショナルデータベースAPIの仕様に則っているためです。他のデータベースを扱う際も、多くの場合ライブラリがこの仕様に沿ったAPIを提供しており、同様のインターフェイスで使えます。Python Database API 2.0は厳格な仕様ではなく、モジュールごとに実装の差異を許容しています。詳しい使い方はそれぞれのライブラリのドキュメントを参照してください。

3.3.3 MongoDBへのデータの保存

MongoDB[*16]は、NoSQLの一種でドキュメント型と呼ばれるデータベースです。オープンソースソフトウェアとして公開されています。柔軟なデータ構造と高い書き込み性能、使いやすさが特徴です。

MongoDBのデータ構造は**図3.2**のような階層を持ちます。1つのデータベースは複数のコレクションを持ち、1つのコレクションは複数のドキュメントを持ちます。

▼ 図3.2　MongoDBのデータ構造

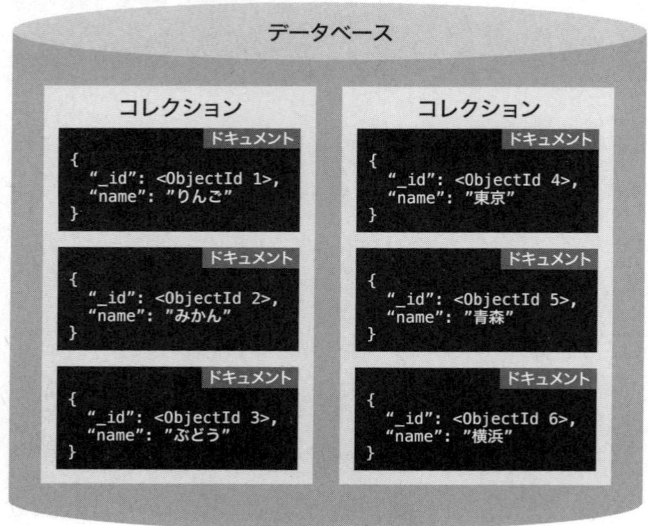

ドキュメントはBSONと呼ばれるJSONのバイナリ版の形式で扱われ、Pythonにおける`list`や`dict`

*16　https://www.mongodb.com/

のような複雑なデータ構造を格納できます。事前にデータ構造を定義する必要がなく、ドキュメントごとに異なる構造を持てます。これはページによって掲載されているデータ項目が異なる場合に役立ちます。例えばECサイトでは、書籍カテゴリの商品には出版社やページ数が、ゲームカテゴリの商品にはプレイ人数や対象年齢が掲載されるように、カテゴリごとにデータ項目が異なることがあります。

リレーショナルデータベースに比べてデータの書き込み性能が高い点も、スクレイピング結果を保存するのに向いています。大量のページを同時並行してクローリング・スクレイピングすると、データベースへの書き込みがボトルネックになることがあるためです。

MongoDBのインストール方法と、Pythonから接続してデータを保存する方法を解説します。

● macOSにおけるMongoDBのインストール

Homebrewでインストールします。本書ではバージョン4.0.0を使います。

```
$ brew install mongodb
$ mongod --version
db version v4.0.0
git version: 3b07af3d4f471ae89e8186d33bbb1d5259597d51
allocator: system
modules: none
build environment:
    distarch: x86_64
    target_arch: x86_64
```

デフォルトのデータベースのディレクトリ/data/dbを作成します。管理者権限が必要なのでsudoをつけて実行し、管理者権限のない普段使いのユーザーで書き込めるようchownで所有者を変更します。

```
# -p は親ディレクトリが存在しない場合に作成し、かつ既にディレクトリが存在してもエラーにしないためのオプション。
$ sudo mkdir -p /data/db
$ sudo chown -R $USER /data/db
```

ターミナルの新しいウィンドウを開き、次のコマンドを実行するとMongoDBが起動します。起動するとコンソールにログが出力されます。Ctrl-Cを押して終了します。

```
$ mongod  # MongoDBをフォアグラウンドで起動する。
```

● UbuntuにおけるMongoDBのインストール

Ubuntuの公式パッケージとして提供されているMongoDBはバージョンが古いので、mongodb.orgのリポジトリからインストールします。インストール方法はMongoDBやOSのバージョンによって微妙に異なるので、詳しくはMongoDBのドキュメント*17を参照してください。

mongodb.orgのリポジトリを追加して、MongoDBをインストールします。

```
$ sudo apt-key adv --keyserver hkp://keyserver.ubuntu.com:80 --recv 9DA31620334BD75D9DCB49F368818C7 ↵
2E52529D4
$ echo "deb [ arch=amd64 ] https://repo.mongodb.org/apt/ubuntu bionic/mongodb-org/4.0 multiverse" ↵
 | sudo tee /etc/apt/sources.list.d/mongodb-org-4.0.list
$ sudo apt update
$ sudo apt install -y mongodb-org
```

本書ではバージョン4.0.9を使います。macOSと同様にmongod --versionでバージョンを確認できます。次のコマンドで起動します。

```
$ sudo systemctl start mongod
```

次のコマンドで起動していることを確認できます。データベースファイルは/var/lib/mongodb/以下に作成されます。

```
$ sudo systemctl status mongod
● mongod.service - MongoDB Database Server
   Loaded: loaded (/lib/systemd/system/mongod.service; disabled; vendor preset: enabled)
   Active: active (running) since Sat 2019-04-13 11:07:06 UTC; 6s ago
     Docs: https://docs.mongodb.org/manual
 Main PID: 19557 (mongod)
   CGroup: /system.slice/mongod.service
           └─19557 /usr/bin/mongod --config /etc/mongod.conf

Apr 13 11:07:06 ubuntu-bionic systemd[1]: Started MongoDB Database Server.
```

● PythonからMongoDBに接続する

PythonからMongoDBに接続するには、MongoDB公式のPythonバインディングであるPyMongo*18を使います。次のコマンドでインストールします*19。

```
(scraping) $ pip install pymongo
```

インストールできたら、インタラクティブシェルでPyMongoを使ってみましょう。予めMongoDBを起動しておきます。

---

*17　https://docs.mongodb.com/manual/tutorial/install-mongodb-on-ubuntu/

*18　http://api.mongodb.com/python/current/ 本書ではバージョン3.7.1を使用します。

*19　bsonというパッケージを明示的にインストールしないように注意してください。PyMongoは独自のbsonパッケージを持っており、pip install bsonを実行すると、PyMongoと互換性のないパッケージがインストールされてしまいます。

```
>>> from pymongo import MongoClient
# ホスト名とポート番号を指定して接続する。'localhost'と27017はデフォルト値なので、省略しても良い。
>>> client = MongoClient('localhost', 27017)
# testデータベースを取得する。データベースが存在しない場合でも書き込み時に自動的に作成される。
>>> db = client.test
>>> db = client['test']  # 属性で表せない名前の場合は、キーでも取得可能。
# データベースのspotsコレクションを取得する。コレクションが存在しない場合でも書き込み時に自動的に作成される。
>>> collection = db.spots
>>> collection = db['spots']  # 属性で表せない名前の場合は、キーでも取得可能。

# insert_one()メソッドでPythonのdictをコレクションに追加できる。
>>> collection.insert_one({'name': '東京スカイツリー', 'prefecture': '東京'})
<pymongo.results.InsertOneResult object at 0x10931a308>
# insert_many()メソッドで複数のdictを一度にコレクションに追加できる。
>>> collection.insert_many([{'name': '東京ディズニーランド', 'prefecture': '千葉'}, {'name': '東京ドー ↵
ム', 'prefecture': '東京'}])
<pymongo.results.InsertManyResult object at 0x10853edc8>

# find()メソッドですべてのドキュメントを取得するためのCursorオブジェクトを取得できる。
>>> collection.find()
<pymongo.cursor.Cursor object at 0x1092896a0>
# Cursorオブジェクトはfor文で順次アクセスできる。
# すべてのドキュメントには_idフィールドが自動で付与され、その値はObjectIdと呼ばれる12バイトの識別子。
>>> for spot in collection.find():
...     print(spot)
...
{'_id': ObjectId('5b5d30cff335ac175620de27'), 'name': '東京スカイツリー', 'prefecture': '東京'}
{'_id': ObjectId('5b5d30e8f335ac175620de28'), 'name': '東京ディズニーランド', 'prefecture': '千葉'}
{'_id': ObjectId('5b5d30e8f335ac175620de29'), 'name': '東京ドーム', 'prefecture': '東京'}
# find()メソッドの引数にクエリを指定すると、そのクエリにマッチするドキュメントが取得できる。
# 次のクエリは、prefectureフィールドの値が'東京'であるドキュメントにマッチする。
>>> for spot in collection.find({'prefecture': '東京'}):
...     print(spot)
...
{'_id': ObjectId('5b5d30cff335ac175620de27'), 'name': '東京スカイツリー', 'prefecture': '東京'}
{'_id': ObjectId('5b5d30e8f335ac175620de29'), 'name': '東京ドーム', 'prefecture': '東京'}

>>> collection.find_one()  # find_one()メソッドは条件にマッチする最初のドキュメントを取得する。
{'_id': ObjectId('5b5d30cff335ac175620de27'), 'name': '東京スカイツリー', 'prefecture': '東京'}
>>> collection.find_one({'prefecture': '千葉'})  # find()と同様に引数にクエリを指定できる。
{'_id': ObjectId('5b5d30e8f335ac175620de28'), 'name': '東京ディズニーランド', 'prefecture': '千葉'}
```

基本的な使い方が理解できたら、スクレイピングで得たデータをMongoDBに保存しましょう。**リスト3.10**は**2.5.3**のscrape_by_lxml.pyにMongoDBへの保存処理を追加したスクリプトです。scrapingデータベースのlinksコレクションにリンクのURLとタイトルを保存します。

▼ リスト3.10　save_mongo.py ― MongoDBに保存する

```
import lxml.html
from pymongo import MongoClient

client = MongoClient('localhost', 27017)
db = client.scraping  # scrapingデータベースを取得する。
collection = db.books  # booksコレクションを取得する。
# このスクリプトを何回実行しても同じ結果になるようにするため、コレクションのドキュメントをすべて削除する。
collection.delete_many({})

# HTMLファイルを読み込み、getroot()メソッドでHtmlElementオブジェクトを得る。
tree = lxml.html.parse('dp.html')
html = tree.getroot()
# 引数のURLを基準として、すべてのa要素のhref属性を絶対URLに変換する。
html.make_links_absolute('https://gihyo.jp/')

# cssselect()メソッドで、セレクターに該当するa要素のリストを取得して、個々のa要素に対して処理を行う。
# セレクターの意味：id="listBook"である要素 の子である li要素 の子である itemprop="url"という属性を持つa要素
for a in html.cssselect('#listBook > li > a[itemprop="url"]'):
    # a要素のhref属性から書籍のURLを取得する。
    url = a.get('href')

    # 書籍のタイトルは itemprop="name" という属性を持つp要素から取得する。
    p = a.cssselect('p[itemprop="name"]')[0]
    title = p.text_content()  # wbr要素などが含まれるのでtextではなくtext_content()を使う。

    # 書籍のURLとタイトルをMongoDBに保存する。
    collection.insert_one({'url': url, 'title': title})

# コレクションのすべてのドキュメントを_idの順にソートして取得する。
for link in collection.find().sort('_id'):
    print(link['_id'], link['url'], link['title'])
```

このスクリプトを名前で保存して実行すると、MongoDBに保存したデータが表示されます。

```
(scraping) $ python save_mongo.py
5b5d32def335ac1b6c33015e https://gihyo.jp/dp/ebook/2018/978-4-297-10001-8 ゼロからはじめる ゼロからは ↵
じめるドコモ arrows Be F-04K スマートガイド
5b5d32def335ac1b6c33015f https://gihyo.jp/dp/ebook/2018/978-4-297-10056-8 冒険で学ぶ はじめてのプログ ↵
ラミング
5b5d32def335ac1b6c330160 https://gihyo.jp/dp/ebook/2018/978-4-7741-9856-9 ポケットリファレンス [改訂新 ↵
版]Android SDK ポケットリファレンス
5b5d32def335ac1b6c330161 https://gihyo.jp/dp/ebook/2018/978-4-7741-9935-1 ゼロからはじめる ゼロからは ↵
じめるドコモ Xperia XZ2 SO-03K スマートガイド
...
```

mongoコマンドを使ってCLIでMongoDBに接続することもできますが、GUIのクライアントを使うとMongoDBに保存したデータをより簡単に確認できます。古くからサードパーティのツールが多くあり、MongoDB社もMongoDB Compass*20というmacOS、Windows、Linuxに対応したクライアントツールを提供しています。MongoDB CompassにはいくつかのEditionがありますが、基本的な操作だけであればCommunity Editionで十分でしょう。

3.4 クローラーとURL

次節ではライブラリを活用して、Pythonでクローラーを作ります。本節ではクローラーを作るための準備として、パーマリンクの概念を紹介します。また、スクレイピングしたデータをデータベースに保存する際に識別子となるキーについてもここで考えます。

3.4.1 パーマリンクとリンク構造のパターン

パーマリンクとWebサイトのリンク構造を理解するとクローラーの開発が容易になります。パーマリンクの概要と、本書が独自にまとめたリンク構造の理解に役立つパターンを解説します。

● パーマリンク

今日の多くのWebサイトでは、1つのコンテンツが対応する1つのURLを持ちます。例えば、技術評論社の電子書籍販売サイトでは、「Pythonスタートブック[増補改訂版]」という1つの電子書籍が次のURLに対応しています。

```
https://gihyo.jp/dp/ebook/2018/978-4-7741-9770-8
```

このように、1つのコンテンツに対応し、時間が経っても対応するコンテンツが変わらないURLを**パーマリンク(Permalink)**と呼びます。「不変の」という意味の英単語「パーマネント(Permanent)」と「リンク」を組み合わせた言葉です。

パーマリンクを持つWebサイトは、Googleなどの検索エンジンのクローラーがコンテンツを認識しやすく、SEO(検索エンジン最適化)に強くなります。FacebookやTwitterなどのソーシャルメディアに投稿しやすいという特徴もあるため、多くのWebサイトがパーマリンクを持っています。

*20 https://www.mongodb.com/products/compass

● 一覧・詳細パターン

パーマリンクを利用するWebサイトでは、多くの場合、パーマリンクを持つページへのリンクが一覧となっているページが存在します。例えば、技術評論社の電子書籍販売サイトでは、次のURLが表すページに新着電子書籍の一覧が表示され、個別の電子書籍へのリンクが張られています。

```
https://gihyo.jp/dp
```

このサイトのリンク構造をまとめると次のようになります。

- 一覧ページ：電子書籍の一覧が表示され、詳細ページへのリンクが張られている。
  URL: https://gihyo.jp/dp
- 詳細ページ：電子書籍の詳細な情報が表示される。
  URL: https://gihyo.jp/dp/ebook/2018/978-4-7741-9770-8

このような一覧ページと詳細ページの組み合わせで構成されているWebサイトのリンク構造パターンを、本書では**一覧・詳細パターン**と呼ぶことにします（**図3.3**）。

▼ 図3.3　一覧・詳細パターン

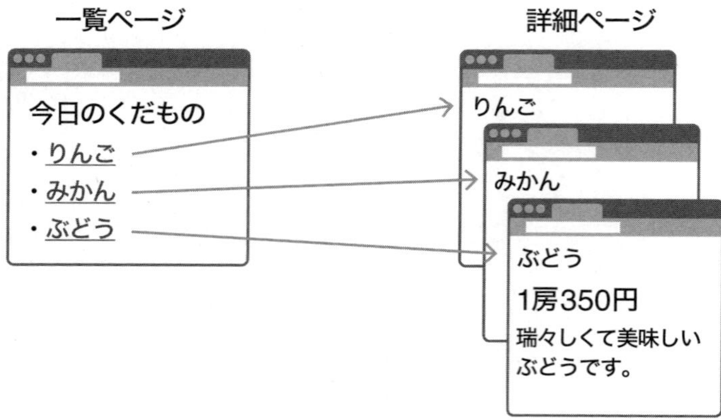

コンテンツがパーマリンクを持たない場合は、このパターンに該当しません。例えばWebサイトに表があり、その1つの行が1つのコンテンツに対応する場合です。Ajaxが使われており、リンクをクリッ

クしたときにURLが変わらずにコンテンツだけが変わるサイトも同様です*21。このようなサイトは「一覧のみパターン」と呼べるでしょう。

次節では、クローリングの基本となる一覧・詳細パターンのWebサイトを対象として、クローラーを作成します。

3.4.2 再実行を考慮したデータの設計

クロールして得られたデータをデータベースに保存するときは、データを一意に識別するキーについて考える必要があります。単純に得られたデータを追記していくと、例えばクローラーを2回実行した場合に同じコンテンツを表すデータが2つ存在することになり、後の工程で分析を行う際に扱いにくくなってしまいます。

このような事態を防ぐため、データに一意のキーを持たせ、新しいデータと既存のデータを区別する必要があります。クローラーを実行して新しいデータが得られたときは追加し、既存のデータが得られたときは更新することで、データの重複を防ぎ最新の状態を保てます。

● データを一意に識別するキー

まず第一にキーの候補になるのはWebページのURLです。ですが、特定のWebサイトのパーマリンクを持つコンテンツだけをクロールする場合は、パーマリンクから一意の識別子を抜き出してキーにすると取り扱いやすくなります。パーマリンクに含まれる一意な識別子とは、**表3.2**のようなものです。

▼ 表3.2 パーマリンクに含まれる一意な識別子の例

コンテンツ	パーマリンクの例（強調部分が識別子）	識別子の意味
Yahoo!ファイナンスの株価情報	https://stocks.finance.yahoo.co.jp/stocks/detail/?code=8411	証券コード
Amazon.co.jpの商品情報	https://www.amazon.co.jp/dp/B00QJDQM9U	ASIN
Twitterのツイート	https://twitter.com/TwitterJP/status/1017144330211880960	ツイートID
ITmediaニュースの記事	http://www.itmedia.co.jp/news/articles/1807/26/news115.html	年月日と番号

パーマリンクのどの部分をキーとして抜き出せば良いか悩むかもしれませんが、複数のページのパーマリンクを見比べるとページごとに異なる部分が浮かび上がってくるでしょう。

パーマリンクに使われている識別子の意味を考えるのも効果的です。表の例では、Yahoo!ファイナンスの8411という値は証券コード*22と呼ばれる日本の証券取引所に上場している企業に付与されてい

＊21 技術評論社の電子書籍販売サイトでもAjaxが使われていますが、クリック時にURLが変わるpjaxと呼ばれる手法が採られているので、一覧・詳細パターンに含まれます。

＊22 https://ja.wikipedia.org/wiki/証券コード

るコードです。Amazon.co.jpの`B00QJDQM9U`はASIN（Amazon Standard Identification Number）*23と呼ばれるAmazonグループで使われる商品コードです。Twitterの`1017144330211880960`はツイートを識別するIDです*24。ITmediaニュースの`1807/26/news115`では、`1807`が年月を、`26`が日を、`115`がその日における一意の番号を表していると考えられます。

● データベースの設計

データを一意に識別するキーが決まったら、このキーを格納するフィールドにデータベースのユニーク制約を設定することで、データの一意性を保証できます。

データベースの主キー（プライマリキー）には、このキーとは別に、サロゲートキーと呼ばれるユニークな値を生成して使うのがオススメです。WebページのURLとそこから取得可能な識別子は、Webサイト側のリニューアルなどで変わる可能性があるためです。サロゲートキーを使っていれば影響が少なくて済みます。

サロゲートキーの例としては次のものがあります。MySQLでは列に`AUTO_INCREMENT`という属性を設定すると、自動的に連番が振られます。MongoDBではObjectIdと呼ばれる12バイトの一意なIDが`_id`という名前の列に自動的に設定されます。`uuid`モジュール*25でUUIDを生成して使用しても良いでしょう。

3.5 Pythonによるクローラーの作成

本節では、これまでに紹介したライブラリを使ってクローラーを作ります。RequestsでWebページを取得し、lxmlでWebページからスクレイピングし、PyMongoでMongoDBにデータを保存します。

クロール対象は技術評論社の電子書籍販売サイトです。このサイトは典型的な一覧・詳細パターンのWebサイトです。ここから電子書籍の情報を取得するクローラーを作成します。

一覧ページにはタイトル、価格、著者、書影、対応フォーマット、発売日などが表示されています。詳細ページにはこれに加えて、対応する紙の書籍、概要、目次、サポートなどの情報があります。ここでは電子書籍のURL、タイトル、価格、目次を取得します。

初めから完璧なクローラーを作るのは大変なので、少しずつ実装していきます。

---

*23 https://www.amazon.co.jp/gp/help/customer/display.html?nodeId=747416

*24 アカウント（この例では`TwitterJP`）ごとにIDが振られている可能性も考えられますが、公式ドキュメント（https://developer.twitter.com/en/docs/basics/twitter-ids）でアカウントをまたいで一意であると明記されています。

*25 https://docs.python.org/3/library/uuid.html

3.5.1 一覧ページからパーマリンク一覧を抜き出す

まずは一覧ページからリンクされている詳細ページのパーマリンク一覧を抜き出します。一覧ページから個別の電子書籍ページ（詳細ページ）へのリンクは、**2.5.3**でも見たように、`#listBook > li > a[itemprop="url"]`というCSSセレクターで表されるa要素のhref属性から取得できます。これを使って詳細ページのURLを抜き出してみましょう。

リスト3.11のように、RequestsでWebページを取得し、lxmlでリンクを抜き出します。

▼ リスト3.11　python_crawler_1.py — 一覧ページからURLの一覧を抜き出す (1)

```
import requests
import lxml.html

response = requests.get('https://gihyo.jp/dp')
html = lxml.html.fromstring(response.text)
html.make_links_absolute(response.url)  # 絶対URLに変換する。

for a in html.cssselect('#listBook > li > a[itemprop="url"]'):
    url = a.get('href')
    print(url)
```

これをpython_crawler_1.pyという名前で保存して実行すると、電子書籍の詳細ページを表すURLが表示されます。

```
(scraping) $ python python_crawler_1.py
https://gihyo.jp/dp/ebook/2018/978-4-297-10029-2
https://gihyo.jp/dp/ebook/2018/978-4-7741-9875-0
https://gihyo.jp/dp/ebook/2018/978-4-7741-9867-5
https://gihyo.jp/dp/ebook/2018/978-4-7741-9922-1
...
```

このままではあとで拡張して利用しづらいので、関数を使ってリファクタリングしておきます。**リスト3.12**では、main()関数からscrape_list_page()関数を呼び出す形にしています。scrape_list_page()関数の戻り値はlistなどと同様に繰り返し可能なジェネレーターイテレーター*26です。実行結果は先ほどと変わりません。

---

*26　ジェネレーターやyield文について詳しくはPythonのチュートリアル（https://docs.python.org/3/tutorial/classes.html#generators）を参照してください。

▼ リスト3.12　python_crawler_2.py ― 一覧ページからURLの一覧を抜き出す (2)

```
from typing import Iterator  # 型ヒントのためにインポート
import requests
import lxml.html


def main():
    """
    クローラーのメインの処理。
    """
    response = requests.get('https://gihyo.jp/dp')
    # scrape_list_page()関数を呼び出し、ジェネレーターイテレーターを取得する。
    urls = scrape_list_page(response)
    for url in urls:  # ジェネレーターイテレーターはlistなどと同様に繰り返し可能。
        print(url)


def scrape_list_page(response: requests.Response) -> Iterator[str]:
    """
    一覧ページのResponseから詳細ページのURLを抜き出すジェネレーター関数。
    """
    html = lxml.html.fromstring(response.text)
    html.make_links_absolute(response.url)

    for a in html.cssselect('#listBook > li > a[itemprop="url"]'):
        url = a.get('href')
        yield url  # yield文でジェネレーターイテレーターの要素を返す。

if __name__ == '__main__':
    main()
```

3.5.2　詳細ページからスクレイピングする

続いて、詳細ページから必要な情報をスクレイピングします。一覧ページのときと同じように開発者ツールで確認すると、それぞれ**表3.3**のCSSセレクターで取得できることがわかります。目次は全体を取得すると量が多くなり、確認しづらくなるので、章レベルの目次だけを取得することにします。

▼ 表3.3　詳細ページで取得したい要素とCSSセレクター

取得したい要素	CSSセレクター
タイトル	#bookTitle（**図3.4**）
価格	.buy（直接の子である文字列のみ。**図3.5**）
目次（章レベル）	#content > h3（**図3.6**）

▼ 図3.4 書籍のタイトルが含まれている要素

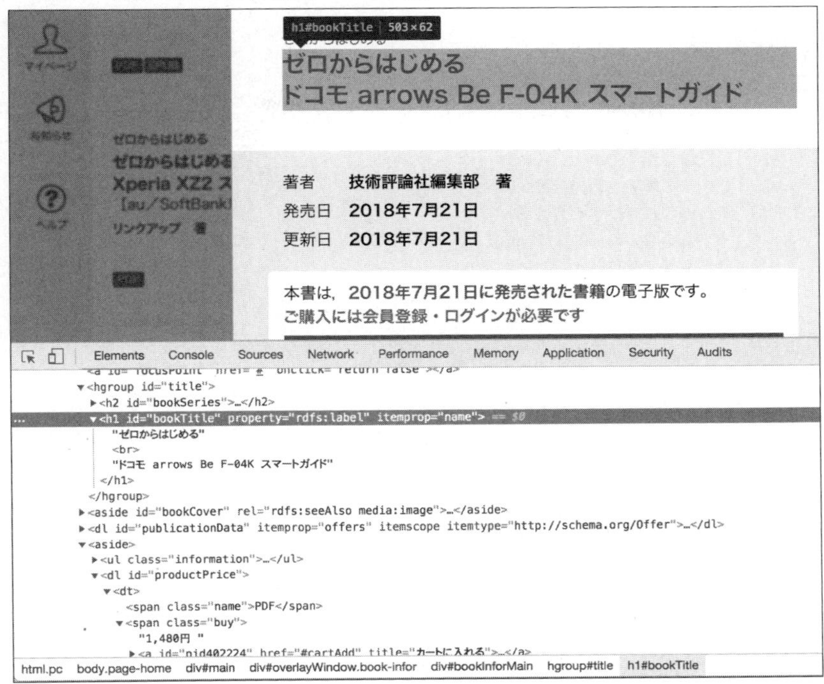

▼ 図3.5 書籍の価格が含まれている要素

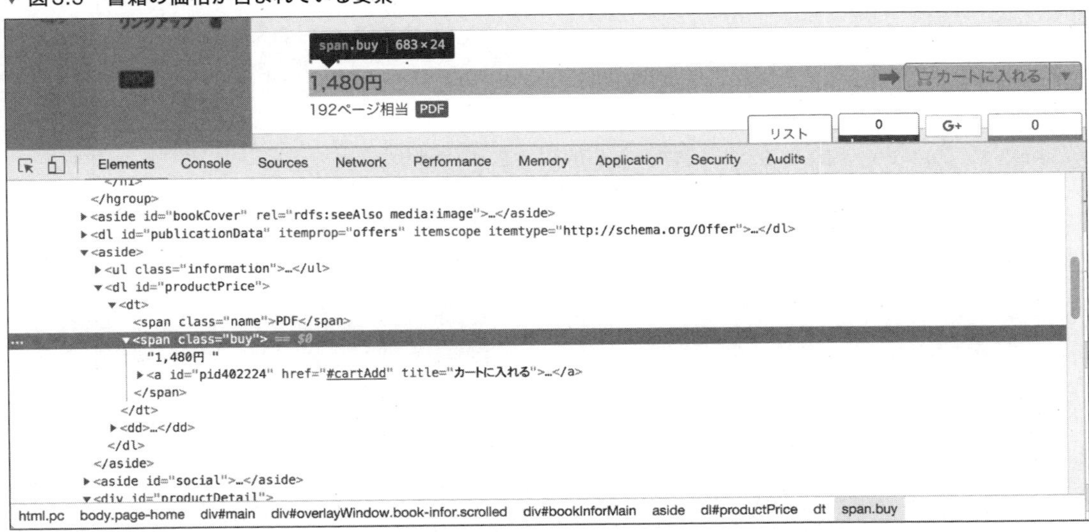

▼ 図3.6　書籍の目次（章レベル）が含まれている要素

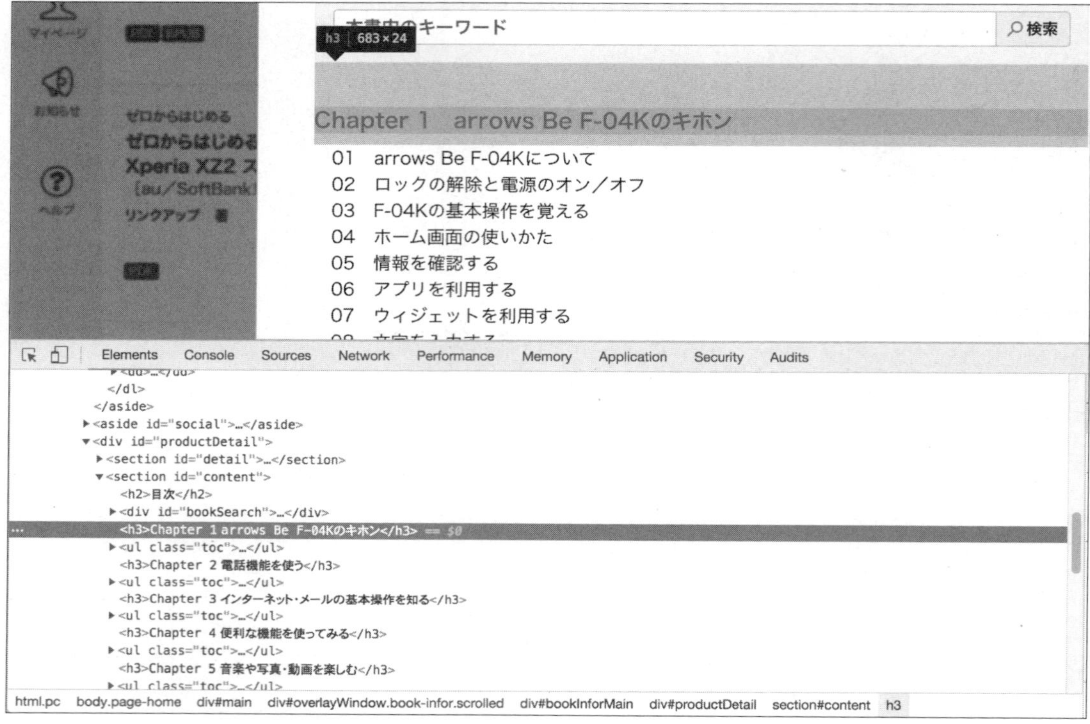

詳細ページをクロールし、書籍の情報をスクレイピングする処理を追加すると、**リスト3.13**になります。

▼ リスト3.13　python_crawler_3.py ― 詳細ページからスクレイピングする

```
from typing import Iterator
import requests
import lxml.html


def main():
    """
    クローラーのメインの処理。
    """
    session = requests.Session()  # 複数のページをクロールするのでSessionを使う。
    response = requests.get('https://gihyo.jp/dp')
    urls = scrape_list_page(response)
    for url in urls:
        response = session.get(url)  # Sessionを使って詳細ページを取得する。
```

```
        ebook = scrape_detail_page(response)  # 詳細ページからスクレイピングして電子書籍の情報を得る。
        print(ebook)  # 電子書籍の情報を表示する。
        break  # まず1ページだけで試すため、break文でループを抜ける。


def scrape_list_page(response: requests.Response) -> Iterator[str]:
    """
    一覧ページのResponseから詳細ページのURLを抜き出すジェネレーター関数。
    """
    html = lxml.html.fromstring(response.text)
    html.make_links_absolute(response.url)

    for a in html.cssselect('#listBook > li > a[itemprop="url"]'):
        url = a.get('href')
        yield url


def scrape_detail_page(response: requests.Response) -> dict:
    """
    詳細ページのResponseから電子書籍の情報をdictで取得する。
    """
    html = lxml.html.fromstring(response.text)
    ebook = {
        'url': response.url,  # URL
        'title': html.cssselect('#bookTitle')[0].text_content(),  # タイトル
        'price': html.cssselect('.buy')[0].text,  # 価格(.textで直接の子である文字列のみを取得)
        'content': [h3.text_content() for h3 in html.cssselect('#content > h3')],  # 目次
    }
    return ebook  # dictを返す。

if __name__ == '__main__':
    main()
```

複数のページをクロールするので、RequestsのSessionオブジェクトを使います。main()関数のfor文の中では詳細ページを取得します。詳細ページのresponseを引数としてscrape_detail_page()を呼び出し、得られた電子書籍の情報を表示します。

電子書籍の情報を表示したあと、break文で終了していることに注目してください。スクレイピングは試行錯誤を伴う作業なので、まずは最初の1ページのみで試し、成功してから全ページを対象にします。

scrape_detail_page()関数ではCSSセレクターを使ってスクレイピングを行います。タイトルと価格は、root.cssselect()で取得したリストの最初の要素に注目して文字列を取得します。タイトルは要素内のすべての文字列を取得するためにtext_content()メソッドを使い、価格は直接の子である文

字列を取得するためにtext属性を使います。目次は、リスト内包表記*27を使って章の見出しのリストを取得します。

python_crawler_3.pyという名前で保存して実行すると、書籍の情報を取得できます。

```
(scraping) $ python python_crawler_3.py
{'url': 'https://gihyo.jp/dp/ebook/2018/978-4-297-10029-2', 'title': 'ゼロからはじめるau AQUOS R2 SHV ↵
42 スマートガイド', 'price': '1,480円 ', 'content': ['Chapter 1\u3000AQUOS R2 SHV42のキホン', 'Chapter ↵
 2\u3000電話機能を使う', 'Chapter 3\u3000メールの基本操作を知る', 'Chapter 4\u3000インターネットを利用 ↵
する', 'Chapter 5\u3000Googleのサービスを使いこなす', 'Chapter 6\u3000便利な機能を使ってみる', 'Chapter ↵
 7\u3000音楽や写真・動画を楽しむ', 'Chapter 8\u3000auのサービスを使いこなす', 'Chapter 9\u3000SHV42を ↵
使いこなす']}
```

おおむね狙い通りに取得できていますが、価格の末尾に空白が入っている点が気になります。str型のstrip()メソッドで削除してしまいましょう。

```
    ebook = {
        'url': response.url,  # URL
        'title': html.cssselect('#bookTitle')[0].text_content(),  # タイトル
        'price': html.cssselect('.buy')[0].text.strip(),  # 価格(strip()で前後の空白を削除)
        'content': [h3.text_content() for h3 in html.cssselect('#content > h3')],  # 目次
    }
```

これをpython_crawler_4.pyという名前で保存して実行すると、価格の空白がなくなっていることがわかります。

```
(scraping) $ python python_crawler_4.py
{'url': 'https://gihyo.jp/dp/ebook/2018/978-4-297-10029-2', 'title': 'ゼロからはじめるau AQUOS R2 SHV ↵
42 スマートガイド', 'price': '1,480円', 'content': ['Chapter 1\u3000AQUOS R2 SHV42のキホン', 'Chapter ↵
 2\u3000電話機能を使う', 'Chapter 3\u3000メールの基本操作を知る', 'Chapter 4\u3000インターネットを利用 ↵
する', 'Chapter 5\u3000Googleのサービスを使いこなす', 'Chapter 6\u3000便利な機能を使ってみる', 'Chapter ↵
 7\u3000音楽や写真・動画を楽しむ', 'Chapter 8\u3000auのサービスを使いこなす', 'Chapter 9\u3000SHV42を ↵
使いこなす']}
```

3.5.3 詳細ページをクロールする

それでは、すべてのページをクロールしてみましょう。**リスト3.14**のようにtimeモジュールをインポートし、main()関数の処理を変更すると、すべてのページをクロールできます。main()関数のfor文に書

*27 リスト内包表記(List Comprehensions)は、繰り返し可能なオブジェクトに対してある操作を行って、新しいlistを生成するための表記法です。詳しくはPythonのチュートリアル(https://docs.python.org/3/tutorial/datastructures.html#list-comprehensions)を参照してください。

いていたbreak文をコメントアウトし、代わりにtime.sleep(1)で1秒間のウェイトを入れます。これによって、サーバーに負荷をかけ過ぎないようにします。

▼ リスト3.14　python_crawler_5.py ― 詳細ページをクロールする (1)

```
import time  # timeモジュールをインポートする。
from typing import Iterator
import requests
import lxml.html


def main():
    session = requests.Session()
    response = session.get('https://gihyo.jp/dp')
    urls = scrape_list_page(response)
    for url in urls:
        time.sleep(1)  # 1秒のウェイトを入れる
        response = session.get(url)
        ebook = scrape_detail_page(response)
        print(ebook)
        # break

# (省略)
```

これをpython_crawler_5.pyという名前で保存して実行すると、1秒ごとに電子書籍の情報が表示されていき、30個表示されたら終了します。なお、途中で止めるにはCtrl-Cを押します。

```
(scraping) $ python python_crawler_5.py
{'url': 'https://gihyo.jp/dp/ebook/2018/978-4-297-10029-2', 'title': 'ゼロからはじめるau AQUOS R2 SHV ↵
42 スマートガイド', 'price': '1,480円', 'content': ['Chapter 1\u3000AQUOS R2 SHV42のキホン', 'Chapter ↵
 2\u3000電話機能を使う', 'Chapter 3\u3000メールの基本操作を知る', 'Chapter 4\u3000インターネットを利用 ↵
する', 'Chapter 5\u3000Googleのサービスを使いこなす', 'Chapter 6\u3000便利な機能を使ってみる', 'Chapter ↵
 7\u3000音楽や写真・動画を楽しむ', 'Chapter 8\u3000auのサービスを使いこなす', 'Chapter 9\u3000SHV42を ↵
使いこなす']}
{'url': 'https://gihyo.jp/dp/ebook/2018/978-4-7741-9875-0', 'title': 'マネージャーの問題地図～「で、 ↵
どこから変える?」あれもこれもで、てんやわんやな現場のマネジメント', 'price': '1,580円', 'content': ['はじめ ↵
に\u3000「残業させるな」「予算目標は達成しろ」「部下のモチベーションも上げろ」いったいどうすりゃイイんですか!?', ↵
 '1丁目\u3000モヤモヤ症候群', '2丁目\u3000何でも自分でやってしまう', '3丁目\u3000コミュニケーション不全', ↵
 '4丁目\u3000モチベートできない・育成できない', '5丁目\u3000削減主義', '6丁目\u3000気合・根性主義／目 ↵
先主義', '7丁目\u3000チャレンジしない', 'おわりに\u3000能力と余力と協力を作る――それがマネージャーの仕事']}
...
```

実行結果をよく見ると、一部の書籍で目次の要素に改行文字が含まれています。

```
{'url': 'https://gihyo.jp/dp/ebook/2018/978-4-7741-9720-3', 'title': 'Software Design 2018年8月号' ↵
, 'price': '1,318円', 'content': ['\r\n第1特集\r\nスマホゲームはなぜ動く?\r\n意外と知らないサーバサイド ↵
のしくみ\r\n', '\r\n第2特集\r\nクラウドネイティブ時代のシステム構築\r\n独自構築か, PaaSか, サーバーレスか ↵
```

```
\r\n', '一般記事', 'Test Report', '連載']}
```


目次の要素に含まれる改行については、normalize_spaces() 関数を作り、正規表現で連続する空白を1つのスペースに置き換えます。これらの変更を加えると**リスト3.15**のようになります。

▼ **リスト3.15　python_crawler_6.py ― 詳細ページをクロールする (2)**

```
import re  # reモジュールをインポートする。
import time
from typing import Iterator
import requests
import lxml.html

# (省略)

def scrape_detail_page(response: requests.Response) -> dict:
    """
    詳細ページのResponseから電子書籍の情報をdictで取得する。
    """
    html = lxml.html.fromstring(response.text)
    ebook = {
        'url': response.url,  # URL
        'title': html.cssselect('#bookTitle')[0].text_content(),  # タイトル
        'price': html.cssselect('.buy')[0].text.strip(),  # 価格(strip()で前後の空白を削除)
        'content': [normalize_spaces(h3.text_content()) for h3 in html.cssselect('#content > h3')],  # 目次
    }
    return ebook  # dictを返す。


def normalize_spaces(s: str) -> str:
    """
    連続する空白を1つのスペースに置き換え、前後の空白を削除した新しい文字列を取得する。
    """
    return re.sub(r'\s+', ' ', s).strip()

if __name__ == '__main__':
    main()
```

これを実行すると、次のように目次から改行文字が除去されていることを確認できます。これまで全角空白 (\u3000) が使われていた箇所も、半角空白に統一されました。

```
(scraping) $ python python_crawler_6.py
...
{'url': 'https://gihyo.jp/dp/ebook/2018/978-4-7741-9720-3', 'title': 'Software Design 2018年8月号' ⏎
, 'price': '1,318円', 'content': ['第1特集 スマホゲームはなぜ動く? 意外と知らないサーバサイドのしくみ', ⏎
'第2特集 クラウドネイティブ時代のシステム構築 独自構築か, PaaSか, サーバーレスか', '一般記事', 'Test Re ⏎
```

```
port', '連載']}
...
```


3.5.4 スクレイピングしたデータを保存する

最後の仕上げに、取得したデータをMongoDBに保存しましょう。単に保存するだけでは面白くないので、**3.4.2**で述べたようにキーを設計し、2回目以降はクロール済みのURLはクロールしないようにします。

リスト3.16がMongoDBに保存する機能を追加した、最終的なクローラーです。

▼ リスト3.16　python_crawler_final.py ― **最終的なクローラー**

```
import re
import time
from typing import Iterator
import requests
import lxml.html
from pymongo import MongoClient


def main():
    """
    クローラーのメインの処理。
    """
    client = MongoClient('localhost', 27017)  # ローカルホストのMongoDBに接続する。
    collection = client.scraping.ebooks  # scrapingデータベースのebooksコレクションを得る。
    # データを一意に識別するキーを格納するkeyフィールドにユニークなインデックスを作成する。
    collection.create_index('key', unique=True)

    session = requests.Session()
    response = session.get('https://gihyo.jp/dp')  # 一覧ページを取得する。
    urls = scrape_list_page(response)  # 詳細ページのURL一覧を得る。
    for url in urls:
        key = extract_key(url)  # URLからキーを取得する。

        ebook = collection.find_one({'key': key})  # MongoDBからkeyに該当するデータを探す。
        if not ebook:  # MongoDBに存在しない場合だけ、詳細ページをクロールする。
            time.sleep(1)
            response = session.get(url)  # 詳細ページを取得する。
            ebook = scrape_detail_page(response)
            collection.insert_one(ebook)  # 電子書籍の情報をMongoDBに保存する。

        print(ebook)  # 電子書籍の情報を表示する。


def scrape_list_page(response: requests.Response) -> Iterator[str]:
```

```
    """
    一覧ページのResponseから詳細ページのURLを抜き出すジェネレーター関数。
    """
    html = lxml.html.fromstring(response.text)
    html.make_links_absolute(response.url)

    for a in html.cssselect('#listBook > li > a[itemprop="url"]'):
        url = a.get('href')
        yield url


def scrape_detail_page(response: requests.Response) -> dict:
    """
    詳細ページのResponseから電子書籍の情報をdictで取得する。
    """
    html = lxml.html.fromstring(response.text)
    ebook = {
        'url': response.url,  # URL
        'key': extract_key(response.url),  # URLから抜き出したキー
        'title': html.cssselect('#bookTitle')[0].text_content(),  # タイトル
        'price': html.cssselect('.buy')[0].text.strip(),  # 価格(strip()で前後の空白を削除)
        'content': [normalize_spaces(h3.text_content()) for h3 in html.cssselect('#content > h3')],  # 目次
    }
    return ebook  # dictを返す。


def extract_key(url: str) -> str:
    """
    URLからキー(URLの末尾のISBN)を抜き出す。
    """
    m = re.search(r'/([^/]+)$', url)  # 最後の/から文字列末尾までを正規表現で取得。
    return m.group(1)


def normalize_spaces(s: str) -> str:
    """
    連続する空白を1つのスペースに置き換え、前後の空白を削除した新しい文字列を取得する。
    """
    return re.sub(r'\s+', ' ', s).strip()

if __name__ == '__main__':
    main()
```

main()関数の冒頭でMongoDBに接続して、ebooksコレクションを取得します。このコレクションにはkeyという名前のユニークなインデックスを作成します。keyはパーマリンクから取得したキーを格納するためのフィールドです。

パーマリンクからキーを取得するためのextract_key()関数も追加しています。この関数は例えばhttps://gihyo.jp/dp/ebook/2015/978-4-7741-7477-8というURLから、ISBNを表す978-4-7741-

7477-8をキーとして抜き出します。scrape_detail_page()関数では、keyフィールドにextract_key()で取得したキーを設定しています。

main()関数のfor文では､URLをクロールする前にそのURLからキーを抜き出して､データが既にデータベースに存在するか確認します。存在する場合は、そのURLにはアクセスせず、データベースに格納されているデータを表示します。存在しない場合は、実際にWebページの取得とスクレイピングを行い、データベースにデータを格納します。

これをpython_crawler_final.pyという名前で保存して実行すると、先ほどと同様に1秒ごとに電子書籍の情報が表示されていきます。あらかじめMongoDBを起動しておくのを忘れないでください(**3.3.3**参照)。

```
(scraping) $ python python_crawler_final.py
{'url': 'https://gihyo.jp/dp/ebook/2018/978-4-297-10029-2', 'key': '978-4-297-10029-2', 'title': ' ↵
ゼロからはじめるau AQUOS R2 SHV42 スマートガイド', 'price': '1,480円', 'content': ['Chapter 1 AQUOS R ↵
2 SHV42のキホン', 'Chapter 2 電話機能を使う', 'Chapter 3 メールの基本操作を知る', 'Chapter 4 インターネ ↵
ットを利用する', 'Chapter 5 Googleのサービスを使いこなす', 'Chapter 6 便利な機能を使ってみる', 'Chapter ↵
 7 音楽や写真・動画を楽しむ', 'Chapter 8 auのサービスを使いこなす', 'Chapter 9 SHV42を使いこなす'], '_i ↵
d': ObjectId('5b5d6602f335ac485cb95ba2')}
{'url': 'https://gihyo.jp/dp/ebook/2018/978-4-7741-9875-0', 'key': '978-4-7741-9875-0', 'title': ↵
'マネージャーの問題地図～「で、どこから変える?」あれもこれもで、てんやわんやな現場のマネジメント', 'price' ↵
: '1,580円', 'content': ['はじめに 「残業させるな」「予算目標は達成しろ」「部下のモチベーションも上げろ」いっ ↵
たいどうすりゃイイんですか!?', '1丁目 モヤモヤ症候群', '2丁目 何でも自分でやってしまう', '3丁目 コミュニケー ↵
ション不全', '4丁目 モチベートできない・育成できない', '5丁目 削減主義', '6丁目 気合・根性主義／目先主義 ↵
', '7丁目 チャレンジしない', 'おわりに 能力と余力と協力を作る——それがマネージャーの仕事'], '_id': Object ↵
Id('5b5d6603f335ac485cb95ba3')}
...
```

クローラーが終了したあとに再度実行すると、既に取得済みのデータはデータベースから瞬時に取得して表示され、無駄なクロールが行われていないことがわかるでしょう。例えばこのクローラーを1日1回動かすと、新しく追加された電子書籍の情報だけを効率的にクロールできます。

解説はここまでですが、ページから取得する情報を増やしたり、ページャーをたどってさらに多くの書籍を取得したりと拡張してみても良いでしょう。

column Beautiful Soupを使った場合のスクレイピング処理

本節で作成したクローラーではスクレイピングためのライブラリとしてlxmlを使いましたが、**3.1.1**で学習したBeautiful Soupを使う場合は**リスト3.17**のようになります。CSSセレクターを使っているため、コードは大きく変わらないことがわかるでしょう。なお、このコードでは問題ありませんが、Beautiful SoupのCSSセレクターのサポートは限定的なことに注意が必要です。

▼ リスト3.17　python_crawler_final_bs4.py — Beautiful Soupを使ったクローラー

```
# (略)
from urllib.parse import urljoin
from bs4 import BeautifulSoup
# (略)

def scrape_list_page(response: requests.Response) -> Iterator[str]:
    """
    一覧ページのResponseから詳細ページのURLを抜き出すジェネレーター関数。
    """
    soup = BeautifulSoup(response.text, 'html.parser')

    for a in soup.select('#listBook > li > a[itemprop="url"]'):
        url = urljoin(response.url, a.get('href'))  # 絶対URLに変換する。
        yield url


def scrape_detail_page(response: requests.Response) -> dict:
    """
    詳細ページのResponseから電子書籍の情報をdictで取得する。
    """
    soup = BeautifulSoup(response.text, 'html.parser')
    ebook = {
        'url': response.url,  # URL
        'key': extract_key(response.url),  # URLから抜き出したキー
        'title': soup.select_one('#bookTitle').text,  # タイトル。select_one()はselect()の結果 ↵
の最初の要素を取得するメソッド。
        'price': soup.select_one('.buy').contents[0].strip(),  # 価格(strip()で前後の空白を削除)
        'content': [normalize_spaces(h3.text) for h3 in soup.select('#content > h3')],  # 目次
    }
    return ebook  # dictを返す。
```

3.6 まとめ

本章では、強力なライブラリを活用し、HTMLやXMLからスクレイピングしたり、データベースに保存したりする方法を学びました。さらに、Pythonでハイパーリンクをたどるクローラーを作成しました。ライブラリを使うと、Pythonでできることが大幅に広がります。ぜひ様々なライブラリを使ってみましょう*28。

Pythonで基本的なクローラーを作成できるようになりましたが、実際のWebサイトを対象にクローラーを実行してデータを取得する際は、知っておくべきことが他にもあります。次章では、相手のWebサイトに迷惑をかけないための注意事項や、Webサイトの変化に対応する方法など実用に欠かせない知識やテクニックを紹介します。

*28 Awesome Python (https://awesome-python.com/) には、開発環境やWeb開発、テキスト処理や画像処理、データ解析など、非常に多岐にわたる分野の便利なライブラリが紹介されています。一度目を通してみることをオススメします。

第 4 章

Python Crawling & Scraping

実用のためのメソッド

第4章 実用のためのメソッド

実際のWebサイトを対象としてクローラーを実行する前に、押さえておくべき注意点や設計方法があります。Webページを次々と取得するクローリングは、多少なりとも相手のWebサイトに影響を与える社会的な行為です。クローラーが相手の迷惑にならないよう、良識的な振る舞いをする必要があります。自分の都合だけを考えて大量のページを高速にクロールすると、相手のWebサイトに過度な負荷を与えかねません。本章では、問題を避けるための注意点や、効率よく動作させるためのより良い設計を解説します。

4.1 クローラーの特性

一口にクローラーと言っても、対象となるWebサイトによってその性質は様々です。クローラーの特性を知っておくと、クロール対象のWebサイトに合わせて適切なクローラーを作成できるでしょう。次の3つの特性を見ていきます。

- 状態を持つクローラー
- JavaScriptを解釈するクローラー
- 不特定多数のWebサイトを対象とするクローラー

これらは互いに独立しており、1つのクローラーが複数の特性を持つこともできます。なお、前章までで作成したクローラーは、いずれの特性も持たないシンプルなクローラーです。

4.1.1 状態を持つクローラー

HTTPはステートレスに設計されたプロトコルであり、あるリクエストは別のリクエストの影響を受けません。しかしWebアプリケーションでは、ECサイトのショッピングカートや会員制サイトでのログインのように、利用者を識別して状態を保持する機能が必要とされました。そこで、ステートレスなHTTP上で状態を保持するために、Cookieが広く使われています。

Cookie(クッキー) はHTTPリクエスト・レスポンスに小さなデータを付加して送受信する仕組みです。サーバーがHTTPレスポンスの`Set-Cookie`ヘッダーで値を送信すると、クライアントはその値を保存します。クライアントが次回以降そのWebサイトにHTTPリクエストを送る際は、保存しておいた値をCookieヘッダーで送ります。サーバーが利用者一人ひとりに異なるデータを送ることで、利用者を識別できます。

▼ 図4.1　Cookieの仕組み

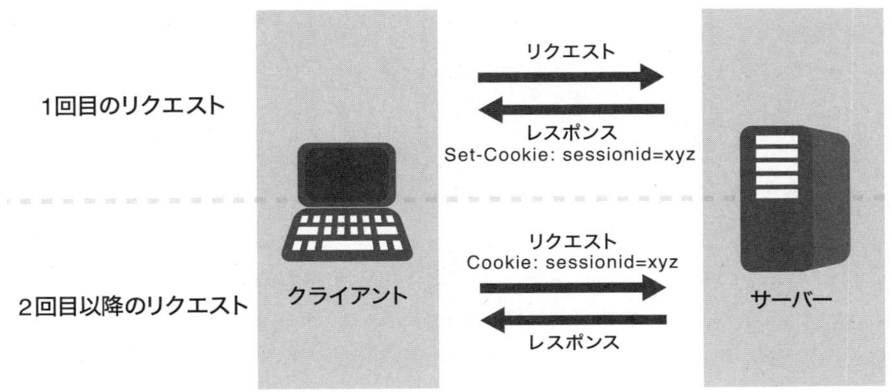

クローラーの作成にあたって、Cookieの送受信を必ずしも実装する必要はありません。ですが、ログインが必要なWebサイトをクロールするにはCookieに対応する、すなわち状態を持つクローラーを作成する必要があります。Requests（**2.4**参照）では、Sessionオブジェクトを使うと、サーバーから受信したCookieを次回以降のリクエストで自動的に送信できます。

HTTPで状態を表現するための別の手段として、Refererがあります。**Referer（リファラー）**は1つ前に閲覧したページ（リンク元のページ）のURLをサーバーに送るためのHTTPヘッダーです。

Webサイトによっては、このRefererの値によってリクエストを許可するかどうか判断することがあります。例えば画像ファイルへのリクエストで、Refererの値が同一サイト内のURLである場合のみ許可するケースです。この場合、通常のブラウザーと同じように画像のリンク元のページのURLをRefererヘッダーとして送る必要があります。

5.5では状態を持つクローラーを作成し、Webサイトにログインして情報を取得します。

4.1.2　JavaScriptを解釈するクローラー

今日では多くのWebサイトがJavaScriptを使っています。簡単なアニメーションや入力値のチェックなどの目的で補助的に使われる場合もありますが、近年ではSingle Page Application（SPA）と呼ばれるWebサイトも増えています。SPAではコンテンツの表示をJavaScriptが担うため、HTMLにはコンテンツが含まれていないことが多くあります。このようなWebサイトをクロールするには、JavaScriptを解釈する必要があります。

JavaScriptを解釈するクローラーを作成するには、Google ChromeやFirefoxなどのブラウザーをプログラムから自動操作します。自動操作のための代表的なツールとして、SeleniumとPuppeteerがあります。

Selenium[*1]はプログラムからブラウザーを自動操作するツールです。WebDriverというW3Cで標準化されたAPIを使って、様々なブラウザーを自動操作できます。Pythonから利用するためのライブラリも提供されています。

Puppeteer[*2]はGoogle Chromeを自動操作するためのNode.jsのライブラリです。PuppeteerはChrome DevTools ProtocolというGoogle Chromeのリモートデバッグのためのプロトコルを使うため、Google Chromeしか対応していませんが、Seleniumに比べて細かな制御が可能です。PuppeteerをPythonに移植した**Pyppeteer**[*3]というライブラリを使用すると、PythonからGoogle Chromeを自動操作できます。

さらにGoogle ChromeやFirefoxには**ヘッドレスモード**[*4]というブラウザーをGUIなしで実行するモードがあります。クローラーでヘッドレスモードを使うと、GUIがないサーバー環境でも動かしやすく、メモリなどのリソース消費も少なくて済むというメリットがあります[*5]。これらの自動操作ツールはWebサイトの自動テストツールとして発展してきたものですが、クローラーの作成にも役立ちます。

JavaScriptを解釈するクローラーは役立つ場面も多いですが、HTMLのみを解釈するクローラーに比べて1ページあたりの処理に時間がかかり、メモリ消費も増える傾向があります。通常のブラウザーと同じように外部のJavaScriptやCSS、画像を読み込んだり、JavaScriptを実行したりするためです。JavaScriptの実行が必要なページに絞って使うなど工夫することで、手軽さと高速さを両立させましょう。

5.6ではSeleniumとPyppeteerの2種類の方法でJavaScriptを解釈するクローラーを作成します。

4.1.3 不特定多数のWebサイトを対象とするクローラー

Google検索エンジンを実現するGooglebotや、利用者が入力した任意のURLをクロールするクローラーは、不特定多数のWebサイトに対応する必要があります。このような、不特定多数のWebサイトを対象とするクローラーは、特定のWebサイトだけを対象とするクローラーに比べて難易度が上がります。世の中には手書きのHTMLで構成されたサイトやJavaScriptを多用したサイトなど、実に様々なWebサイトがあり、それらに対応する汎用性が要求されるためです。

個別のWebサイトに合わせてCSSセレクターを書くわけにはいかないので、ページ内から一番主要

＊1 https://www.seleniumhq.org/

＊2 https://github.com/GoogleChrome/puppeteer

＊3 https://pypi.org/project/pyppeteer/

＊4 それぞれHeadless ChromeやHeadless Firefoxとも呼ばれます。

＊5 かつてはPhantomJSというヘッドレスブラウザーが有名でしたが、開発中止がアナウンスされ、ヘッドレスモードの利用が推奨されています。

と思われる文章や画像を取得するといった、ページ構造に依存しない仕組みが必要とされることも多くあります。また不特定多数のWebサイトを対象にクロールする場合、クロール対象のページも膨大になるので、同時並行処理による高速化が重要になってきます。抜き出したデータをストレージに保存する際の書き込み速度についても注意する必要があります。

4

6.7.2では不特定多数のWebサイトを対象とするクローラーを作成します。

4.2 収集したデータの利用に関する注意

クローラーで収集したデータは必ずしも自由に利用できるものではありません。著作権や利用規約、個人情報など収集したデータの利用についての注意事項を解説します。

4.2.1 著作権

クローラーの作成にあたって注意すべき著作権や利用規約、個人情報について解説します。筆者は法律の専門家ではなく、独自研究によるものを紹介しています。個別の事案に対する法的リスクなどについては弁護士に相談してください。

著作物は著作権法[*6]によって保護されます。著作権法第2条では、著作物の要件が「思想又は感情を創作的に表現したものであつて、文芸、学術、美術又は音楽の範囲に属するもの」と定められています。この要件はわかりにくいですが、Webページは基本的に著作物だと考えておくと良いでしょう。

著作権法では、次の権利が著作者に認められています[*7]。後者の著作権は譲渡可能なので、著作権者と著作者が異なる場合があります。

- 著作者人格権：著作者の人格的利益を保護する権利（**表4.1**）
- 著作権（財産権）：著作物の利用を許諾したり禁止する権利（**表4.2**）

▼ 表4.1　著作者人格権：著作者の人格的利益を保護する権利

権利（括弧内は著作権法の条文の番号）	説明
公表権（18条）	未公表の著作物を公表するかどうか等を決定する権利
氏名表示権（19条）	著作物に著作者名を付すかどうか，付す場合に名義をどうするかを決定する権利
同一性保持権（20条）	著作物の内容や題号を著作者の意に反して改変されない権利

＊6　著作権については日本の著作権法に基づいて解説しますが、日本が加入している条約により、海外のWebページも日本のWebページと同様に著作権法で保護されます。

＊7　**表4.1**、**表4.2**を含め文化庁のWebサイト（http://www.bunka.go.jp/seisaku/chosakuken/seidokaisetsu/gaiyo/kenrinaiyo.html）より引用。

▼ 表4.2 著作権（財産権）：著作物の利用を許諾したり禁止する権利

権利（括弧内は著作権法の条文の番号）	説明
複製権（21条）	著作物を印刷，写真，複写，録音，録画その他の方法により有形的に再製する権利
上演権・演奏権（22条）	著作物を公に上演し，演奏する権利
上映権（22条の2）	著作物を公に上映する権利
公衆送信権等（23条）	著作物を公衆送信し，あるいは，公衆送信された著作物を公に伝達する権利
口述権（24条）	著作物を口頭で公に伝える権利
展示権（25条）	美術の著作物又は未発行の写真の著作物を原作品により公に展示する権利
頒布権（26条）	映画の著作物をその複製物の譲渡又は貸与により公衆に提供する権利
譲渡権（26条の2）	映画の著作物を除く著作物をその原作品又は複製物の譲渡により公衆に提供する権利（一旦適法に譲渡された著作物のその後の譲渡には，譲渡権が及ばない）
貸与権（26条の3）	映画の著作物を除く著作物をその複製物の貸与により公衆に提供する権利
翻訳権・翻案権等（27条）	著作物を翻訳し，編曲し，変形し，脚色し，映画化し，その他翻案する権利
二次的著作物の利用に関する権利（28条）	翻訳物，翻案物などの二次的著作物を利用する権利

特にクローラーの作成において注意が必要なのは、次の3つの権利でしょう。

- 複製権：収集したWebページを保存する権利
- 翻案権：収集したWebページから新たな著作物を創造する権利
- 公衆送信権：収集したWebページをサーバーから公開する権利

これらの行為には基本的に著作権者の許諾が必要ですが、私的使用の範囲内の複製など、使用目的によっては著作権者の許諾なく自由に行うことが認められています。また2009年の著作権法改正によって、情報解析を目的とした複製や検索エンジンサービスの提供を目的とした複製・翻案・自動公衆送信が、著作権者の許諾なく行えるようになっています。

ただし、これらの利用については一定の条件があるため注意が必要です。特に検索エンジンサービスを目的としたクロールにおいては、次のように細かく条件が定められているため、詳しくは著作権法第47条の6や関連する政令等を参照してください。

- 会員のみが閲覧可能なサイトのクロールには著作権者の許諾が必要なこと
- robots.txtやrobots metaタグで拒否されているページをクロールしないこと（**4.3.2**で解説）
- クロールした後に拒否されたことがわかった場合は保存済みの著作物を消去すること
- 検索結果では元のWebページにリンクすること
- 検索結果として表示する著作物は必要と認められる限度内であること
- 違法コンテンツであることを知った場合は公衆送信をやめること

4.2.2 利用規約と個人情報

Webサイトの利用規約や個人情報についても注意が必要です。

Webサイトによっては、利用規約でクローリングが明示的に禁止されている場合があります。利用規約に同意した上で閲覧しているWebサイトをクロールする場合には、Webサイトの利用規約をよく読み、クローリングが禁止されていないか事前に確認する必要があります。

クローラーで個人情報を収集する場合は、たとえWeb上に公開された情報であっても、個人情報保護法に基づいて適切な管理を行う必要があります。個人情報の利用にあたっては、基本的には利用目的を本人に通知し、利用の許諾を得る必要があります。また、EU市民の個人情報を収集する場合は、2018年5月に施行されたEU一般データ保護規則(GDPR)に従って取り扱わないと、非常に高額な制裁金を課される可能性があります。

4.3 クロール先の負荷に関する注意

クローラーを実行する際には、クロール先のWebサイトの負荷を考慮する必要があります。あなたのクローラーがWebサーバーの処理能力の多くを占めてしまうと、他の人がそのWebサイトを閲覧できなくなってしまいます。商用サイトの場合は、業務妨害となる可能性もあります。本節では、クロール先に負荷をかけ過ぎないようにする方法を解説します。

2010年には、岡崎市立中央図書館の蔵書検索システムから新着図書データを取得するためにクロールしていた開発者が、そのシステムの一部を使えない状態にしたとして偽計業務妨害罪で逮捕される事件が発生しました。結果的に強い故意が認められなかったために不起訴となりましたが、クローラーを利活用する人々に大きな衝撃を与えました*8。

逮捕に至るのは稀なケースであっても、対象のWebサイトに迷惑だと認識され、BAN*9されてしまうと継続的なデータ収集が困難になります。このような事態を避けるためにも、適切なクロール間隔を空けること、robots.txtに従うこと、連絡先を明示すること、適切なエラー処理を行うことなどを守るようにしましょう。

4.3.1 同時接続数とクロール間隔

クロール先の負荷についてまず考慮すべき点として、クローラーの**同時接続数**があります。1つのWebサーバーが同時に処理できる接続数は限られているので、同時接続数を増やすと、それだけあなたのクローラーがWebサーバーの処理能力を専有してしまいます。

最近のブラウザーは、1ホストあたり最大6の同時接続を張ると言われていますが、クローラーの同

*8 特に、1秒に1アクセスという常識的なクローラーでありながら逮捕に至ったこと、トラブルの根本的な原因が蔵書検索システム側の不具合にあったことから議論を呼びました。

*9 BANは禁止を意味する英単語で、Webサーバーが悪質なクローラーに対して正規のコンテンツではなくエラーページなどを返すことを指します。Webサーバー側では、User-Agentの文字列や接続元のIPアドレス、リクエストのパターンなどに基づいて悪質なクローラーをその他の利用者と区別できます。

時接続数はこれよりも減らすべきでしょう。ブラウザーは基本的に人間がリンクをクリックしたときだけサーバーにアクセスするのに対し、クローラーは長時間に渡って複数のページを順次取得するため、負荷が高くなる傾向があるからです。

同時接続数が1であっても、間隔を空けずに次々とWebページを取得すると相手のサーバーに負荷をかけます。このため、**クロール間隔**についても考慮が必要です。並列にクロールしなければウェイトは必要ないという考え方もありますが、慣例としてクロールの間には1秒以上のウェイトを入れることが望ましいでしょう。例えば、国立国会図書館が国や地方公共団体、大学などの公的機関を対象に運用しているクローラーも1秒以上の間隔を空けています*10。

また、**4.3.2**で後述するrobots.txtの`Crawl-delay`ディレクティブでは、Webサイトがクローラーに守ってほしいクロール間隔を提示できます。robots.txtに`Crawl-delay`ディレクティブが存在する場合は、その秒数の間隔を空けてリクエストするようにしましょう。

同時接続数やクロール間隔の適切な値は相手のWebサイトによるため一概には決められません。特に個人や小さな企業・組織が運営しているWebサイトでは、多くの同時接続数や短いクロール間隔に耐えられないこともあります。一般に、静的なHTMLファイルを提供するのに比べて、PHPやJavaなどのプログラムで自動生成したページを提供するほうがサーバーの処理に負荷がかかります。基本的には単一の接続で1秒以上のウェイトを空けてクローラーを動かし、Webサイトの挙動を見て調整するのが良いでしょう。

RSSやXMLサイトマップなど、HTMLを取得する以外の手段が存在する場合は、なるべくその手段を利用しましょう。様々な情報が含まれているHTMLに比べてサーバーの負荷が少なく、ダウンロードするファイルサイズも小さくて済むことが多いためです。また、一度クロールしたページはキャッシュし、一定の時間内は同じページをクロールしないようにすることで負荷を軽減できます。

4.3.2 robots.txtによるクローラーへの指示

Webサイトの管理者がクローラーに対して特定のページをクロールしないよう指示するために、robots.txtとrobots metaタグが広く使われています。これらについて解説します。

● robots.txt

robots.txt*11はWebサイトのトップディレクトリに配置されるテキストファイルです。例えば、https://www.python.org/のrobots.txtはhttps://www.python.org/robots.txtに置かれます。

*10 http://warp.da.ndl.go.jp/bulk_info.pdf
*11 http://www.robotstxt.org/robotstxt.html

robots.txtの中身はRobots Exclusion Protocolとして標準化されており、Google*12やBing*13など主要な検索エンジンのクローラーはこの標準に従っていると表明しています。**表4.3**のディレクティブ*14でクローラーへの指示が記述されます。なお、robots.txtが存在しない場合は、すべてのページのクロールが許可されているとみなします。

▼ 表4.3 robots.txtの代表的なディレクティブ

ディレクティブ	説明
`User-agent`	以降のディレクティブの対象となるクローラーを表す。
`Disallow`	クロールを禁止するパスを表す。
`Allow`	クロールを許可するパスを表す。
`Sitemap`	XMLサイトマップのURLを表す。**4.3.3**で解説。
`Crawl-delay`	クロール間隔を表す。**4.3.1**で解説。

リスト4.1は、すべてのクローラーに対してすべてのページのクロールを許可しないrobots.txtです。`User-agent: *`はすべてのクローラーが対象であることを意味します。`Disallow: /`は`/`で始まるすべてのパス、すなわちこのサイトのすべてのページのクロールを許可しないという意味になります。

▼ リスト4.1 すべてのページのクロールを許可しないrobots.txt

```
User-agent: *
Disallow: /
```

リスト4.2のように`Disallow`ディレクティブが空の場合は、何も禁止しないという意味になるので、すべてのページのクロールが許可されていることになります。

▼ リスト4.2 すべてのページのクロールを許可するrobots.txt

```
User-agent: *
Disallow:
```

リスト4.3の場合、`User-Agent`ヘッダー（**4.3.4**で解説）に`annoying-bot`という文字列を含むクローラーはすべてのページのクロールを禁止し、その他のクローラーは`/old/`と`/tmp/`以下のみ禁止するという意味になります。

---

*12 https://developers.google.com/search/reference/robots_txt?hl=ja

*13 https://www.bing.com/webmaster/help/how-to-create-a-robots-txt-file-cb7c31ec

*14 標準化されているのは`User-agent`ディレクティブと`Disallow`ディレクティブのみですが、多くのクローラーが拡張として他のディレクティブもサポートしているため、広く使われています。

4

▼ リスト4.3　特定のクローラーに対してクロールを許可しないrobots.txt

```
User-agent: *
Disallow: /old/
Disallow: /tmp/

User-agent: annoying-bot
Disallow: /
```

リスト4.4のようにAllowディレクティブが使われている場合、/articles/以下のパスは許可するが、他のパスはすべて許可しないという意味になります。

▼ リスト4.4　/articles/以下のみクロールを許可するrobots.txt

```
User-agent: *
Allow: /articles/
Disallow: /
```

● robots.txtのパース

Pythonの標準ライブラリのurllib.robotparser*15にはrobots.txtをパースするためのRobotFileParserクラスが含まれています。次のようにrobots.txtを簡単に扱えます。

```
>>> import urllib.robotparser
>>> rp = urllib.robotparser.RobotFileParser()
>>> rp.set_url('https://www.python.org/robots.txt')  # set_url()でrobots.txtのURLを設定する。
>>> rp.read()  # read()でrobots.txtを読み込む。
# cat_fetch()の第1引数にUser-Agentの文字列を、第2引数に対象のURLを指定すると、
# そのURLのクロールが許可されているかどうかを取得できる。
>>> rp.can_fetch('mybot', 'https://www.python.org/')
True
```

Robots Exclusion Protocolは厳密な仕様ではなく、実装によって解釈が異なることがあります。例えば、DisallowディレクティブとAllowディレクティブの優先順位は実装によって異なります。Python標準ライブラリのRobotFileParserクラスは、上から順に評価して最初にパスがマッチするディレクティブに従います。一方Google検索エンジンのクローラーであるGooglebotは、基本的にパスが長いディレクティブから順に評価して、最初にマッチするディレクティブに従います。

また、robots.txt自体を取得しようとしたときにHTTP 401または403のエラー（**4.3.5**で後述）が返ってきた場合の解釈も異なります。RobotFileParserクラスは「すべてのパスでクロール禁止」と解釈するのに対し、Googlebotは「すべてのパスでクロール許可」と解釈します。

RobotFileParserクラスで想定通りの結果が得られない場合は、判定処理を自作する必要があるかも

*15　https://docs.python.org/3/library/urllib.robotparser.html

しれません。

● robots metaタグ

robots.txtと同様の目的で使われる方法として、**robots metaタグ**[*16]があります。次のように、HTMLのmetaタグにクローラーへの指示が記述されます。

```
<meta name="robots" content="noindex">
```

content属性に使用される値としては、次のものがあります。カンマで区切って複数の値が指定されることもあります。

- nofollow: このページ内のリンクをたどることを許可しない
- noarchive: このページをアーカイブとして保存することを許可しない
- noindex: このページを検索エンジンにインデックスすることを許可しない

robots.txtやrobots metaタグは、拘束力のない紳士協定です。これらの指示に従うかどうかは、クローラー作成者が決められます。ですが、相手のWebサイトに迷惑をかけないようにするため、クローラーを作成する際には、これらの指示に従うべきです。特に著作権法で認められている検索エンジンサービスの提供を目的としてクロールを行う際は、robots.txtやrobots metaタグに従う必要があります。

4.3.3 XMLサイトマップ

XMLサイトマップ[*17]は、Webサイトの管理者がクローラーに対してクロールして欲しいURLのリストを提示するためのXMLファイルです。

XMLサイトマップを参照してクロールすると、やみくもに複数のページのリンクをたどっていくのに比べて、クロールが必要なページ数が少なくて済むので効率的です。XMLサイトマップはWebサイトの構造を知らせるために設けるサイトマップページとは別物です。

リスト4.5にXMLサイトマップの例を示しています。ルート要素としてurlset要素があり、複数のurl要素を持ちます。loc要素にページの絶対URLが記述されます。

▼ リスト4.5　XMLサイトマップの例

```
<?xml version="1.0" encoding="UTF-8"?>
<urlset xmlns="http://www.sitemaps.org/schemas/sitemap/0.9">
    <url>
```

---

*16　http://www.robotstxt.org/meta.html

*17　https://www.sitemaps.org/ja/

```
        <loc>http://www.example.com/</loc>
        <lastmod>2005-01-01</lastmod>
        <changefreq>monthly</changefreq>
        <priority>0.8</priority>
    </url>
    ...
</urlset>
```

大規模なサイトのXMLサイトマップはファイルサイズが大きくなるので、gzip圧縮されることも多いです。1つのXMLサイトマップは10MB以内、かつ含まれるURLが50,000個以内とされており、この制限を超える場合は複数のサイトマップに分割されます。このとき、分割した複数のサイトマップのURLをクローラーに知らせるために、サイトマップインデックスが使われる場合もあります。**サイトマップインデックス**は、複数のサイトマップのURLを含むXMLファイルです。

リスト4.6に2つのサイトマップのURLを含むサイトマップインデックスの例を示しています。ルート要素としてsitemapindex要素があり、複数のsitemap要素を持ちます。loc要素にサイトマップの絶対URLが記述されます。

▼ リスト4.6　サイトマップインデックスの例

```
<?xml version="1.0" encoding="UTF-8"?>
<sitemapindex xmlns="http://www.sitemaps.org/schemas/sitemap/0.9">
    <sitemap>
        <loc>http://www.example.com/sitemap1.xml.gz</loc>
        <lastmod>2005-01-01</lastmod>
    </sitemap>
    <sitemap>
        <loc>http://www.example.com/sitemap2.xml.gz</loc>
        <lastmod>2005-01-01</lastmod>
    </sitemap>
</sitemapindex>
```

XMLサイトマップまたはサイトマップインデックスのURLは、robots.txtのSitemapディレクティブに記述されます。Sitemapディレクティブは複数存在する場合もあります。

```
Sitemap: http://www.example.com/sitemap.xml
```

4.3.4　連絡先の明示

Webサイトの管理者から見ると、クローラーからのアクセスに困っているときに、クローラーの作成者に連絡する手段があると問題を解決しやすくなります。

連絡先を明示する手段として、クローラーが送信するHTTPリクエストの**User-Agentヘッダー**に連絡先のURLやメールアドレスを書く方法があります。User-Agentヘッダーには任意の文字列を記入でき、Webサーバーのアクセスログの一部として記録されることが多いため、Webサイトの管理者がアクセスログを見て連絡を取ることができます。

Google検索エンジンのクローラー、Googlebotは次のUser-Agentヘッダーを使います。


```
Mozilla/5.0 (compatible; Googlebot/2.1; +http://www.google.com/bot.html)
```

この中には、`http://www.google.com/bot.html`というURLが含まれており、Webサイトの管理者はこのURLにアクセスしてクローラーの情報を得ることができます。このようなページを用意できない場合でも、Webサービスのトップページなど、連絡先がわかるページのURLを書くと良いでしょう。データ解析目的の場合やWebサービスが開発中の場合など、適当なURLがない場合は連絡先のメールアドレスを記します。

Requestsで User-Agentヘッダーを変更する方法は**2.4.1**を参照してください。

4.3.5 ステータスコードとエラー処理

余計な負荷をかけない行儀の良いクローラーを作るためには、エラー処理も大切です。Webサーバーがアクセス過多であるというレスポンスを返しているにも関わらず、何度も繰り返しリクエストを送ると、いつまで経ってもアクセス過多の状態が解消されません。

● HTTP通信におけるエラーの分類

Webサーバーにアクセスする際のエラーは、大きく2種類に分けられます。

- ネットワークレベルのエラー
- HTTPレベルのエラー

前者のエラーは、DNS解決の失敗や通信のタイムアウトなどがあり、サーバーと正常に通信できていない場合に発生します。

後者のエラーは、サーバーと正常に通信できているものの、HTTPレベルで問題がある場合に発生します。WebサーバーはHTTPレスポンスのステータスコードでリクエストの結果を返します。代表的なステータスコードは**表4.4**のもので、4xxがクライアントのエラーを、5xxがサーバーのエラーを表します。

▼ 表4.4　代表的なHTTPステータスコード（※は一時的なエラーと考えられるもの）

ステータスコード	説明
100 Continue	リクエストが継続している。
200 OK	リクエストは成功した。
301 Moved Permanently	リクエストしたリソースは恒久的に移動した。
302 Found	リクエストしたリソースは一時的に移動した。
304 Not Modified	リクエストしたリソースは更新されていない。
400 Bad Request	クライアントのリクエストに問題があるため処理できない。
401 Unauthorized	認証されていないため処理できない。
403 Forbidden	リクエストは許可されていない。
404 Not Found	リクエストしたリソースは存在しない。
408 Request Timeout（※）	一定時間内にリクエストの送信が完了しなかった。
500 Internal Server Error（※）	サーバー内部で予期せぬエラーが発生した。
502 Bad Gateway（※）	ゲートウェイサーバーが背後のサーバーからエラーを受け取った。
503 Service Unavailable（※）	サーバーは一時的にリクエストを処理できない。
504 Gateway Timeout（※）	ゲートウェイサーバーから背後のサーバーへのリクエストがタイムアウトした。

● HTTP通信におけるエラーへの対処法

エラーが発生したときの対処法は、時間を置いてリトライするか、そのページを単に諦めるかです。一時的なエラーと考えられる場合はリトライし、リトライしても変わらないと考えられる場合は単に諦めるのが良いでしょう。

ネットワークレベルのエラーは、設定が間違っているのでない限り一時的なエラーと考えられます。HTTPレベルのエラーのうち、**表4.4**で※をつけたステータスコードは一時的なエラーと考えられます。

時間を置いてリトライする場合は、リトライ回数が増える度に指数関数的にリトライ間隔を増やす（例：1秒、2秒、4秒、8秒...）と、サーバーが一時的にアクセス過多になっている場合に負荷を軽減できます。

時間を置いて何回かリトライしても同様のエラーが返ってくる場合、そのページは諦めた方が良いでしょう。単一のページだけでなく、同じサイトの別のページでも同じエラーが継続的に発生する場合は、クローラーまたはサーバーに深刻な問題が発生している可能性があります。この場合はクローラーを停止するのが安全です。

● Pythonによるエラー処理

Requestsを使ってWebページを取得する際に、エラー処理を行う例を**リスト4.7**に示しました。`fetch()`という関数を定義し、一時的なエラーが発生した場合には最大3回までリトライします。

ここでアクセスしているURL（404）は、ランダムに200, 404, 503のいずれかのステータスコードを返します*18。200と404が返ってきたときはResponseオブジェクトをreturnし、503が返ってきたとき

*18　http://httpbin.org/はHTTPクライアントのテストに使えるWebサービスで、他にも様々な機能があります。

はリトライします。

▼ リスト4.7 error_handling.py — ステータスコードに応じたエラー処理

```
import time

import requests

TEMPORARY_ERROR_CODES = (408, 500, 502, 503, 504)  # 一時的なエラーを表すステータスコード。


def main():
    """
    メインとなる処理。
    """
    response = fetch('http://httpbin.org/status/200,404,503')
    if 200 <= response.status_code < 300:
        print('Success!')
    else:
        print('Error!')


def fetch(url: str) -> requests.Response:
    """
    指定したURLにリクエストを送り、Responseオブジェクトを返す。
    一時的なエラーが起きた場合は最大3回リトライする。
    3回リトライしても成功しなかった場合は例外Exceptionを発生させる。
    """
    max_retries = 3  # 最大で3回リトライする。
    retries = 0  # 現在のリトライ回数を示す変数。
    while True:
        try:
            print(f'Retrieving {url}...')
            response = requests.get(url)
            print(f'Status: {response.status_code}')
            if response.status_code not in TEMPORARY_ERROR_CODES:
                return response  # 一時的なエラーでなければresponseを返して終了。

        except requests.exceptions.RequestException as ex:
            # ネットワークレベルのエラー(RequestException)の場合はログを出力してリトライする。
            print(f'Network-level exception occured: {ex}')

        # リトライ処理
        retries += 1
        if retries >= max_retries:
            raise Exception('Too many retries.')  # リトライ回数の上限を超えた場合は例外を発生させる。

        wait = 2**(retries - 1)  # 指数関数的なリトライ間隔を求める(**はべき乗を表す演算子)。
        print(f'Waiting {wait} seconds...')
        time.sleep(wait)  # ウェイトを取る。
```

```
if __name__ == '__main__':
    main()
```


このスクリプトをerror_handling.pyという名前で保存して実行します。実行結果は次のようになります。運が悪ければ（ある意味良ければ）3回とも503が返ってきて例外が発生します。

```
(scraping) $ python error_handling.py
Retrieving http://httpbin.org/status/200,404,503...
Status: 503
Waiting 1 seconds...
Retrieving http://httpbin.org/status/200,404,503...
Status: 200
Success!
```

リトライ処理は定型的な記述が多いので、ライブラリで記述を省略できます。tenacity*19は関数に@retryデコレーター*20を付加することで、リトライ処理を簡潔に書けるライブラリです。**リスト4.8**はtenacityを使って**リスト4.7**のfetch()関数を書き直したものです。fetch()関数内では1回の処理についてのみ記述すれば、例外が発生したときはデコレーターに指定した条件でリトライされます。本質的な処理に集中でき、見通しが良くなります。

▼ **リスト4.8　error_handling_with_tenacity.py — tenacityを使ってリトライ処理を簡潔に書く**

```
import requests
from tenacity import retry, stop_after_attempt, wait_exponential  # pip install tenacity

#（省略）

# @retryデコレーターのキーワード引数stopにリトライを終了する条件を、waitにウェイトの取り方を指定する。
# stop_after_attemptは回数を条件に終了することを表し、引数に最大リトライ回数を指定する。
# wait_exponentialは指数関数的なウェイトを表し、キーワード引数multiplierに初回のウェイトを秒単位で指定する。
@retry(stop=stop_after_attempt(3), wait=wait_exponential(multiplier=1))
def fetch(url: str) -> requests.Response:
    """
    指定したURLにリクエストを送り、Responseオブジェクトを返す。
    一時的なエラーが起きた場合は最大3回リトライする。
    3回リトライしても成功しなかった場合は例外tenacity.RetryErrorを発生させる。
    """
    print(f'Retrieving {url}...')
    response = requests.get(url)
    print(f'Status: {response.status_code}')
```

*19　https://pypi.org/project/tenacity/ 本書ではバージョン4.12.0を使用します。

*20　デコレーターは関数やクラスを修飾するための構文です。詳しくはPythonの用語集（https://docs.python.org/3/glossary.html#term-decorator）を参照してください。

```
    if response.status_code not in TEMPORARY_ERROR_CODES:
        return response  # 一時的なエラーでなければresponseを返して終了。

    # 一時的なエラーの場合は例外を発生させてリトライする。
    raise Exception(f'Temporary Error: {response.status_code}')

if __name__ == '__main__':
    main()
```


4.4 繰り返しの実行を前提とした設計

クローラー作成の際には、たとえ1回しか実行しないつもりのものでも、繰り返し実行することを念頭に置いて作成するのが大切です。これは主に2つの理由によります。

- 更新されたデータだけを取得できるようにするため
- エラーなどで停止した後に途中から再開できるようにするため

例えば、ブログを対象とするクローラーを毎日1回動かして記事を収集する場合、更新された記事だけをクロールすれば素早く完了します。結果的に相手のサーバーに与える負荷も減らせます。

クローリングには失敗がつきもので、様々な要因により途中でクローラーが止まってしまうことがあります。このような場合でも続きから再開できるようにしておくと、途中までのクロール結果が無駄になりません。

本節ではクローラーを繰り返し実行するための考慮点として次の2つを解説します。

- 更新されたデータのみを取得する方法
- クロール先のWebサイトに変化があったときに検知する方法

なお、実際にクローラーを定期的に実行するためのサーバーの設定などは**7.2**で紹介します。

4.4.1 更新されたデータだけを取得する

繰り返し実行するクローラーで、更新されたデータのみを取得するにはどうしたら良いでしょうか。**3.4.2**で紹介したように、クロール済みのURLから取得したキーをデータベースに保存していれば、キーが存在しない場合のみクロールできます。実際、**3.5.4**で作成したクローラーは、クロール済みのURLはクロールしないようになっています。

このままでは、一度クロールしたページは変更があっても二度とクロールされません。クロール時にその日時を保存しておき、1日や1週間のように一定時間経過したら再度クロールするようにすれば、最近アクセスしていないページのみをクロールできます。

しかし、特に不特定多数のWebサイトをクロールする場合はWebサイトによって更新頻度が異なるため、HTTPのキャッシュポリシーに従うと良いでしょう。

● HTTPのキャッシュ

HTTPのキャッシュについてはRFC 7234*21で定められています。HTTPサーバーはレスポンスに**表4.5**のようなキャッシュに関するヘッダーをつけることで、HTTPクライアントに対してコンテンツのキャッシュ方針を指示できます。

▼ **表4.5　キャッシュに関するHTTPヘッダー**

HTTPヘッダー	説明
Cache-Control	コンテンツをキャッシュしても良いかなど、キャッシュ方針を細かく指示する。
Expires	コンテンツの有効期限を示す。
ETag	コンテンツの識別子を表す。コンテンツが変わるとETagの値も変わる。
Last-Modified	コンテンツの最終更新日時を表す。
Pragma	Cache-Controlと似たものだったが、現在では後方互換のためだけに残されている。
Vary	値に含まれるリクエストヘッダーの値が変わるとサーバーが返すレスポンスも変わることを表す。

これらのヘッダーは大きく次の2つに分けられ、クライアントに期待される動作が異なります。

- 強いキャッシュ
- 弱いキャッシュ

強いキャッシュはCache-ControlとExpiresが該当します。クライアントは一度レスポンスをキャッシュすると、有効期限が切れるまではリクエストを送らず、キャッシュされたレスポンスを使います。キャッシュが有効な間はサーバーにリクエストを送らないので、サーバーに負荷を与えません。

弱いキャッシュはLast-ModifiedとETagが該当します。クライアントは一度レスポンスをキャッシュすると、次回から条件付きのリクエストを送り、サーバーは更新がない場合に304 Not Modifiedというステータスコードで空のレスポンスボディを返します。このステータスコードが返ってきた場合、クライアントはキャッシュされたレスポンスを使います。サーバーには毎回リクエストを送るものの、レスポンスボディの処理を省略できるので、キャッシュがない場合よりはサーバー負荷を軽減できます。

実際にHTTPサーバーが返すレスポンスを見てみましょう。Pythonの公式ドキュメントのWebサイトにcurlコマンド*22でリクエストを送ると、次のようなヘッダーを返します。Last-ModifiedやETag

*21　https://tools.ietf.org/html/rfc7234
*22　Ubuntuでcurlコマンドが利用できない場合は、sudo apt install -y curlでインストールします。

などのヘッダーが含まれており、弱いキャッシュを採用していることがわかります*[23]。

```
$ curl -v https://docs.python.org/3/ > /dev/null
...
< HTTP/2 200
< server: nginx
< content-type: text/html
< last-modified: Sat, 11 Aug 2018 00:20:33 GMT
< etag: "5b6e2bd1-2693"
< x-clacks-overhead: GNU Terry Pratchett
< strict-transport-security: max-age=315360000; includeSubDomains; preload
< via: 1.1 varnish
< accept-ranges: bytes
< date: Sat, 11 Aug 2018 07:03:01 GMT
< via: 1.1 varnish
< age: 22313
< x-served-by: cache-iad2131-IAD, cache-hnd18724-HND
< x-cache: HIT, HIT
< x-cache-hits: 1, 51
< x-timer: S1533970982.918262,VS0,VE0
< vary: Accept-Encoding
< content-length: 9875
...
```

● PythonでHTTPキャッシュを扱う

HTTPキャッシュを自分で処理するのは手間がかかるので、ライブラリを使います。Webページの取得にRequestsを使う場合は、CacheControl*[24]が役立ちます。キャッシュをファイルに保存するにはlockfileというライブラリが追加で必要なので、次のようにインストールします。

```
(scraping) $ pip install "CacheControl[filecache]"
```

リスト4.9のようにRequestsのSessionオブジェクトをラップし、透過的にキャッシュを扱えます。

▼ リスト4.9　request_with_cache.py — CacheControlを使ってキャッシュを処理する

```
import requests
from cachecontrol import CacheControl  # pip install CacheControl[filecache]
from cachecontrol.caches import FileCache

session = requests.Session()
# sessionをラップしたcached_sessionを作る。
```

---

*23　curlコマンドの-vはHTTPヘッダーなどを詳細に出力するオプションで、> /dev/nullは結果のレスポンスボディを表示しないようにするものです。< で始まる行がサーバーからのレスポンスを表します。表示されるヘッダー名は小文字になっていますが同じものです。

*24　https://pypi.org/project/CacheControl/ 本書ではバージョン0.12.5を使用します。

```
# キャッシュはファイルとして .webcache ディレクトリ内に保存する。
cached_session = CacheControl(session, cache=FileCache('.webcache'))

response = cached_session.get('https://docs.python.org/3/')  # 通常のSessionと同様に使用する。

# response.from_cache属性でキャッシュから取得されたレスポンスかどうかを取得できる。
print(f'from_cache: {response.from_cache}')  # 初回はFalse。2回目以降はTrue。
print(f'status_code: {response.status_code}')  # ステータスコードを表示。
print(response.text)  # レスポンスボディを表示。
```

これを実行すると、1回目は通常通りサーバーから取得し、.webcacheディレクトリ内にキャッシュします。2回目以降は更新されていなければキャッシュされた結果を使用します。

```
(scraping) $ python request_with_cache.py  # 1回目
from_cache: False
status_code: 200

<!DOCTYPE html PUBLIC "-//W3C//DTD XHTML 1.0 Transitional//EN"
...
(scraping) $ python request_with_cache.py  # 2回目以降で更新されていない場合
from_cache: True
status_code: 200

<!DOCTYPE html PUBLIC "-//W3C//DTD XHTML 1.0 Transitional//EN"
...
```

今回はキャッシュの保存先としてファイルを使用しましたが、デフォルトではメモリ上に保存されるほか、key-valueストアのRedisへの保存も可能です。詳しくはCacheControlのドキュメント*25を参照してください。

*25 https://cachecontrol.readthedocs.io/en/latest/

column **プロキシサーバーでのキャッシュ**

Pythonスクリプトではなく、プロキシサーバーでもキャッシュできます。**プロキシサーバー**は、クライアントとサーバーの間に立ち、クライアントの代わりにサーバーと通信してレスポンスを返すためのサーバーです(**図4.2**)。

▼ 図4.2 プロキシサーバー

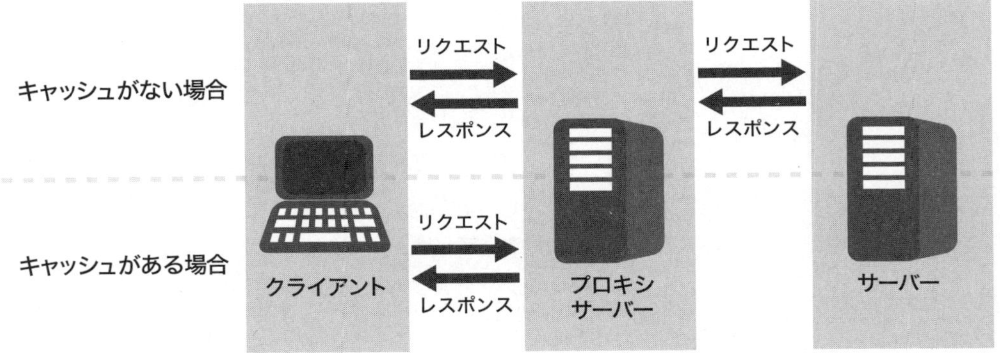

サーバーとの通信の途中で、プロキシサーバーが透過的にキャッシュすることで、Pythonのプログラムがシンプルになり、複数のホストでキャッシュを共有できるというメリットがあります。一方、キャッシュのためにプロキシサーバーを起動する必要があるので、実行時の依存関係が増えることになります。

プロキシサーバーの例としては、Squid (http://www.squid-cache.org/) があります。

クローラーでプロキシサーバーを使う

RequestsでWebページを取得する場合、環境変数`http_proxy`と`https_proxy`*aにプロキシサーバーのURLを指定すると、プロキシ経由でWebページを取得できます。これらの環境変数が設定されていない場合、macOSやWindowsではOSのプロキシ設定が使われます。

あらかじめ、`export 環境変数名=値`というコマンドを実行しておくと、そのシェル中で環境変数が有効になります。

```
(scraping) $ export http_proxy=http://localhost:3128/
(scraping) $ export https_proxy=http://localhost:3128/
(scraping) $ python crawler_using_proxy.py
```

*a　これらの環境変数はRequests独自のものではなく、Unix系の環境で共通して使われるものです。

4.4.2 クロール先の変化を検知する

クローラーを運用していく上では、変化への対応が必要不可欠です。継続的にクローラーを実行していると、リニューアルなどでWebサイトの構造が変化し、データを取得できなくなってしまうことがしばしばあります。大規模なリニューアルは稀かもしれませんが、例えばECサイトでセール期間中だけ価格が強調表示されるなど、細かな変更はよくあります。

人間であれば、多少デザインに変化があっても問題なく対応できますが、プログラムはそうはいきません。class名が変わっただけでも、要素を取得できなくなってしまいます*26。クローラー側でいち早く変化を検知して通知することで、人間がプログラムを書き換え、Webサイトの変化に対応できます。

変化の形としては次のようなケースがあります。

- CSSセレクターやXPathで取得しようとした要素が存在しなくなった
- 要素は変わらず存在するものの、意図したのとは違う値が得られてしまった

前者はプログラムを実行したときにエラーになるので気づきやすいですが、後者は気づかずに意図しない値（例えば空白文字列）をデータベースに保存してしまうことがあります。この変化に気づくためには、取得した値が想定どおりであることを検証（バリデーション）するのが有効です。

● 正規表現でバリデーションする

正規表現を使うと、気軽に値をバリデーションできます。例えばECサイトで価格の文字列として「数字と桁区切りのカンマのみを含む文字列」を期待している場合、**リスト4.10**のように確認すれば、異常が発生したときに気づけます。

▼ リスト4.10　validate_with_re.py — 正規表現で価格として正しいかチェックする

```
import re


def validate_price(value: str):
    """
    valueが価格として正しい文字列（数字とカンマのみを含む文字列）であるかどうかを判別し、
    正しくない値の場合は例外ValueErrorを発生させる。
    """
    if not re.search(r'^[0-9,]+$', value):  # 数字とカンマのみを含む正規表現にマッチするかチェックする。
        raise ValueError(f'Invalid price: {value}')  # マッチしない場合は例外を発生させる。

validate_price('3,000')  # 価格として正しい文字列なので例外は発生しない。
validate_price('無料')  # 価格として正しくない文字列なので例外が発生する。
```

*26　機械学習などを使い、人間のようにWebサイトの変化に対応できるクローラーを作ることも可能でしょうが、本書では取り上げません。

● JSON Schemaでバリデーションする

Webページから取得する値の種類が増えてくると、値の種類ごとに関数を作って値を1つずつチェックするのは非効率的です。このようなときは、ライブラリを使うのが有効です。バリデーションのためのライブラリは数多くあり*27、デファクトスタンダードと言えるものはありませんが、ここではjsonschema*28を紹介します。

jsonschemaはJSON Schema*29というJSONの構造を記述する言語を使ってバリデーションするライブラリです。**リスト4.11**のようにJSON Schemaを`dict`として定義し、`validate()`関数でバリデーションを行います。JSON Schemaでは、Pythonの`dict`や`list`などのJSONで表現可能な型しかバリデーションできないものの、様々なプログラミング言語に実装がある汎用的なスキーマ言語なので、学んだ知識がPython以外の言語でも役立つというメリットがあります。

▼ リスト4.11　validate_with_jsonschema.py — jsonschemaによるバリデーション

```
from jsonschema import validate  # pip install jsonschema

# 次の4つのルールを持つスキーマ（期待するデータ構造）を定義する。
schema = {
    "type": "object",  # ルール1: 値はJSONにおけるオブジェクト（Pythonにおけるdict）である。
    "properties": {
        # ルール2：nameの値は文字列である。
        "name": {
            "type": "string"
        },
        # ルール3：priceの値は文字列で、patternに指定した正規表現にマッチする。
        "price": {
            "type": "string",
            "pattern": "^[0-9,]+$"
        }
    },
    "required": ["name", "price"]  # ルール4：dictのキーとしてnameとpriceは必須である。
}

# validate()関数は、第1引数のオブジェクトを第2引数のスキーマでバリデーションする。
validate({
    'name': 'ぶどう',
    'price': '3,000',
}, schema)  # スキーマに適合するので例外は発生しない。

validate({
```

*27　https://awesome-python.com/#data-validationを参照してください。本書の初版ではVoluptuous（https://pypi.org/project/voluptuous/）を紹介しました。Pythonの型を使ってスキーマを定義するので他言語では使用できないものの、スキーマをシンプルに記述でき、任意の型を対象にバリデーションできるメリットがあります。

*28　https://pypi.org/project/jsonschema/ 本書ではバージョン2.6.0を使用します。

*29　http://json-schema.org/

```
    'name': 'みかん',
    'price': '無料',
}, schema)  # スキーマに適合しないので、例外jsonschema.exceptions.ValidationErrorが発生する。
```


このようにして変化を検知できたら、メールなどで通知し、クローラーを終了します。前節で述べたように、クローラーが再実行を考慮して作られていれば、途中から再開しても時間のロスは最小限で済みます。

ただし、明確に変化が起きたと判断できたときだけ通知するのでは、問題に気づけない場合もあります。一覧・詳細パターンのWebサイトをクロールするときに起点となる一覧ページのURLが変わり、404 Not Foundになっていたとします。404のエラーは一時的なエラーではないので単に無視していたとすると、詳細ページを1ページもクロールすることなくクローラーは正常終了してしまいます。

このように明確なエラーにならない状況を検出するためには、ある程度場当たり的な条件を設定する必要があります。例えば、リトライの発生回数や無視したエラーの数が一定の数や割合を超えた場合、クローラー終了時に通知するといった条件を設定することが考えられます。

すべてのリクエスト数やリトライの発生回数、無視したエラーの数など、クローラーの実行結果を毎回通知して人間が確認するのも1つのやり方ですが、あまりオススメはしません。失敗したかどうかに関わらず常にメールが送られてくると、次第にメール自体を無視するようになってしまうのが人間の性だからです。適切な粒度で通知することを心がけましょう。

4.5 まとめ

本章では、クローラーを作成するにあたっての注意点や、より良い設計を解説しました。一度にすべてを実装するのは難しいかもしれませんが、まずは注意点の部分から取り入れてみてください。

次章では、これまで解説してきたことを活かして、実際のWebサイトを対象としてクローリング・スクレイピングを行います。取得したいデータの提供形式に合わせて最適な方法で取得し、データを有効活用する方法を解説します。

第 5 章

Python Crawling & Scraping

クローリング・スクレイピングの実践とデータの活用

第 5 章 クローリング・スクレイピングの実践とデータの活用

本章では、いよいよ実際のWebサイトやデータを対象に本格的にクローリング・スクレイピングを行います。データセットからデータを抽出したり、APIを使用したりと、相手のサイトになるべく負荷を与えずにデータを取得する方法も解説します。さらに取得したデータの実践的な活用方法として、自然言語処理やグラフの作成などを解説します。

5.1 データセットの取得と活用

Wikipediaなど一部のWebサイトでは、コンテンツを一括でダウンロード可能な**データセット**として提供しており、Webサイトをクロールする代わりにそちらを使うよう案内しています。このような場合はなるべくデータセットをダウンロードし、クローラーは使わないようにしましょう。

データセットを使うことで、構造化されたデータが簡単に手に入り、相手のWebサイトに負荷をかけずに済みます。特にデータを研究目的に使用する場合は、一般に公開されているデータセットを使用することで、他の人が再現実験をしやすくなるというメリットもあります。例えば国立情報学研究所の情報学研究データリポジトリ*1では、Yahoo!や楽天、ニコニコ動画などのデータセットが提供されており、一定の条件のもとで研究用途に利用できます。またGoogle Dataset Search*2では世界中のデータセットを検索できます。

本節ではWikipediaの記事データをダウンロードし、WikiExtractorというツールを使って記事の本文を抜き出します。自然言語処理技術を使い、抜き出した本文から記事内の頻出単語を抽出します。

5.1.1 Wikipediaのデータセットのダウンロード

Wikipediaのデータセットをダウンロードし、記事の本文を抜き出します。

● Wikipediaのデータセットの概要

Wikipediaでは、各言語版ごとに記事本文やメタデータがデータセットとして公開されており、出典

*1 https://www.nii.ac.jp/dsc/idr/
*2 https://toolbox.google.com/datasetsearch

を示すなど一定の条件に従えば自由に利用できます*3。Wikipedia日本語版のデータセットは次のページで公開されています。

- Index of /jawiki/
  https://dumps.wikimedia.org/jawiki/

このページには日付のディレクトリへのリンクがあり、データセットが不定期に(およそ1ヶ月に2回程度)更新されています。リンクをクリックするとその日付のデータセットを取得するためのページが表示されます*4。

データセットは、XMLやSQL、プレーンテキストなどの形式で提供されています。ファイルはbzip2(`*.bz2`)、7z (`*.7z`)、gzip (`*.gz`) などの形式で圧縮されているため、使用時に展開する必要があります。代表的なファイルを次に示します。実際のファイル名には`jawiki-20190520-`のような接頭辞が付きます。

- `pages-articles.xml.bz2`: ノートページ、利用者ページを除く記事ページの最新版のダンプ
- `pages-articlesN.xml-pXpY.bz2`: `pages-articles.xml.bz2`が複数ファイルに分割されたもの(`N`は連番、`X`と`Y`はインデックス)
- `pages-meta-current.xml.bz2`: 全ページの最新版のダンプ
- `pages-meta-historyN.xml-pXpY.7z`: 全ページのすべての版のダンプ(`N`は連番、`X`と`Y`はインデックス)
- `all-titles-in-ns0.gz`: 全項目のページ名一覧(標準の名前空間のみ)
- `abstract.xml.gz`: ページの最初の段落とリンクのみを抽出したダンプ
- `geo_tags.sql.gz`: ページにつけられた位置情報
- `category.sql.gz`: カテゴリの情報
- `langlinks.sql.gz`: 各言語間のリンクの情報
- `externallinks.sql.gz`: 外部へのリンクの情報
- `pagelinks.sql.gz`: ページ間のリンクの情報

● データセットをダウンロードする

Wgetで記事ページの最新版のダンプファイルをダウンロードします。ここでは分割されたファイルの1つだけをダウンロードします*5。ファイルサイズが大きい(執筆時点のものは260.7MB)ので注意してください。

このURLは執筆時点のものであり、時間が経過するとダウンロードできなくなります。データセッ

---

*3 ライセンスについて詳しくは、https://ja.wikipedia.org/wiki/Wikipedia:データベースダウンロード を参照してください。

*4 データセットのダンプは時間をかけて行われます。最新のデータセットがダンプ中の場合は、それよりも前のデータセットを使いましょう。

*5 分割されていない`pages-articles.xml.bz2`を使うこともできますが、ダウンロード時間や後述する文章抽出処理時間が長くなります。

トのページで最新のURLを確認して使用してください。

```
$ wget https://dumps.wikimedia.org/jawiki/20190520/jawiki-20190520-pages-articles1.xml-p1p106175.bz2
```

bzip2形式のファイルを展開して出力するbzcatコマンドと、lessコマンド*6を組み合わせて、ダウンロードしたファイル全体を展開することなく中身を閲覧できます。

```
$ bzcat jawiki-20190520-pages-articles1.xml-p1p106175.bz2 | less
```

中身は次のようなXMLファイルです。mediawiki要素の中には、最初にsiteinfo要素があり、その後に複数のpage要素が続きます。page要素はWikipediaの1つのページに対応し、title要素がページのタイトルを、revision要素がページの各版を表します。このデータセットには最新の版だけが含まれているので、page要素内のrevision要素は1つだけです。

```
<mediawiki xmlns="http://www.mediawiki.org/xml/export-0.10/" xmlns:xsi="http://www.w3.org/2001/XM ↵
LSchema-instance" xsi:schemaLocation="http://www.mediawiki.org/xml/export-0.10/ http://www.mediawi ↵
ki.org/xml/export-0.10.xsd" version="0.10" xml:lang="ja">
  <siteinfo>
    <sitename>Wikipedia</sitename>
    <dbname>jawiki</dbname>
    ....
  </siteinfo>
  <page>
    ...
  </page>
  <page>
    <title>アンパサンド</title>
    <ns>0</ns>
    <id>5</id>
    <revision>
      <id>71254632</id>
      <parentid>70334050</parentid>
      <timestamp>2019-01-10T10:45:42Z</timestamp>
      ...
      <text xml:space="preserve">{{redirect|&amp;}}
{{WikipediaPage|「アンパサンド（&）」の使用|WP:JPE#具体例による説明}}
{{記号文字|&amp;amp;}}
{{複数の問題|出典の明記=2018年10月8日 (月) 14:50 (UTC)|独自研究=2018年10月8日 (月) 14:50 (UTC)}}
[[Image:Trebuchet MS ampersand.svg|right|thumb|100px|[[Trebuchet MS]] フォント]]
'''アンパサンド''' ('''&amp;amp;'''、英語名：{{lang|en|ampersand}}) とは並立助詞「…と…」を意味す
る[[記号]]である。[[ラテン語]]の {{lang|la|&quot;et&quot;}} の[[合字]]で、[[Trebuchet MS]]フォン
トでは、[[ファイル:Trebuchet MS ampersand.svg|10px]]と表示され &quot;et&quot; の合字であることが
容易にわかる。ampersa、すなわち &quot;and per se and&quot;、その意味は&quot;and [the symbol which] b ↵
y itself [is] and&quot;である。
```

*6 lessコマンド実行中には、jキーで下にスクロール、kキーで上にスクロール、qキーで終了できます。

```
      ...</text>
      <sha1>ke68xzclnx2eyn1yoawdsuo4ixvrd2d</sha1>
    </revision>
  </page>
  ...
</mediawiki>
```


● Wikipediaのデータセットから文章を抽出する

記事の本文はrevision要素内のtext要素に含まれています。ただし、text要素内の文字列は単なる文字列ではなく、MediaWiki (Wikipediaで使用されるWikiエンジン) の書式でマークアップされています。日本語の文章として解析するためには、このマークアップを取り除く必要があります。

自分で実装してもよいですが、WikiExtractor*7というPythonのスクリプトを使うと簡単に文章を抜き出せます。次のコマンドでスクリプトをダウンロードします。

```
(scraping) $ wget https://github.com/attardi/wikiextractor/raw/master/WikiExtractor.py
```

WikiExtractor.pyを実行するとWikipediaのダンプファイルをテキストに変換できます。オプションの意味は次の通りです。

- --no_templates: ページの冒頭などに貼られるテンプレートを展開しないことを指示する。
- -o: 出力先のディレクトリを指定する。
- -b: 分割するファイルのサイズ (この例では100MB) を指定する。

```
(scraping) $ python WikiExtractor.py --no_templates -o articles -b 100M jawiki-20190520-pages-art ↵
icles1.xml-p1p106175.bz2
```

実行には時間がかかりますが、次のように表示されたら完了です。

```
...
INFO: 106174    活版印刷
INFO: 106175    交響曲第1番 (ベートーヴェン)
INFO: Finished 3-process extraction of 55954 articles in 260.3s (215.0 art/s)
INFO: total of page: 58723, total of articl page: 55954; total of used articl page: 55954
```

完了すると、-oオプションで指定したディレクトリ内にAAというディレクトリが作成され、wiki_で始まる連番のファイルが生成されます。

*7 https://github.com/attardi/wikiextractor 本書では2019-04-13に更新されたバージョン (コミットハッシュが3162bb6) を使用します。

```
(scraping) $ tree articles/
articles/
└── AA
    ├── wiki_00
    ├── wiki_01
    ├── wiki_02
    └── wiki_03

1 directory, 4 files
```

wiki_で始まるファイルは100MB程度で、中身は次のようになります。個々の記事が<doc id="..." url="..." title="...">と</doc>で囲まれたブロックになっており、そのブロックが続いています。XMLに似ていますが、ルート要素がないため正しいXMLではありません。このファイルを読み込む際は、XML用のライブラリを使うのではなく、あくまでテキストとして処理するのが良いでしょう。

```
<doc id="5" url="https://ja.wikipedia.org/wiki?curid=5" title="アンパサンド">
アンパサンド

アンパサンド (&、英語名：) とは並立助詞「…と…」を意味する記号である。ラテン語の の合字で、Trebuchet MSフ ↵
ォントでは、と表示され "et" の合字であることが容易にわかる。ampersa、すなわち "and per se and"、その意味 ↵
は"and [the symbol which] by itself [is] and"である。
...
</doc>
<doc id="10" url="https://ja.wikipedia.org/wiki?curid=10" title="言語">
言語
...
```

出力結果に関して次の点は注意が必要です。

- 記事中の見出しは取り除かれる。--sectionsオプションで含めることが可能。
- 表や箇条書きは取り除かれる。--listsオプションで箇条書きを含めることが可能。
- MediaWikiのテンプレートが使われている箇所は取り除かれる。--no_templatesオプションを外すと、テンプレートが展開されるようになるが、所要時間が増えるので注意が必要。

5.1.2 自然言語処理技術を用いた頻出単語の抽出

抽出した文章から頻出単語を抜き出します。頻出単語を抜き出すには、まず文章から単語を区別して抜き出す必要があります。英語の文章であればスペースで区切られているので単語に分割するのも簡単ですが、日本語だとそうはいきません。

日本語や英語など、人が普段使用する自然言語をコンピューターで処理するための技術を、**自然言語処理技術**と呼びます。スペルチェッカー、日本語入力システム、検索エンジン、機械翻訳などでは、この自然言語処理技術が使われています。

自然言語処理の基礎となる技術に形態素解析があります。**形態素解析**とは、与えられた文を形態素と呼ばれる言語の最小単位に分割し、品詞や読みを判別する作業を指します。オープンソースの形態素解析エンジンとして、MeCab*8が有名です。本項ではMeCabを使って文章を形態素に分割し、名詞のみを単語として抽出します。

● MeCabのインストール

MeCabと、MeCabが内部的に使用するIPA辞書をインストールします。

```
$ brew install mecab mecab-ipadic  # macOSの場合
```

```
$ sudo apt install -y mecab mecab-ipadic-utf8 libmecab-dev  # Ubuntuの場合
```

インストールできたら、次のコマンドでバージョンを確認します。

```
$ mecab -v
mecab of 0.996
```

● PythonからMeCabを使用する

MeCab公式のPythonバインディングは執筆時点ではPython 2にしか対応していません。ここではPython 3に対応したmecab-python3*9を使います。

mecab-python3をインストールします。あらかじめMeCabがインストールされている必要があります。

```
(scraping) $ pip install mecab-python3==0.7
```

リスト5.1のようにして、PythonからMeCabを使って形態素解析を行います。

▼ リスト5.1　mecab_sample.py ― MeCabをPythonから使う

```
import MeCab

tagger = MeCab.Tagger()
tagger.parse('')  # これは .parseToNode() の不具合を回避するためのハック。

# .parseToNode() で最初の形態素を表すNodeオブジェクトを取得する。
node = tagger.parseToNode('すもももももももものうち')
```

*8　http://taku910.github.io/mecab/

*9　https://pypi.org/project/mecab-python3/ 本書ではバージョン0.7を使用します。本書の執筆時点で最新のバージョン0.996.2を使うと、メモリを大量に消費して処理が進まなくなることがあります。

```
while node:
    # .surfaceは形態素の文字列、.featureは品詞などを含む文字列をそれぞれ表す。
    print(node.surface, node.feature)
    node = node.next  # .nextで次のNodeを取得する。
```


mecab_sample.pyという名前で保存して実行すると、形態素解析結果が表示されます*10。

```
(scraping) $ python mecab_sample.py
 BOS/EOS,*,*,*,*,*,*,*,*
すもも 名詞,一般,*,*,*,*,すもも,スモモ,スモモ
も 助詞,係助詞,*,*,*,*,も,モ,モ
もも 名詞,一般,*,*,*,*,もも,モモ,モモ
も 助詞,係助詞,*,*,*,*,も,モ,モ
もも 名詞,一般,*,*,*,*,もも,モモ,モモ
の 助詞,連体化,*,*,*,*,の,ノ,ノ
うち 名詞,非自立,副詞可能,*,*,*,うち,ウチ,ウチ
 BOS/EOS,*,*,*,*,*,*,*,*
```

● 文章から頻出単語を抽出する

準備が整ったので、MeCabでWikipediaの文章から頻出単語を抽出してみましょう。**リスト5.2**に頻出単語を抽出するスクリプトを示しています。このスクリプトは、コマンドライン引数にWikiExtractorの出力結果を格納したディレクトリを指定して実行すると、頻出単語上位30件を表示します。スクリプトは4つの関数で構成されており、main()関数からcount_words()関数を呼び出し、そこからiter_doc_contents()関数とget_words()関数を呼び出しています。

数百MBなど、ある程度大きいサイズのファイルを扱うときは、一度にファイル全体をメモリに読み込まないことが大切です。iter_doc_contents()関数ではfor文を使って1行ずつ読み込んでいます。処理に必要な部分だけをメモリに読み込むことで、メモリの消費が抑えられます。結果的にスワップアウトが減り、高速に処理できます。

get_words()関数の処理内容は**リスト5.1**と似ていますが、node.featureから品詞の情報を取り出し、固有名詞または一般名詞の場合だけ処理するようにしています。これは、「は」「に」「を」のような助詞や「、」「。」などの記号が頻出単語として抜き出されてしまうことを防ぐためです。

なお、スクリプトの進捗状況を表示するために標準ライブラリのloggingモジュールを使っています。ログには重要度を表すレベルがあり、低い方から順にDEBUG, INFO, WARNING, ERROR, CRITICALです。logging.info()のようなレベル名に対応する関数でそのレベルのログを記録しますが、デフォルトではWARNING以上のログしか出力されません。スクリプト最下部でmain()関数の実行前に

---

*10 echo すもももももももものうち | mecabというコマンドを実行してもほぼ同様の結果が得られます。

logging.basicConfig()を呼び出し、INFOレベル以上のログを出力するよう設定します。ログは標準エラー出力に出力されます。

▼ **リスト5.2　word_frequency.py — Wikipediaの文章から頻出単語を抜き出す**

```
import sys
import logging
from collections import Counter
from pathlib import Path
from typing import List, Iterator, TextIO  # TextIOはstrを取得できるファイルオブジェクトを表す型。

import MeCab

tagger = MeCab.Tagger('')
tagger.parse('')  # これは .parseToNode() の不具合を回避するためのハック。


def main():
    """
    コマンドライン引数で指定したディレクトリ内のファイルを読み込んで、頻出単語を表示する。
    """

    # コマンドラインの第1引数で、WikiExtractorの出力先のディレクトリを指定する。
    # Pathオブジェクトはファイルやディレクトリのパス操作を抽象化するオブジェクト。
    input_dir = Path(sys.argv[1])

    # 単語の出現回数を格納するCounterオブジェクトを作成する。
    # Counterクラスはdictを継承しており、値としてキーの出現回数を保持する。
    frequency = Counter()

    # .glob()でワイルドカードにマッチするファイルのリストを取得し、マッチしたすべてのファイルを処理する。
    for path in sorted(input_dir.glob('*/wiki_*')):
        logging.info(f'Processing {path}...')

        with open(path) as file:  # ファイルを開く。
            # ファイルに含まれる記事内の単語の出現回数を数え、出現回数をマージする。
            frequency += count_words(file)

    # 全記事の処理が完了したら、上位30件の名詞と出現回数を表示する。
    for word, count in frequency.most_common(30):
        print(word, count)


def count_words(file: TextIO) -> Counter:
    """
    WikiExtractorが出力したファイルに含まれるすべての記事から単語の出現回数を数える関数。
    """

    frequency = Counter()  # ファイル内の単語の出現頻度を数えるCounterオブジェクト。
```

5

```
    num_docs = 0  # ログ出力用に、処理した記事数を数えるための変数。

    for content in iter_doc_contents(file):  # ファイル内の全記事について反復処理する。
        words = get_words(content)  # 記事に含まれる名詞のリストを取得する。
        # Counterのupdate()メソッドにリストなどの反復可能オブジェクトを指定すると、
        # リストに含まれる値の出現回数を一度に増やせる。
        frequency.update(words)
        num_docs += 1

    logging.info(f'Found {len(frequency)} words from {num_docs} documents.')
    return frequency


def iter_doc_contents(file: TextIO) -> Iterator[str]:
    """
    ファイルオブジェクトを読み込んで、記事の中身（開始タグ <doc ...> と終了タグ </doc> の間のテキスト）を
    順に返すジェネレーター関数。
    """

    for line in file:  # ファイルに含まれるすべての行について反復処理する。
        if line.startswith('<doc '):
            buffer = []  # 開始タグが見つかったらバッファを初期化する。
        elif line.startswith('</doc>'):
            # 終了タグが見つかったらバッファの中身を結合してyieldする。
            content = ''.join(buffer)
            yield content
        else:
            buffer.append(line)  # 開始タグ・終了タグ以外の行はバッファに追加する。


def get_words(content: str) -> List[str]:
    """
    文字列内に出現する名詞のリスト（重複含む）を取得する関数。
    """

    words = []  # 出現した名詞を格納するリスト。

    node = tagger.parseToNode(content)
    while node:
        # node.featureはカンマで区切られた文字列なので、split()で分割して
        # 最初の2項目をposとpos_sub1に代入する。posはPart of Speech（品詞）の略。
        pos, pos_sub1 = node.feature.split(',')[:2]
        # 固有名詞または一般名詞の場合のみwordsに追加する。
        if pos == '名詞' and pos_sub1 in ('固有名詞', '一般'):
            words.append(node.surface)
        node = node.next

    return words

if __name__ == '__main__':
```

```
    logging.basicConfig(level=logging.INFO)  # INFOレベル以上のログを出力する。
    main()
```

word_frequency.pyという名前で保存して実行します。引数にはWikiExtractorの出力先のディレクトリを指定します。


```
(scraping) $ python word_frequency.py articles/
INFO:root:Processing articles/AA/wiki_00...
INFO:root:Found 188956 words from 11801 documents.
INFO:root:Processing articles/AA/wiki_01...
...
INFO:root:Found 118462 words from 8506 documents.
月 232083
日本 103612
時代 51890
駅 45027
列車 39993
世界 38386
作品 34003
昭和 33664
東京 33355
一般 31349
...
```

この結果から、最頻出単語は「月」の約22万回で、2位の「日本」の約10万回に大きな差をつけていることがわかります。これは記事に日付が多く書かれているためでしょう*11。2位の「日本」は、日本語版では日本の事情について書かれていることが多いためと考えられます。3位以降を見ると日本語版Wikipediaにどのような記事が多いのかなんとなくわかってきます。

● 形態素解析のさらなる活用

これまで見てきたように、MeCabを使うと簡単に形態素解析を行えます。今回は名詞を抽出するという簡単な処理でしたが、自然言語処理技術を使うと工夫次第で色々なことができるでしょう。

なお、MeCabで使用したIPA辞書には、辞書作成時点よりも後に生まれた新しい単語が含まれていないという弱点があります。特に新しい単語が使われることの多いWeb上の文章を解析したときには、思ったように解析できないことがあります。この問題に対応するために、Wikipedia*12やはてなキーワー

---

*11 今回利用したIPA辞書では、「年」や「日」は名詞-接尾-助数詞という品詞に分類され、抜き出す対象とした固有名詞または一般名詞に該当しないため出現していません。

*12 ページのタイトルだけが含まれているall-titles-in-ns0.gzを使用します。

ド*13、ニコニコ大百科*14などのデータセットから単語を抽出し、MeCabのユーザー辞書に登録することが広く行われています。また、mecab-ipadic-NEologd*15というWeb上の様々なデータを取り込んだ辞書を使うこともできます。これによって新しい単語に対応できるようになります。

形態素解析には、Web APIを使うこともできます。

- Yahoo! JAPAN 日本語形態素解析: https://developer.yahoo.co.jp/webapi/jlp/ma/v1/parse.html
- gooラボ 形態素解析API: https://labs.goo.ne.jp/api/jp/morphological-analysis/

今回のWikipediaの記事のように大量のデータを一括処理するには向きませんが、Webアプリケーションなどでユーザーの入力に応じて形態素解析を行うときには、気軽に利用できます。目的に応じて使い分けると良いでしょう。

5.2 APIによるデータの収集と活用

Web API（本書では特に区別する必要がない限り単にAPIと表記）を用いたデータの収集と活用について解説します。前節と同様に、スクレイピングは行いません。

API（Application Programming Interface）はWebサイトがプログラムからデータを取得しやすいように提供しているものです。APIを使うことで、Webサイト側は負荷が少なくて済み、データ収集側はスクレイピングの手間を省けるため、APIが用意されている場合はなるべくAPIを使うようにしましょう。ただしAPIで取得できるデータが限られていたり、呼び出し回数が制限されていたりする場合もあります。用途によってはクローリング・スクレイピングが必要なこともあるでしょう。

ここではTwitter、Amazon、YouTubeのAPIを使用してデータを収集します。

5.2.1 Twitterからのデータの収集

Twitterでは一般的な開発者が無料で使用できるAPIはStandard API*16と呼ばれ、大きくREST APIとStreaming APIの2つに分けられます。

REST APIはHTTPリクエストを送るとHTTPレスポンスが返ってくるというプル型のフローのAPIで、ツイートやユーザーなどの情報を取得できます。書き込み権限があれば、ツイートを投稿したり、ユーザーをフォローしたりすることも可能です。このAPIは呼び出し回数の制限が厳しく、APIによっては

*13 http://d.hatena.ne.jp/hatenadiary/20060922/1158908401
*14 https://www.nii.ac.jp/dsc/idr/nico/nico.html
*15 https://github.com/neologd/mecab-ipadic-neologd
*16 本書では特に断りのない限り、「Twitter API」という言葉はStandard APIのことを指します。

1ユーザー当たり15分につき15回しか呼び出せないなど、あまり大規模なデータ収集には向いていません。

Streaming APIは、Twitterに投稿される大量のツイートを効率よく取得するためのAPIです。一度リクエストを送るとサーバーとの間でコネクションが確立されたままになり、新しいデータが生まれるたびにサーバーからデータが送られてくるプッシュ型のフローです。日々大量のツイートが投稿されるTwitterならではのAPIと言えるでしょう。

Standard APIで使えるStreaming APIは次の2つです。

- filter: 公開された全ツイートを特定のキーワードやユーザーで絞り込んだストリーム
- sample: 公開された全ツイートのうち一部をランダムにサンプリングしたストリーム

● Twitter APIの開発者アカウント登録

2018年7月以降、新規でTwitter APIを利用するには開発者アカウント登録が必要です。Twitterアカウントにログインした状態で次のページを開き、表示に従って申請します。

- Apply — Twitter Developers
  https://developer.twitter.com/en/apply/user

申請の中で、Twitter APIをどのように利用するつもりか300文字以上の英語で説明する必要があります。やや難しく感じるかもしれませんが、Google翻訳などの力も借りつつ、次のような点を説明すると良いでしょう。

- どのような目的でツイートを収集するのか
- 収集したツイートやユーザーの情報をどのように分析するつもりか
- 収集したデータや分析結果をWebサービスなどで表示する場合は、どのように表示するのか

なお、この説明文では自分の言葉で書くことが求められているため、Webサイトなどからコピーしてそのまま使用するのは避けたほうが無難です。申請が承認されたらデベロッパーポータルにログインできます。

● Twitter APIの認証

Twitter APIの認証形態には、次の2種類があります。

- User authentication: 特定のユーザーに紐付いた認証
- Application-only authentication: 特定のユーザーに紐付かない認証

本書ではユーザー（自分のアカウント）のタイムラインを扱うので、User authenticationを使用しま

す。User authenticationではOAuth 1.0aで認証します。認証には、アプリケーション単位で発行されるAPI KeyとAPI Secret Key、ユーザー単位で発行されるAccess TokenとAccess Token Secretの4つを入手する必要があります。

Twitterの認証情報を取得するためにアプリケーションを作成します。デベロッパーポータルにログインし、上部のメニューのユーザー名の項目から「Apps」とたどり、「Create an app」ボタンを押すとアプリケーションの作成画面が表示されます。アプリケーションの名前、説明、Webサイト*17、アプリケーションの使われ方などを入力し、アプリケーションを作成します。

アプリケーションを作成して、「Keys and tokens」というタブをクリックすると、画面にAPI KeyとAPI Secret Keyが表示されます*18。「Access token & access token secret」の欄で「Create」ボタンを押すと、自分のアカウントに紐づくAccess TokenとAccess Token Secretが生成、表示されます。それぞれ控えておきましょう。以上で必要な4つの値が得られたので、実際にAPIを利用します。

● APIを使用するためのライブラリの選定

TwitterのREST APIのようなHTTPのAPIを使用するときには、2つの方法が考えられます。

- RequestsなどのHTTPクライアントライブラリを使用する。
- Twitter APIをラップして抽象化したライブラリを使用する。

前者の方法は、特別なライブラリをあまり使用しないため学習コストが低いというメリットがあります。APIのドキュメントを読んで指定されたURLにリクエストを送るだけで使いはじめられます。

後者の方法は、うまく抽象化されたライブラリであれば、APIの細かい仕様を意識せずに簡単に使えるメリットがあります。特に認証方法はAPIによって異なり、処理が煩雑なこともあるのでライブラリを使うと簡略化できます。一方で、ライブラリで使われているモデルがAPIのそれとは微妙に異なっていたり、APIの更新にライブラリの更新が追いついていなかったりするデメリットもありえます。マイナーなAPIの場合は、このようなライブラリを誰も作成していないかもしれません。このようなメリット・デメリットを考慮した上で使用するライブラリを選定すると良いでしょう。ここではそれぞれの方法を実践し、違いを把握します。

● 薄いライブラリによるTwitter REST APIの利用

まずはRequestsを使ってAPIを呼び出します。RequestsにOAuth認証を追加するRequests-

---

*17 適当なWebサイトがない場合は、自身のTwitterのユーザーページのURLなどでも問題ありませんが、もしアプリケーションを公開する場合は変更するようにしましょう。

*18 データ収集のみに使用する場合は、誤って破壊的な操作をしてしまうことを避けるため、ここで「Permissions」タブからアプリケーションのAccess permissionをRead-onlyに変更しておくと良いでしょう。

OAuthlib*19を使います。次のコマンドでインストールします。

```
(scraping) $ pip install requests-oauthlib
```

Requests-OAuthlibを使ってTwitterのタイムラインを取得するコードは**リスト5.3**のようになります。OAuth 1.0aによる認証が必要なので、OAuth1Sessionクラスを使います。OAuth1SessionクラスはRequestsのSessionを継承していて、コンストラクターにAPI Keyなど4つの値を指定してインスタンスを作成します。インスタンス作成後は、認証を意識することなくRequestsのSessionオブジェクトと同じように扱えます。

認証情報は環境変数から取得します。認証情報をスクリプトで利用する方法については後述します。

https://api.twitter.com/1.1/statuses/home_timeline.jsonはユーザーのタイムラインを取得するものです。詳しくはTwitter APIのリファレンス*20を参照してください。

▼ リスト5.3 twitter_rest_api_with_requests.py — Requests-OAuthlibを使ってタイムラインを取得する

```
import os

from requests_oauthlib import OAuth1Session

# 環境変数から認証情報を取得する。
TWITTER_API_KEY = os.environ['TWITTER_API_KEY']
TWITTER_API_SECRET_KEY = os.environ['TWITTER_API_SECRET_KEY']
TWITTER_ACCESS_TOKEN = os.environ['TWITTER_ACCESS_TOKEN']
TWITTER_ACCESS_TOKEN_SECRET = os.environ['TWITTER_ACCESS_TOKEN_SECRET']

# 認証情報を使ってOAuth1Sessionオブジェクトを得る。
twitter = OAuth1Session(TWITTER_API_KEY,
                        client_secret=TWITTER_API_SECRET_KEY,
                        resource_owner_key=TWITTER_ACCESS_TOKEN,
                        resource_owner_secret=TWITTER_ACCESS_TOKEN_SECRET)

# ユーザーのタイムラインを取得する。
response = twitter.get('https://api.twitter.com/1.1/statuses/home_timeline.json')

# APIのレスポンスはJSON形式の文字列なので、response.json()でパースしてlistを取得できる。
# statusはツイート（Twitter APIではStatusと呼ばれる）を表すdict。
for status in response.json():
    print('@' + status['user']['screen_name'], status['text'])  # ユーザー名とツイートを表示する。
```

*19 https://pypi.org/project/requests-oauthlib/ 本書ではバージョン1.0.0を使用します。

*20 https://developer.twitter.com/en/docs/tweets/timelines/api-reference/get-statuses-home_timeline

● 秘密にすべき認証情報の取り扱い

APIを使用する際は、認証のための秘密のキーが必要になることが多くあります。TwitterのAPIで必要なAPI Secret Keyなどもその1つです。これらのキーは他人に公開せず、秘密にしておく必要があります。スクリプトをGitなどのバージョン管理ツールで管理している場合、これらの認証情報はリポジトリにコミットしないようにしましょう。誤ってソースコードをGitHubなどのパブリックリポジトリにプッシュすると、全世界に認証情報を公開してしまうことになります。

Twitter APIのキーが漏れるとスパムや犯罪予告のツイートを投稿されるかもしれませんし、APIによっては金銭的な被害を被る場合もあります。Amazon Web ServicesのAPIキーを誤って公開してしまったところ、悪意ある第三者に使用されて、請求額が百万円を超えた事例もあります。

このような被害を未然に防ぐためには、まず必要最低限の権限のみを設定することが大切です。例えばTwitterのAPIでは、アプリケーションごとに次の3つのいずれかの権限を指定できます。不必要に強い権限を指定しないようにしましょう。

- 読み取り専用(Read only)
- 読み書き可能(Read and write)
- 読み書き可能+ダイレクトメッセージへのアクセス(Read, Write and Access direct messages)

次に、スクリプトに秘密のキーを書かないようにすることが大切です。スクリプトに直書きするのは楽ですが、誤ってバージョン管理ツールにコミットしてしまう可能性があります。代わりに、環境変数から読み込むのがオススメです。Pythonスクリプトでは、次のように`os.environ`を使って環境変数の値を取得できます。

```
import os

TWITTER_API_KEY = os.environ['TWITTER_API_KEY']
TWITTER_API_SECRET_KEY = os.environ['TWITTER_API_SECRET_KEY']
TWITTER_ACCESS_TOKEN = os.environ['TWITTER_ACCESS_TOKEN']
TWITTER_ACCESS_TOKEN_SECRET = os.environ['TWITTER_ACCESS_TOKEN_SECRET']
```

これで、スクリプトに秘密のキーを書かなくて済みます。このスクリプトをGitHubに公開しても問題ありません。他の人が実行する際に、スクリプトを書き換えなくて済むメリットもあります。

スクリプトの実行時に環境変数を渡すためには、forego*21というツールを使うのがオススメです。macOSではHomebrewでインストールします。

```
$ brew install forego
```

*21　https://github.com/ddollar/forego

Ubuntuではdebファイルをダウンロードしてインストールします。

```
$ wget https://bin.equinox.io/c/ekMN3bCZFUn/forego-stable-linux-amd64.deb
$ sudo dpkg -i forego-stable-linux-amd64.deb
```


スクリプトの実行時に、次のようにforego runを先頭につけて実行します。

```
(scraping) $ forego run python my_script.py
```

こうすることで、foregoがカレントディレクトリに存在する.envという名前のファイルから環境変数を読み取ってプログラムに渡してくれます。.envファイルには、各行に名前=値という形式で環境変数を記述します。

```
TWITTER_API_KEY=zV9JyHxV***********
TWITTER_API_SECRET_KEY=DEzaeaKF13kZ1rQSovf9xq**********************
TWITTER_ACCESS_TOKEN=44352445-RmTqUHTTt3sgJP5**********************
TWITTER_ACCESS_TOKEN_SECRET=gQAKidujrHtq2V5kHAQU*********************
```

.envはファイル名が.(ドット)で始まるため、Unix系のOSでは隠しファイル扱いになります。macOSのFinderなど、GUIでファイルを管理するアプリケーションでは、設定をしないと表示されないことが多いので注意してください。コマンドラインではls -aで表示できます。

この.envファイルをバージョン管理ツールにコミットしてしまっては元も子もありません。.gitignoreファイルに.envと書くなど、必ずバージョン管理ツールで無視する設定をしておきましょう。認証情報は暗号化せずにプレーンテキストとして保存することになるので、.envファイルの扱いには気をつけてください。

本書に掲載しているサンプルコードでは、APIのキーなど秘匿すべき情報はすべて環境変数から読み込みます。スクリプトを実行してKeyError: 'TWITTER_API_KEY'のような例外が発生する場合は、.envファイルに認証情報を正しく記述しているか、forego runを使って実行しているかを確認してください。

リスト5.3をtwitter_rest_api_with_requests.pyという名前で保存して実行すると、普段Twitterで見るタイムラインと同じものが取得できます。先述のように.envファイルにTWITTER_API_KEYなど4つの環境変数を保存することを忘れないようにしてください。

```
(scraping) $ forego run python twitter_rest_api_with_requests.py
@nhk_news 自民総裁選 地方創生で景気回復の効果を各地に 首相 #nhk_news https://t.co/04rk6fJFCg
@cametan_001 Ubuntu 18.04LTS keeps giving "Failure" around libcurl. https://t.co/0PHcfpjitw
@otsune 事業で当てて、女優と付き合って、月旅行に行くって。
昔の国友やすゆきの漫画でもそこまで荒唐無稽なキャラは描かなかった気がする……
@sasata299 前沢社長、世界初民間月旅行乗客に　費用700億超
 https://t.co/MjUAM5iqgM
@takezoen Javaで書かれた組み込みRedisなんてあるのか。テストとかによさそう。/ kstyrc/embedded-redis: Red ↵
is embedded server for Java integration testing https://t.co/CNAwToWM9J
...
```

● TweepyによるTwitter REST APIの利用

続いて、Twitter APIを抽象化したライブラリを使います。Twitterの開発者向けのページ*22では、様々な言語からTwitter APIを使うためのライブラリが紹介されています。ここでは、PyPIでのダウンロード数が多いTweepy*23を使います。

Tweepyを使ってユーザーのタイムラインを取得するコードは、**リスト5.4**のようになります。Requests-OAuthlibを使ったコードと比較すると、全体の流れは似ているものの、REST APIのURLが`home_timeline()`メソッドとして抽象化されていることがわかります。また、得られるツイートのオブジェクトも`dict`ではなく、Tweepyの`Status`オブジェクトになっています。

▼ リスト5.4　twitter_rest_api_with_tweepy.py ― Tweepyを使ってタイムラインを取得する

```
import os

import tweepy  # pip install tweepy

# 環境変数から認証情報を取得する。
TWITTER_API_KEY = os.environ['TWITTER_API_KEY']
TWITTER_API_SECRET_KEY = os.environ['TWITTER_API_SECRET_KEY']
TWITTER_ACCESS_TOKEN = os.environ['TWITTER_ACCESS_TOKEN']
TWITTER_ACCESS_TOKEN_SECRET = os.environ['TWITTER_ACCESS_TOKEN_SECRET']

# 認証情報を設定する。
auth = tweepy.OAuthHandler(TWITTER_API_KEY, TWITTER_API_SECRET_KEY)
auth.set_access_token(TWITTER_ACCESS_TOKEN, TWITTER_ACCESS_TOKEN_SECRET)

api = tweepy.API(auth)  # APIクライアントを取得する。
public_tweets = api.home_timeline()  # ユーザーのタイムラインを取得する。

for status in public_tweets:
    print('@' + status.user.screen_name, status.text)  # ユーザー名とツイートを表示する。
```

`twitter_rest_api_with_tweepy.py`という名前で保存して実行するとタイムラインのツイートが表示されます。

```
(scraping) $ forego run python twitter_rest_api_with_tweepy.py
@takuya_1st 明治時代に漢字とカナの欧米化について喧々諤々あったらしいし、昭和には日本語入力とフォントで喧々 ↵
諤々あったのに、数字の区切り桁については議論はなされなかったんだろうか。
@buzztter HOT: エッセル https://t.co/iTg4SrvBrP
@trademark_bot [商願2018-109008]
商標:[画像] /
出願人:チャイナ タバコ ホーペイ インダストリアル カンパニー リミテッド /
```

*22　https://developer.twitter.com/en/docs/developer-utilities/twitter-libraries
*23　https://github.com/tweepy/tweepy 本書ではバージョン3.7.0を使用します。

```
出願日:2018年8月29日 /
区分:34(紙巻たばこ,かみたばこ,葉巻たばこ,代用たばこを含… https://t.co/btOBnHeuSl
@__gfx__ RT @najeira: 「4位 52,661 tailed 学生(1)」って超人かよ…… / ISUCON8 オンライン予選 全ての順位 ↵
とスコア - ISUCON公式Blog https://t.co/zvdVTdydgp
@eclipse_s パッチのロス時間を減らすため、駅弁買った!
...
```


● TweepyによるTwitter Streaming APIの利用

続いて、Streaming APIを使いましょう。REST APIではTweepyのメリットがわかりにくかったかもしれませんが、Streaming APIを使うと明確になります。

Streaming APIでは、HTTPリクエストを送るとコネクションが確立されたままになり、サーバーから次々にメッセージが送られてきます。各メッセージは改行コードCRLFで区切られています。メッセージの多くはツイートを表すJSON形式の文字列ですが、ツイート以外にコネクションを維持するための空行やメタ情報の通知も送られてくるため、メッセージの種類に応じて適切に処理しなくてはなりません。各メッセージには改行コードLFが含まれていることもあるので、注意が必要です。

また、コネクションは次のような理由で切断されることがあります。エラーの原因を取り除くか、一時的なエラーであれば再接続する必要があります。

- 同じ認証情報を使って多くのコネクションを確立した。
- クライアントの読み込みが停止したか遅かった。
- Twitterのサーバーやネットワークに変更があった。

Requestsでもget()メソッドやpost()メソッドのパラメーターにstream=Trueという引数を指定すれば、コネクションを確立したままにして、次々と送られてくるメッセージを処理できます。しかしメッセージの処理は煩雑です。Tweepyを使うと、これらの煩雑な処理を意識することなくツイートの処理に集中できます。

Streaming APIでsampleストリームを受信してツイートを取得するコードは**リスト5.5**のようになります。ツイートを受信したときに、MyStreamListenerクラスのon_status()メソッドが呼び出されます。

▼ **リスト5.5** twitter_streaming_api_with_tweepy.py — TweepyによるStreaming APIの利用

```
import os

import tweepy

# 環境変数から認証情報を取得する。
TWITTER_API_KEY = os.environ['TWITTER_API_KEY']
TWITTER_API_SECRET_KEY = os.environ['TWITTER_API_SECRET_KEY']
TWITTER_ACCESS_TOKEN = os.environ['TWITTER_ACCESS_TOKEN']
TWITTER_ACCESS_TOKEN_SECRET = os.environ['TWITTER_ACCESS_TOKEN_SECRET']
```

```
def main():
    """
    メインとなる処理
    """
    # OAuthHandlerオブジェクトを作成し、認証情報を設定する。
    auth = tweepy.OAuthHandler(TWITTER_API_KEY, TWITTER_API_SECRET_KEY)
    auth.set_access_token(TWITTER_ACCESS_TOKEN, TWITTER_ACCESS_TOKEN_SECRET)

    # OAuthHandlerとStreamListenerを指定してStreamオブジェクトを取得する。
    stream = tweepy.Stream(auth, MyStreamListener())
    # 公開されているツイートをサンプリングしたストリームを受信する。
    # キーワード引数languagesで、日本語のツイートのみに絞り込む。
    stream.sample(languages=['ja'])


class MyStreamListener(tweepy.StreamListener):
    """
    Streaming APIで取得したツイートを処理するためのクラス。
    """

    def on_status(self, status: tweepy.Status):
        """
        ツイートを受信したときに呼び出されるメソッド。引数はツイートを表すStatusオブジェクト。
        """
        print('@' + status.author.screen_name, status.text)

if __name__ == '__main__':
    main()
```

これを実行すると次々とツイートが表示されます。キャンセルするには Ctrl - C を押します。

```
(scraping) $ forego run python twitter_streaming_api_with_tweepy.py
```

5.2.2 Amazonの商品情報の収集

AmazonのProduct Advertising APIを使って商品情報を取得します。

● Product Advertising APIの概要

Product Advertising APIはその名前の通り、Amazonで販売されている商品を宣伝することを目的としたAPIです*24。取得した商品情報の利用目的はAmazonのサイトにエンドユーザーを誘導し商品の販

*24 執筆時点でのProduct Advertising APIのバージョンは2013-08-01です。

売を促進することに限定されています。APIの利用にはAmazonアソシエイト・プログラムへの登録が必要です。一定期間売上が発生しないと利用できなくなる場合があるので注意が必要です。

Product Advertising APIではAmazonのショッピングカートを扱う操作を除くと、次の4つの操作が提供されています。商品情報を収集する際は、主に`ItemSearch`を使います。

- `ItemSearch`: 条件を指定して商品を検索する。
- `ItemLookup`: IDを指定して商品の情報を取得する。
- `BrowseNodeLookup`: Browse Nodeと呼ばれる商品カテゴリの情報を取得する。
- `SimilarityLookup`: ある商品に類似した商品を取得する。

Product Advertising APIはREST APIとSOAP APIの2種類がありますが、Pythonのようなスクリプト言語から利用する場合はREST APIのほうが扱いやすいため、本書ではREST APIを使用します。REST APIでは、URLでパラメーターを指定してHTTPリクエストを送ると、XML形式のレスポンスが得られます。

● Product Advertising APIの利用登録と認証情報の取得

Product Advertising APIの利用には、Amazonアソシエイト・プログラムへの登録が必要です。Product Advertising APIはストアの地域ごとに分かれており、Amazon.co.jpのAPIを使うには、Amazon.co.jpのアカウントでアソシエイト・プログラムに登録する必要があります。

登録完了後にAmazonアソシエイトのページから「ツール」→「Product Advertising API」とたどると、Product Advertising APIの利用を開始できます。「認証情報を追加する」というボタンをクリックするとAPIの認証に必要なアクセスキーとシークレットキーが手に入ります。アソシエイト・プログラムに登録したときに取得できるアソシエイトタグも必要になります。

● python-amazon-simple-product-apiを使って商品情報を検索する

Product Advertising APIを呼び出す際には、シークレットキーを秘密鍵としてHMAC-SHA256というアルゴリズムで生成した署名が必要です。この署名の処理はやや煩雑なので、ライブラリを使用し簡略化しましょう。PythonからProduct Advertising APIを使うためのライブラリとして、python-amazon-simple-product-api*25があります。**リスト5.6**にpython-amazon-simple-product-apiを使ってAmazon.co.jpの商品情報を検索するコードを示しています。

`search()`メソッドに指定したキーワード引数は、そのままAPIの`ItemSearch`操作に渡されます。指定できる値については、Product Advertising APIのAPIリファレンス*26を参照してください。引数名

---

*25　https://pypi.org/project/python-amazon-simple-product-api/ 本書ではバージョン2.2.11を使用します。
*26　https://docs.aws.amazon.com/AWSECommerceService/latest/DG/Welcome.html

は通常のPythonの命名規則とは異なり、大文字で始まるので注意しましょう。

ItemSearch操作では検索結果が複数ページに分割されて取得できます。1ページあたり10個の商品、最大で10ページ（SearchIndex='All'の場合は最大5ページ）を取得できます。11個目以降の商品情報を取得しようとしたタイミングで透過的に次のページが読み込まれ、最大100個（SearchIndex='All'の場合は最大50個）の商品情報を取得できます。

Product Advertising APIには時間あたりの呼び出し回数の制限があり、基本的には1秒間に1回のみしか呼び出しできません。検索結果の次ページを読み込む時など、連続してAPIを呼び出す際には、この制限を超えないよう自動的にウェイトが挟まります。

AmazonProductオブジェクトでは、**表5.1**のようなプロパティで商品の情報を取得できます。その他のプロパティやメソッドについては、ドキュメント*27を参照してください。

▼ **表5.1　AmazonProductオブジェクトの代表的なプロパティ**

名前	説明
title	商品名
offer_url	商品のURL
price_and_currency	価格と通貨のタプル
asin	ASIN（Amazonの商品ID）
large_image_url	大サイズの画像のURL
medium_image_url	中サイズの画像のURL
small_image_url	小サイズの画像のURL
authors	著者のリスト
publisher	出版社
isbn	ISBN

スクリプトを実行する前に、認証情報を.envファイルに保存します。

```
AMAZON_ACCESS_KEY=<アクセスキー>
AMAZON_SECRET_KEY=<シークレットキー>
AMAZON_ASSOCIATE_TAG=<アソシエイトタグ>
```

▼ **リスト5.6　amazon_product_search.py ― Amazon.co.jpの商品情報を検索する**

```
import os

from amazon.api import AmazonAPI  # pip install python-amazon-simple-product-api

# 環境変数から認証情報を取得する。
AMAZON_ACCESS_KEY = os.environ['AMAZON_ACCESS_KEY']
AMAZON_SECRET_KEY = os.environ['AMAZON_SECRET_KEY']
```

*27　https://python-amazon-simple-product-api.readthedocs.io/en/latest/amazon.html

```
AMAZON_ASSOCIATE_TAG = os.environ['AMAZON_ASSOCIATE_TAG']

# AmazonAPIオブジェクトを作成する。キーワード引数Regionに'JP'を指定し、Amazon.co.jpを選択する。
amazon = AmazonAPI(AMAZON_ACCESS_KEY, AMAZON_SECRET_KEY, AMAZON_ASSOCIATE_TAG, Region='JP')

# search()メソッドでItemSearch操作を使い、商品情報を検索する。
# キーワード引数Keywordsで検索語句を、SearchIndexで検索対象とする商品のカテゴリを指定する。
# SearchIndex='All'はすべてのカテゴリから検索することを意味する。
products = amazon.search(Keywords='kindle', SearchIndex='All')

for product in products:  # 得られた商品(AmazonProductオブジェクト)について反復する。
    print(product.title)      # 商品名を表示。
    print(product.offer_url)  # 商品のURLを表示。
    price, currency = product.price_and_currency
    print(price, currency)    # 価格と通貨を表示。
```

次のように実行すると商品情報が表示されます。商品が10個表示されるごとに1秒程度のウェイトが挟まっていることがわかるでしょう。

```
(scraping) $ forego run python amazon_product_search.py
Kindle Paperwhite、電子書籍リーダー、Wi-Fi 、ブラック
http://www.amazon.co.jp/dp/B00QJDOM6U/?tag=ebook1-22
15280 JPY
Kindle、電子書籍リーダー、Wi-Fi、ブラック、キャンペーン情報つきモデル
http://www.amazon.co.jp/dp/B0186FESEE/?tag=ebook1-22
7980 JPY
Fire 7 タブレット (7インチディスプレイ) 8GB
http://www.amazon.co.jp/dp/B01J90PKEM/?tag=ebook1-22
5980 JPY
...
```

5.2.3 YouTubeからの動画情報の収集

YouTubeはGoogleが運営する世界最大の動画共有サービスで、日々多くの動画が世界中から投稿されています。YouTube Data API*28を公開しており、多くの処理をAPI経由で行えます。

APIで動画の投稿やコメントの追加など、ユーザーに紐付いた処理を行う場合はOAuth 2.0による認証が必要ですが、動画の検索やチャンネルの取得のような参照系のAPIであればリクエストにAPIキーを含めるだけで使えます。なお、APIで取得できるのは動画のメタデータだけで、動画ファイル自体の取得はできません。

YouTubeのAPIで動画情報の収集を行います。収集後にMongoDBに格納し、利用します。

---

*28 https://developers.google.com/youtube/v3/getting-started?hl=ja 執筆時点のYouTube Data APIのバージョンはv3です。

● APIキーの取得

APIキーを取得するにはGoogleアカウントが必要です。Googleアカウントにログインした状態で、Google APIコンソール（https://console.developers.google.com/）にアクセスし、新しいプロジェクトを作成します。Google APIコンソールではすべてのリソースをこのプロジェクト単位で管理します。

左側のメニューから「ライブラリ」を選択するとAPIライブラリが表示されます。この中から「YouTube Data API v3」をクリックして、表示された画面で「有効にする」ボタンをクリックして有効にします（**図5.1**）。YouTube Data API v3が表示されていない場合は、検索欄から検索しましょう。

▼ **図5.1　APIの一覧からYouTube Data APIをクリックする**

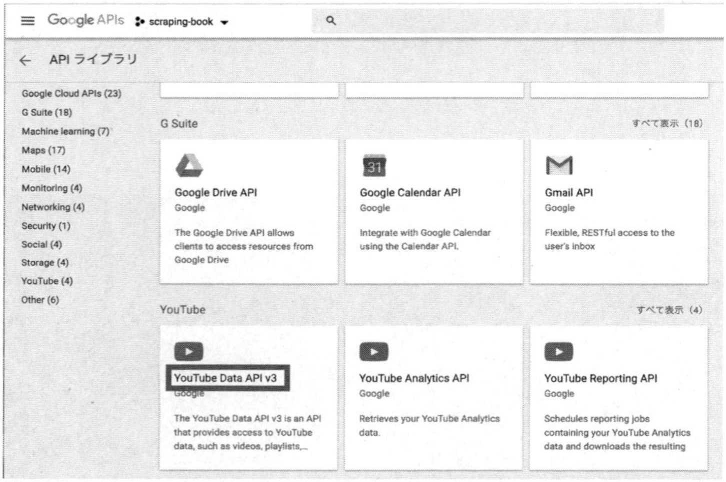

APIを有効にしたら一旦APIコンソールに戻り、メニューから「認証情報」をクリックします。**図5.2**の画面で、「認証情報を作成」→「APIキー」とたどり、APIキーを作成します*29。作成できたらAPIキーが表示されるので控えておきます*30。

---

*29　初回利用時はウィザードが表示されるなど一部表示が異なることがあります。この場合はウィザードをスキップしてAPIキーを作成してください。

*30　このAPIキーは、YouTube Data APIに関連付けられているわけではなく、プロジェクトに関連付けられています。プロジェクト内で他のAPIを有効にすれば、そのAPIでもこのキーが使えます。必要に応じて特定のAPIのみに制限することもできます。

▼ 図5.2　APIキーを作成する

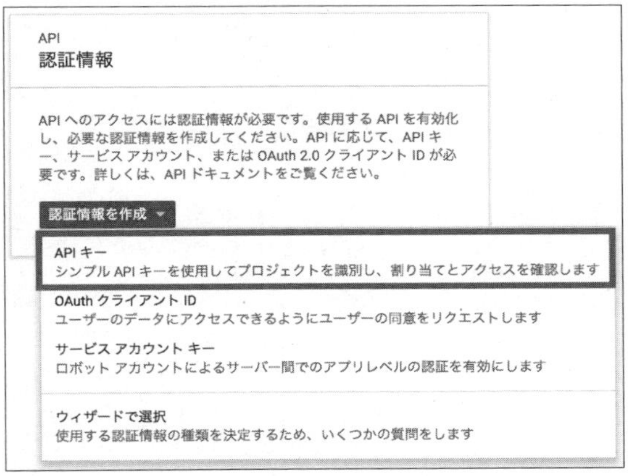

● curlコマンドでYouTube Data APIを使う

YouTube Data APIはREST形式のシンプルなAPIです。所定のURLにHTTPリクエストを送るとJSON形式のレスポンスが得られます。まずはcurlコマンドで試してみましょう。次のコマンドで「手芸」というキーワードを含む動画を検索できます。リクエストパラメーターの意味は**表5.2**の通りです。

```
$ curl "https://www.googleapis.com/youtube/v3/search?key=<APIキー>&part=snippet&q=手芸&type=video"
{
 "kind": "youtube#searchListResponse",
 "etag": "\"XI7nbFXulYBIpL0ayR_gDh3eu1k/hcCWe_HPFYlFV9KYdszs1edhE5M\"",
 "nextPageToken": "CAUQAA",
 "regionCode": "JP",
 "pageInfo": {
  "totalResults": 7227,
  "resultsPerPage": 5
 },
 "items": [
  {
   "kind": "youtube#searchResult",
   "etag": "\"XI7nbFXulYBIpL0ayR_gDh3eu1k/tCVKMqUNaD98SkSOk24ov4iWv7A\"",
   "id": {
    "kind": "youtube#video",
    "videoId": "7nk8PyAj3Xg"
   },
   "snippet": {
    "publishedAt": "2018-09-18T10:45:00.000Z",
    "channelId": "UCP_IutoDGfsCwN5Vc0hBgcg",
    "title": "靴下つま先から１０段　リクエストにより補足【本日の手芸】today's handicraft",
    "description": "「手で芸をする」こみぃ と言います。『ただの趣味』の手芸を全力で楽しんでいます。 見ている ↵
方にも楽しんでもらうことを貪欲に追い求めて...",
    "thumbnails": {
```

5

```
      "default": {
       "url": "https://i.ytimg.com/vi/7nk8PyAj3Xg/default.jpg",
       "width": 120,
       "height": 90
      },
      "medium": {
       "url": "https://i.ytimg.com/vi/7nk8PyAj3Xg/mqdefault.jpg",
       "width": 320,
       "height": 180
      },
      "high": {
       "url": "https://i.ytimg.com/vi/7nk8PyAj3Xg/hqdefault.jpg",
       "width": 480,
       "height": 360
      }
     },
     "channelTitle": "「手で芸をする」こみぃ",
     "liveBroadcastContent": "none"
    }
   },
   ...
  ]
 }
```

▼ 表5.2 検索リクエストパラメーターの意味

パラメーター名	説明
key	APIキー。
part	レスポンスに含めるプロパティのカンマ区切りのリスト。idとsnippetを指定可能（※ただしidは明示的に指定しなくても必ず含まれるようです）。
q	検索クエリ。
type	検索対象にするリソースの種類のカンマ区切りのリスト。channel, playlist, videoを指定可能。

レスポンスはJSON形式の文字列です。全体はオブジェクトになっており、itemsプロパティにアイテムのリストが含まれています。各アイテムにはkind、etagプロパティに加えて、リクエストパラメーターのpartで指定したプロパティが含まれています。

YouTube Data APIによる操作は、操作の対象となるリソースとメソッドの組み合わせで表されます。今回動画の検索に使用したのは、searchリソースのlistメソッド（以降ではsearch.listメソッドと表記します）です。このメソッドでは他にも様々なパラメーターを指定可能です*31。

● Google API Client for Pythonを使う

ここまで見てきたように、YouTube Data APIはシンプルなREST APIなので、Requestsのようなラ

*31 https://developers.google.com/youtube/v3/docs/search/list

イブラリだけでも問題なく使えます。しかし、GoogleのAPIに共通して使えるGoogle API Client for Python*32というライブラリがあり、公式ドキュメントのサンプルコード*33でもこれが使われています。このため、本書でもGoogle API Client for Pythonを使います。先ほどのcurlコマンドと同じように動画を検索したのが**リスト5.7**です。

▼ **リスト5.7** search_youtube_videos.py — YouTubeの動画を検索する

```
import os

from apiclient.discovery import build  # pip install google-api-python-client

YOUTUBE_API_KEY = os.environ['YOUTUBE_API_KEY']  # 環境変数からAPIキーを取得する。

# YouTubeのAPIクライアントを組み立てる。build()関数の第1引数にはAPI名を、
# 第2引数にはAPIのバージョンを指定し、キーワード引数developerKeyでAPIキーを指定する。
# この関数は、内部的に https://www.googleapis.com/discovery/v1/apis/youtube/v3/rest という
# URLにアクセスし、APIのリソースやメソッドの情報を取得する。
youtube = build('youtube', 'v3', developerKey=YOUTUBE_API_KEY)

# キーワード引数で引数を指定し、search.listメソッドを呼び出す。
# list()メソッドでgoogleapiclient.http.HttpRequestオブジェクトが得られ、
# execute()メソッドを実行すると実際にHTTPリクエストが送られて、APIのレスポンスが得られる。
search_response = youtube.search().list(
    part='snippet',
    q='手芸',
    type='video',
).execute()

# search_responseはAPIのレスポンスのJSONをパースしたdict。
for item in search_response['items']:
    print(item['snippet']['title'])  # 動画のタイトルを表示する。
```

これを保存して実行すると、次のように動画のタイトルが表示されます。curlコマンドを実行したときと同じ結果が得られていることがわかるでしょう。あらかじめカレントディレクトリの.envファイルに、APIキーを保存しておく必要があります。

```
YOUTUBE_API_KEY=<Google API Consoleで取得したAPIキー>
```

```
(scraping) $ forego run python search_youtube_videos.py
靴下つま先から１０段　リクエストにより補足【本日の手芸】today's handicraft
手芸の合間にポケモンGO＃１３
毛糸購入品・冬準備？【本日の手芸】today's handicraft
手作り工作手芸で使える５０の裏技
```

*32　https://pypi.org/project/google-api-python-client/ 本書ではバージョン1.7.4を使用します。
*33　https://developers.google.com/youtube/v3/code_samples/python

手芸の合間にポケモンGO#12

● 動画の詳細なメタ情報を取得する

videos.listメソッドで、より詳細な動画のメタ情報を取得できます。例えばpart引数にsnippet,statisticsを指定し、id引数に動画のIDを指定して、次のようにcurlコマンドを実行します。リクエストを送信するURLのうち、パスの最後の部分（?の直前）がsearchからvideosに変わっていることに注意してください。

```
$ curl "https://www.googleapis.com/youtube/v3/videos?key=<APIキー>&id=7nk8PyAj3Xg&part=snippet,statistics"
```

結果を見ると、snippetプロパティに含まれる内容がsearch.listメソッドのときより増えています。カテゴリやタグ、概要の全文などより詳細なメタ情報が取得できます。statisticsプロパティでは、次のようにビュー数や評価数など、統計情報が得られます。videos.listメソッドの引数partには他にも様々な値が指定できます*34。

```
"statistics": {
 "viewCount": "149",
 "likeCount": "10",
 "dislikeCount": "0",
 "favoriteCount": "0",
 "commentCount": "6"
}
```

● 動画情報をMongoDBに格納して検索する

それでは、APIで取得した動画情報をデータベースに格納して検索できるようにしてみましょう。YouTube Data APIのレスポンスはJSON形式なので、データベースとしてMongoDBを使うとデータをほぼそのまま格納できます。

ここでは、検索して得られた最大250個の動画から、ビュー数の上位5件を取得します。search.listメソッドの引数sortでviewCountを指定してもビュー数の多い動画を検索できますが、一度データベースに格納することで、条件を柔軟に設定できたりローカルで高速に検索できたりといったメリットがあります。データベースを使った検索では、取得済みのデータだけが検索対象になることに注意してください。

リスト5.8はAPIで取得した情報をMongoDBに格納し、検索可能にするスクリプトです。main()関数がsearch_videos()、save_to_mongodb()、show_top_videos()の3つの関数を呼び出しています。

*34 https://developers.google.com/youtube/v3/docs/videos/list

▼ リスト5.8 save_youtube_video_metadata.py ― 動画の情報をMongoDBに格納し検索可能にする

```
import os
import logging
from typing import Iterator, List

from apiclient.discovery import build
from pymongo import MongoClient, ReplaceOne, DESCENDING
from pymongo.collection import Collection

YOUTUBE_API_KEY = os.environ['YOUTUBE_API_KEY']  # 環境変数からAPIキーを取得する。
logging.getLogger('googleapiclient.discovery_cache').setLevel(logging.ERROR)  # 不要なログを出力しな ↵
いよう設定。


def main():
    """
    メインの処理。
    """
    mongo_client = MongoClient('localhost', 27017)  # MongoDBのクライアントオブジェクトを作成する。
    collection = mongo_client.youtube.videos  # youtubeデータベースのvideosコレクションを取得する。

    # 動画を検索し、ページ単位でアイテムのリストを保存する。
    for items_per_page in search_videos('手芸'):
        save_to_mongodb(collection, items_per_page)

    show_top_videos(collection)  # ビュー数の多い動画を表示する。


def search_videos(query: str, max_pages: int=5) -> Iterator[List[dict]]:
    """
    引数 query で動画を検索して、ページ単位でアイテムのリストをyieldする。
    最大 max_pages ページまで検索する。
    """
    youtube = build('youtube', 'v3', developerKey=YOUTUBE_API_KEY)  # YouTubeのAPIクライアントを組み ↵
立てる。

    # search.listメソッドで最初のページを取得するためのリクエストを得る。
    search_request = youtube.search().list(
        part='id',  # search.listでは動画IDだけを取得できれば良い。
        q=query,
        type='video',
        maxResults=50,  # 1ページあたり最大50件の動画を取得する。
    )

    # リクエストが有効、かつページ数がmax_pages以内の間、繰り返す。
    # ページ数を制限しているのは実行時間が長くなり過ぎないようにするためなので、
    # 実際にはもっと多くのページを取得してもよい。
    i = 0
    while search_request and i < max_pages:
        search_response = search_request.execute()  # リクエストを送信する。
```

```
        video_ids = [item['id']['videoId'] for item in search_response['items']]  # 動画IDのリスト ↵
を得る。

        # videos.listメソッドで動画の詳細な情報を得る。
        videos_response = youtube.videos().list(
            part='snippet,statistics',
            id=','.join(video_ids)
        ).execute()

        yield videos_response['items']  # 現在のページに対応するアイテムのリストをyieldする。

        # list_next()メソッドで次のページを取得するためのリクエスト(次のページがない場合はNone)を得る。
        search_request = youtube.search().list_next(search_request, search_response)
        i += 1


def save_to_mongodb(collection: Collection, items: List[dict]):
    """
    MongoDBのコレクションにアイテムのリストを保存する。
    """
    # MongoDBに保存する前に、後で使いやすいようにアイテムを書き換える。
    for item in items:
        item['_id'] = item['id']  # 各アイテムのid属性をMongoDBの_id属性として使う。

        # statisticsに含まれるviewCountプロパティなどの値が文字列になっているので、数値に変換する。
        for key, value in item['statistics'].items():
            item['statistics'][key] = int(value)

    # 単純にcollection.insert_many()を使うと_idが重複した場合にエラーになる。
    # 代わりにcollection.bulk_write()で複数のupsert(insert or update)をまとめて行う。
    operations = [ReplaceOne({'_id': item['_id']}, item, upsert=True) for item in items]
    result = collection.bulk_write(operations)
    logging.info(f'Upserted {result.upserted_count} documents.')


def show_top_videos(collection: Collection):
    """
    MongoDBのコレクション内でビュー数の上位5件を表示する。
    """
    for item in collection.find().sort('statistics.viewCount', DESCENDING).limit(5):
        print(item['statistics']['viewCount'], item['snippet']['title'])

if __name__ == '__main__':
    logging.basicConfig(level=logging.INFO)  # INFOレベル以上のログを出力する。
    main()
```

MongoDBが起動した状態(**3.3.3**を参照)で、**リスト5.8**を保存して実行すると、ビュー数の多い動画上位5件のビュー数とタイトルが表示されます。

```
(scraping) $ forego run python save_youtube_video_metadata.py
INFO:googleapiclient.discovery:URL being requested: GET https://www.googleapis.com/discovery/v1/ap ↵
is/youtube/v3/rest
INFO:googleapiclient.discovery:URL being requested: GET https://www.googleapis.com/youtube/v3/sea ↵
rch?part=...
INFO:googleapiclient.discovery:URL being requested: GET https://www.googleapis.com/youtube/v3/vid ↵
eos?part=...
INFO:root:Upserted 50 documents.
...
INFO:root:Upserted 50 documents.
INFO:googleapiclient.discovery:Next page request URL: list_next https://www.googleapis.com/youtube/ ↵
v3/search?part=...
836480 DIY ボックスポーチの作り方  Block Zipper Pouch Tutorial
474333 #プチプラDIY ダイソーのスエード調手芸ひもが可愛すぎる!
359938 縫わずに作る三角ポーチの作り方／ボンド 裁ほう上手を使用♪／内布ナシ
308169 手作り工作手芸で使える50の裏技
207589 ゴムの結び方 処理方法 ブレスレット簡単作り方  リクエスト  広島手芸雑貨店「Leche れちぇ」
```


5.3 時系列データの収集と活用

為替、国債金利、有効求人倍率などの時系列データを取得し、活用する方法を解説します。時系列に沿ったデータは、グラフで可視化すると傾向がわかりやすくなります。Pythonでグラフを描画するライブラリとしては、matplotlibが人気です。数値解析用のソフトウェアであるMATLABに似た簡単なインターフェイスで、様々なグラフを作成できます。

利用するデータは、官公庁のWebサイトからCSVファイルやExcelファイルとしてダウンロードします。csvモジュール（**2.6.1**参照）などを利用して、CSVファイルを読み込むコードを書いても良いですが、ここではpandasというデータ処理用のライブラリを使います。データ分析に使われるR言語のデータフレームと似たインターフェイスで、CSVファイルやExcelファイルのような2次元の表形式のデータを手軽に処理できます。取得したデータをpandasで読み込み、matplotlibでグラフとして可視化します。

5.3.1 為替などの時系列データの収集

ここでは、時系列データとして次のデータを取得します。

- 為替（取得元: 日本銀行、形式: CSVファイル）
- 国債金利（取得元: 財務省、形式: CSVファイル）
- 有効求人倍率（取得元: 厚生労働省、形式: Excelファイル）

本節ではデータ活用に焦点を当てるため、データのダウンロード処理は手作業で行います。定期的にダウンロードしたい場合など、ダウンロード処理を自動化するためには、後ほど**5.5**で紹介するMechanicalSoupや**5.6**で紹介するSeleniumを使うと良いでしょう。

● 為替データの取得

為替データは、日本銀行の時系列統計データ検索サイト（https://www.stat-search.boj.or.jp/）から取得します。このサイトを表示し、主要指標グラフの欄から「為替」をクリックします（**図5.3**）。

▼ 図5.3　時系列統計データ検索サイト

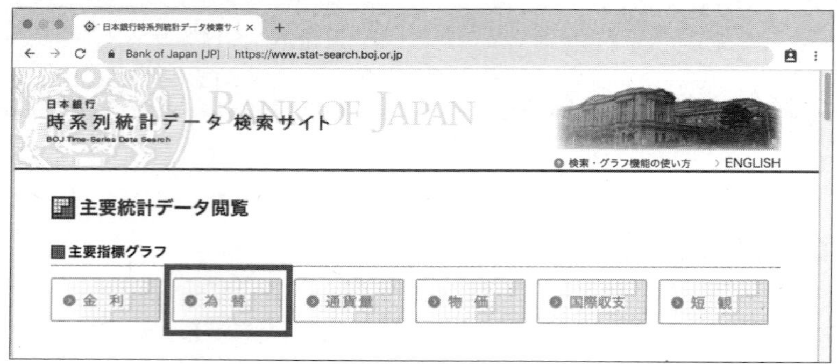

ドル・円の月中平均価格がオレンジ線で、実質実効為替レート指数が青線で示されたグラフが表示されます。「系列追加」ボタンから他にも様々な系列を追加できますが、ここではこのままにしておきます。デフォルトでは1980年からのデータが表示されるので、期間の欄に「1970」年からと入力し、ページ下部の「データ表示」ボタンをクリックします（**図5.4**）。

▼ 図5.4　為替のグラフで期間を指定して、ページ下部の「データ表示」ボタンをクリックする

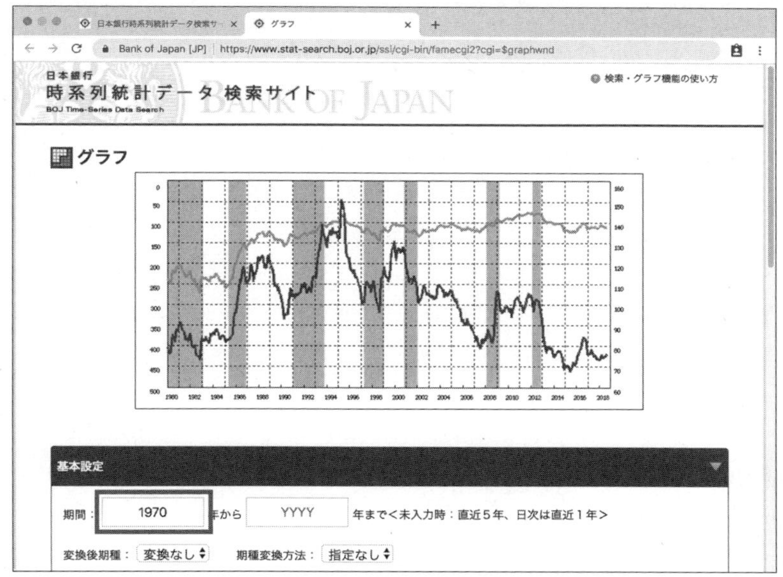

ダウンロード形式を指定する画面が表示されるので、次の設定になっていることを確認して「ダウンロード」ボタンをクリックし、表示されるリンクをクリックしてファイルをダウンロードします。

- ダウンロードファイルのヘッダー形式：簡易ヘッダー
- ダウンロードファイル形式：カンマ

単純にダウンロードすると、nme_R031.1933.20190525150808.01.csvのように扱いづらい長いファイル名になるので、短い名前のexchange.csvに変更します。

得られたCSVファイルの中身は**リスト5.9**のようになっています。ヘッダーが2行あり、3行目から実際のデータが始まります。1列目は年月、2列目はドル･円の月中平均価格、3列目は実質実効為替レート指数を表します。データは1970年から始まっていますが、ドル・円の列に有効な値が格納されているのは1973年からです。

▼ リスト5.9　exchange.csv ― 日本銀行からダウンロードした為替データ

```
データコード,FM08'FXERM07,FM09'FX180110002
系列名称,"東京市場　ドル・円　スポット　17時時点/月中平均","実質実効為替レート指数"
1970/01,,58.24
1970/02,,58.09
...
2019/03,111.22,74.8
2019/04,111.63,74.36
```

```
2019/05,,
2019/06,,
2019/07,,
2019/08,,
2019/09,,
2019/10,,
2019/11,,
2019/12,,
```

● 国債金利データの取得

国債金利データは、財務省のWebサイト（https://www.mof.go.jp/jgbs/reference/interest_rate/index.htm）から取得します。**図5.5**のページで「過去の金利情報（昭和49年（1974年）〜）」のリンクをクリックして、CSV形式の過去の金利データをダウンロードします。

▼ 図5.5　財務省の国債金利情報のWebページ

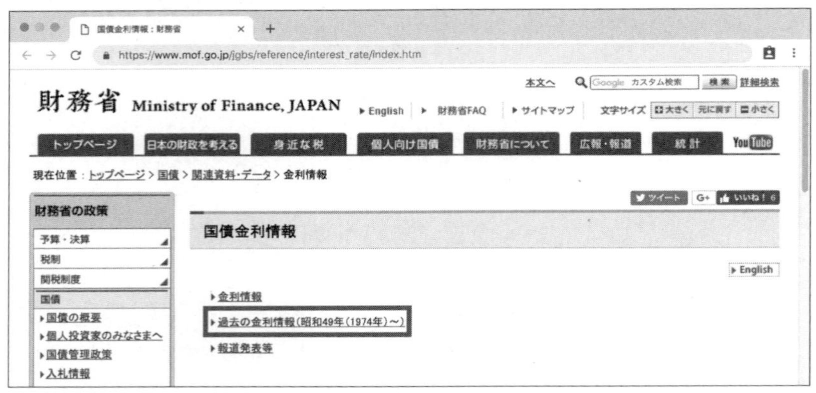

得られたCSVファイルの中身は**リスト5.10**のようになっています。2行目まではヘッダーで3行目以降が実際のデータです。1列目は和暦の日付、2列目以降はn年の国債の金利を表します。

▼ リスト5.10　jgbcm_all.csv ― 財務省からダウンロードした国債金利データ

```
国債金利情報,,,,,,,,,,,,,,,(単位 : %)
基準日,1年,2年,3年,4年,5年,6年,7年,8年,9年,10年,15年,20年,25年,30年,40年
S49.9.24,10.327,9.362,8.83,8.515,8.348,8.29,8.24,8.121,8.127,-,-,-,-,-,-
S49.9.25,10.333,9.364,8.831,8.516,8.348,8.29,8.24,8.121,8.127,-,-,-,-,-,-
...
H31.4.25,-0.159,-0.147,-0.156,-0.165,-0.16,-0.16,-0.153,-0.13,-0.085,-0.031,0.188,0.389,0.488,0.5 ↵
76,0.643
H31.4.26,-0.157,-0.153,-0.167,-0.174,-0.17,-0.171,-0.164,-0.137,-0.096,-0.045,0.173,0.374,0.468,0 ↵
```

```
.557,0.625
```

● 有効求人倍率データの取得

有効求人倍率のデータは厚生労働省のWebサイトにある「一般職業紹介状況（職業安定業務統計）」というページ（https://www.mhlw.go.jp/toukei/list/114-1.html）からリンクをたどって取得します。このページでは、統計の目的や最新の結果の概要も閲覧できますが、生データを得るには「統計表一覧」というリンクをクリックします（**図5.6**）。

▼ 図5.6　一般職業紹介状況 (職業安定業務統計) ページ

取得可能な最新の月が表示されるので、「月次」というリンクをクリックすると、ダウンロード可能なファイルの一覧が表示されます。有効求人倍率のデータは長期時系列表の3番目にあります。「Excel」と書かれたリンクをクリックして、第3表`.xls`という名前のファイルをダウンロードします（**図5.7**）。

▼ 図5.7　統計表一覧ページ

ダウンロードしたファイルをMicrosoft Excelなどで開くと、シートが3つあり、それぞれ**図5.8**のように似た形式の表が左右に並んでいます。A列とV列に書いてあるように、左側の表は有効求人倍率の実数値を、右側の表は有効求人倍率の季節調整値をそれぞれ表します。季節調整値とは、実数値から季節による求人倍率の変動を除去した数値であり、月々の変動を見る場合にはこの値が利用されます。

▼ 図5.8　第３表.xls ― 厚生労働省からダウンロードした有効求人倍率データ

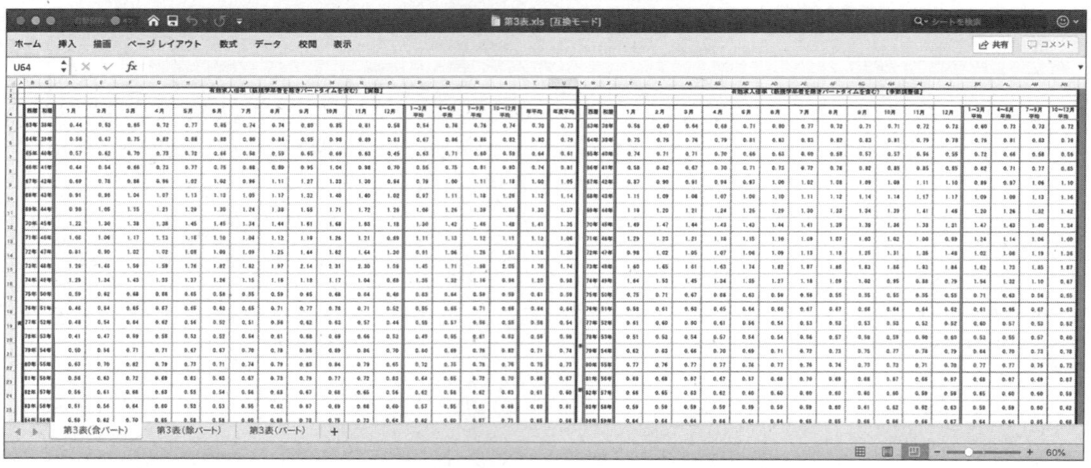

5.3.2 CSV/Excelファイルの読み込み

ダウンロードしたCSV/Excelファイルを読み込み、必要な部分を抜き出すためにpandasを使います。**pandas**はデータ分析のためのデータ構造とツールを提供するライブラリです。内部的に数値計算のためのライブラリであるNumPyを使用しており、高速に動作します。

前項でダウンロードしたCSV/Excelファイルは、多かれ少なかれ人間が読むことを想定しており、プログラムから扱いやすいとは言えません。人間が読むことを想定した冗長なファイルから必要な部分のみを抜き出すという意味では、これもスクレイピングと言えるでしょう。

ファイルを1回だけ読み込み、そこから必要な情報を抜き出せるようにするなら、手作業で編集したほうが楽かもしれません。定期的に最新のファイルをダウンロードして処理したり、同じ形式のファイルを複数処理する場合は、pandasを使うべきです。

● pandasの基礎知識

pandas*35の基礎知識を解説します。まずpandasをインストールします。

```
(scraping) $ pip install pandas
```

pandasの重要なデータ構造として、シリーズとデータフレームがあります。これらのデータ構造は、データ分析のための高度な機能を提供します。

シリーズ(Series)は1次元のラベル付きの配列です。値の配列に加えて、**インデックス**と呼ばれるラベルの配列を持ちます。

```
>>> import pandas as pd  # pandasをpdという名前でインポートする。pdは慣習的な名前。
>>> s1 = pd.Series([4, -2, 5])  # Seriesのコンストラクターにlistを渡してインスタンスを生成する。
# 文字列として表示したときに、左の列がインデックスを、右の列が対応する値を表す。
# インデックスはデフォルトで数値の連番となる。最終行のdtypeは値の型を表す。
>>> s1
0    4
1   -2
2    5
dtype: int64
>>> s1.index  # index属性でインデックスの配列を取得する。
RangeIndex(start=0, stop=3, step=1)
>>> list(s1.index)  # インデックスの配列は反復可能オブジェクト。
[0, 1, 2]
>>> s1.values  # values属性で値の配列を取得する。
array([ 4, -2,  5])
>>> list(s1.values)  # 値の配列は反復可能オブジェクト。
[4, -2, 5]
```

*35 https://pandas.pydata.org/ 本書ではバージョン0.23.4を使用します。

```
>>> s2 = pd.Series([4, -2, 5], index=['a', 'b', 'c'])  # インデックスを指定してシリーズを作成できる。
>>> s2
a    4
b   -2
c    5
dtype: int64
>>> s2.index
Index(['a', 'b', 'c'], dtype='object')
>>> s2['a']  # インデックスの値をキーとして、dictのように値を取得・設定できる。
4
>>> s2['c'] = 2
>>> s2
a    4
b   -2
c    2
dtype: int64
```

5

データフレーム（DataFrame）は2次元の表形式のデータを表します。キーが列ラベル、値が列を表すシリーズの辞書型のオブジェクトです。

```
>>> df = pd.DataFrame({'math': [78, 64, 53], 'english': [45, 87, 67]}, index=['001', '002', '003' ↵
], columns=['math', 'english'])
>>> df
     math  english
001    78       45
002    64       87
003    53       67
>>> df['math']  # dictのように[]内にラベル名を指定することで列を表すシリーズを取得できる。
001    78
002    64
003    53
Name: math, dtype: int64
>>> df.english  # ラベル名の属性でもシリーズを取得できる。
001    45
002    87
003    67
Name: english, dtype: int64
>>> df.loc['001']  # loc属性にインデックスのラベルを指定することで行方向のシリーズを取得できる。
math       78
english    45
Name: 001, dtype: int64
>>> df.iloc[0]  # iloc属性に行番号を指定して行方向のシリーズを取得することも可能。
math       78
english    45
Name: 001, dtype: int64
>>> df.english['001']  # 列はシリーズなので、添字でセルの値を取得できる。
45
```

```
# describe()メソッドで個数、平均値、標準偏差、最小値、パーセンタイル、最大値などの統計量を一度に得られる。
>>> df.describe()
            math    english
count   3.000000   3.000000
mean   65.000000  66.333333
std    12.529964  21.007935
min    53.000000  45.000000
25%    58.500000  56.000000
50%    64.000000  67.000000
75%    71.000000  77.000000
max    78.000000  87.000000
# to_csv()メソッドでデータフレームをCSVファイルとして保存する。CSVファイルからの読み込みは後述。
# 他にもExcelファイルに保存する to_excel() やデータベースに保存する to_sql() など様々なメソッドがある。
>>> df.to_csv('score.csv')
```

ここで紹介したのはシリーズやデータフレームの機能のごく一部です。詳しくはpandasの公式ドキュメント*36や書籍『Pythonによるデータ分析入門』(参考文献参照)を参考にしてください。

● CSVファイルの読み込み(為替データ)

ダウンロードしたCSVファイルをpandasのデータフレームとして読み込みましょう。まずは、日本銀行からダウンロードした為替データ exchange.csv です。

pandasの read_csv() 関数を使うと、CSVファイルを読み込んでデータフレームを得られます。この関数では引数を指定して、必要な部分のみを抜き出したり、自動的にセルの型を判断して変換したりできます。多くの引数があり、CSVファイルに合わせてパラメーターを試行錯誤することになります。

```
>>> import pandas as pd
# read_csv()関数の第1引数にはファイルパス、URL、ファイルオブジェクトのいずれかを指定できる。
# キーワード引数encodingでファイルのエンコーディングを指定できる。
>>> pd.read_csv('exchange.csv', encoding='cp932')
      データコード                FM08'FXERM07 FM09'FX180110002
0        系列名称  東京市場 ドル・円 スポット 17時時点/月中平均        実質実効為替レート指数
1     1970/01                   NaN            58.24
2     1970/02                   NaN            58.09
3     1970/03                   NaN            58.29
...
591   2019/03                111.22             74.8
592   2019/04                111.63            74.36
593   2019/05                   NaN              NaN
594   2019/06                   NaN              NaN
595   2019/07                   NaN              NaN
596   2019/08                   NaN              NaN
```

*36 https://pandas.pydata.org/pandas-docs/stable/ 特に「10 Minutes to pandas (https://pandas.pydata.org/pandas-docs/stable/10min.html)」というチュートリアルから読みはじめるのがわかりやすいでしょう。

```
597  2019/09                        NaN            NaN
598  2019/10                        NaN            NaN
599  2019/11                        NaN            NaN
600  2019/12                        NaN            NaN

[601 rows x 3 columns]
```


得られたデータフレームにはいくつか気になる点があります。

- CSVファイルではヘッダーが2行あるが、2行目がデータとして扱われている。
- 列名が長い日本語で扱いづらい。
- 年月の列があるのにインデックスとして連番が使われている。

次のようにすると、これらの問題を解決できます。それぞれのキーワード引数については**表5.3**を参照してください。

```
>>> df_exchange = pd.read_csv('exchange.csv', encoding='cp932', header=1, names=['date', 'USD', ' ⏎
rate'], index_col=0, parse_dates=True)
>>> df_exchange
               USD   rate
date
1970-01-01     NaN  58.24
1970-02-01     NaN  58.09
1970-03-01     NaN  58.29
...
2019-03-01  111.22  74.80
2019-04-01  111.63  74.36
2019-05-01     NaN    NaN
2019-06-01     NaN    NaN
2019-07-01     NaN    NaN
2019-08-01     NaN    NaN
2019-09-01     NaN    NaN
2019-10-01     NaN    NaN
2019-11-01     NaN    NaN
2019-12-01     NaN    NaN

[600 rows x 2 columns]
```

▼ 表5.3 read_csv() 関数に指定できる代表的なキーワード引数

キーワード引数	説明
encoding	ファイルのエンコーディング。
header	ヘッダーとして使用する行番号 (0始まり)。これより前の行は無視される。Noneを指定すると先頭行からすべてデータと見なされる。
names	列の名前のリスト。
index_col	インデックスとして使用する列番号 (0始まり)。

キーワード引数	説明
parse_dates	Trueにすると、インデックスに使用した列に対して日時としてのパースを試みる。日時のフォーマットは推測される。
date_parser	日時をパースする関数。
na_values	デフォルトの値に追加でNaNと見なす文字列のリスト。
skipinitialspace	Trueとすると、区切り文字（カンマ）の後に続くスペースを無視する。

1列目（列date）が日付となり、インデックスとして使われています。

read_csv()関数で特筆すべき点として、型推論によって各列の型の推論と変換が自動的に行われる点があります。例えば列USDや列rateの値はNumPyの浮動小数点型であるnumpy.float64に変換されています。

```
>>> df_exchange.rate[0]
58.24
>>> type(df_exchange.rate[0])
<class 'numpy.float64'>
```

● CSVファイルの読み込み（国債金利データ）

続いて、財務省のWebサイトからダウンロードした国債金利データjgbcm_all.csvを読み込みましょう。このデータでは日付がH30.8.31のように和暦になっているため、そのままでは日付フォーマットの推測が機能せず、パースできません。そこで、和暦の文字列をdatetimeオブジェクトに変換する関数parse_japanese_date()を定義しておきます。

```
>>> from datetime import datetime
>>> def parse_japanese_date(s):
...     base_years = {'S': 1925, 'H': 1988, 'R': 2018}  # 昭和以降の元号の0年に相当する年を定義しておく。
...     era = s[0]  # 元号を表すアルファベット1文字を取得。
...     year, month, day = s[1:].split('.')  # 2文字目以降を .（ピリオド）で分割して年月日に分ける。
...     year = base_years[era] + int(year)  # 元号の0年に相当する年と数値に変換した年を足して西暦の年を得る。
...     return datetime(year, int(month), int(day))  # datetimeオブジェクトを作成する。
...
```

この関数は次のように和暦の文字列をパースできます。

```
>>> parse_japanese_date('S49.9.24')
datetime.datetime(1974, 9, 24, 0, 0)
>>> parse_japanese_date('H31.4.30')
datetime.datetime(2019, 4, 30, 0, 0)
>>> parse_japanese_date('R1.5.1')
datetime.datetime(2019, 5, 1, 0, 0)
```

準備が整ったので、CSVファイルをデータフレームとして読み込みます。read_csv()関数のキーワード引数date_parserに関数parse_japanese_dateを指定しています。さらに、キーワード引数na_valuesで-と書かれたセルがNaNと見なされるようにしています。

```
>>> df_jgbcm = pd.read_csv('jgbcm_all.csv', encoding='cp932', header=1, index_col=0, parse_dates=Tr ↵
ue, date_parser=parse_japanese_date, na_values=['-'])
>>> df_jgbcm
              1年     2年     3年     4年     5年  ...    15年    20年    25年    30年    40年
基準日                                                ...
1974-09-24  10.327  9.362  8.830  8.515  8.348  ...    NaN    NaN    NaN    NaN    NaN
1974-09-25  10.333  9.364  8.831  8.516  8.348  ...    NaN    NaN    NaN    NaN    NaN
...
2019-04-25  -0.159 -0.147 -0.156 -0.165 -0.160  ...  0.188  0.389  0.488  0.576  0.643
2019-04-26  -0.157 -0.153 -0.167 -0.174 -0.170  ...  0.173  0.374  0.468  0.557  0.625

[11500 rows x 15 columns]
```

列のラベルは国債の年数を表しています。

● Excelファイルの読み込み

続いて、厚生労働省のWebサイト経由でダウンロードした有効求人倍率データのExcelファイルを読み込みます。Excelファイルには大きく分けて2種類があります。

- Excel 2003以前から使われている.xlsファイル（プロプライエタリなバイナリフォーマット）
- Excel 2007以降で標準となった.xlsxファイル（Office Open XMLとして標準化されているオープンなフォーマット）

.xlsxファイルの利用が広まっていますが、今回のように未だに.xlsファイルが使われることもあります。Pythonで.xlsファイルを読み込むライブラリとしては、xlrd*37が有名です。.xlsファイルと.xlsxファイルの両方を読み込めます。

pandasにはxlrdでExcelファイルを読み込むためのread_excel()関数があり、read_csv()関数と同様にデータフレームを得られます。pandasをインストールしてもxlrdは自動的にはインストールされないので、明示的にインストールする必要があります。

```
(scraping) $ pip install xlrd
```

読み込む前に、ダウンロードした有効求人倍率データのファイル第3表.xlsをMicrosoft Excelなどで開いて中身を確認してみましょう。ダウンロード時にも確認したように、左右に2つの表があり、必要なのは右側の季節調整値です（**図5.9**）。具体的には、西暦の年を表すW列と各月の値が含まれるY列

*37　https://pypi.org/project/xlrd/ 本書ではバージョン1.1.0を使用します。

(1月)～AJ列(12月)の値が取れれば十分です。行方向に目を向けると、4行目に表のヘッダーがあり、3行目までは無視しても構いません。ファイルの下部を見ると、最後の3行(この例では62～64行目)は注釈なので無視しても良いでしょう。

▼ **図5.9　ダウンロードしたExcelファイルの右下部分**

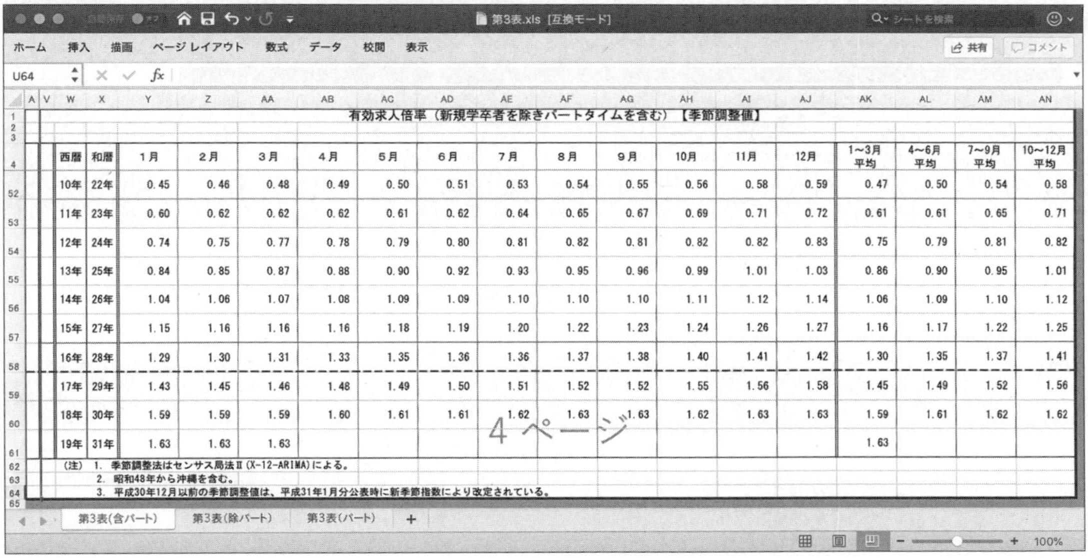

第3表.xls [互換モード]

有効求人倍率（新規学卒者を除きパートタイムを含む）【季節調整値】

西暦	和暦	1月	2月	3月	4月	5月	6月	7月	8月	9月	10月	11月	12月	1～3月平均	4～6月平均	7～9月平均	10～12月平均
10年	22年	0.45	0.46	0.48	0.49	0.50	0.51	0.53	0.54	0.55	0.56	0.58	0.59	0.47	0.50	0.54	0.58
11年	23年	0.60	0.62	0.62	0.62	0.61	0.62	0.64	0.65	0.67	0.69	0.71	0.72	0.61	0.61	0.65	0.71
12年	24年	0.74	0.75	0.77	0.78	0.79	0.80	0.81	0.82	0.81	0.82	0.82	0.83	0.75	0.79	0.81	0.82
13年	25年	0.84	0.85	0.87	0.88	0.90	0.92	0.93	0.95	0.96	0.99	1.01	1.03	0.86	0.90	0.95	1.01
14年	26年	1.04	1.06	1.07	1.08	1.09	1.09	1.10	1.10	1.10	1.11	1.12	1.14	1.06	1.09	1.10	1.12
15年	27年	1.15	1.16	1.16	1.16	1.18	1.19	1.20	1.22	1.23	1.24	1.26	1.27	1.16	1.17	1.22	1.25
16年	28年	1.29	1.30	1.31	1.33	1.35	1.36	1.36	1.37	1.38	1.40	1.41	1.42	1.30	1.35	1.37	1.41
17年	29年	1.43	1.45	1.46	1.48	1.49	1.50	1.51	1.52	1.52	1.55	1.56	1.58	1.45	1.49	1.52	1.56
18年	30年	1.59	1.59	1.59	1.60	1.61	1.61	1.62	1.63	1.63	1.62	1.63	1.63	1.59	1.61	1.62	1.62
19年	31年	1.63	1.63	1.63										1.63			

（注） 1. 季節調整法はセンサス局法Ⅱ(X-12-ARIMA)による。
2. 昭和48年から沖縄を含む。
3. 平成30年12月以前の季節調整値は、平成31年1月分公表時に新季節指数により改定されている。

第3表(含パート)　第3表(除パート)　第3表(パート)

これらをread_excel()関数の引数に落とし込むと、次のようになります。skiprows=3とskipfooter=3はそれぞれ冒頭の3行と末尾の3行を無視することを意味し、usecols='W,Y:AJ'はW列とY列～AJ列のみをパースすることを意味します。さらに、西暦の列をインデックスとして使うためにindex_col=0を指定しています。

```
>>> import pandas as pd
>>> df_jobs = pd.read_excel('第3表.xls', skiprows=3, skipfooter=3, usecols='W,Y:AJ', index_col=0)
# pandas 0.24以降では列ラベルに.1のような接尾辞がつくので、接尾辞がある場合は取り除く。
>>> df_jobs.columns = [c.split('.')[0] for c in df_jobs.columns]
>>> df_jobs
       1月   2月   3月   4月   5月   6月   7月   8月   9月   10月   11月   12月
西暦
63年  0.56  0.60  0.64  0.68  0.71  0.80  0.77  0.72  0.71  0.71  0.72  0.73
64年  0.75  0.76  0.76  0.79  0.81  0.83  0.83  0.82  0.83  0.81  0.79  0.78
...
18年  1.59  1.59  1.59  1.60  1.61  1.61  1.62  1.63  1.63  1.62  1.63  1.63
19年  1.63  1.63  1.63   NaN   NaN   NaN   NaN   NaN   NaN   NaN   NaN   NaN
```

縦軸が年、横軸が月の2次元になっていて、月ごとの変動を見るにはこのままだと扱いづらいです。データフレームのstack()メソッドで、2次元のデータフレームを1次元のシリーズに変換できます。

```
>>> s_jobs = df_jobs.stack()
>>> s_jobs
西暦
63年  1月     0.56
      2月     0.60
      3月     0.64
...
19年  1月     1.63
      2月     1.63
      3月     1.63
Length: 675, dtype: float64
```

このシリーズのインデックスは、年、月という階層を持ち、階層型インデックスと呼ばれます。このインデックスを反復すると、年と月の2要素からなるタプルが得られます。

```
>>> list(s_jobs.index)
[('63年', '1月'), ('63年', '2月'), ('63年', '3月'), ('63年', '4月'), ...
```

このままでは扱いづらいので、インデックスを日付に変換するparse_year_and_month()関数を定義しておきます。

```
>>> from datetime import datetime
>>> def parse_year_and_month(year, month):
...     year = int(year[:-1])    # "年"を除去して数値に変換。
...     month = int(month[:-1])  # "月"を除去して数値に変換。
...     year += (1900 if year >= 63 else 2000)  # 63年以降は19xx年、63年より前は20xx年とみなす。
...     return datetime(year, month, 1)  # datetimeオブジェクトを作成する。
...
```

この関数は、2桁の年と月を文字列で与えるとdatetimeオブジェクトを返します。なお、Excelファイルでは1～9月はいわゆる全角文字になっていますが、Pythonでは問題なくintに変換できます。

```
>>> parse_year_and_month('63年', '1月')
datetime.datetime(1963, 1, 1, 0, 0)
>>> parse_year_and_month('18年', '12月')
datetime.datetime(2018, 12, 1, 0, 0)
```

この関数を使って、インデックスを日付に変換します。シリーズのindex属性にリストを代入するとインデックスを置き換えることができます。

```
>>> s_jobs.index = [parse_year_and_month(y, m) for y, m in s_jobs.index]
>>> s_jobs
1963-01-01    0.56
1963-02-01    0.60
1963-03-01    0.64
...
2019-02-01    1.63
2019-03-01    1.63
Length: 675, dtype: float64
```

データの読み込みは完了です。このデータをグラフとして可視化します。

column スクレイピングに役立つpandas関連の機能

pandasでスクレイピングに役立つ機能として、read_html()関数*[a]があります。これは引数で指定したURLのWebページからHTMLの表をすべて抽出し、データフレームのリストして取得する関数です。

```
>>> import pandas as pd
# PythonのPEP(Python Enhancement Proposals)のページから表のリストを取得する。
>>> dfs = pd.read_html('https://www.python.org/dev/peps/')
>>> len(dfs)  # リストの長さはページ内の表の数に等しい。
15
>>> dfs[1]  # ページ内で2番目に出現する表をデータフレームに変換したものを取得する。
  Unnamed: 0  PEP                                 PEP Title                       PEP Author(s)
0          P    1                PEP Purpose and Guidelines  Warsaw, Hylton, Goodger, Coghlan
1          P    4            Deprecation of Standard Modules                 Cannon, von Löwis
2          P    5         Guidelines for Language Evolution                           Prescod
3          P    6                          Bug Fix Releases                      Aahz, Baxter
4          P    7                     Style Guide for C Code                      GvR, Warsaw
5          P    8                Style Guide for Python Code             GvR, Warsaw, Coghlan
6          P   10                         Voting Guidelines                            Warsaw
7          P   11  Removing support for little used platforms             von Löwis, Cannon
8          P   12        Sample reStructuredText PEP Template                 Goodger, Warsaw
```

pandas-datareader*[b]は時系列データ関連のWeb APIからデータをデータフレームとして取得できるライブラリです。従来pandasに含まれていた機能が別ライブラリとして切り出されたものです。執筆時点のバージョン0.7.0では次のデータソースがサポートされており、簡単にデータを取得できます。

- Tiingo
- IEX
- Robinhood
- Alpha Vantage
- Enigma
- Quandl
- FRED

- Fama/French
- World Bank
- OECD
- Eurostat
- TSP Fund Data
- Nasdaq Trader Symbol Definitions
- Stooq Index Data
- MOEX Data

＊a https://pandas.pydata.org/pandas-docs/stable/generated/pandas.read_html.html
＊b https://pydata.github.io/pandas-datareader/stable/

5.3.3 グラフによる可視化

Pythonでグラフを描画するライブラリとして、matplotlib＊38が有名です。matplotlibではMATLABに似た簡単なインターフェイスでグラフを描画できます。

グラフ中で日本語を使うためには日本語フォントが必要なので、あらかじめMigMix 1Pフォントをインストールしておきます＊39。

```
(scraping) $ brew install homebrew/cask-fonts/font-migmix-1p  # macOSの場合
```

```
(scraping) $ sudo apt install -y fonts-migmix  # Ubuntuの場合
```

続いてmatplotlibをインストールします。

```
(scraping) $ pip install matplotlib
```

● matplotlibの使い方

インタラクティブシェルで使い方を確認します。

```
# matplotlib.pyplotモジュールをpltという名前でインポートする。pltは慣習的な名前。
# 初回実行時にはフォントキャッシュが生成されるので時間がかかる場合がある。
>>> import matplotlib.pyplot as plt
# plot()関数にX軸のリストとY軸のリストを指定するとグラフを描画できる。
>>> plt.plot([1, 2, 3, 4, 5], [1, 4, 9, 16, 25])
```

＊38 https://matplotlib.org/ 本書ではバージョン3.0.0を使用します。

＊39 macOSに付属している日本語フォントはmatplotlibから利用できない形式のため、別途インストールします。matplotlibを使いはじめた後に新しくインストールしたフォントを使う場合、macOSでは`rm ~/.matplotlib/fontlist*`で、Ubuntuでは`rm ~/.cache/matplotlib/fontlist*`でフォントのキャッシュを削除してください。

```
[<matplotlib.lines.Line2D object at 0x10dec7780>]
>>> plt.show()  # show()関数でグラフをウィンドウに表示する。
```

`show()`関数を実行すると、macOSでは新しいウィンドウが開き**図5.10**のグラフが表示されます。ウィンドウを閉じるとインタラクティブシェルに制御が戻ります。Vagrant上のUbuntuなどデスクトップ環境がない場合は、Warningが表示されるのみでウィンドウは表示されません。`savefig()`関数でグラフを画像ファイルに保存して確認します。

```
>>> plt.savefig('graph.png', dpi=300)  # Ubuntuの場合
```

X軸とY軸の値はそれぞれ`plot()`関数の第1引数と第2引数に指定したリストの値に対応しています。`plot()`関数の引数にリストを1つだけ指定した場合、そのリストはY軸の値として使用され、X軸の値はリストのインデックスの値になります。

▼ **図5.10　X軸とY軸の値を指定して作成したグラフ**

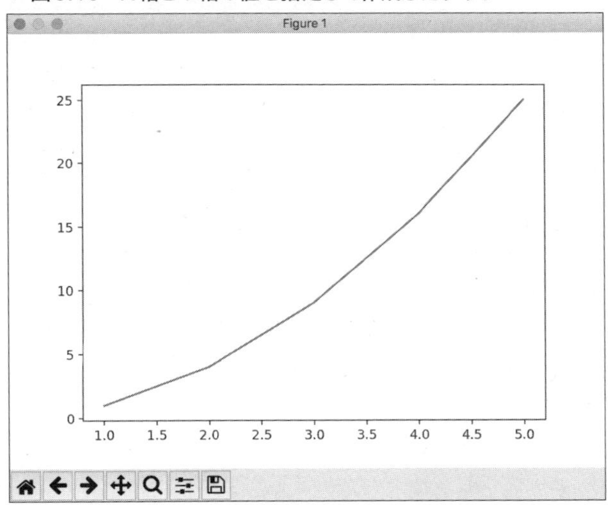

他にも様々なパラメーターを指定してグラフを描画できます。**リスト5.11**に系列を増やし、線の色やスタイルを変更、ラベルやタイトルを追加したソースコードを示します。スクリプトとして実行するときに使いやすいように、グラフを表示するのではなく画像ファイルに保存するよう変更しています。

matplotlibではデスクトップ環境での描画（ウィンドウ表示）や、画像ファイルへの描画など、描画先を様々に切り替えられます。それぞれの描画先での具体的な描画処理は**バックエンド**と呼ばれる仕組みが担っており、利用するバックエンドを切り替えるだけで、Pythonのコードを変更することなくグラフの描画先を変更できます。バックエンドは大きく分けて2種類あります。

5

- ユーザーインターフェイスを持つインタラクティブなバックエンド
- 画像ファイルへの描画のようなインタラクティブでないバックエンド

手元で試行しつつグラフを作成するにはインタラクティブなバックエンドが便利ですが、スクリプトファイルでグラフを作成するなら、インタラクティブでないバックエンドのほうがシンプルに使えます。インタラクティブでないバックエンドは、デスクトップ環境がないVagrant上のUbuntuなどでも問題なく使えます。

▼ リスト5.11　plot_advanced_graph.py — 様々なパラメーターを指定してグラフを描画する

```
import matplotlib
matplotlib.use('Agg')  # 描画のバックエンドとしてデスクトップ環境が不要なAggを使う。
# 日本語を描画できるようMigMix 1Pフォントを指定する。
# デフォルトでは英語用のフォントが使われ、日本語が□（いわゆる豆腐）で表示されてしまう。
matplotlib.rcParams['font.sans-serif'] = 'MigMix 1P'
import matplotlib.pyplot as plt

# plot()の第3引数に系列のスタイルを表す文字列を指定できる。
# 'b'は青色、'x'はバツ印のマーカー、'-'はマーカーを実線で繋ぐことを意味する。
# キーワード引数labelで指定した系列の名前は、凡例で使用される。
plt.plot([1, 2, 3, 4, 5], [1, 2, 3, 4, 5], 'bx-', label='1次関数')
# スタイルの'r'は赤色、'o'は丸印のマーカー、'--'は点線を意味する。
plt.plot([1, 2, 3, 4, 5], [1, 4, 9, 16, 25], 'ro--', label='2次関数')
plt.xlabel('Xの値')  # xlabel()関数でX軸のラベルを指定する。
plt.ylabel('Yの値')  # ylabel()関数でY軸のラベルを指定する。
plt.title('matplotlibのサンプル')  # title()関数でグラフのタイトルを指定する。
plt.legend(loc='best')  # legend()関数で凡例を表示する。loc='best'は最適な位置に表示することを意味する。
plt.xlim(0, 6)  # X軸の範囲を0～6とする。ylim()関数で同様にY軸の範囲を指定できる。
plt.savefig('advanced_graph.png', dpi=300)  # グラフを画像ファイルに保存する。
```

これを保存して実行すると、カレントディレクトリにadvanced_graph.pngというファイルが生成されます。画像ビューアーで開くと**図5.11**のグラフが表示されます。

```
(scraping) $ python plot_advanced_graph.py
```

▼ 図5.11　advanced_graph.png ― 様々なパラメーターを指定したグラフ

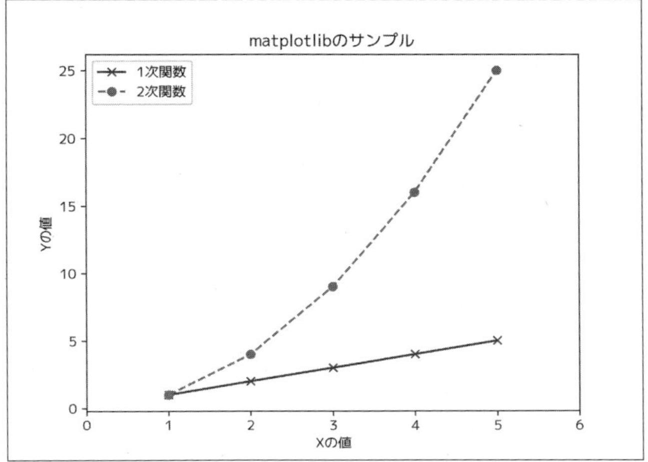

matplotlib.pyplotモジュールで利用可能なAPIは他にも多くあります*40。

● 読み込んだデータをグラフとして描画

この節の集大成として、ダウンロードしたCSV/Excelファイルから読み込んだデータをグラフとして描画しましょう。matplotlibのサブプロットという、1つの図の中に複数のグラフを描画する機能を使って、3つのグラフを縦に並べて比較できるようにします。

グラフを描画するソースコードは**リスト5.12**です。一見すると長いですが、安心してください。3つの関数のうち、main()以外の2つの関数parse_japanese_date()とparse_year_and_month()は前項で出てきたものと同じです。main()関数の前半も前項と同じpandasによるデータの読み込み処理です。後半はmatplotlibによるグラフの描画処理です。subplot()関数で、サブプロットを作成していること以外は、通常のグラフ描画処理と変わりません。plot()関数では、第1引数にX軸となるデータフレームやシリーズのインデックスを、第2引数にY軸となるシリーズを指定しています。

▼ リスト5.12　plot_historical_data.py ― 時系列データを可視化する

```
from datetime import datetime

import pandas as pd
import matplotlib
matplotlib.use('Agg')  # 描画のバックエンドとしてデスクトップ環境が不要なAggを使う。
# 日本語を描画できるようMigMix 1Pフォントを指定する。
matplotlib.rcParams['font.sans-serif'] = 'MigMix 1P'
```

*40　チュートリアル（https://matplotlib.org/users/pyplot_tutorial.html）やリファレンス（https://matplotlib.org/api/pyplot_api.html）、グラフギャラリー（https://matplotlib.org/gallery.html）が参考になります。

5

```
import matplotlib.pyplot as plt


def main():
    # 為替データの読み込み。
    df_exchange = pd.read_csv(
        'exchange.csv', encoding='cp932', header=1, names=['date', 'USD', 'rate'],
        index_col=0, parse_dates=True)
    # 国債金利データの読み込み。
    df_jgbcm = pd.read_csv(
        'jgbcm_all.csv', encoding='cp932', header=1, index_col=0, parse_dates=True,
        date_parser=parse_japanese_date, na_values=['-'])
    # 有効求人倍率データの読み込み。
    df_jobs = pd.read_excel('第3表.xls', skiprows=3, skipfooter=3, usecols='W,Y:AJ', index_col=0)
    # pandas 0.24以降では列ラベルに.1のような接尾辞がつくので、接尾辞がある場合は取り除く。
    df_jobs.columns = [c.split('.')[0] for c in df_jobs.columns]
    s_jobs = df_jobs.stack()
    s_jobs.index = [parse_year_and_month(y, m) for y, m in s_jobs.index]

    min_date = datetime(1973, 1, 1)  # X軸の最小値
    max_date = datetime.now()        # X軸の最大値

    # 1つ目のサブプロット(為替データ)
    plt.subplot(3, 1, 1)             # 3行1列の1番目のサブプロットを作成。
    plt.plot(df_exchange.index, df_exchange.USD, label='ドル・円')
    plt.xlim(min_date, max_date)     # X軸の範囲を設定。
    plt.ylim(50, 250)                # Y軸の範囲を設定。
    plt.legend(loc='best')           # 凡例を最適な位置に表示。
    # 2つ目のサブプロット(国債金利データ)
    plt.subplot(3, 1, 2)             # 3行1列の2番目のサブプロットを作成。
    plt.plot(df_jgbcm.index, df_jgbcm['1年'], label='1年国債金利')
    plt.plot(df_jgbcm.index, df_jgbcm['5年'], label='5年国債金利')
    plt.plot(df_jgbcm.index, df_jgbcm['10年'], label='10年国債金利')
    plt.xlim(min_date, max_date)     # X軸の範囲を設定。
    plt.legend(loc='best')           # 凡例を最適な位置に表示。
    # 3つ目のサブプロット(有効求人倍率データ)
    plt.subplot(3, 1, 3)             # 3行1列の3番目のサブプロットを作成。
    plt.plot(s_jobs.index, s_jobs, label='有効求人倍率(季節調整値)')
    plt.xlim(min_date, max_date)     # X軸の範囲を設定。
    plt.ylim(0.0, 2.0)               # Y軸の範囲を設定。
    plt.axhline(y=1, color='gray')   # y=1の水平線を引く。
    plt.legend(loc='best')           # 凡例を最適な位置に表示。

    plt.savefig('historical_data.png', dpi=300)  # 画像を保存。


def parse_japanese_date(s: str) -> datetime:
    """
    'H30.8.31' のような和暦の日付をdatetimeオブジェクトに変換する。
    """
```

```
    base_years = {'S': 1925, 'H': 1988, 'R': 2018}  # 昭和以降の元号の0年に相当する年を定義しておく。
    era = s[0]  # 元号を表すアルファベット1文字を取得。
    year, month, day = s[1:].split('.')  # 2文字目以降を .(ピリオド)で分割して年月日に分ける。
    year = base_years[era] + int(year)  # 元号の0年に相当する年と数値に変換した年を足して西暦の年を得る。
    return datetime(year, int(month), int(day))  # datetimeオブジェクトを作成する。


def parse_year_and_month(year: str, month: str) -> datetime:
    """
    ('X年', 'Y月') の組をdatetimeオブジェクトに変換する。
    """
    year = int(year[:-1])    # "年"を除去して数値に変換。
    month = int(month[:-1])  # "月"を除去して数値に変換。
    year += (1900 if year >= 63 else 2000)  # 63年以降は19xx年、63年より前は20xx年とみなす。
    return datetime(year, month, 1)  # datetimeオブジェクトを作成する。

if __name__ == '__main__':
    main()
```

plot_historical_data.pyという名前で保存して実行すると、カレントディレクトリにhistorical_data.pngが生成されます。画像ビューアーで開くと**図5.12**のグラフが表示されます。

```
(scraping) $ python plot_historical_data.py
```

▼ 図5.12　historical_data.png ― 最終的に作成したグラフ

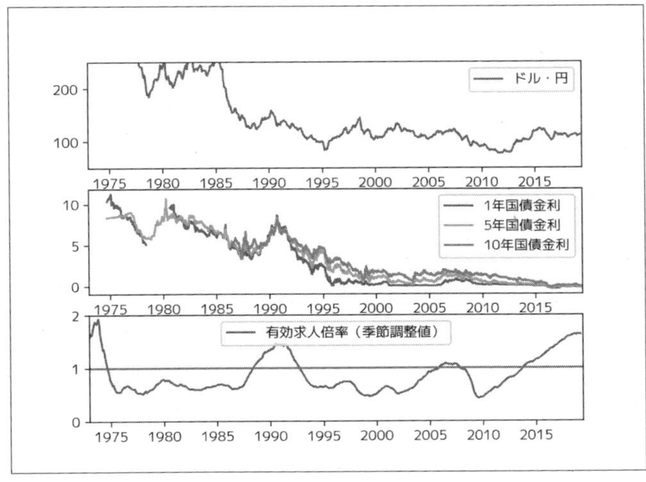

ここまで紹介したのはmatplotlibの豊富な機能のごく一部に過ぎません。matplotlibを使いこなすうえで役立つ知識はまだまだあります。

今回使用したmatplotlib.pyplotモジュールは関数ベースのAPIで、現時点での描画状態がグローバルに1つだけ保持されます。このAPIはMATLABに似た使い勝手を実現しており、インタラクティブな環境では便利です。しかし、スクリプトファイルで複雑なグラフをプロットするときには、このグローバルに状態を持つ性質が扱いづらいこともあります。

このような場合は、matplotlibのオブジェクト指向のAPIを使うと良いでしょう。例えば、図全体は`Figure`クラス、サブプロットは`Axes`クラスとしてモデル化されています。このAPIを使うと次のようにグラフを描画できます。

```
import matplotlib.pyplot as plt

fig = plt.figure()  # figはFigureクラスのオブジェクト。
ax1 = fig.add_subplot(3, 1, 1)  # ax1はAxesクラスのオブジェクト。
ax1.plot(df_exchange.index, df_exchange.USD, label='ドル・円')
ax1.set_xlim(min_date, max_date)
ax1.set_ylim(50, 250)
ax1.legend(loc='best')
fig.savefig('historical_data.png', dpi=300)
```

公式のドキュメントなどのサンプルコードを読むときにも、関数ベースのAPIとオブジェクト指向のAPIの2種類があることを知っておくと、混乱することが少なくなるでしょう。

column pandasのplot()メソッド

pandasのデータフレームには、内部的にmatplotlibを使ってグラフを描画する`plot()`メソッドがあります。数値データを持つ列が系列として描画され、各列のラベルがグラフで対応する系列のラベルとして使われるなど、データフレームを可視化してデータの特徴を把握するには便利です。しかしグラフの細かな表示を調整したい場合は、結局matplotlibの知識が必要なので、直接matplotlibの関数を使ったほうがわかりやすいでしょう。

column 科学技術計算やデータ分析のための便利なツール：IPython・Jupyter・Anaconda

科学技術計算やデータ分析を行う際には試行錯誤がつきものです。このようなときに便利なツールとして、IPythonとJupyterがあります。Python標準のインタラクティブシェルでは物足りないと感じる場合は、使ってみると良いでしょう。

IPython（https://ipython.org/）は高性能なインタラクティブシェルです。標準のインタラクティブシェルに比べて、便利な機能が拡充されています。

- Tabキーによる強力な補完
- オブジェクトや関数に?や??をつけると中身を詳しく表示できるイントロスペクション

- 関数の実行時間を測る`%timeit`や他のスクリプトを実行する`%run`など、`%`で始まるマジックコマンド
- 例外発生時のわかりやすいスタックトレースの表示やデバッグ
- `plot()`関数実行時に即座にグラフに反映されるといったmatplotlibとの連携
- コンソール内へのグラフの表示やシンタックスハイライトが可能なGUIコンソール

Jupyter(https://jupyter.org/)は、Webベースのインタラクティブなプログラム実行環境です。元はIPython Notebookという名前でしたが、現在ではJupyterと名前を変え、Python以外の言語も使えます。ブラウザーでコードを実行できるだけでなく、コードとその実行結果をHTMLのドキュメントとして共有できます。グラフをインラインで表示したり、pandasのデータフレームを表として表示したりも可能です。

科学技術計算やデータ分析をメインに行う場合は、通常のPythonを使うよりもAnacondaを使うほうが便利な場合もあります。**Anaconda**(https://www.anaconda.com/)はAnaconda社が提供するPythonのディストリビューションで、Pythonの実行環境と100を超える主要なライブラリを簡単にインストールします。IPythonやJupyterを含め、本節で紹介したライブラリのほとんどはAnacondaのインストーラーに含まれており、インストール後にすぐ使いはじめられます。追加のライブラリのインストールや仮想環境の構築に`conda`という独自のコマンドを使うなど、使い方は通常のPythonと若干異なるので注意が必要です。

5.4 オープンデータの収集と活用

近年、政府や自治体、企業などが保有するデータを公開するオープンデータという取り組みが広まっています。本節では、オープンデータでよく使われるフォーマットのうち、PDFファイルとLinked Open Dataからデータを取得する方法を解説します。

5.4.1 オープンデータとは

オープンデータ(Open Data)は政府や自治体、企業などが保有するデータを公開し、自由に活用してもらう取り組みです。特に政府や自治体が公開するオープンデータが注目されており、データの活用による行政の透明性向上、官民協働の推進、行政の効率化、経済の活性化などの効果が期待されています。アメリカ政府*41やイギリス政府*42による取り組みは先駆けとして有名で、日本でも取り組みが進んでいます。

日本政府や自治体が公開しているオープンデータについては、次のサイトにまとまっています。政府が公開しているオープンデータを検索できるのに加え、数多くのデータベースサイトへのリンクが掲載されています。**5.3.1**で有効求人倍率のデータをダウンロードするときに訪れた政府統計の総合窓口

*41 https://www.data.gov/
*42 https://data.gov.uk/

(e-Stat)*43もデータベースサイトの1つです。

- DATA GO JP
  https://www.data.go.jp

オープンデータとは、単に公開されているデータという意味ではありません*44。Open Knowledge Foundationが公開しているオープンデータ・ハンドブックにおける、オープンデータの定義*45を引用します。

> オープンデータとは、自由に使えて再利用もでき、かつ誰でも再配布できるようなデータのことだ。従うべき決まりは、せいぜい「作者のクレジットを残す」あるいは「同じ条件で配布する」程度である。

短い定義ですが、利用目的を限定せず自由に使える、再利用・再配布できる、誰でも使えるといった重要な要素が詰め込まれています。これによって、オープンデータを組み合わせて新しい価値を生み出しやすくなります。

オープンデータは多くの場合、クリエイティブ・コモンズのCC0やCC BY、CC BY-SAなどの比較的緩い条件で自由に利用できるライセンスで提供されます。また、データのフォーマットも重要です。機械判読しやすいフォーマットで提供されているデータほど利用しやすくなります。

データフォーマットの利用しやすさは、**図5.13**の5つ星スキームで表されます。星が増えるほど利用しやすいフォーマットと言えます。

1. 形式を問わず利用に関してオープンなライセンスでWeb上に公開されている(例: PDF形式)
2. 構造化されている(例: .xls形式)
3. 非独占的なフォーマットである(例: CSV形式)
4. 物事を表すのにURIが使われている(例: RDF形式)
5. 他のデータにリンクしている(例: Linked Open Data)

---

*43 https://www.e-stat.go.jp/
*44 単にソースコードが公開されているソフトウェアをオープンソースソフトウェアと呼ばないのと似ています。
*45 http://opendatahandbook.org/guide/ja/what-is-open-data/

▼ 図5.13　オープンデータの5つ星スキーム

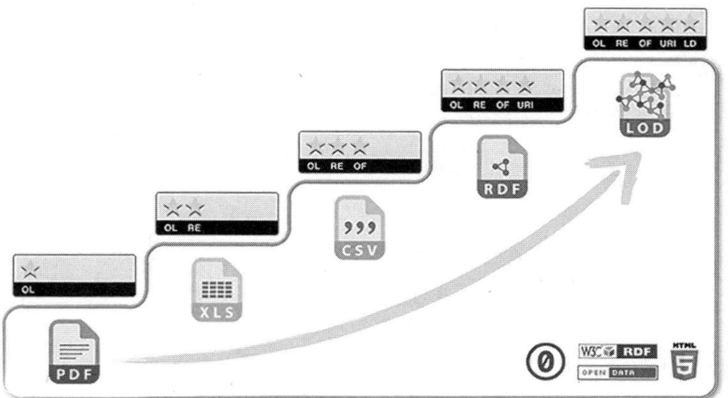

本節ではPDF形式のファイルとLinked Open Dataからデータを取得する方法を解説します。なお、.xls形式やCSV形式のファイルを読み込む方法は**5.3.2**を参照してください。

5.4.2 PDFからのデータの抽出

DATA GO JPで公開されているPDF形式のオープンデータをダウンロードし、PDFMiner.sixというライブラリでテキストを抽出してみましょう。DATA GO JPで「新幹線」というキーワードで検索すると、次のデータが見つかります*46。

- 新幹線旅客輸送量の推移 - DATA GO JP
  http://www.data.go.jp/data/dataset/mlit_20140919_2423

これは、新幹線における旅客輸送量の年度ごとの推移を示した表で、国土交通省が公開しているものです。PDFファイルをダウンロードします。

```
$ wget http://www.mlit.go.jp/common/000232384.pdf
```

● PDF (Portable Document Format)

PDF (Portable Document Format) はアドビシステムズが開発した文書用のファイルフォーマットです。PDF形式のデータはあまり扱いやすくありませんが、公開されているデータがPDFファイルの

*46　DATA GO JPに公開されているファイルは削除されることもあります。ダウンロードできない場合は、書籍のサンプルファイルに含まれているものを使用してください。

中にしかなく、そこからテキストを抽出したいこともあるでしょう。Adobe Acrobat ReaderなどでPDFファイルを開き、テキストを選択してコピーするという手順でもテキストを抽出できますが、処理するファイルの量が多くなると困難です。

PDFは仕様が公開されているので、PDFファイルからテキストを抽出するためのサードパーティライブラリが存在します。ただし、次の点には注意が必要です。

- **PDFファイル内の表形式のデータをそのまま抜き出すことは難しい**
  PDFファイルの中では、表のそれぞれのセルのテキストや罫線がバラバラの要素として格納されているため、通常は表の構造を保持したまま抜き出すことはできません。ページ全体をベタなテキストとして抜き出した後、プログラムなどで加工する必要があります。
- **PDFファイルに画像しか含まれていない場合がある**
  公開されているPDFファイルの中には、紙の書類をスキャンした画像だけが含まれているものもあります。画像をテキストに変換するにはOCRソフト*47を使用する必要があります。
- **PDFファイルにパスワードがかかっている場合がある**
  PDFファイルには、関係者以外の読み取りを防ぐためにパスワードがかかっている場合があります。この場合はパスワードを入手しないとテキストを抽出できません。
- **PDFファイルによっては読み込めない場合がある**
  PDFファイルの仕様は非常に複雑です。また、一部公開されていないプロプライエタリな仕様もあり、ファイルによってはライブラリが対応しておらず、うまく扱えないこともあります。

● PDFMiner.sixによるPDFからのテキストの抽出

PythonでPDFからテキストを抽出するには、PDFMiner.six*48が使えます。これはPDFMinerというライブラリのPython 3対応版です。

pipでインストールします。本書執筆時点で最新のバージョン20181108では、依存ライブラリのchardetが自動的にインストールされないため、一緒にインストールします。

```
(scraping) $ pip install pdfminer.six chardet
```

インストールできると、`pdf2txt.py`というコマンドが使えるようになります。まずはこれを試してみましょう。引数にダウンロードしたPDFファイルのパスを指定して実行すると、PDFファイルから抽出したテキストが表示されます。

---

*47 オープンソースのOCRソフトとしては現在Googleが開発しているTesseractが有名です。PythonからTesseractを使用するライブラリの例としてPyOCR (https://pypi.org/project/pyocr/) があります。

*48 https://pypi.org/project/pdfminer.six/ 本書ではバージョン20181108を使用します。

```
(scraping) $ pdf2txt.py 000232384.pdf
新幹線旅客輸送量の推移

年度

内
...
訳

東
海
道
...
```

このファイルは1ページしかないのですぐに終わりますが、ページ数の多いファイルに対して使用すると時間がかかる場合があります。これは、PDFMiner.sixのLayout Analysisという、PDFファイルのレイアウトを解析する機能の影響です。PDFファイルの仕様では、テキストは1文字ずつ絶対的な座標に配置されており、単語や改行という概念はありません。Layout Analysisは近い文字は同じ単語、離れている文字は別の単語、上下に離れている場合は改行などと認識し、扱いやすい形でテキストを抽出できます。便利な機能ですが、細かな表があるなど複雑な構造のページでは解析に時間がかかってしまう欠点もあります。

次のように`-n`または`--no-laparams`オプションをつけて実行すると、Layout Analysisを無効にし、高速に結果を得ることができます。ただし、含まれるテキストがそのまま抜き出されるので、扱いやすいとは言えません。特に表を含むページでは、複数のセルの値が結合されてしまい、区切り位置がわからなくなってしまいます。

```
(scraping) $ pdf2txt.py -n 000232384.pdf
営業キロ輸送人員輸送人キロ一日平均輸送人員(km)(千人)(百万人キロ)(人)昭和40552.630,96710,65084,84145552.68 ↵
4,62727,890231,855501,176.5157,21827,800231,855551,176.5125,63641,790344,209602,011.8179,83355,4234 ↵
92,693平成52,036.5275,85572,563755,76762,036.5262,98568,248720,50772,036.5275,90070,827753,82582,03 ↵
6.5280,96472,948769,76492,153.9283,...
```

`pdf2txt.py`には多くのオプションがあります。`pdf2txt.py --help`で確認できます。

● PDFMiner.sixのPythonインターフェイス

コマンドだけでも役立ちますが、Pythonのインターフェイスも用意されています。Pythonのスクリプトから呼び出すにはこちらのほうが便利な場合も多いでしょう。**リスト5.13**はPDFMiner.sixでPDFをパースし、テキストボックスを表示します。

PDFMiner.sixにおいて、レイアウトは`LTPage`というPDFのページに対応するオブジェクトをルートとした木構造で表現されます。テキストボックス(`LTTextBox`)は、1行のテキストを表すテキストライン(LTTextLine)をグループ化したオブジェクトです。LTで始まる名前を持つ各オブジェクトについて詳しくは、PDFMinerのドキュメント*49とPDFMiner.sixのソースコード*50を参照してください。

▼ リスト5.13　print_pdf_textboxes.py — PDFをパースしてテキストボックスを表示する

```
import sys
from typing import List

from pdfminer.converter import PDFPageAggregator
from pdfminer.layout import LAParams, LTContainer, LTTextBox, LTComponent
from pdfminer.pdfinterp import PDFPageInterpreter, PDFResourceManager
from pdfminer.pdfpage import PDFPage


def main():
    """
    メインとなる処理。コマンドライン引数で指定したPDFファイルから、テキストボックスを抽出して中身を表示する。
    """
    laparams = LAParams(detect_vertical=True)  # Layout Analysisの設定で縦書きの検出を有効にする。
    resource_manager = PDFResourceManager()  # 共有のリソースを管理するリソースマネージャーを作成。
    # ページを集めるPageAggregatorオブジェクトを作成。
    device = PDFPageAggregator(resource_manager, laparams=laparams)
    interpreter = PDFPageInterpreter(resource_manager, device)  # Interpreterオブジェクトを作成。

    with open(sys.argv[1], 'rb') as f:  # ファイルをバイナリ形式で開く。
        # PDFPage.get_pages()にファイルオブジェクトを指定して、PDFPageオブジェクトを順に取得する。
        # 時間がかかるファイルは、キーワード引数pagenosで処理するページ番号(0始まり)のリストを指定するとよい。
        for page in PDFPage.get_pages(f):
            interpreter.process_page(page)  # ページを処理する。
            layout = device.get_result()  # LTPageオブジェクトを取得。

            boxes = find_textboxes_recursively(layout)  # ページ内のテキストボックスのリストを取得する。
            # テキストボックスの左上の座標の順でテキストボックスをソートする。
            # y1(Y座標の値)は上に行くほど大きくなるので、正負を反転させている。
            boxes.sort(key=lambda b: (-b.y1, b.x0))

            for box in boxes:
                print('-' * 10)  # 読みやすいよう区切り線を表示する。
                print(box.get_text().strip())  # テキストボックス内のテキストを表示する。


def find_textboxes_recursively(component: LTComponent) -> List[LTTextBox]:
    """
    再帰的にテキストボックス(LTTextBox)を探して、テキストボックスのリストを取得する。
    """
    # LTTextBoxを継承するオブジェクトの場合は1要素のリストを返す。
```

*49　https://euske.github.io/pdfminer/programming.html

*50　https://github.com/pdfminer/pdfminer.six/blob/master/pdfminer/layout.py

```
    if isinstance(component, LTTextBox):
        return [component]

    # LTContainerを継承するオブジェクトは子要素を含むので、再帰的に探す。
    if isinstance(component, LTContainer):
        boxes = []
        for child in component:
            boxes.extend(find_textboxes_recursively(child))

        return boxes

    return []  # その他の場合は空リストを返す。

if __name__ == '__main__':
    main()
```

引数にPDFファイルのパスを指定して実行すると、テキストボックスのテキストが線で区切られて表示されます。PDFファイル内のテキストがグループ化されていることがわかります。

```
(scraping) $ python print_pdf_textboxes.py 000232384.pdf
----------
新幹線旅客輸送量の推移
----------
項目
----------
営業キロ
----------
輸送人員
----------
輸送人キロ
----------
一日平均輸送人員
...
```

5.4.3 Linked Open Dataからのデータの収集

Webページが互いにリンクされていることで関連する情報を得られるのと同様に、データ同士がWeb上でリンクされているとデータに関連する情報を得られます。このように、データ同士をリンクさせ、容易に検索できる形で公開するための方法論を**Linked Data**と呼びます。中でも、オープンなライセンスで公開されているLinked Dataを**Linked Open Data**と言います。

Linked Dataにおけるデータ同士のリンクは、RDFというデータモデルで記述されます。また、RDFのデータベースからデータを検索するために、SPARQLというクエリ言語を使えます。これは、リレーショナルデータベースとSQLの関係に似ています。ここではWikipedia日本語版から情報を抽出してLinked Open Dataとして提供するプロジェクト、DBpedia JapaneseからSPARQLで日本の美術館の情報を収集します。

● RDFの概要

RDF (Resource Description Framework) はリソースについて記述するための枠組みです。リソースとは、Web上のリソースに限らないあらゆるものを指します。RDFでは、データを主語(Subject)、述語(Predicate)、目的語(Object)の3つの組でモデル化し、これらを**トリプル (Triple)** と呼びます。例えば「日本の首都は東京である」ということを表す場合、「日本」が主語、「首都」が述語、「東京」が目的語となります。これは通常の日本語の文法における表現とは異なる場合もありますが、あまり気にしないほうが良いでしょう。「日本は東京という首都を持つ」と言い換えたり、主語、述語、目的語をそれぞれエンティティ(Entity)、属性(Attribute)、値(Value)と言い換えるとわかりやすいかもしれません。

RDFのデータモデルでは、トリプルは**図5.14**のような有向グラフとして表現されます。

▼ 図5.14　RDFのグラフ表現

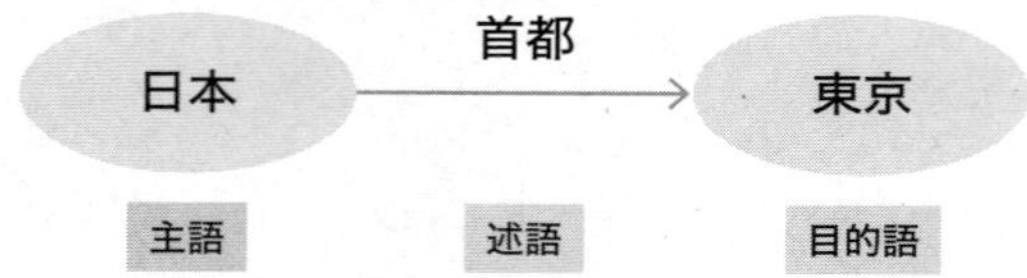

実際には、リソースを明確に識別するために主語と述語はURI[*51]を使い、目的語はURIまたはリテラル(文字列や数値など)を使います。RDFはグラフを用いた抽象的な構文のみを定義しており、グラフを文字列として表現する具体的な構文は、Turtle[*52]やRDF/XML[*53]などが別途定義されています。Turtleによるグラフの表現を**リスト5.14**に示しました。主語、述語、目的語をスペースで区切り、最後に . (ピリオド)を置きます。この例ではトリプルの要素として次のURIを使用しています。

- 主語: `http://example.com/#日本`
- 述語: `http://dbpedia.org/ontology/capital`
- 目的語: `http://example.com/#東京`

▼ リスト5.14　Turtleによるグラフの表現

```
<http://example.com/#日本> <http://dbpedia.org/ontology/capital> <http://example.com/#東京> .
```

---

*51　URI (Uniform Resource Identifier) はURLの概念を拡張し、ネットワーク上に存在しないリソースも識別できるようにしたものです。RDF 1.1の仕様ではIRI (Internationalized Resource Identifier) という語が使われていますが、Linked Open Dataの文脈ではURIという語が使われることが多いため、本節ではURIという表記に統一します。

*52　https://www.w3.org/TR/turtle/

*53　https://www.w3.org/TR/rdf-syntax-grammar/

● SPARQLでデータを収集する

SPARQLは、RDFのデータベースからデータを検索するためのクエリ言語です。クエリだけでなく、HTTPを使った通信のためのプロトコルも定義されており、**SPARQLエンドポイント**と呼ばれるサーバーに対してクエリを送信して、結果を取得できます。SPARQLによって、サーバーごとに異なるWeb APIの使い方を覚えることなく、統一されたインターフェイスでデータを取得できます。

本書の執筆時点では、日本のオープンデータでSPARQLエンドポイントを提供しているものは多くないですが、今後増えていくでしょう。ここではDBpedia Japanese*54を使います。DBpedia*55は主に英語版Wikipediaから構造化データを抜き出し、Linked Open Dataとして提供するプロジェクトです。DBpedia Japaneseは日本語版Wikipediaを対象とします。ダンプから生成しているので最新のデータではありませんが、WikipediaのコンテンツをSPARQLで検索できます。SPARQLエンドポイントでは、Web APIが提供されているだけでなく、多くの場合クエリを簡単に実行するためのGUIも提供されています。まずはこれでクエリを実行してみましょう。

- Virtuoso SPARQL Query Editor
  http://ja.dbpedia.org/sparql

Query Textという欄に**リスト5.15**のクエリがデフォルトで入力されているので、「Run Query」をクリックすると**図5.15**のように実行結果が表形式で表示されます。

▼ リスト5.15　主語が東京都のトリプルをすべて抽出するSPARQLクエリ

```
select distinct * where { <http://ja.dbpedia.org/resource/東京都> ?p ?o .  } LIMIT 100
```

*54　http://ja.dbpedia.org/
*55　https://wiki.dbpedia.org/

▼ 図5.15　SPARQLクエリの実行結果

ja.dbpedia.org/sparql?default-graph-uri=http%3A%2F%2Fja.dbpedia.org&query=select+distinct+*+w...

p	
http://www.w3.org/1999/02/22-rdf-syntax-ns#type	http://www.w3.org/2002/07/owl#Thing
http://www.w3.org/1999/02/22-rdf-syntax-ns#type	http://dbpedia.org/ontology/%3Chttp://purl.org/dc/terms/Jurisdiction%3E
http://www.w3.org/1999/02/22-rdf-syntax-ns#type	http://dbpedia.org/ontology/AdministrativeRegion
http://www.w3.org/1999/02/22-rdf-syntax-ns#type	http://dbpedia.org/ontology/Location
http://www.w3.org/1999/02/22-rdf-syntax-ns#type	http://dbpedia.org/ontology/Place
http://www.w3.org/1999/02/22-rdf-syntax-ns#type	http://dbpedia.org/ontology/PopulatedPlace
http://www.w3.org/1999/02/22-rdf-syntax-ns#type	http://dbpedia.org/ontology/Region
http://www.w3.org/1999/02/22-rdf-syntax-ns#type	http://schema.org/AdministrativeArea
http://www.w3.org/1999/02/22-rdf-syntax-ns#type	http://schema.org/Place
http://www.w3.org/1999/02/22-rdf-syntax-ns#type	http://www.wikidata.org/entity/Q3455524
http://www.w3.org/1999/02/22-rdf-syntax-ns#type	http://www.wikidata.org/entity/Q486972
http://www.w3.org/2000/01/rdf-schema#label	"東京都"@ja
http://www.w3.org/2000/01/rdf-schema#comment	"東京都（とうきょうと）は、日本国の首都であり、関東地方に位置する広域地方公共団体（都道府県）の一つである。

このクエリは、主語がhttp://ja.dbpedia.org/resource/東京都というリソースであるトリプルを抽出します。SPARQLではSQLと同じキーワードが使われるので、SQLの知識があると馴染みやすい面もありますが、基本的には別物と考えたほうが良いでしょう。特にWHERE節における検索条件の指定方法は大きく異なります。

検索条件は、WHEREに続く{ }の内部に、主語、述語、目的語の3つが満たすべきパターン（トリプルパターンと呼びます）をスペースで区切って記述し、最後に.（ピリオド）を置きます。このクエリでは主語の場所に東京都を表すURIを指定しているため、主語が東京都であるトリプルがパターンにマッチし、抽出されることになります。?で始まるものは変数で、パターンにマッチしたトリプルの述語と目的語をそれぞれ?pと?oという名前の変数に紐付けるという意味になります。SELECT節の*は{ }内に登場するすべての変数を出力するという意味で、DISTINCTキーワードはSQLのそれと同じように重複した行を1つにまとめるという意味です。最後のLIMITは取得件数を制限するもので、最大100件を取得します。

実行結果には、pとoの2つの列が含まれています。URIが多く表示されるので最初は面食らうかもしれませんが、各行をよく見るとそれぞれの列が述語と目的語を表していることがわかります。

URIはリソースを厳密に識別できますが、人間にとっては読み書きしやすいとは言えません。そこで、SPARQLクエリでは接頭辞（Prefix）を使って省略した書き方ができます。**リスト5.16**は先ほどのクエリの意味をそのままに、接頭辞を使って書き直したものです。

▼ リスト5.16　接頭辞を使い、主語が東京都のトリプルをすべて抽出するSPARQLクエリ

```
select distinct * where { dbpedia-ja:東京都 ?p ?o . } LIMIT 100
```


接頭辞dbpedia-jaはhttp://ja.dbpedia.org/resource/というURIを表し、:（コロン）の後ろの名前と結合してリソースのURIが組み立てられます。通常のSPARQLクエリでは、接頭辞はPREFIXキーワードによる宣言が必須ですが、DBpedia Japaneseでは、よく使う接頭辞*56はあらかじめ定義され、宣言なしに使えます。

● DBpedia Japaneseから美術館の情報を取得する

もう少し複雑なクエリを実行し、日本の美術館の一覧を取得してみましょう。**リスト5.17**はDBpedia Japaneseから美術館の一覧を取得し、変数?addressに美術館の所在地（prop-ja:所在地というプロパティ*57）を紐付けるクエリです。

WHERE節の中に.（ピリオド）で区切って複数のトリプルパターンを書くと、パターンをつなげられます。

1つ目のパターンは、述語としてrdf:typeを、目的語としてdbpedia-owl:Museumを指定し、そのパターンにマッチする主語を抽出します。ざっくり言うと、Museumクラスのインスタンスであるリソースを探すという意味になります。

2つ目のパターンは変数?addressにプロパティprop-ja:所在地を紐付けます。トリプルパターンをつなげると、AND条件のように解釈されるので、prop-ja:所在地というプロパティを持たない美術館は含まれなくなります。prop-ja:所在地というプロパティを持たない美術館は少ないので、ここでは無視します。

ORDER BYキーワードで主語の昇順にソートします。各キーワードに大文字小文字の区別はなく、改行は単なる空白文字として扱われます。

▼ リスト5.17　prop-ja:所在地というプロパティを持つ美術館の一覧を抽出するSPARQLクエリ

```
SELECT * WHERE {
    ?s rdf:type dbpedia-owl:Museum .
    ?s prop-ja:所在地 ?address .
} ORDER BY ?s
```

＊56　定義済みの接頭辞の一覧はhttp://ja.dbpedia.org/sparql?nsdeclを参照してください。

＊57　DBpedia Japaneseで適当な美術館のリソースのページ（例：http://ja.dbpedia.org/page/国立西洋美術館）を見ると、その美術館を主語として持つ全トリプルの述語と目的語が、プロパティと値という形で読みやすく表示されます。

これを実行すると、美術館*[58]を表すリソースと住所が一覧表示されます。海外の美術館も多く表示されるので、日本の美術館のみに絞り込んでみましょう。

日本の住所の定義は難しいですが、ここでは簡単な条件として都道府県名で始まるものを抽出します。**リスト5.18**のように、FILTER節で特定の条件を満たす変数のみを抽出できます。組み込み関数REGEXによって、変数?addressが^\p{Han}{2,3}[都道府県]という正規表現にマッチするもののみを抽出しています。この正規表現は、文字列の先頭に漢字が2文字または3文字出現し、その後に都・道・府・県のいずれかの文字が出現する文字列にマッチします。なお\p{Han}は、Unicode文字プロパティという機能を使った、漢字1文字にマッチする正規表現です。また、""内に\(バックスラッシュ)を含める場合は、2つ重ねてエスケープする必要があります。

.で複数のトリプルパターンをつなげると、同じ変数が何回も登場して記述が冗長になる場合があります。パターンを;(セミコロン)で区切ると、主語が同じ複数のパターンを簡潔に記述できます。

▼ リスト5.18　日本の美術館を抽出するSPARQLクエリ

```
SELECT * WHERE {
    ?s rdf:type dbpedia-owl:Museum ;
       prop-ja:所在地 ?address .
    FILTER REGEX(?address, "^\\p{Han}{2,3}[都道府県]")
} ORDER BY ?s
```

リスト5.18の実行結果は、**図5.16**のようになります。

▼ 図5.16　日本の美術館を抽出するSPARQLクエリの実行結果

s	address
http://ja.dbpedia.org/resource/BBプラザ美術館	"兵庫県神戸市灘区岩屋中町4丁目2番7号"@ja
http://ja.dbpedia.org/resource/CCA北九州	"福岡県北九州市若松区ひびきの2-5"@ja
http://ja.dbpedia.org/resource/Daiichi_Sankyo_くすりミュージアム	"東京都中央区日本橋本町3-5-1"@ja
http://ja.dbpedia.org/resource/GAS_MUSEUM_がす資料館	"東京都小平市大沼町4-31-25"@ja
http://ja.dbpedia.org/resource/INAXライブミュージアム	"愛知県常滑市奥栄町1-130"@ja

● PythonスクリプトからSPARQLクエリを実行する

Web上のGUIでクエリを実行するだけでは活用しづらいので、Pythonのスクリプトから実行してみましょう。クエリ言語としてのSPARQLをサーバーに送信して結果を得るためのプロトコルは、SPARQLプロトコルとして定義されています。SPARQLプロトコルはHTTPをベースにしたWeb APIですが、細かな実装上の違いがあり、任意のSPARQLエンドポイントでSPARQLクエリを実行するのは意外と手間です。SPARQL用のライブラリを使うと、エンドポイントのURLとクエリを指定するだ

*58　英語の「Museum」は日本語の「美術館」よりも広い概念で、博物館なども含まれますが、ここでは「美術館」という表現を使用します。

けで結果を取得でき、細かな実装の違いを気にしなくて良くなります。

PythonでSPARQLを使用するライブラリとしては、SPARQLWrapper*59が有名です。SPARQL Wrapperを使ってSPARQLクエリを実行するスクリプトを**リスト5.19**に示しました。

▼ **リスト5.19 get_museums.py — SPARQLを使って日本の美術館を取得するスクリプト**

```
from SPARQLWrapper import SPARQLWrapper  # pip install SPARQLWrapper

# SPARQLエンドポイントのURLを指定してインスタンスを作成する。
sparql = SPARQLWrapper('http://ja.dbpedia.org/sparql')
# 日本の美術館を取得するクエリを設定する。バックスラッシュを含むので、rで始まるraw文字列を使用している。
sparql.setQuery(r"""
SELECT * WHERE {
    ?s rdf:type dbpedia-owl:Museum ;
       prop-ja:所在地 ?address .
    FILTER REGEX(?address, "^\\p{Han}{2,3}[都道府県]")
} ORDER BY ?s
""")
sparql.setReturnFormat('json')  # 取得するフォーマットとしてJSONを指定する。
# query()でクエリを実行し、convert()でレスポンスをパースしてdictを得る。
response = sparql.query().convert()

for result in response['results']['bindings']:
    print(result['s']['value'], result['address']['value'])  # 抽出した変数の値を表示する。
```

これを実行すると美術館のリソースのURIと住所が表示されます。

```
(scraping) $ python get_museums.py
http://ja.dbpedia.org/resource/BBプラザ美術館 兵庫県神戸市灘区岩屋中町4丁目2番7号
http://ja.dbpedia.org/resource/CCA北九州 福岡県北九州市若松区ひびきの2-5
http://ja.dbpedia.org/resource/Daiichi_Sankyo_くすりミュージアム 東京都中央区日本橋本町3-5-1
http://ja.dbpedia.org/resource/GAS_MUSEUM_がす資料館 東京都小平市大沼町4-31-25
http://ja.dbpedia.org/resource/INAXライブミュージアム 愛知県常滑市奥栄町1-130
...
```

● 位置情報の取得

美術館の位置情報も取得してみましょう。次のプロパティで経度と緯度を得られます。

- prop-ja:経度度
- prop-ja:経度分
- prop-ja:経度秒
- prop-ja:緯度度

*59 https://rdflib.github.io/sparqlwrapper/ 本書ではバージョン1.8.2を使用します。

- prop-ja:緯度分
- prop-ja:緯度秒

リスト5.20のようにして、美術館の位置情報とラベル(人間にとって読みやすい名前)を取得できます。位置情報やラベルが付与されていない美術館もあるので、OPTIONALキーワードを使ってこれらのプロパティが付与されている場合のみ取得しています。OPTIONALに続く{ }内のパターンは、パターンにマッチする場合のみ変数に値が紐付けられ、検索条件としては使われません。

▼ **リスト5.20　日本の美術館の位置情報とラベルがあれば一緒に抽出するSPARQLクエリ**

```
SELECT * WHERE {
    ?s rdf:type dbpedia-owl:Museum ;
    prop-ja:所在地 ?address .
    OPTIONAL { ?s rdfs:label ?label . }
    OPTIONAL {
    ?s prop-ja:経度度 ?lon_degree ;
        prop-ja:経度分 ?lon_minute ;
        prop-ja:経度秒 ?lon_second ;
        prop-ja:緯度度 ?lat_degree ;
        prop-ja:緯度分 ?lat_minute ;
        prop-ja:緯度秒 ?lat_second .
    }
    FILTER REGEX(?address, "^\\p{Han}{2,3}[都道府県]")
} ORDER BY ?s
```

5.7.1では、このSPARQLクエリで取得した位置情報を地図上に可視化する方法を紹介します。

column　オープンデータとシビックテック

オープンデータと似た文脈で注目を集めている言葉として**シビックテック(Civic Tech)**があります。シビックテックとは、市民がテクノロジーによって地域の課題を解決する取り組みです。オープンデータの公開が地域の課題解決に役立つこともあり、共に注目を集めています。

例えば筆者が住む兵庫県のシビックテックのコミュニティの1つとしてCode for Kobe(https://www.facebook.com/codeforkobe)があります。このコミュニティには兵庫・神戸の市民、技術者、自治体職員が集まり、兵庫・神戸をより良い街にするための活動を行っています。

技術者から見ると、オープンデータとして公開されているデータやフォーマットが使いづらいことがあります。しかし、公開する側の行政職員は技術者ではなく、どのようなデータをどのような形式で公開すれば良いかわからない場合も多くあります。公開したデータが実際に使われないと、公開するデータを増やすことが難しいという事情もあります。

シビックテックのコミュニティを通じて、困っている市民、技術者、行政の職員が直接対話することで、行政から使いやすいデータを引き出し、地域の課題をより良く解決できるようになります。クローリング・スクレイピングは、使いやすい形で公開されていないデータをなんとかして取得しようとする技術ですが、データを持つ側と対話することで面倒なクローリング・スクレイピングを行わずにデータを取得できることもあります。シビックテックのコミュニティは全国各地にあるので、興味があれば参加してみてはいかがでしょうか。

5.5 Webページの自動操作

Webページの自動操作を解説します。自動操作とは、ブラウザーを操作するように実際にWebページに対する操作を指示してクローリングする手法です。自動操作はこれまでのクローリング・スクレイピングと似ているところもありますが、若干趣が異なります。

クローリングの対象によっては、単にリンクをたどるステートレスなクローラーではあまり考慮しない、フォームへの入力などを行う必要があります。Webサイトにログインするときは、Cookieでセッションを維持します（**4.1.1**参照）。ログインが必要なWebサイトの例として、Cookpadから最近見たレシピを取得します。

5.5.1 自動操作の実現方法

自動操作を実現するために、Requestsの`Session`オブジェクトを使用しても良いですが、フォームへの入力などがやや面倒です。PerlでWebページの自動操作を行うためのライブラリとして、WWW::Mechanizeが古くから有名です。これと似たライブラリのMechanicalSoup*60*61を使用します。名前から推察できるように、MechanicalSoupは内部でBeautiful Soup（**3.1.1**参照）を使用しています。

● MechanicalSoupを使う

MechanicalSoupをインストールします。

```
(scraping) $ pip install MechanicalSoup
```

リスト5.21では、MechanicalSoupでGoogle検索しています。`StatefulBrowser`オブジェクトをあたかも通常のブラウザーのように扱えます。ブラウザーでGoogleのトップページから検索する手順を思い浮かべると、ほぼ同じように操作できていることがわかります。

*60　https://pypi.org/project/MechanicalSoup/ 本書ではバージョン0.11.0を使用します。
*61　本書の初版では似たライブラリのRoboBrowserを紹介しましたが、本書の執筆時点ではMechanicalSoupのほうが継続的にメンテナンスされており、ドキュメントも充実しています。

1. Googleのトップページを開く
2. 検索語を入力する
3. Google 検索ボタンを押す
4. 検索結果が表示される

ステートレスなクローラーであれば、検索結果のURLがhttps://www.google.co.jp/search?q=Pythonになるというように、URLを組み立ててページを取得します。MechanicalSoupでは、URLをあまり意識せず、通常のブラウザーを操作するのと似た感覚でプログラムを書きます。

▼ リスト5.21　mechanicalsoup_google.py ― MechanicalSoupでGoogle検索する

```
import mechanicalsoup

browser = mechanicalsoup.StatefulBrowser()  # StatefulBrowserオブジェクトを作成する。
browser.open('https://www.google.co.jp/')  # open()メソッドでGoogleのトップページを開く。

# 検索語を入力して送信する。
browser.select_form('form[action="/search"]')  # 検索フォームを選択する。
browser['q'] = 'Python'  # 選択したフォームにある name="q" の入力ボックスに検索語を入力する。
browser.submit_selected()  # 選択したフォームを送信する。

# 検索結果のタイトルとURLを抽出して表示する。
page = browser.get_current_page()  # 現在のページのBeautifulSoupオブジェクトを取得する。
for a in page.select('h3 > a'):  # select()でCSSセレクターにマッチする要素(Tagオブジェクト)のリストを取得する。
    print(a.text)
    print(browser.absolute_url(a.get('href')))  # リンクのURLを絶対URLに変換して表示する。
```

これを保存して実行すると、検索結果が得られます。

```
(scraping) $ python mechanicalsoup_google.py
Welcome to Python.org
https://www.google.co.jp/url?q=https://www.python.org/&sa=U&ved=0ahUKEwir5PbQz4PeAhVDUd4KHcdQAUEQFg ↵
gUMAA&usg=AOvVaw3IV1D_6tFJHghRqIjd3Y3K
Python - ウィキペディア
https://www.google.co.jp/url?q=https://ja.wikipedia.org/wiki/Python&sa=U&ved=0ahUKEwir5PbQz4PeAhVDU ↵
d4KHcdQAUEQFggdMAE&usg=AOvVaw118SO5FT_IQN7C10O9HKkM
Top - python.jp
https://www.google.co.jp/url?q=https://www.python.jp/&sa=U&ved=0ahUKEwir5PbQz4PeAhVDUd4KHcdQAUEQFgg ↵
mMAI&usg=AOvVaw3bdHntbe9ClgCejICZ9X4I
...
```

Googleの検索結果を高頻度でクロールすると、検索結果が表示される前にCAPTCHA（column「CAPTCHAによるクローラー対策」参照）が表示されるようになります。上記のサンプルはMechanicalSoupの使い方を示すためのものであり、WebサイトのSEO（検索エンジン最適化）の効果を確認するなどの目的でGoogleの検索結果をクロールすることはオススメしません。

column CAPTCHAによるクローラー対策

Google検索に限らず、過剰な自動操作を好ましく思わないWebサイトでは、クローラーによるアクセスを検知するとCAPTCHAと呼ばれるテストを表示して、本当に人間のアクセスであるかを確認することがあります。テストとしては、歪んだ文字列が描かれた画像から文字列を読み取ったり、「私はロボットではありません」というチェックボックスにチェックを入れたりするものが一般的です。CAPTCHAを利用している有名なWebサイトとして、AmazonやFacebookなどがあります。

画像認識技術の向上によって簡単なCAPTCHAであれば自動で解読することも可能ですし、CAPTCHAを人力で解く有償のサービスも存在します。しかしGoogleが提供するreCAPTCHA*[a]を始めとして、CAPTCHAの技術は日夜向上しており、突破するコードを書くのは困難です。仮に突破できたとしても、結局いたちごっこになるだけなのでオススメしません。

そのようなWebサイトから無理にクローリングするのではなく、他のデータソースを探したり、Webサイトの運営者と交渉したりするなど別の手段を取るほうが建設的でしょう。

*a　https://www.google.com/recaptcha/intro/v3.html

5.5.2 Cookpadの最近見たレシピを取得する

MechanicalSoupを使ってCookpadの最近見たレシピを取得してみましょう。最近見たレシピを取得するにはCookpadアカウントでのログインが必要です。ログインが必要なWebサイトからデータを収集する作業は、MechanicalSoupの得意領域です。

- レシピ検索No.1／料理レシピ載せるなら クックパッド
  https://cookpad.com/

Cookpadの最近見たレシピのページをブラウザーで確認すると、自分のアカウントで最近見たレシピが最大20件表示されます(**図5.17**)。最近見たレシピの名前とURLを取得します。

▼ 図5.17　Cookpadの最近見たレシピ

リスト5.22に最近見たレシピを取得するためのスクリプトを示しました。このスクリプトでは、正しいページに遷移していることを確認するために、assert文*62でページのURLやタイトルを確認しています。これによって意図しないページに遷移している場合にスクリプトが停止します。

MechanicalSoupのようなライブラリを使うと、通常のブラウザーと同じような感覚でWebサイトをブラウジングできますが、視覚的なフィードバックがないため注意が必要です。例えばメンテナンス中のお知らせが表示されているなど、意図しない状況になっていても気づくのが難しくなります。面倒でも1ページごとにURLやタイトルを確認し、意図したページに遷移しているかを確認することで、結果的に問題に早く気づいて時間を節約できるでしょう。

最初に`.env`ファイルに、Cookpadアカウントのログイン情報を保存します。このようにアカウントのパスワードをそのまま扱うのは、推奨されるべき行為ではありません。ここでは他の方法が無いのでパスワードを使用していますが、流出することのないよう注意してください。

```
COOKPAD_LOGIN=<Cookpadのメールアドレスまたは電話番号>
COOKPAD_PASSWORD=<Cookpadのパスワード>
```

▼ **リスト5.22**　cookpad_recent_recipes.py — Cookpadの最近見たレシピを取得する

```
import os
import logging
```

*62　assert文は与えた式が`True`の場合は何もせず、`False`の場合に例外`AssertionError`を発生させる文です。Pythonインタプリターに最適化オプション`-O`をつけて実行すると、assert文は取り除かれて実行されないので注意してください。

```
import mechanicalsoup

# 認証の情報は環境変数から取得する。
COOKPAD_LOGIN = os.environ['COOKPAD_LOGIN']
COOKPAD_PASSWORD = os.environ['COOKPAD_PASSWORD']


def main():
    browser = mechanicalsoup.StatefulBrowser()

    # 最近見たレシピのページを開く。
    logging.info('Navigating...')
    browser.open('https://cookpad.com/recipe/history')

    # ログインページにリダイレクトされていることを確認する。
    assert '/login' in browser.get_url()

    # ログインフォーム(class="login_form" の要素内にあるform)を埋める。
    browser.select_form('.login_form form')
    browser['login'] = COOKPAD_LOGIN  # name="login" という入力ボックスを埋める。
    browser['password'] = COOKPAD_PASSWORD  # name="password" という入力ボックスを埋める。

    # フォームを送信する。
    logging.info('Signing in...')
    browser.submit_selected()

    # ログインに失敗する場合は、次のいずれかの行のコメントを外して確認すると良い。
    # browser.launch_browser()  # 現在のページのHTMLをブラウザーで表示する(macOSなどGUIの環境のみ)。
    # print(browser.get_current_page().prettify())  # 現在のページのHTMLソースを表示する。

    # 最近見たレシピのページが表示されていることを確認する。
    assert '最近見たレシピ' in browser.get_current_page().title.string

    # 最近見たレシピの名前とURLを表示する。
    for a in browser.get_current_page().select('#main a.recipe-title'):
        print(a.text)
        print(browser.absolute_url(a.get('href')))  # href属性の値は相対URLなので、絶対URLに変換する。

if __name__ == '__main__':
    logging.basicConfig(level=logging.INFO)  # INFOレベル以上のログを出力する。
    main()
```

リスト5.22を実行すると、最近見たレシピの名前とURLが表示されます。

```
(scraping) $ forego run python cookpad_recent_recipes.py
INFO:root:Navigating...
INFO:root:Signing in...
定番☆なすとベーコンのトマトパスタ
```

```
https://cookpad.com/recipe/1513461
☆ほうれん草のごま和え☆
https://cookpad.com/recipe/1670015
簡単^^グレープフルーツの切り方・剥き方
https://cookpad.com/recipe/1178812
...
```

ここでは使っていませんが、StatefulBrowserオブジェクトのfind_link()メソッドとfollow_link()もブラウザーを操作する感覚で使えるメソッドです。例えばログイン後に次のようにすると、フッターの「MYキッチン」というリンクをたどって、MYキッチンのページに移動できます。

```
link = browser.find_link(link_text='MYキッチン')  # リンクテキストに基づいてa要素を取得する。
browser.follow_link(link)  # a要素のリンクをたどる。
```

MechanicalSoupについて詳しくはドキュメント*63を参照してください。

5.6 JavaScriptを使ったページのスクレイピング

近年ではWebサイトにおいてJavaScriptが果たす役割が大きくなっています。かつては補助的な役割を果たすだけでしたが、より使いやすいユーザーインターフェイスを実現するために、JavaScriptを活用したアプリケーション開発が一般的になっています。

ユーザーがリンクをクリックしたときにJavaScriptで画面を書き換え、画面遷移時にページ全体のロードを行わない**Single Page Application (SPA)**はその代表例です。SPAの例としてはGoogleマップやGmailなどが古くから有名ですが、近年のJavaScriptフレームワークの発達に伴い、採用例が増えています。

こういったページからスクレイピングしてデータを取得しようとしても、取得したHTMLに目的とするデータが含まれていないことがあります*64。SPAでは、JavaScriptを使って後からデータを読み込んで表示する場合があるためです。

JavaScriptを使ったページからスクレイピングするためには、**4.1.2**で解説したように、JavaScriptを解釈できるクローラーが必要です。Chrome*65やFirefoxなどのブラウザーを自動操作することで、JavaScriptを解釈するクローラーを実現します。

さらに、近年ChromeやFirefoxでは、画面を表示せずにブラウザーを起動する**ヘッドレスモード**が

*63 https://mechanicalsoup.readthedocs.io/en/stable/

*64 SPAであっても、サーバーサイドレンダリングと呼ばれるコンテンツが含まれるHTMLを返す処理を行っているWebサイトでは、JavaScriptを解釈することなくスクレイピングできる場合もあります。

*65 本節では特に区別する必要がない限り、Google ChromeとオープンソースのChromiumを総称してChromeと表記します。

導入されています。画面を表示しない分、メモリやCPUなどのリソース消費が少なくて済み、デスクトップ環境がないサーバーで実行するのにも適しています。

Pythonからブラウザーを自動操作するためのライブラリとして、次の2つが有名です。

- Selenium
- Pyppeteer

本節ではこの2つのライブラリを紹介し、JavaScriptを使ったページからデータを取得する方法を解説します。

column **MechanicalSoupとSelenium/Pyppeteerの比較**

SeleniumやPyppeteerなどのブラウザーを自動操作するライブラリは、JavaScriptを使っていないページでも使用できます。前節で紹介したMechanicalSoupと使いどころが被ることも多いですが、それぞれ異なる利点があります。目的に合わせてメリットを発揮できる方を使いましょう。

- Selenium/Pyppeteerのメリット
  - JavaScriptを使用したページからスクレイピングできる
  - スクリーンショットを撮影できる
  - 画面を表示しながらデバッグできる
  - ブラウザーで見たときとクローラーで取得したときの差異がほぼない
- MechanicalSoupのメリット
  - 環境構築が容易
  - 実行時に消費するメモリやCPUのリソースが少ない
  - 基本的にHTMLしか取得しないので処理時間が短い
  - シンプルなので困ったときにソースコードを読むのが楽

5.6.1 Seleniumによるスクレイピング

Seleniumはブラウザーを自動操作するためのライブラリです。Pythonの他にJavaやJavaScriptなど様々な言語に対応しています。元々はWebアプリケーションの自動テストツールとして発展しました。ブラウザーベンダーがWebDriver APIを実装する**ドライバー**を用意しており、これを経由して操作します(**図5.18**)。本項ではChromeを自動操作します。

▼ 図5.18　Seleniumはドライバーを経由してブラウザーを操作する

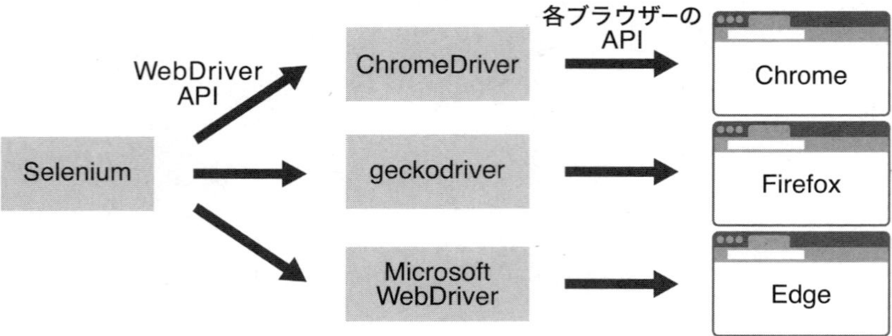

● SeleniumとChromeDriverのインストール

Selenium＊66をインストールします。

```
(scraping) $ pip install selenium
```

macOSの場合、Chromeはインストールされているものとします。Chrome用のドライバーであるChromeDriverをインストールします。

```
$ brew install homebrew/cask/chromedriver
```

Windowsの場合は、2種類の方法が考えられます（**図5.19**）。

1. WindowsにChromeとChromeDriverをインストールして、仮想マシンのUbuntuから接続して使用する。
2. 仮想マシンのUbuntuにChromiumとChromeDriverをインストールして使用する。

1の方法は画面を表示してデバッグできるのがメリットです。2の方法は画面を表示せずにヘッドレスモードでスクリプトを実行するときに構成がシンプルになるのがメリットです。本書では、デバッグの容易さを重視して1の方法で解説します。2の方法を使用したい場合は、後述するUbuntuの手順でインストールしてください。

＊66　https://pypi.org/project/selenium/ 本書ではバージョン3.141.0を使用します。

▼ 図5.19 WindowsでSeleniumを使う2種類の方法

1. 仮想マシンのUbuntuからWindowsのChromeを自動操作する

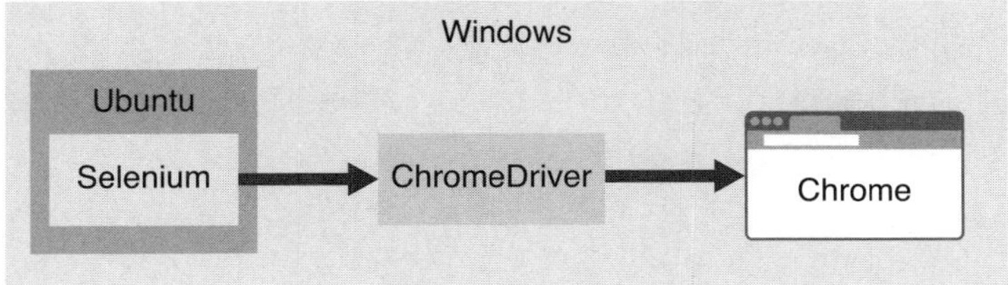

2. 仮想マシン内でChromeを自動操作する

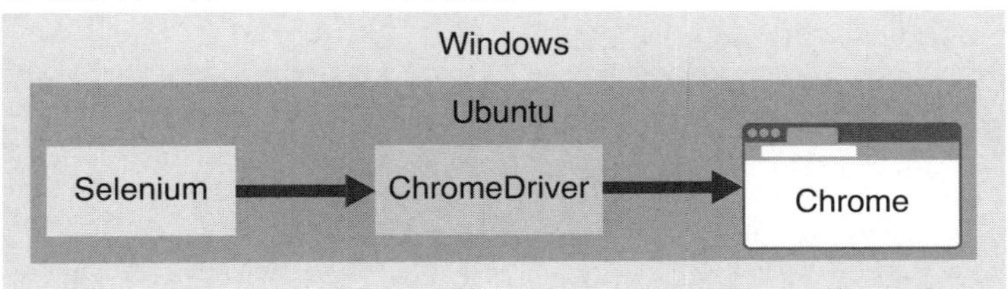

WindowsにChromeをインストールし、ChromeDriverのWebサイト*67から最新版のWindows用のファイルをダウンロードして展開し、chromedriver.exeをPATHの通ったディレクトリに配置します。

Ubuntu単体の場合、ChromiumとChromeDriverをインストールします。

```
$ sudo apt install -y chromium-browser unzip
$ wget https://chromedriver.storage.googleapis.com/$(wget -O - https://chromedriver.storage.googl ↵
eapis.com/LATEST_RELEASE)/chromedriver_linux64.zip
$ unzip chromedriver_linux64.zip
$ sudo mv chromedriver /usr/local/bin/
```

ChromeDriverをインストールしたら、次のようにしてバージョンを確認できます。

```
$ chromedriver --version
ChromeDriver 2.43.600229 (3fae4d0cda5334b4f533bede5a4787f7b832d052)
```

● Seleniumを使った自動操作

SeleniumでGoogle検索を行うコードを**リスト5.23**に示しました。前節のMechanicalSoupでGoogle検索を行うコード（**リスト5.21**）と良く似ていることがわかるでしょう。自動操作に使うオブジェクトを格納した変数が、browserからdriverに変わっていますが、大まかな流れは同じです。

異なる点として、Seleniumではフォームの要素に対してsend_keys()メソッドでキーボード入力を送ることができます。ただ検索クエリを入力するだけでなく、send_keys()メソッドで Enter キーを送

*67 http://chromedriver.chromium.org/downloads

5

信し、通常のブラウザーで Enter キーを押したときと同じようにフォームを送信できます。driver.save_screenshot()メソッドでスクリーンショットを取得し、引数に指定したパスに保存できます。

なお、他のブラウザーを操作する場合は、ChromeやChromeOptionを使っている箇所を他のブラウザーのものに置き換えます。ChromeDriverと同様に、そのブラウザー用のドライバーが必要です。ChromeOptionに相当するクラスがないブラウザーもあります。Seleniumの使い方については、Pythonバインディングの公式ドキュメント*68もありますが、非公式のドキュメント*69によくまとめられています。

▼ リスト5.23 selenium_google.py ― SeleniumでGoogle検索を行う

```
from selenium.webdriver import Chrome, ChromeOptions, Remote
from selenium.webdriver.common.keys import Keys

options = ChromeOptions()
# ヘッドレスモードを有効にするには、次の行のコメントアウトを解除する。
# options.headless = True
driver = Chrome(options=options)  # ChromeのWebDriverオブジェクトを作成する。
# Windows上の仮想マシンの場合は、前の行をコメントアウトして、
# 次の行のコメントアウトを解除する。Remote()の第1引数はゲストOSから見たホストOSのChromeDriverのURL。
# driver = Remote('http://10.0.2.2:4444', options=options)

# Googleのトップ画面を開く。
driver.get('https://www.google.co.jp/')

# タイトルに'Google'が含まれていることを確認する。
assert 'Google' in driver.title

# 検索語を入力して送信する。
input_element = driver.find_element_by_name('q')
input_element.send_keys('Python')
input_element.send_keys(Keys.RETURN)

# タイトルに'Python'が含まれていることを確認する。
assert 'Python' in driver.title

# スクリーンショットを撮る。
driver.save_screenshot('search_results.png')

# 検索結果を表示する。
for h3 in driver.find_elements_by_css_selector('a > h3'):
    a = h3.find_element_by_xpath('..')  # h3の親要素を取得。
    print(h3.text)
    print(a.get_attribute('href'))
```

*68 https://seleniumhq.github.io/selenium/docs/api/py/
*69 原文：https://selenium-python.readthedocs.io/ 日本語訳：https://kurozumi.github.io/selenium-python/

```
driver.quit()  # ブラウザーを終了する。
```

Windows上の仮想マシンで実行する場合は、8〜9行目のコメントに従ってコメントアウトを変更します。さらに実行前にWindowsのコマンドプロンプトで次のコマンドを実行し、ChromeDriverを起動しておきます。


```
>chromedriver --port=4444
```

リスト5.23をselenium_google.pyという名前で保存して実行すると、Chromeが起動します。「Chromeは自動テストソフトウェアによって制御されています。」と表示され、ブラウザーが自動操作されていきます。コンソールには次の実行結果が出力され、ブラウザーが終了します。

```
(scraping) $ python selenium_google.py
Welcome to Python.org
https://www.python.org/
プログラミング言語 Python
https://www.python.jp/
Python - ウィキペディア
https://ja.wikipedia.org/wiki/Python
...
```

取得したスクリーンショットはsearch_results.pngというファイル名で保存されます。

6行目のコメントアウトを解除すると、画面が表示されないヘッドレスモードで実行されます。ヘッドレスモードで実行した場合のスクリーンショットは**図5.20**のようになり、画面が表示されない状態でも画面があるときと同じようにレンダリングされていることがわかります。

▼ 図5.20 Seleniumで取得したスクリーンショット（search_results.png）

5

5.6.2 Pyppeteerによるスクレイピング

Pyppeteer*70はChromeを自動操作するためのNode.jsのライブラリであるPuppeteer*71をPythonに移植したものです。自動操作できる対象はChromeに限られている反面、Chromeに特化しているため、Seleniumよりも細かな操作が可能です。

Pyppeteerをインストールします。

```
(scraping) $ pip install pyppeteer
```

PyppeteerでGoogle検索を行うスクリプトは**リスト5.24**のようになります。Pyppeteerは非同期処理が前提になっており、Python 3.5で導入されたasync/await構文を積極的に使用しています。非同期処理について詳しくは**7.4.2**で解説していますが、次の点を押さえればなんとなく理解できるでしょう。

- `async`キーワードがついた`main`はコルーチンであり、最終行のコードで実行する。
- Pyppeteerのコルーチンを呼び出すときは、`await`キーワードを前につけると、非同期処理の実行結果を取得できる。

*70 https://pypi.org/project/pyppeteer/ 本書ではバージョン0.0.25を使用します。
*71 https://github.com/GoogleChrome/puppeteer

▼ リスト5.24 pyppeteer_google.py ― PyppeteerでGoogle検索を行う

```
import asyncio
from pyppeteer import launch


async def main():
    browser = await launch()
    # デフォルトはヘッドレスモードだが、画面を表示するには次の行のようにする。
    # browser = await launch(headless=False)

    # Googleのトップ画面を開く。
    page = await browser.newPage()
    await page.goto('https://www.google.co.jp/')

    # タイトルに'Google'が含まれていることを確認する。
    assert 'Google' in (await page.title())

    # 検索語を入力する。
    input_element = await page.querySelector('[name="q"]')
    await input_element.type('Python')

    # フォームを送信してページ遷移するのを待つ。
    await asyncio.wait([
        input_element.press('Enter'),
        page.waitForNavigation(),
    ])

    # タイトルに'Python'が含まれていることを確認する。
    assert 'Python' in (await page.title())

    # スクリーンショットを撮る。
    await page.screenshot({'path': 'search_results.png'})

    # 検索結果を表示する。
    for h3 in await page.querySelectorAll('a > h3'):
        # page.evaluateは、第2引数のオブジェクトを引数に渡して第1引数の関数をJavaScriptとして実行し、その ↵
戻り値を取得するメソッド。
        text = await page.evaluate('(e) => e.textContent', h3)  # h3のテキストを取得する。
        print(text)
        a = await page.evaluateHandle('(e) => e.parentElement', h3)  # h3の親要素を取得する。
        url = await page.evaluate('(e) => e.href', a)  # aのhref属性を取得する。
        print(url)

    await browser.close()  # ブラウザーを終了する。

if __name__ == '__main__':
    asyncio.run(main())
```

これを実行すると、次のように検索結果のタイトルとURLが出力されます。Pyppeteerは初回実行時にChromium（OSS版Chrome）を自動的にダウンロード*72するため、少し時間がかかります。

```
(scraping) $ python pyppeteer_google.py
Welcome to Python.org
https://www.python.org/
プログラミング言語 Python
https://www.python.jp/
Python - Wikipedia
https://ja.wikipedia.org/wiki/Python
...
```

5.6.3 noteのおすすめコンテンツを取得する

JavaScriptを使ったWebサイトの例として、noteを対象としてスクレイピングします。noteは文章、画像、音楽、映像などを投稿できるメディアプラットフォームです。

- note ――つくる、つながる、とどける。
  https://note.mu/

noteのトップページには、ログインしていない状態だとおすすめコンテンツが表示されます。ページの下までスクロールすると続きのコンテンツがJavaScriptで読み込まれて表示される、無限スクロールと呼ばれる仕組みが使われています。このようにJavaScriptで読み込まれるコンテンツをスクレイピングするには、SeleniumやPyppeteerのように、JavaScriptを解釈するクローラーが向いています。このページからコンテンツのタイトル、URL、概要を抜き出してみましょう。次項では取得した情報の活用例として、コンテンツのURLをSlackに通知します。

なお、noteのおすすめコンテンツの1ページ目の部分（無限スクロールする前に表示されるコンテンツ）についてはRSSフィードが提供されているため、この部分の情報のみが必要な場合はRSSからスクレイピングするほうが容易でしょう。

● ページの挙動を確認する

まずブラウザーでこのページの挙動を確認します。https://note.mu/を開くと、ログインしていない状態ではおすすめコンテンツが一覧表示されます。ページの一番下までスクロールすると、続きのコンテンツが読み込まれて表示されます。さらにページの一番下までスクロールすると、同様に続きのコンテンツが読み込まれて表示されます。

スクロールして続きのコンテンツを読み込むことを考える前に、この画面からコンテンツの情報を抜

---

*72 このため、Chromeがインストールされていない環境でも実行できますが、Ubuntuで必要なパッケージが足りない場合はエラーが発生します。その場合は`sudo apt install -y chromium-browser`でChromiumをインストールすると必要なパッケージが一緒にインストールされます。

き出しましょう。それぞれのコンテンツからURL、タイトル、概要、スキ*73の数を抜き出します。

● インタラクティブシェルを使って最初の画面からデータを抜き出す

Seleniumでこのページを読み込んでみましょう。試行錯誤が必要になるので、インタラクティブシェルを使い、ヘッドレスモードでないChromeを自動操作します。


```
(scraping) $ python
>>> from selenium.webdriver import Chrome, Remote
>>> driver = Chrome()
# Windows上の仮想マシンの場合は、前の行の代わりに次の行を実行する。
>>> driver = Remote('http://10.0.2.2:4444')
>>> driver.get('https://note.mu/')
>>> driver.title
'note ——つくる、つながる、とどける。'
```

ブラウザーの開発者ツールで確認すると、class="o-timeline__item"というdiv要素が1つのコンテンツに対応していることがわかります（**図5.21**）。この要素の直下にclass="o-textNote"というsection要素があります。o-textNoteというクラス名はコンテンツの種類がテキストであることを表します。画像の場合はo-imageNoteとなるなど、コンテンツの種類によって変わりますが、ここではテキストのコンテンツに着目します。

このsection要素の直下に、コンテンツを覆うa要素があり、そのhref属性にURLが格納されています。

さらにclass="o-textNote__body"というdiv要素の内部には、class="o-textNote__title"というh3要素の内部にタイトルが、class="o-textNote__description"というp要素の内部に概要が格納されています。また、class="o-noteStatus"というdiv要素の内部には、class="o-noteStatus__item--like"というdiv要素があり、その子要素であるclass="o-noteStatus__label"というdiv要素内にスキの数が格納されています。

＊73　noteの「スキ」はFacebookの「いいね！」のようなもので、ハートマークで表されます。

▼ 図5.21　開発者ツールでコンテンツのリンクを確認する

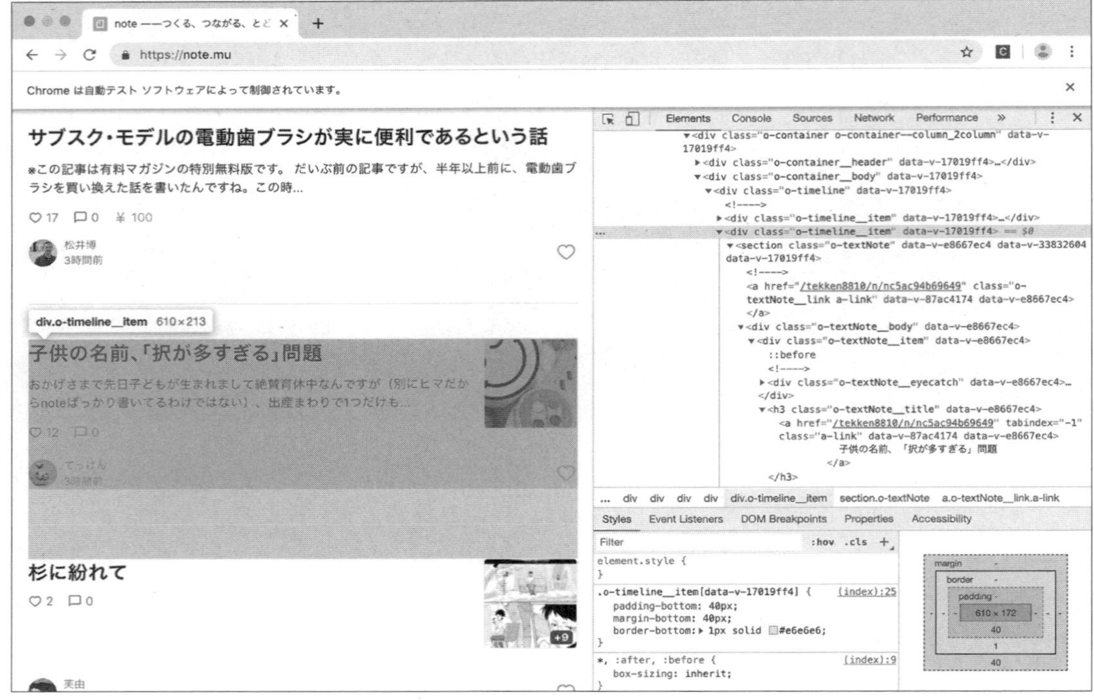

ここまでわかればデータを抜き出せるでしょう。find_elements_by_css_selector() メソッドでコンテンツのボックスに対応するa要素の一覧を取得できます。

```
>>> driver.find_elements_by_css_selector('.o-timeline__item')
[<selenium.webdriver.remote.webelement.WebElement (session="30e1338c57a7b9933630de111f10bec7", element="0.085988506509733-1")>, <selenium.webdriver.remote.webelement.WebElement (session="30e1338c57a7b9933630de111f10bec7", element="0.085988506509733-2")>, ...]
```

この表示ではよくわからないので、次のように最初のdiv要素の中身を確認します。

```
# 最初のコンテンツに対応するdiv要素を取得。
>>> div = driver.find_elements_by_css_selector('.o-timeline__item')[0]
# SeleniumでDOM要素に対応するオブジェクトは、WebElementオブジェクト。
>>> div
<selenium.webdriver.remote.webelement.WebElement (session="30e1338c57a7b9933630de111f10bec7", element="0.085988506509733-1")>
# WebDriverクラスと同様にfind_element_by_css_selector()などのメソッドで、この要素内部の要素を取得できる。
>>> a = div.find_element_by_css_selector('a')  # a要素を取得。
>>> a.get_attribute('href')  # WebElementオブジェクトのget_attribute()メソッドで属性を取得できる。
'https://note.mu/matsuhiro/n/n7e67d9530e99'
```

```
>>> div.find_element_by_css_selector('h3').text  # タイトルを取得。
'サブスク・モデルの電動歯ブラシが実に便利であるという話'
>>> div.find_element_by_css_selector('p').text  # 概要を取得。画像コンテンツなど空文字の場合もある。
'※この記事は有料マガジンの特別無料版です。 だいぶ前の記事ですが、半年以上前に、電動歯ブラシを買い換えた ↵
話を書いたんですね。この時...'
# スキの数を取得。
>>> div.find_element_by_css_selector('.o-noteStatus__item--like .o-noteStatus__label').text
'17'
```


● スクリプトで最初の画面からデータを抜き出す

ここまでの処理をスクリプトに落とし込むと**リスト5.25**のようになります。このコードには3つの関数があり、main()関数からnavigate()関数とscrape_contents()関数を呼び出します。

▼ リスト5.25 get_note_contents.py — noteのコンテンツを取得する

```
import logging
from typing import List  # 型ヒントのためにインポート

from selenium.webdriver import Chrome, ChromeOptions, Remote
from selenium.common.exceptions import NoSuchElementException


def main():
    """
    メインの処理。
    """
    options = ChromeOptions()
    # ヘッドレスモードを有効にするには、次の行のコメントアウトを解除する。
    # options.headless = True
    driver = Chrome(options=options)  # ChromeのWebDriverオブジェクトを作成する。
    # Windows上の仮想マシンの場合は、前の行をコメントアウトして、次の行のコメントアウトを解除する。
    # driver = Remote('http://10.0.2.2:4444', options=options)

    navigate(driver)  # noteのトップページに遷移する。
    contents = scrape_contents(driver)  # コンテンツのリストを取得する。
    logging.info(f'Found {len(contents)} contents.')  # 取得したコンテンツの数を表示する。

    # コンテンツの情報を表示する。
    for content in contents:
        print(content)

    driver.quit()  # ブラウザーを終了する。


def navigate(driver: Remote):
    """
    目的のページに遷移する。
```

5

```
    """
    logging.info('Navigating...')
    driver.get('https://note.mu/')  # noteのトップページを開く。
    assert 'note' in driver.title  # タイトルに'note'が含まれていることを確認する。


def scrape_contents(driver: Remote) -> List[dict]:
    """
    文章コンテンツのURL、タイトル、概要、スキの数を含むdictのリストを取得する。
    """
    contents = []  # 取得したコンテンツを格納するリスト。

    # コンテンツを表すdiv要素について反復する。
    for div in driver.find_elements_by_css_selector('.o-timeline__item'):
        a = div.find_element_by_css_selector('a')
        try:
            description = div.find_element_by_css_selector('p').text
        except NoSuchElementException:
            description = ''  # 画像コンテンツなどp要素がない場合は空文字にする。

        # URL、タイトル、概要、スキの数を取得して、dictとしてリストに追加する。
        contents.append({
            'url': a.get_attribute('href'),
            'title': div.find_element_by_css_selector('h3').text,
            'description': description,
            'like': int(div.find_element_by_css_selector('.o-noteStatus__item--like .o-noteStatus ↵
__label').text),
        })

    return contents

if __name__ == '__main__':
    logging.basicConfig(level=logging.INFO)  # INFOレベル以上のログを出力する。
    main()
```

これを保存して実行するとコンテンツの情報が表示されます。Windows上の仮想マシンで実行する場合は、16行目のコメントに従ってコメントアウトを変更します。Windows上でChromeDriverも起動しておきます。

```
(scraping) $ python get_note_contents.py
INFO:root:Navigating...
INFO:root:Found 10 contents.
{'url': 'https://note.mu/matsuhiro/n/n7e67d9530e99', 'title': 'サブスク・モデルの電動歯ブラシが実に便 ↵
利であるという話', 'description': '※この記事は有料マガジンの特別無料版です。 だいぶ前の記事ですが、半 ↵
年以上前に、電動歯ブラシを買い換えた話を書いたんですね。この時...', 'like': 17}
{'url': 'https://note.mu/tekken8810/n/nc5ac94b69649', 'title': '子供の名前、「択が多すぎる」問題', ' ↵
description': 'おかげさまで先日子どもが生まれまして絶賛育休中なんですが(別にヒマだからnoteばっかり書いてる ↵
わけではない)、出産まわりで1つだけも...', 'like': 15}
...
```

● ページをスクロールして続きを読み込む

最初の画面に含まれるコンテンツの情報を表示できるようになったので、さらにスクロールして続きを読み込んでみましょう。

Seleniumには、ページをスクロールするメソッドは用意されていないため、ページ内でJavaScriptを実行してスクロールします。次のコードでページの一番下までスクロールできます。

```
scroll(0, document.body.scrollHeight)  // JavaScriptのコードです。
```

WebDriverオブジェクトのexecute_script()メソッドを使うと、ページ内でJavaScriptを実行できます。次のように実行すると、ページの一番下までスクロールして、続きのコンテンツを読み込めます。

```
driver.execute_script('scroll(0, document.body.scrollHeight)')
```

これらを使って、navigate()関数で続きのコンテンツを読み込む処理は**リスト5.26**になります。ここでは、ページの一番下までスクロールして続きのコンテンツが読み込まれるのを待つという処理を3回繰り返しています。

続きのコンテンツを読み込む際に考慮すべき点として、JavaScriptを実行してから実際にコンテンツに対応するDOM要素が追加されるまでのタイムラグがあります。WebDriverオブジェクトのget()メソッドでページを読み込んだ時には、DOMが構築されて画像などの必要なリソースが読み込まれる、すなわちJavaScriptのonloadイベントが発生するまでブロックされます。一方、ページ内でAjaxを使って続きのコンテンツが読み込まれるときには、自動的にブロックされることはありません。このため、適切に待つ処理を入れる必要があります。

ここではコードを簡単にするために、毎回2秒間決め打ちで待っています。読み込みにかかる時間によっては、続きのコンテンツを読み込めなかったり、無駄に待ちすぎたりする可能性があります。これらの回避には、column「Seleniumで特定の条件が満たされるまで待つ」を参照してください。

▼ **リスト5.26** get_more_note_contents.py — **おすすめコンテンツのページから続きを読み込む処理**

```
import logging
import time  # 追加
from typing import List  # 型ヒントのためにインポート

# (略)


def navigate(driver: Remote):
    """
    目的のページに遷移する。
    """
    logging.info('Navigating...')
    driver.get('https://note.mu/')  # noteのトップページを開く。
```

```
    assert 'note' in driver.title  # タイトルに'note'が含まれていることを確認する。

    # 3回繰り返す。
    for _ in range(3):
        # ページの一番下までスクロールする。
        driver.execute_script('scroll(0, document.body.scrollHeight)')
        logging.info('Waiting for contents to be loaded...')
        time.sleep(2)  # 2秒間待つ。

# (略)
```

リスト5.25のimport文とnavigate()関数を**リスト5.26**に置き換えたものをget_more_note_contents.pyという名前で保存し、次のように実行すると、先ほどのものよりも多くのコンテンツが表示されます。

```
(scraping) $ python get_more_note_contents.py
INFO:root:Navigating...
INFO:root:Waiting for contents to be loaded...
INFO:root:Waiting for contents to be loaded...
INFO:root:Waiting for contents to be loaded...
INFO:root:Found 40 contents.
{'url': 'https://note.mu/matsuhiro/n/n7e67d9530e99', 'title': 'サブスク・モデルの電動歯ブラシが実に便 ↵
利であるという話', 'description': '※この記事は有料マガジンの特別無料版です。 だいぶ前の記事ですが、半 ↵
年以上前に、電動歯ブラシを買い換えた話を書いたんですね。この時...', 'like': 17}
{'url': 'https://note.mu/tekken8810/n/nc5ac94b69649', 'title': '子供の名前、「択が多すぎる」問題', ' ↵
description': 'おかげさまで先日子どもが生まれまして絶賛育休中なんですが(別にヒマだからnoteばっかり書いてる ↵
わけではない)、出産まわりで1つだけも...', 'like': 15}
...
```

column Seleniumで特定の条件が満たされるまで待つ

Seleniumには特定の条件が満たされるまで待つ処理が用意されています。例えば、ある要素が表示されるまで待つ、ある要素がクリック可能になるまで待つといった具合です。

noteのおすすめコンテンツページでは、一番下までスクロールすると追加のコンテンツが読み込まれます。最初はコンテンツが10個あり、スクロールするたびに10個追加されます。このため、最初にスクロールした際は20番目のコンテンツに対応する要素が表示されるまで、次にスクロールした際は30番目のコンテンツに対応する要素が表示されるまで待つと良いでしょう。

WebDriverWaitオブジェクトのuntil()メソッドを使うと、条件が満たされるまで待てます。このメソッドの引数に関数を指定すると、500ミリ秒ごとにその関数が呼び出され、関数が真と評価される値を返すまで待ち、その値を返します。

navigate()関数は**リスト5.27**のようになります。これを実行すると、少なくとも筆者の環境では、2秒決め打ちで待っていたときよりも早く読み込めるようになりました。

▼ リスト5.27 get_more_note_contents_with_explicit_wait.py ― 続きを読み込む際に要素が表示されるまで待つ

```
import logging
from typing import List  # 型ヒントのためにインポート

from selenium.webdriver import Chrome, ChromeOptions, Remote
from selenium.webdriver.common.by import By
from selenium.webdriver.support import expected_conditions as EC
from selenium.webdriver.support.ui import WebDriverWait
from selenium.common.exceptions import NoSuchElementException

# (略)


def navigate(driver: Remote):
    """
    目的のページに遷移する。
    """
    logging.info('Navigating...')
    driver.get('https://note.mu/')  # noteのトップページを開く。
    assert 'note' in driver.title  # タイトルに'note'が含まれていることを確認する。

    # 3回繰り返す。
    for _ in range(3):
        # 待つべき要素の番号(現在の要素数 + 10)を計算する。
        # 最初の2要素だけ親要素が異なるので、現在の要素数の計算からは除く。
        n = len(driver.find_elements_by_css_selector('.o-timeline > div > .o-timeline__item')) + 10
        # ページの一番下までスクロールする。
        driver.execute_script('scroll(0, document.body.scrollHeight)')
        logging.info('Waiting for contents to be loaded...')
        # n番目のコンテンツに対応する要素が表示されるまで待つ。nth-of-type()の番号は1始まり。
        # タイムアウトは10秒で、10秒待っても表示されない場合は例外が発生する。
        WebDriverWait(driver, 10).until(EC.visibility_of_element_located(
            (By.CSS_SELECTOR, f'.o-timeline__item:nth-of-type({n})')
        ))

# (略)
```

5

column JavaScriptを使ったページに対応するための別のアプローチ: Requests-HTML

本節では、JavaScriptを使ったページに対応するためにブラウザーを自動操作するアプローチを紹介しました。やや異なるアプローチのライブラリとして、Requests-HTML*aがあります。

Requests-HTMLは、Requestsの自然な拡張としてWebページの取得からスクレイピングまでを行えるライブラリです。lxml(**2.5.3**参照)とpyquery(**3.1.2**参照)のラッパーで、スクレイピングのための便利なメソッドを備えています。

その中にrender()メソッドがあります。これはPyppeteerを使って現在のページをレンダリングし、その結果のHTMLをスクレイピング対象にするものです。こうすることで、スクレイピングはlxmlやpyqueryで行いながらも、JavaScriptを使ったページに対応できます。

Requests-HTMLでnoteのトップページからスクレイピングするコードは**リスト5.28**のようになります。この例では単純にrender()しているだけですが、onloadのタイミングで実行するJavaScriptのコードなども指定できます。詳しくはドキュメントサイト*bを参照してください。

▼ リスト5.28 requests_html_note.py — Requests-HTMLでnoteのトップページのコンテンツを取得する

```
from requests_html import HTMLSession  # pip install requests-html

session = HTMLSession()  # HTMLSessionはRequestsのSessionと同じように使える。
r = session.get('https://note.mu/')
r.html.render()  # 取得したHTMLをPyppeteerを使ってレンダリングしたHTMLに置き換える。

for div in r.html.find('.p-timeline__item'):  # findメソッドは、CSSセレクターで要素を取得する。
    a = div.find('a', first=True)  # first=True とすると最初の要素だけを取得できる。
    # URL、タイトル、概要、スキの数を取得して表示する。
    print({
        'url': a.attrs.get('href'),
        'title': div.find('h3', first=True).text,
        'description': div.find('p', first=True).text,
        'like': int(div.find('.p-cardItem__statusItem--like .p-cardItem__statusLabel', first ↵
=True).text),
    })
```

*a https://pypi.org/project/requests-html/ 本書ではバージョン0.9.0を使用します。
*b http://html.python-requests.org/

5.6.4 Slackに通知する

スクレイピングして得られたコンテンツのURLをSlackに通知します。ここではSeleniumで取得した情報をもとに、スキの数が1番多いコンテンツとスキ数を通知します。RSSフィードにはスキ数の情報は含まれないため、スキ数の多いおすすめコンテンツを確認したいときなどに有効な手法です*74。

このようなクローラーを例えば1日1回実行し、更新があったときだけ通知するようにすれば、更新に気づくことができます。また、日々変わるデータをスクレイピングして通知するのも有用でしょう。

● SlackのIncoming WebHooksを設定する

プログラムからSlackに通知するにはAPIも使えますが、Incoming WebHooksというアプリを使うと特定のURLにリクエストを送るだけでメッセージを投稿できます。Slackのアカウントにログインした状態でSlackのアプリページ(https://slack.com/apps)を開き、「Incoming WebHooks」のアプリを検索して表示します(**図5.22**)。

▼ 図5.22 Incoming WebHooksアプリ

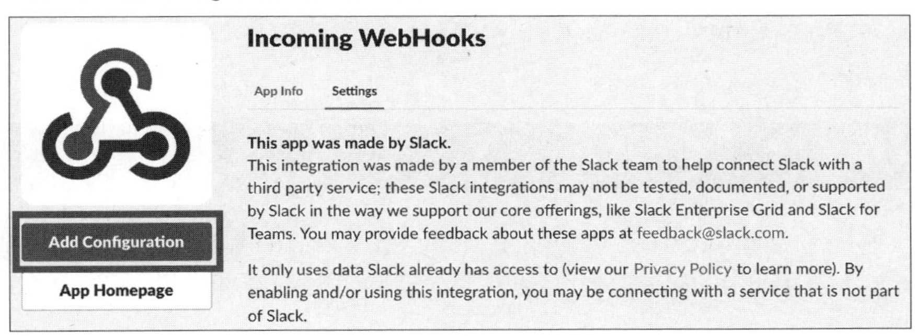

「Add Configuration」をクリックすると通知先のチャンネルを選択する画面が表示されるので、通知したいチャンネルを選択して「Add Incoming WebHooks integration」をクリックしてアプリを追加します(**図5.23**)。通知先はチャンネルだけでなく、自身へのダイレクトメッセージも選択できます。開発中はダイレクトメッセージを使い、動作を確認できてから他の人が居るチャンネルに投稿するのも良いでしょう。

---

*74 すべてのコンテンツのURLを通知するだけであれば、RSSフィードをスクレイピングするほうが楽ですし、Slackの機能でも実現できます。

▼ 図5.23　通知先のチャンネルを選択

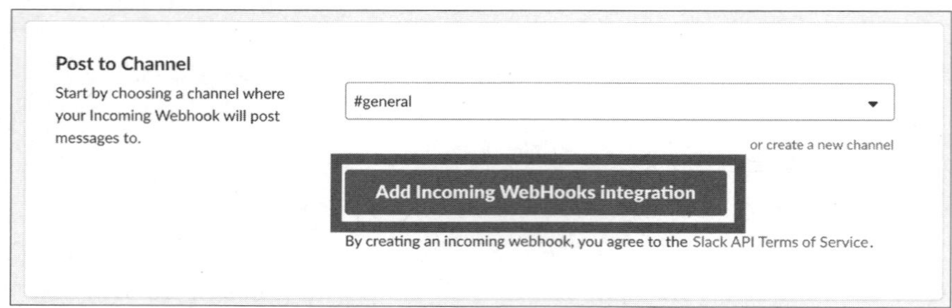

アプリを追加すると`https://hooks.slack.com/services/`で始まるWebhook URLが表示されるので、控えておきます。同時にアプリを追加した旨がチャンネルに通知されます。

Incoming WebHooksの使い方は単純で、Webhook URLに対してJSON文字列をPOSTするだけです。`curl`コマンドで実行してみましょう。

```
$ curl -d '{"text": "Test message"}' <Webhook URL>
ok
```

図5.24のようにメッセージが表示されたら成功です。好みに応じてIncoming WebHooksの設定ページで、ユーザー名やアイコン、Descriptionを変更できます。

▼ 図5.24　Incoming WebHooksで投稿したメッセージ

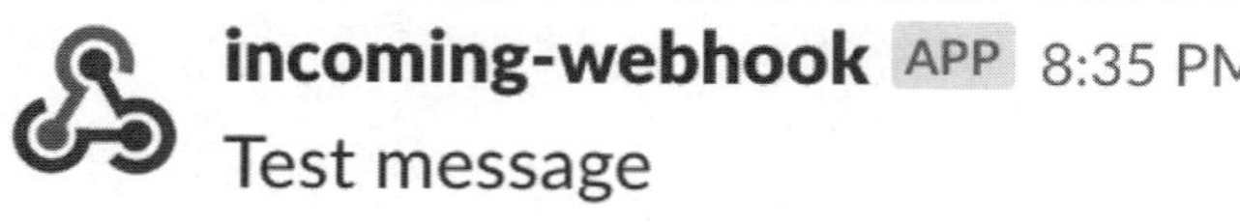

● スクリプトからSlackに通知する

`.env`ファイルにWebhook URLを記入します。

```
SLACK_INCOMING_WEBHOOK_URL=<Webhook URL>
```

前項の`get_note_contents.py`に、Slackに通知する機能を追加すると**リスト5.29**のようになります。

▼ リスト5.29　notify_to_slack.py ― スキの数が最も多いコンテンツをSlackに通知する

```
import os
import logging
from typing import List  # 型ヒントのためにインポート
```

```
import requests
from selenium.webdriver import Chrome, ChromeOptions, Remote
from selenium.common.exceptions import NoSuchElementException

# WebhookのURLを環境変数から取得する。
SLACK_INCOMING_WEBHOOK_URL = os.environ['SLACK_INCOMING_WEBHOOK_URL']


def main():
    """
    メインの処理。
    """
    options = ChromeOptions()
    # ヘッドレスモードを無効にするには、次の行をコメントアウトする。
    options.headless = True
    driver = Chrome(options=options)  # ChromeのWebDriverオブジェクトを作成する。
    # Windows上の仮想マシンの場合は、前の行をコメントアウトして、次の行のコメントアウトを解除する。
    # driver = Remote('http://10.0.2.2:4444', options=options)

    navigate(driver)  # noteのトップページに遷移する。
    contents = scrape_contents(driver)  # コンテンツのリストを取得する。
    logging.info(f'Found {len(contents)} contents.')  # 取得したコンテンツの数を表示する。

    # スキの数が最も多いコンテンツを取得する。
    content = sorted(contents, key=lambda c: c['like'], reverse=True)[0]
    logging.info(f'Notifying to Slack: {content["url"]}')
    # 取得したコンテンツのスキの数とURLをSlackに通知する。
    requests.post(SLACK_INCOMING_WEBHOOK_URL, json={
        'text': f':heart: {content["like"]} {content["url"]}',
        'unfurl_links': True,  # リンクのタイトルや画像を表示する。
    })

    driver.quit()  # ブラウザーを終了する。

# (略)
```

これを保存して実行すると、次のようになります。Windows上の仮想マシンで実行する場合は、21行目のコメントに従ってコメントアウトを変更し、Windows上でChromeDriverを起動しておくのを忘れないでください。

```
(scraping) $ forego run python notify_to_slack.py
INFO:root:Navigating...
INFO:root:Found 10 contents.
INFO:root:Notifying to Slack: https://note.mu/hantokeimawari/n/n161bab40ad9a
```

図5.25のように、スキの数が最も多いコンテンツのURLがスキの数と共にSlackに通知されます。筆者が試したときには、URLによってはタイトルや画像が表示されないこともありました。

▼ 図5.25　Incoming WebHooksで投稿したnoteのURL

incoming-webhook APP 4:34 PM
💚 91 https://note.mu/hantokeimawari/n/n161bab40ad9a

note（ノート）
「長女を馬鹿にすることはできない。、それは相手の話をスルーしている訳でもなく」の話　byとけいまわり｜とけいまわり｜note
私には「自分の事を馬鹿にしていないかチェック」センサーの、たぶん1番値段の高い最高感度のやつが搭載されていて、「すわ！馬鹿にされたぞ！出会え！出会えー！」ともなれば、心のシャッターかガッシャーン！と閉じる。 いつも、自分は馬鹿にされていないか、見下されていないかを相手の言葉の端々から感じ取ってしまう。よく考えてみれば「自分が馬鹿にされたかどうか」の選別なんていちいちしなくていいのに。時給も出ないのに。 次女は私に似て、とてもセンサーが発達している。（あ...今みたいな波長の小さいのも捉えたのか...センサーの感度高いな...）と思いながら、泣き出す次女を（よしよし、私に似ておるのう...）と背中 (921 kB) ▾

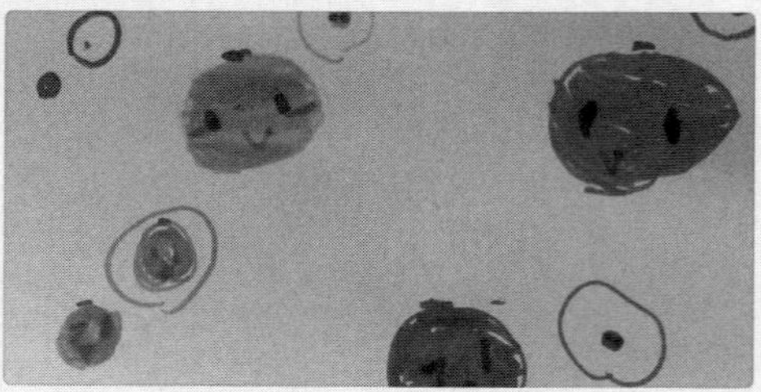

5.7　取得したデータの活用

本節では、これまでの節では紹介しきれなかったデータの活用方法として、位置情報を地図上に可視化する方法と、BigQueryを使って大量のデータを高速に処理する方法を解説します。

5.7.1　地図による可視化

Google Maps JavaScript APIを使って、位置情報を地図上に可視化する方法を紹介します。位置情報を持たないデータについては、ジオコーディングAPIを使って住所から位置情報を取得します。

● ジオコーディングによる位置情報の取得

5.4.3の**リスト5.20**のSPARQLクエリで美術館の位置情報を取得できるようになりましたが、位置情報が付与されていない美術館もあります。このような場合は、ジオコーディングAPIを使用すると住所から位置情報を得ることができます。有名なジオコーディングAPIとして、次のものがあります。

- Google Maps Geocoding API
  https://developers.google.com/maps/documentation/geocoding/intro
- Yahoo!ジオコーダAPI
  https://developer.yahoo.co.jp/webapi/map/openlocalplatform/v1/geocoder.html

ここでは、使用目的の制限が少ないYahoo!ジオコーダAPIを使用します。Yahoo!ジオコーダAPIを使うには、Yahoo! JAPAN IDでログインした上でアプリケーションを登録し、アプリケーションIDを取得する必要があります。アプリケーションの登録は次のページから行えます。

- 新しいアプリケーションを開発：Yahoo!デベロッパーネットワーク
  https://e.developer.yahoo.co.jp/register

登録時に、アプリケーションの種類は「サーバーサイド」を選択しておきます。得られたアプリケーションIDを.envファイルに次のように保存しておきます。なお、シークレットという値も取得できますが、ここでは使用しません。

```
YAHOO_APPLICATION_ID=<アプリケーションID>
```

Yahoo!ジオコーダAPIは`https://map.yahooapis.jp/geocode/V1/geoCoder`に次のパラメーターを指定してHTTP GETリクエストを送るだけで利用できます。

- `appid`: アプリケーションID
- `query`: 住所の文字列

例えば「東京都台東区上野公園7番7号」という住所の位置情報を取得するために、curlコマンドを使ってYahoo!ジオコーダAPIを呼び出すと次のようになります。結果を読みやすくするために、パイプを使ってjqコマンド（column「JSONに対してクエリを実行するjqコマンド」参照）に渡しています。なお、デフォルトの出力フォーマットはXML形式ですが、PythonではJSON形式のほうが扱いやすいので、`output=json`として出力フォーマットを変更しています。パラメーターについてはAPIのドキュメント*75を参照してください。

```
$ curl -s 'https://map.yahooapis.jp/geocode/V1/geoCoder?appid=<アプリケーションID>&output=json&quer ↵
y=東京都台東区上野公園7番7号' | jq .
{
  "ResultInfo": {
    "Count": 1,
```

*75 https://developer.yahoo.co.jp/webapi/map/openlocalplatform/v1/geocoder.html

```
    "Total": 1,
    "Start": 1,
    "Status": 200,
    "Description": "",
    "Copyright": "",
    "Latency": 0.058
  },
  "Feature": [
    {
      "Id": "13106.8.7.7",
      "Gid": "",
      "Name": "東京都台東区上野公園7-7",
      "Geometry": {
        "Type": "point",
        "Coordinates": "139.77589247,35.71533133",
        "BoundingBox": "139.77029247,35.70973133 139.78149247,35.72093133"
      },
      "Category": [],
      "Description": "",
      "Style": [],
      "Property": {
        "Uid": "0505dcfa8557a4206edfa281475b0c83f82e9283",
        "CassetteId": "b22fee69b0dcaf2c2fe2d6a27906dafc",
        "Yomi": "トウキョウトタイトウクウエノコウエン",
        "Country": {
          "Code": "JP",
          "Name": "日本"
        },
        "Address": "東京都台東区上野公園7-7",
        "GovernmentCode": "13106",
        "AddressMatchingLevel": "6",
        "AddressType": "地番・戸番"
      }
    }
  ]
}
```


多くの情報を取得できますが、Featureというキーの値の中にあるCoordinatesというキーの値が経度と緯度を表しています。この例では、東経139.77589247度、北緯35.71533133度となります。なお、ここでは得られた結果（Featureというキーの値）は1つだけですが、複数の結果が得られる場合もあります。

column JSONに対してクエリを実行するjqコマンド

jqコマンド[*a]はJSONに対してクエリを実行して一部を抽出できるコマンドです。次のようにしてインストールします。

```
$ brew install jq # macOSの場合
```

```
$ sudo apt install -y jq # Ubuntuの場合
```

先ほどの実行結果のように`jq .`を実行すると、標準入力に与えたJSON文字列が整形して表示されます。

```
$ curl -s 'https://map.yahooapis.jp/geocode/V1/geoCoder?appid=<アプリケーションID>&output=json ↵
&query=東京都台東区上野公園7番7号' | jq .
{
  "ResultInfo": {
    "Count": 1,
    "Total": 1,
    "Start": 1,
    "Status": 200,
    "Description": "",
    "Copyright": "",
    "Latency": 0.058
  },
  ...
```

jqの引数に.以外のフィルターを記述してJSONの一部だけを抽出することもできます。詳しくはjqのマニュアル[*b]を参照してください。

```
# 結果の数だけを抽出する。
$ curl -s 'https://map.yahooapis.jp/geocode/V1/geoCoder?appid=<アプリケーションID>&output=json ↵
&query=東京都台東区上野公園7番7号' | jq .ResultInfo.Count
1
# 経度と緯度だけを抽出する。
$ curl -s 'https://map.yahooapis.jp/geocode/V1/geoCoder?appid=<アプリケーションID>&output=json ↵
&query=東京都台東区上野公園7番7号' | jq .Feature[0].Geometry.Coordinates
"139.77589247,35.71533133"
```

＊a　https://stedolan.github.io/jq/
＊b　https://stedolan.github.io/jq/manual/

● すべての美術館の位置情報を取得する

それでは、Yahoo!ジオコーダAPIを使って美術館の位置情報を取得してみましょう。**リスト5.30**は、SPARQLで美術館の情報を取得し、位置情報を持たない美術館については住所をジオコーディングして位置情報を取得するスクリプトです。取得した位置情報は、GeoJSON形式で`museums.geojson`という名前のファイルに書き出します。**GeoJSON**[*76]は様々な地理的な情報を格納するためのフォーマットで、一定のルールに従ったJSONです。GeoJSONに対応しているソフトウェア同士であれば、地理的な情報を簡単に受け渡しできます。なお、geojson[*77]のようにPythonでGeoJSONを扱うためのライブラリも存在しますが、ここでは簡単なファイルを作成するだけなので使用しません。

このスクリプトにはmain()、get_museums()、sexagesimal_to_decimal()、geocode()の4つの関数があります。一番最初にmain()が実行され、そこから残りの3つの関数を呼び出します。

get_museums()関数では、**リスト5.19**と同じようにSPARQLクエリで美術館の情報を取得します。実行するクエリは**リスト5.20**と同じものです。

sexagesimal_to_decimal()関数は、SPARQLクエリの結果に格納されている60進数の経度と緯度を10進数のそれに変換します。

geocode()関数は、引数で指定した住所をYahoo!ジオコーダAPIでジオコーディングして、経度と緯度のペアを返します。数百の住所をジオコーディングするには時間がかかり、Yahoo!ジオコーダAPIのリクエスト回数にも制限があるので、ジオコーディングの結果はキャッシュに保存し、一度ジオコーディングした住所は再度問い合わせないようにしています。これによって、このスクリプトを2回目以降に実行した場合は、短時間で終了します。

▼ **リスト5.30 get_museums_with_location.py — 日本の美術館の位置情報を取得する**

```
import os
import dbm
import json
import logging
from typing import Iterator, Tuple, Union  # 型ヒントのためにインポート

import requests
from SPARQLWrapper import SPARQLWrapper

YAHOO_GEOCODER_API_URL = 'https://map.yahooapis.jp/geocode/V1/geoCoder'
YAHOO_APPLICATION_ID = os.environ['YAHOO_APPLICATION_ID']  # アプリケーションIDは環境変数から取得する。
# DBM(ファイルを使ったキーバリュー型のDB)をジオコーディング結果のキャッシュとして使用する。
# この変数はdictと同じように扱うことができ、設定した値はファイルに保存される。
geocoding_cache = dbm.open('geocoding.db', 'c')


def main():
    """
    メインの処理。SPARQLで日本の美術館を取得してGeoJSONファイルに書き出す。
    位置情報がない場合はジオコーディングして取得する。
    """
```

*76 http://geojson.org/
*77 https://pypi.org/project/geojson/

```
    features = []  # 美術館の情報を格納するためのリスト。

    for museum in get_museums():
        label = museum.get('label', museum['s'])  # ラベルがある場合はラベルを、ない場合はsの値を取得。
        address = museum['address']

        if 'lon_degree' in museum:
            # 位置情報が含まれる場合は、経度と緯度を60進数(度分秒)から10進数に変換する。
            lon, lat = sexagesimal_to_decimal(museum)
        else:
            # 位置情報が含まれない場合は、住所をジオコーディングして経度と緯度を取得する。
            lon, lat = geocode(address)

        print(label, address, lon, lat)  # 変数の値を表示。

        if lon is None:
            continue  # ジオコーディングしても位置情報を取得できなかった場合はfeaturesに含めない。

        # featuresに美術館の情報をGeoJSONのFeatureの形式で追加する。
        features.append({
            'type': 'Feature',
            'geometry': {'type': 'Point', 'coordinates': [lon, lat]},
            'properties': {'label': label, 'address': address},
        })

    # GeoJSONのFeatureCollectionの形式でdictを作成する。
    feature_collection = {
        'type': 'FeatureCollection',
        'features': features,
    }
    # FeatureCollectionを.geojsonという拡張子のファイルに書き出す。
    with open('museums.geojson', 'w') as f:
        json.dump(feature_collection, f)


def get_museums() -> Iterator[dict]:
    """
    SPARQLを使ってDBpedia Japaneseから美術館の情報を取得する。
    """
    logging.info('Executing SPARQL query...')

    # SPARQLエンドポイントのURLを指定してインスタンスを作成する。
    sparql = SPARQLWrapper('http://ja.dbpedia.org/sparql')
    # 日本の美術館を取得するクエリを設定する。
    # 正規表現にバックスラッシュを含むので、rで始まるraw文字列を使用している。
    sparql.setQuery(r"""
    SELECT * WHERE {
        ?s rdf:type dbpedia-owl:Museum ;
        prop-ja:所在地 ?address .
        OPTIONAL { ?s rdfs:label ?label . }
```

5

```
        OPTIONAL {
        ?s prop-ja:経度度 ?lon_degree ;
            prop-ja:経度分 ?lon_minute ;
            prop-ja:経度秒 ?lon_second ;
            prop-ja:緯度度 ?lat_degree ;
            prop-ja:緯度分 ?lat_minute ;
            prop-ja:緯度秒 ?lat_second .
        }
        FILTER REGEX(?address, "^\\p{Han}{2,3}[都道府県]")
    } ORDER BY ?s
    """)
    sparql.setReturnFormat('json')  # 取得するフォーマットとしてJSONを指定する。
    # query()でクエリを実行し、convert()でレスポンスをパースしてdictを得る。
    response = sparql.query().convert()

    logging.info(f"Got {len(response['results']['bindings'])} results.")

    # クエリの実行結果を反復処理する。
    for result in response['results']['bindings']:
        # 扱いやすいように {変数名1: 値1, 変数名2: 値2, ...} という形式のdictをyieldする。
        # resultを加工した辞書を得るために、辞書内包表記というリスト内包表記に似た表記法を使う。
        yield {name: binding['value'] for name, binding in result.items()}


def sexagesimal_to_decimal(museum: dict) -> Tuple[float, float]:
    """
    60進数（度分秒）の経度と緯度を10進数に変換する。
    """
    # 10進数の度 = 60進数の度 + 60進数の分 / 60 + 60進数の秒 / 3600
    lon = float(museum['lon_degree']) + float(museum['lon_minute']) / 60 + \
        float(museum['lon_second']) / 3600
    lat = float(museum['lat_degree']) + float(museum['lat_minute']) / 60 + \
        float(museum['lat_second']) / 3600

    return (lon, lat)


def geocode(address: str) -> Union[Tuple[float, float], Tuple[None, None]]:
    """
    引数で指定した住所をYahoo!ジオコーダAPIでジオコーディングして、経度と緯度のペアを返す。
    """
    if address not in geocoding_cache:
        # 住所がキャッシュに存在しない場合はYahoo!ジオコーダAPIでジオコーディングする。
        logging.info(f'Geocoding {address}...')
        r = requests.get(YAHOO_GEOCODER_API_URL, params={
            'appid': YAHOO_APPLICATION_ID,
            'output': 'json',
            'query': address,
        })
```

```
        # APIのレスポンスをキャッシュ（DBM）に格納する。
        # DBMのキーや値にはbytes型しか使えないが、str型は自動的にbytes型に変換される。
        geocoding_cache[address] = r.content

    # キャッシュ内のAPIレスポンスをdictに変換する。値はbytes型なので、文字列として扱うにはデコードが必要。
    response = json.loads(geocoding_cache[address].decode('utf-8'))

    if 'Feature' not in response:
        return (None, None)  # ジオコーディングで結果が得られなかった場合はNoneのペアを返す。

    # Coordinatesというキーの値を,で分割。
    coordinates = response['Feature'][0]['Geometry']['Coordinates'].split(',')
    return (float(coordinates[0]), float(coordinates[1]))  # floatのペアに変換して返す。

if __name__ == '__main__':
    logging.basicConfig(level=logging.INFO)  # INFOレベル以上のログを出力する。
    main()
```

リスト5.30を保存して実行すると、ログと美術館の情報が表示されます。

```
(scraping) $ forego run python get_museums_with_location.py
INFO:root:Executing SPARQL query...
INFO:root:Got 1584 results.
BBプラザ美術館 兵庫県神戸市灘区岩屋中町4丁目2番7号 135.21777777777777 34.703250000000004
CCA北九州 福岡県北九州市若松区ひびきの2-5 130.7968888888889 33.86505555555556
INFO:root:Geocoding 東京都中央区日本橋本町3-5-1...
Daiichi Sankyo くすりミュージアム 東京都中央区日本橋本町3-5-1 139.77558803 35.68847574
INFO:root:Geocoding 東京都小平市大沼町4-31-25...
GAS MUSEUM がす資料館 東京都小平市大沼町4-31-25 139.50040313 35.74191819
INAXライブミュージアム 愛知県常滑市奥栄町1-130 136.8487027777778 34.88117777777778
INFO:root:Geocoding 東京都千代田区丸の内1-6-4...
JAXAi 東京都千代田区丸の内1-6-4 None None
JRA競馬博物館 東京都府中市日吉町1-1 139.48813888888887 35.66636111111111
...
```

作成されたファイルmuseums.geojsonの中身は次のようになっています。

```
(scraping) $ cat museums.geojson | jq .
{
  "type": "FeatureCollection",
  "features": [
    {
      "type": "Feature",
      "geometry": {
        "type": "Point",
        "coordinates": [
          135.21777777777777,
```

```
          34.703250000000004
        ]
      },
      "properties": {
        "label": "BBプラザ美術館",
        "address": "兵庫県神戸市灘区岩屋中町4丁目2番7号"
      }
    },
...
```

このファイルはGeoJSONに対応したソフトウェアで表示できます。例えばGitHub[*78]やGist[*79]では、GeoJSON形式のファイルをプレビューすると、**図5.26**のように自由に操作可能な地図上に表示されます。

▼ 図5.26　Gistで表示したmuseums.geojson

● Google Maps JavaScript APIを使った地図による可視化

Google Maps JavaScript API[*80]で、自分で作成したWebページにGoogleマップの地図を埋め込めます。地図はJavaScriptでカスタマイズでき、GeoJSONファイルの中身も簡単に表示できます。

Google Maps JavaScript APIを利用するには、APIキーが必要です。まず**5.2.3**のYouTube Data APIと同様に、Google APIコンソールで「Maps JavaScript API」を有効にします。その後「認証情報」タブか

*78　https://github.com/
*79　https://gist.github.com/
*80　https://developers.google.com/maps/documentation/javascript/tutorial

ら既存のAPIキーを取得するか、APIキーを新しく作成します*81。

リスト5.31はmuseums.geojsonファイルを読み込んで地図上に表示するHTMLファイルです。ファイル下部のURL内にある<APIキー>の部分をAPIキーに置き換えてください。

このファイルではid="map"のdiv要素に、Google Maps JavaScript APIで地図を表示します。APIのスクリプトの読み込みが完了すると、initMap()関数が呼び出されます。地図を初期化し、geojsonファイルを読み込んで表示します。

これだとマーカーが表示されるだけなので、マーカーをクリックしたときに実行するイベントリスナーを登録しておきます。イベントリスナーでは、クリックされた美術館の名前(label)と住所(address)を含むポップアップ(InfoWindow)をマーカーの上に表示します。

▼ **リスト5.31 museums.html — 地図上にGeoJSONの中身を表示するためのHTML**

```
<!DOCTYPE HTML>
<html>
<head>
    <meta charset="utf-8">
    <title>日本の美術館</title>
    <style>
        html, body, #map { height: 100%; margin: 0; padding: 0; }
    </style>
</head>
<body>
    <div id="map"></div>
    <script>
    function initMap() {
        // id="map"の要素を対象として、地図を初期化する。
        var map = new google.maps.Map(document.getElementById('map'), {
            center: { lat: 35.7, lng: 137.7 },
            zoom: 7
        });
        // InfoWindowオブジェクトを作成しておく。
        var infowindow = new google.maps.InfoWindow();
        // geojsonファイルの相対URLを指定して読み込み、地図に表示する。
        map.data.loadGeoJson('./museums.geojson');

        // マーカーをクリックしたときに実行するイベントリスナーを登録する。
        map.data.addListener('click', function(e) {
            // h2要素を作成し、美術館の名前(label)を追加する。
            var h2 = document.createElement('h2');
            h2.textContent = e.feature.getProperty('label');
            // div要素を作成し、h2要素と美術館の住所(address)を追加する。
```

*81 自身の開発環境で閲覧するだけであれば既存のAPIキーを使いまわしても問題ないですが、このキーを埋め込んだWebページをインターネットに公開する場合は、APIキーに制限をかけることをオススメします。HTTPリファラーによるアプリケーションの制限をかけて特定のWebサイトのみで使用できるようにし、APIの制限をかけてMaps JavaScript APIのみを使えるようにすると良いでしょう。

```
            var div = document.createElement('div');
            div.appendChild(h2);
            div.appendChild(document.createTextNode('住所: ' + e.feature.getProperty('address')));

            // InfoWindowに表示する中身としてdiv要素を指定する。
            infowindow.setContent(div);
            // 表示場所としてマーカーの地点を指定する。
            infowindow.setPosition(e.feature.getGeometry().get());
            // InfoWindowはマーカーから38ピクセル上に表示するようオプションを指定する。
            infowindow.setOptions({pixelOffset: new google.maps.Size(0, -38)});
            // InfoWindowを表示する。
            infowindow.open(map);
        });
    }
    </script>
    <!-- Google Maps JavaScript APIのスクリプトを読み込む。完了したらinitMap()関数が呼び出される。 -->
    <script async defer src="https://maps.googleapis.com/maps/api/js?key=<APIキー>&callback=initMap ↵
"></script>
</body>
</html>
```

これを museums.geojson と同じディレクトリに保存します。ローカルファイルシステム上のgeojsonファイルの読み込みは一部のブラウザーでしかできないので、htmlとgeojsonを保存したディレクトリで、次のようにHTTPサーバーを起動します。Ctrl-Cで起動したサーバーを終了できます。

```
(scraping) $ python -m http.server
```

この状態で、ブラウザーでhttp://localhost:8000/museums.htmlというURLを開くと、マーカーが配置された地図が表示され、自由に操作できます。マーカーをクリックすると、**図5.27**のように美術館の名前と住所が表示されます。

▼ **図5.27　地図上のマーカーをクリックしたときの表示**

5.7.2　BigQueryによる解析

5.2.1で収集したデータを、BigQuery*[82]で解析します。BigQueryはGoogleのクラウドサービス、Google Cloud Platform*[83]上で提供されているサービスの1つで、数GB〜数PBという規模の大量のデータに対してSQLクエリを実行し、結果を取得できます。BigQueryの特筆すべき点は、クエリの実行の際に必要な列のデータがフルスキャンされる、すなわちインデックスが不要であるという点です。通常のリレーショナルデータベースでは、大量のデータをフルスキャンすることは処理速度の面から実用的ではありません。しかし、Googleのインフラを活用し、数千台のコンピューターで分散処理することによって、TB級のデータに対するクエリの結果を数秒で得られる高速な処理を実現しています。

BigQueryは従量課金の有償サービスですが、Google Cloud Platformを初めて利用する場合は12ヶ月の無料トライアルで、300ドル分のクレジットが提供されます*[84]。BigQueryは**表5.4**のような料金体系になっており、本書の内容を試すだけであれば300ドルの範囲に十分収まるでしょう。これらの料金などは執筆時点の情報なので、最新の情報は公式サイト*[85]を参照してください。

*82　https://cloud.google.com/bigquery/
*83　https://cloud.google.com/
*84　https://cloud.google.com/free/
*85　https://cloud.google.com/bigquery/pricing

▼ 表5.4　BigQueryの料金体系（米国およびEUマルチリージョンの場合）

項目	料金
ストレージ	$0.020/GB・月（90日以上無編集のデータは半額）
ストリーミング挿入	$0.01/200MB
クエリ（分析）	$5/TB（データ処理容量、毎月最初の1TBは無料）

● サンプルデータでBigQueryを試す

まずは用意されているサンプルデータでBigQueryを試します。Google Cloud Platformのコンソール（https://console.cloud.google.com/）を開き、プロジェクトを選択します。**5.2.3**で作成したプロジェクトを使用できます。BigQueryを使用するには無料トライアルを開始するか、プロジェクトの課金を有効化する必要があります。

コンソールの左側にあるメニューで「ビッグデータ」の欄に表示されている「BigQuery」をクリックすると、BigQueryのコンソール（**図5.28**）が表示されます。

▼ 図5.28　BigQueryのコンソール

次のURLを開くと、リソース欄に「bigquery-public-data」が表示され、一般公開データセットとして提供されているデータを確認できます。

- https://console.cloud.google.com/bigquery?p=bigquery-public-data&page=project

「samples」→「wikipedia」とたどると、`wikipedia`テーブルのスキーマが表示されます。このテーブルにはWikipediaの編集履歴のメタデータが含まれています。「詳細」タブでデータサイズを確認すると、執筆時点で35.69GB、3億行強です。「プレビュー」タブでは、含まれる具体的なデータを確認できます。

クエリエディターの入力ボックスに次のクエリを入力して実行してみましょう。

```
SELECT DISTINCT title
FROM `bigquery-public-data.samples.wikipedia`
WHERE REGEXP_CONTAINS(title, '(?i:python)')
```

このクエリでは正規表現を使い、タイトルに大文字小文字を区別せずにpythonという文字列が含まれるものだけを重複排除して取得します。クエリを入力すると、クエリが処理するデータ量が表示されます（**図5.29**）。クエリの料金はこのデータ量で決まるので、参考にしましょう。BigQueryのストレージは列ごとにデータを格納するため、SELECT節やWHERE節に使用する列の数を減らすことで、スキャンするデータ量を減らせます。

▼ **図5.29　クエリの入力画面**

「クエリを実行」ボタンをクリックしてクエリを実行すると数秒で結果が表示されます（**図5.30**）。「結果を保存する」というメニュー項目からCSV形式などで結果をダウンロード可能です。

▼ **図5.30　クエリの実行結果**

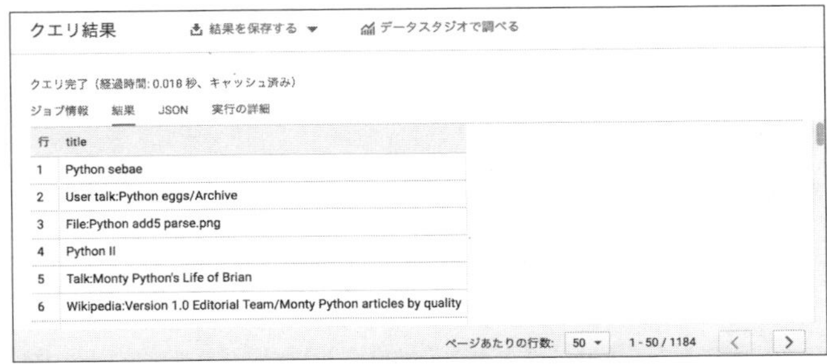

事前にインデックスを作成せず、大量のデータをフルスキャンしてデータを取得できていることがわかるでしょう。クエリに使用できる関数については、リファレンス*86を参照してください。

● BigQueryにデータをロードするための準備

自分で収集したデータをBigQueryでクエリするには、データをBigQueryのストレージにロードする

*86　https://cloud.google.com/bigquery/docs/reference/standard-sql/?hl=ja

必要があります。Webコンソールから CSV ファイルなどをアップロードすることもできますが、本項ではPythonのスクリプトからロードします。

Pythonスクリプトから BigQuery を操作するには認証が必要です。認証の方法はいくつかありますが、サービスアカウントと呼ばれるメールアドレスと秘密鍵の組み合わせによる認証が手軽なので、これを使います。Google Cloud Platformのコンソールのメニューから「IAMと管理」→「サービスアカウント」とたどり、上部のメニューから「サービスアカウントを作成」をクリックします。次の手順でサービスアカウントを作成し、秘密鍵ファイルを保存します。

1. 適当なサービスアカウント名を入力し、サービスアカウントを作成する(**図5.31**)。
2. サービスアカウントの権限として、「BigQuery」→「BigQuery 管理者」を選択し、続行する。
3. 「キーを作成」ボタンをクリックしてJSON形式のキーを作成する。

キーを作成すると秘密鍵を含むJSONファイルのダウンロードが始まるので、`credentials.json`という名前に変更し、忘れずに作業用のディレクトリに保存します。このファイルは後ほど使用します。

▼ 図5.31 サービスアカウントの作成

● TwitterのデータをBigQueryにロードする

PythonからBigQueryを扱うにはgoogle-cloud-bigquery*87というライブラリを使います。google-cloud-bigqueryをインストールします。

*87 https://pypi.org/project/google-cloud-bigquery/ 本書ではバージョン1.11.2を使用します。

```
(scraping) $ pip install google-cloud-bigquery
```

TwitterのStreaming APIで取得したデータをBigQueryにインポートするためのスクリプトを**リスト5.32**に示しました。**リスト5.5**にBigQuery関連の処理を追加した形になっていることがわかるでしょう。

▼ リスト5.32 insert_tweets_into_bigquery.py — TwitterのデータをBigQueryにインポートする

```
import os
import logging
import json
import html
from datetime import timezone
from io import BytesIO

import tweepy
from google.cloud import bigquery

# 環境変数から認証情報を取得する。
TWITTER_API_KEY = os.environ['TWITTER_API_KEY']
TWITTER_API_SECRET_KEY = os.environ['TWITTER_API_SECRET_KEY']
TWITTER_ACCESS_TOKEN = os.environ['TWITTER_ACCESS_TOKEN']
TWITTER_ACCESS_TOKEN_SECRET = os.environ['TWITTER_ACCESS_TOKEN_SECRET']


def main():
    """
    メインとなる処理。
    """
    # BigQueryのクライアントを作成し、テーブルを取得する。
    client = bigquery.Client()
    table = get_or_create_table(client, 'twitter', 'tweets')
    # OAuthHandlerオブジェクトを作成し、認証情報を設定する。
    auth = tweepy.OAuthHandler(TWITTER_API_KEY, TWITTER_API_SECRET_KEY)
    auth.set_access_token(TWITTER_ACCESS_TOKEN, TWITTER_ACCESS_TOKEN_SECRET)

    logging.info('Collecting tweets...')
    # OAuthHandlerとStreamListenerを指定してStreamオブジェクトを取得する。
    # MyStreamListenerのコンストラクターにはBigQueryのクライアントとテーブルの参照を渡す。
    stream = tweepy.Stream(auth, MyStreamListener(client, table.reference))
    # 公開されているツイートをサンプリングしたストリームを受信する。
    # 言語を指定していないので、あらゆる言語のツイートを取得できる。
    stream.sample()


def get_or_create_table(client: bigquery.Client, dataset_id: str, table_id: str) -> bigquery.Table:
    """
    BigQueryのデータセットとテーブルを作成する。既に存在する場合は取得する。
    """
```

```
    logging.info(f'Creating dataset {dataset_id} if not exists...')
    dataset = client.create_dataset(dataset_id, exists_ok=True)  # データセットを作成または取得する。

    logging.info(f'Creating table {dataset_id}.{table_id} if not exists...')
    table_ref = dataset.table(table_id)
    return client.create_table(  # テーブルを作成または取得する。
        bigquery.Table(table_ref, schema=[
            bigquery.SchemaField('id', 'string', description='ツイートのID'),
            bigquery.SchemaField('lang', 'string', description='ツイートの言語'),
            bigquery.SchemaField('screen_name', 'string', description='ユーザー名'),
            bigquery.SchemaField('text', 'string', description='ツイートの本文'),
            bigquery.SchemaField('created_at', 'timestamp', description='ツイートの日時'),
        ]),
        exists_ok=True
    )


class MyStreamListener(tweepy.StreamListener):
    """
    Streaming APIで取得したツイートを処理するためのクラス。
    """
    def __init__(self, client: bigquery.Client, table_ref: bigquery.TableReference):
        self.client = client
        self.table_ref = table_ref
        self.status_list = []  # BigQueryにまとめてロードするStatusオブジェクトを溜めておくリスト。
        self.num_loaded = 0  # BigQueryにロードした行数。
        super().__init__()  # 親クラスの__init__()を呼び出す。

    def on_status(self, status: tweepy.Status):
        """
        ツイートを受信したときに呼び出されるメソッド。引数はツイートを表すStatusオブジェクト。
        """
        self.status_list.append(status)  # Statusオブジェクトをstatus_listに追加する。

        if len(self.status_list) >= 500:
            # status_listに500件溜まったらBigQueryにロードする。
            self.load_tweets_into_bigquery()

            # num_loadedを増やして、status_listを空にする。
            self.num_loaded += len(self.status_list)
            self.status_list = []
            logging.info(f'{self.num_loaded} rows loaded.')

            # 料金が高額にならないように、5000件をロードしたらFalseを返して終了する。
            # 継続的にロードしたいときは次の2行をコメントアウトしてください。
            if self.num_loaded >= 5000:
                return False

    def load_tweets_into_bigquery(self):
        """
```

```
        ツイートデータをBigQueryにロードする。
        """
        # TweepyのStatusオブジェクトのリストを改行区切りのJSON（JSON Lines形式）文字列に変換する。
        # 改行区切りのJSON文字列はBytesIO（メモリ上のファイルオブジェクト）に書き込む。
        bio = BytesIO()
        for status in self.status_list:
            json_text = json.dumps({
                'id': status.id_str,
                'lang': status.lang,
                'screen_name': status.author.screen_name,
                'text': html.unescape(status.text),  # textには文字参照が含まれることがあるので元に戻す。
                # datetimeオブジェクトをUTCのPOSIXタイムスタンプに変換する。
                'created_at': status.created_at.replace(tzinfo=timezone.utc).timestamp(),
            }, ensure_ascii=False)  # ensure_ascii=False は絵文字などの文字化けを回避するハック。
            bio.write(json_text.encode('utf-8'))
            bio.write(b'\n')

        bio.seek(0)  # 先頭から読み込めるようBytesIOを先頭にシークする。

        # BigQueryにデータをロードするジョブを実行する。
        logging.info('Loading tweets into table...')
        job_config = bigquery.LoadJobConfig(
            source_format=bigquery.SourceFormat.NEWLINE_DELIMITED_JSON)  # JSON Lines形式を指定。
        job = self.client.load_table_from_file(bio, self.table_ref, job_config=job_config)
        job.result()  # ジョブの完了を待つ。エラーを無視する場合は待たなくても良い。

if __name__ == '__main__':
    logging.basicConfig(level=logging.INFO)  # INFOレベル以上のログを出力する。
    main()
```

サービスアカウント作成時にダウンロードしたcredentials.jsonをカレントディレクトリに配置し、.envファイルに次の行を追記します。この環境変数はgoogle-cloud-bigqueryの内部で使われます。

```
GOOGLE_APPLICATION_CREDENTIALS=credentials.json
```

また、**5.2.1**と同じようにTwitterの認証情報を.envファイルに保存しておきます。

リスト5.32を保存して実行すると、次のように5000件をロードして終了します。所要時間はツイート状況によって変わりますが、2分程度です。

```
(scraping) $ forego run python insert_tweets_into_bigquery.py
INFO:root:Creating dataset twitter if not exists...
INFO:root:Creating table twitter.tweets if not exists...
INFO:root:Collecting tweets...
INFO:root:Loading tweets into table...
INFO:root:500 rows loaded.
...
```

```
INFO:root:Loading tweets into table...
INFO:root:5000 rows loaded.
```


● Twitterのデータをクエリする

ロードしたツイートデータに対して、クエリを実行してみましょう。Webのコンソールから次のクエリを実行すると、**図5.32**の結果が得られます。

```
SELECT lang, COUNT(*) AS count
FROM twitter.tweets
GROUP BY lang
ORDER BY count DESC
LIMIT 20
```

このクエリでは言語ごとにツイート数を集計し、多い順に20件を取得しています。ツイートを取得する時間帯にもよるでしょうが、日本語と英語のツイートが多くを占めていることがわかります。5位のundはTwitter側で言語を判定できなかったことを表します。

▼ 図5.32　言語ごとのツイート数の集計

ジョブ情報　結果　JSON　実行の詳細

行	lang	count
1	en	1529
2	ja	1225
3	ko	398
4	th	317
5	und	305
6	ar	276
7	es	261
8	in	176
9	pt	160

ページあたりの行数: 50 ▾　1 - 20 / 20

続いて、次のクエリで日本語のツイートの文字数の分布を見ます。

```
SELECT CAST(CEIL(LENGTH(text) / 10.0) * 10 AS INT64) AS length, COUNT(*) AS count
FROM twitter.tweets
WHERE lang = "ja"
GROUP BY length
ORDER BY length DESC
```

このクエリでは文字数を10文字単位で切り上げて得られた長さごとにツイート数を集計し、文字数の多い順に並べています。30文字付近と140文字付近に山があり、短いツイートと長いツイートに二極化していることがわかります。

▼ 図5.33 日本語ツイートの文字数の分布

ジョブ情報 結果 JSON 実行の詳細

行	length	count
1	140	185
2	130	30
3	120	34
4	110	38
5	100	33
6	90	52
7	80	63
8	70	74
9	60	110
10	50	112
11	40	139
12	30	164
13	20	136
14	10	55

ここまで見てきたように、BigQueryを使うと大量のデータをSQLで簡単に集計できます。データは必ずフルスキャンされるため、通常のリレーショナルデータベースのようにインデックスが効くかどうかを気にしながらクエリを書く必要はありません。

5.8 まとめ

本章では、実際のWebサイトを対象としてクローリング・スクレイピングを行い、それらを活用しました。様々なデータ収集方法があるので、Webサイトのデータ提供方法に合わせて、適切な収集方法を選択してください。データ活用の面では、自然言語処理、データベースへの格納、グラフや地図への可視化、Slackへの通知などの手法を解説しました。Pythonのライブラリの強力さが体感できたと思います。

次章では強力なクローリング・スクレイピングフレームワークであるScrapyを紹介します。Scrapyは、Webサイトを大規模にクロールしてデータを収集したい場合に役立ちます。また、**第4章**で解説した注意点を守ることが容易になります。リクエスト間にウェイトを挟んだり、robots.txtに従ったりという処理を、簡単な設定だけで行えます。

個別のライブラリを組み合わせるのに比べると、新しくフレームワークの使い方を覚える必要がありますが、慣れると非常に便利です。作りたいクローラーに合わせて、自分でライブラリを組み合わせるか、フレームワークを使うか、使い分けられるようになると良いでしょう。

第6章

Python Crawling & Scraping

フレームワーク Scrapy

第6章 フレームワーク Scrapy

ここまでは、個々のライブラリを組み合わせてクローリング・スクレイピングを行ってきました。様々なWebサイトを対象にクローラーのプログラムを書いていると、同じような処理が何度も現れることに気づくかもしれません。この手間を省くために使えるのが、クローリング・スクレイピングのためのフレームワーク、Scrapyです。Scrapyを使うと、どんなWebサイトでも使える共通処理をフレームワークに任せて、Webサイトごとに異なる処理だけを書けばよくなります。

短いコードで効率的にクローリング・スクレイピングできるので、様々なサイトからデータを抜き出したい場合や、継続的にクロールを行いたい場合には、学習コストを払うだけの価値があるでしょう。

6.1 Scrapyの概要

Scrapy[*1]はクローリング・スクレイピングのためのPythonのフレームワークです。豊富な機能が備わっており、ユーザーはページからデータを抜き出すという本質的な作業に集中できます。

- Webページからのリンクの抽出
- robots.txtの取得と拒否されているページのクロール防止
- XMLサイトマップの取得とリンクの抽出
- ドメインごと／IPアドレスごとのダウンロード間隔の調整
- 複数のクロール先の並行処理
- 重複するURLのクロール防止
- エラー時の回数制限付きのリトライ
- クローラーのジョブの管理

これまでは個々の機能を持つライブラリを自分の書いたプログラムから呼び出して利用してきました。フレームワークであるScrapyでは、流儀にしたがってプログラムを書き、Scrapyが自分の書いたプログラムを呼び出す形で実行します。新しく流儀を覚える必要はありますが、一度覚えてしまえば面倒な処理をフレームワークに任せられます。

---

*1　https://scrapy.org/ 本書ではバージョン1.6.0を使用します。

Scrapyはイベント駆動型のネットワークプログラミングのフレームワークであるTwisted*2をベースにしています。Webサイトからのダウンロード処理は非同期に実行されるので、ダウンロードを待つ間にスクレイピングなどの別の処理を実行でき、効率良くクロールできます。Scrapyのような多機能なフレームワークは他の言語ではあまり見かけず、クローリング・スクレイピングにPythonを使う大きな理由の1つだと言えます。

6.1.1 Scrapyのインストール

Scrapyをインストールします*3。

```
(scraping) $ pip install scrapy
```

インストールに成功するとscrapyコマンドが使えるようになります。

```
(scraping) $ scrapy version
Scrapy 1.6.0
```

6.1.2 Spiderの実行

Scrapyを使うのに、主に作成するのがSpiderというクラスです。対象のWebサイトごとにSpiderを作成し、クローリングの設定や、スクレイピングの処理を記述します。

まずは簡単なSpiderを実行してみましょう。**リスト6.1**は、Scrapyのサイトに掲載されているサンプルコード*4にコメントを加えたものです。

▼ リスト6.1　myspider.py — Scrapinghub社のブログから投稿のタイトルを取得するSpider

```
import scrapy


class BlogSpider(scrapy.Spider):
    name = 'blogspider'  # Spiderの名前。
    start_urls = ['https://blog.scrapinghub.com']  # クロールを開始するURLのリスト。

    def parse(self, response):
        """
        ページから投稿のタイトルをすべて抜き出し、次のページへのリンクがあればたどる。
```

---

*2　https://twistedmatrix.com/

*3　インストール中にerror: invalid command 'bdist_wheel'というエラーが発生する場合、pip install -U pipでpip自体をアップグレードすると発生しなくなります。

*4　https://scrapy.org/ のページ中央

6

```
        """
        # ページから投稿のタイトルをすべて抜き出す。
        for title in response.css('.post-header>h2'):
            yield {'title': title.css('a ::text').get()}

        # 次のページ(OLDER POST)へのリンクがあればたどる。
        for next_page in response.css('a.next-posts-link'):
            yield response.follow(next_page, self.parse)
```

このSpiderは、ScrapyをメンテナンスしているScrapinghub社のブログをクロールします。ブログのトップページを起点として、次のページ(OLDER POST)へのリンクがある限りずっとたどります。各ページでは、表示されているすべての投稿のタイトルを取得します。

scrapyコマンドのrunspiderサブコマンド(以降ではscrapy runspiderコマンドと表記します)の引数にファイルパスを指定して実行します。ログが表示され、数秒程度でクロールが完了します。

```
(scraping) $ scrapy runspider myspider.py -o items.jl
2019-04-14 15:44:07 [scrapy.utils.log] INFO: Scrapy 1.6.0 started (bot: scrapybot)
...
2019-04-14 15:44:07 [scrapy.core.engine] INFO: Spider opened
2019-04-14 15:44:07 [scrapy.extensions.logstats] INFO: Crawled 0 pages (at 0 pages/min), scraped ↵
0 items (at 0 items/min)
2019-04-14 15:44:07 [scrapy.extensions.telnet] INFO: Telnet console listening on 127.0.0.1:6023
2019-04-14 15:44:08 [scrapy.core.engine] DEBUG: Crawled (200) <GET https://blog.scrapinghub.com> ↵
 (referer: None)
2019-04-14 15:44:08 [scrapy.core.scraper] DEBUG: Scraped from <200 https://blog.scrapinghub.com>
{'title': 'From The Creators Of Scrapy: Artificial Intelligence Data Extraction API'}
...
```

作成されたitems.jlファイルの中身を見ると、投稿のタイトルがJSON Lines形式で取得できています。**JSON Lines**[*5]形式とは各行にJSONオブジェクトを持つテキスト形式で、ファイルへの追記が容易な点が特徴です。

```
(scraping) $ cat items.jl
{"title": "From The Creators Of Scrapy: Artificial Intelligence Data Extraction API"}
{"title": "Scrapinghub\u2019s New AI Powered Developer Data Extraction API for E-Commerce & Artic ↵
le Extraction"}
{"title": "Solution Architecture Part 2: How to Define The Scope of Your Web Scraping Project"}
{"title": "How to Architect a Web Scraping Solution: The Step-by-Step Guide"}
{"title": "Navigating Compliance\u00a0When Extracting Web Scraped Alternative Financial Data"}
...
```

---

*5 http://jsonlines.org/

ここでは完成したものを実行するだけでしたが、以降でSpiderを少しずつ作りながら、その動作を解説していきます。

6.2 Spiderの作成と実行

Yahoo!ニュースを対象に、基礎的なSpiderを作成します。Yahoo!ニュースのトップページに表示されているトピックスの一覧（**図6.1**）から個別のトピックスへのリンクをたどり、トピックスのタイトルと本文を抽出します。

- Yahoo!ニュース
  https://news.yahoo.co.jp/

▼ 図6.1　Yahoo!ニュースのトップページに表示されているトピックスの一覧

6.2.1 Scrapyプロジェクトの開始

前節で作成したSpiderは単一のファイルのみでしたが、Scrapyではプロジェクトという単位で、複数のSpiderと関連するクラスなどをまとめて管理できます。Spiderを使い捨てる場合を除き、プロジェクトを使うのがScrapyの流儀です。

次のコマンドで`myproject`という名前のプロジェクトを作成します。ディレクトリツリーが作成されます。

```
(scraping) $ scrapy startproject myproject
...
(scraping) $ tree myproject
myproject
├── myproject
│   ├── __init__.py       # ScrapyプロジェクトはPythonモジュール
│   ├── __pycache__
│   ├── items.py          # Itemを定義するファイル
│   ├── middlewares.py    # Middlewareを定義するファイル
│   ├── pipelines.py      # Item Pipelineを定義するファイル
│   ├── settings.py       # プロジェクトの設定ファイル
│   └── spiders           # Spiderを格納するディレクトリ
│       ├── __init__.py
│       └── __pycache__
└── scrapy.cfg            # クローラーのデプロイに関する設定ファイル

4 directories, 7 files
```

プロジェクトのディレクトリ（scrapy.cfgがあるディレクトリ）に移動しておきます。本章でコマンドを実行する際は、基本的にこのディレクトリで実行します。

```
(scraping) $ cd myproject
```

設定については**6.5**で解説しますが、最低限settings.pyに2行追記しておきます。

```
DOWNLOAD_DELAY = 1  # ページのダウンロード間隔として平均1秒空ける。
FEED_EXPORT_ENCODING = 'utf-8'  # スクレイピング結果を出力する際にUTF-8でエンコードする。
```

DOWNLOAD_DELAYを設定しないとダウンロード間隔0秒で最大16リクエストが並行して送信されます。思いがけずWebサイトに高負荷をかけてしまうことがあるので、必ず設定しておきましょう。

FEED_EXPORT_ENCODINGを設定しないと、スクレイピング結果をJSONまたはJSON Lines形式で出力した際に日本語が数値にエンコードされてしまい、中身を確認しづらくなります。

6.2.2 Itemの作成

Itemは、Spiderが抜き出したデータを格納しておくためのオブジェクトです。前節のSpiderのように、抜き出したデータを格納するためにdictを使うこともできますが、Itemを使うと次のメリットがあります。

- あらかじめ定義したフィールドにしか代入できないため、フィールド名の間違いを回避できる。
- 複数の種類のデータを抜き出したときにクラスで判別できる。
- 自分で新しいメソッドを定義できる。

Itemはプロジェクトのitems.pyに定義します。items.pyに**リスト6.2**のクラスを追加してください。このHeadlineクラスはニュースのヘッドライン(見出し)のタイトルと本文を格納するためのItemです。Itemのクラスは、scrapy.Itemを継承し、フィールドを<フィールド名> = scrapy.Field()という形で定義します。

なお、プロジェクト作成時に自動で作られるMyprojectItemクラスは削除して構いません。

▼ **リスト6.2** items.py ― **ニュースのヘッドラインを格納するためのItem**

```
class Headline(scrapy.Item):
    """
    ニュースのヘッドラインを表すItem。
    """

    title = scrapy.Field()
    body = scrapy.Field()
```

Itemオブジェクトはdictと同じように、キーを指定して値を設定・取得できます。ただし、定義されていないフィールドに設定しようとすると例外が発生する点はdictと異なります。

```
>>> from myproject.items import Headline
>>> item = Headline()
>>> item['title'] = 'Example headline'  # キーを指定して値を設定する。
>>> item['title']  # キーを指定して値を取得する。
'Example headline'
>>> item['category'] = 'society'  # 未定義のフィールドへの設定はエラーになる。
Traceback (most recent call last):
  ...
KeyError: 'Headline does not support field: category'
```

6.2.3 Spiderの作成

Spiderはプロジェクトのspidersディレクトリに置きます。scrapy genspiderコマンドで、あらかじめ定義されているテンプレートからSpiderを生成できます。scrapy genspiderコマンドの第1引数にSpiderの名前を、第2引数にドメイン名を指定して実行します。

```
(scraping) $ scrapy genspider news news.yahoo.co.jp
```

spidersディレクトリ内にnews.pyというファイルが生成されます。これをベースに書き換えていきましょう。

```
# -*- coding: utf-8 -*-
import scrapy


class NewsSpider(scrapy.Spider):
    name = 'news'
    allowed_domains = ['news.yahoo.co.jp']
    start_urls = ['http://news.yahoo.co.jp/']

    def parse(self, response):
        pass
```

● トップページからトピックスのリンクを抜き出す

先ほどのファイルに次の変更を加えたのが**リスト6.3**です。

- 1行目のエンコーディング宣言を削除（Python 2向けのものでPython 3では不要なため）。
- `start_urls`内のURLを`https`で始まるものに変更。
- `parse()`メソッドに処理を追加。
- コメントを追加。

Spiderは`scrapy.Spider`を継承したクラスです。ここでは、`NewsSpider`というクラスを定義しています。このクラスには次の3つの属性と、`parse()`メソッドがあります。

- `name`属性
  Spiderの名前を設定します。この名前はコマンドラインからSpiderを実行するときに使うので、半角英数字からなるわかりやすい名前を設定すると良いでしょう。
- `allowed_domains`属性
  クロールを許可するドメインのリストを指定します。正規表現でたどるリンクを抽出していると、思いがけず別ドメインのWebサイトに遷移することがあるので、不特定多数のWebサイトを対象にクロールする場合を除き、`allowed_domains`属性を指定しておくと安心です。
- `start_urls`属性
  クロールを開始するURLのリストを指定します。ここではURLを1つだけ指定していますが、複数のURLを指定することも可能です。

`parse()`メソッドは、取得したWebページを処理するためのコールバック関数です。このメソッドについては、Spiderを実行した後に詳しく説明します。

▼ リスト6.3　news.py ― トピックスのリンクのURLを表示するSpider

```
import scrapy


class NewsSpider(scrapy.Spider):
    name = 'news'  # Spiderの名前。
    allowed_domains = ['news.yahoo.co.jp']  # クロール対象とするドメインのリスト。
    start_urls = ['https://news.yahoo.co.jp/']  # クロールを開始するURLのリスト。

    def parse(self, response):
        """
        トップページのトピックス一覧から個々のトピックスへのリンクを抜き出して表示する。
        """
        print(response.css('ul.topicsList_main a::attr("href")').getall())
```

実行すると、ログにURLのリストが表示されます。プロジェクト内のSpiderはscrapy runspiderではなく、scrapy crawlコマンドで実行します。引数にはSpiderの名前（name属性の値）を指定します。

```
(scraping) $ scrapy crawl news
2019-04-14 16:22:24 [scrapy.utils.log] INFO: Scrapy 1.6.0 started (bot: myproject)
...
2019-04-14 16:22:26 [scrapy.core.engine] DEBUG: Crawled (200) <GET https://news.yahoo.co.jp/> (re ↵
ferer: None)
['https://news.yahoo.co.jp/pickup/6320308', 'https://news.yahoo.co.jp/pickup/6320305', 'https://ne ↵
ws.yahoo.co.jp/pickup/6320310', 'https://news.yahoo.co.jp/pickup/6320300', 'https://news.yahoo.co. ↵
jp/pickup/6320296', 'https://news.yahoo.co.jp/pickup/6320301', 'https://news.yahoo.co.jp/pickup/6 ↵
320317', 'https://news.yahoo.co.jp/pickup/6320307', 'https://news.yahoo.co.jp/list/', 'https://ne ↵
ws.yahoo.co.jp/topics']
2019-04-14 16:22:26 [scrapy.core.engine] INFO: Closing spider (finished)
...
2019-04-14 16:22:26 [scrapy.core.engine] INFO: Spider closed (finished)
```

改めて**リスト6.3**を見てみましょう。Spiderを実行すると、まずstart_urls属性に指定したURLのページが取得され、scrapy.Responseオブジェクトを引数としてparse()メソッドが呼び出されます。

このメソッドでは、まずResponse.css()メソッドで、引数のCSSセレクターにマッチするノード*6の一覧を表すSelectorListオブジェクトを取得します。引数のCSSセレクターに含まれる疑似要素::attr("href")は、href属性を表します*7。すなわち、ここではclass="topicsList_main"のul要素の子孫であるa要素のhref属性の一覧を取得しています。

さらに、SelectorList.getall()メソッドはSelectorListの中身を文字列のlistとして取得します。

---

*6　本章ではノード（Node）という言葉をDOMのノード、すなわち文書（Document）、要素（Element）、属性（Attribute）、テキスト（Text）などを総称する言葉として使用します。

*7　疑似要素::attr(*name*)と::textはScrapyが依存するParselというライブラリ（**6.2.4**のcolumn「ScrapyのスクレイピングAPIの特徴」で後述）で実装されているもので、標準的なものではありません。

こうして得たURLのリストをprint()関数で表示して、先ほどの実行結果が得られるわけです。

● 抜き出したリンクをたどる

リスト6.3で抜き出したリンクをたどるよう変更すると、**リスト6.4**のようになります。先ほどのSpiderと比較するとparse()メソッドの処理が変わっています。

まず、URLのリストを得るために使うメソッドをgetall()からre()に変更しています。先ほどの実行結果では、https://news.yahoo.co.jp/list/やhttps://news.yahoo.co.jp/topicsというURLも取得できていましたが、これは個別のトピックスを表すページのURLではないので不要です。SelectorList.re()メソッドは、ノードの一覧のうち、引数に指定した正規表現にマッチする部分のみを文字列のlistとして取得できます。ここでは、'/pickup/\d+$'と正規表現で指定しているので、URLの末尾が/pickup/6307162のようになっているURLのみを取得しています。

さらに、抜き出したリンクをたどるために、URLのlistをfor文で反復処理します。for文の内部では、取得したURLをクロールするためにresponse.follow()の戻り値であるRequestオブジェクトをyieldしています。Spiderのコールバック関数内で、Requestオブジェクトをyieldすると、Scrapyのクロール待ちのキューに追加されます。

Response.follow()メソッドには、必須の第1引数としてURLを指定します。相対URLを指定した場合、レスポンスが表すページのURLを基準に絶対URLに変換されます。

オプショナルな第2引数では、このリクエストに対応するレスポンスを処理するコールバック関数を指定します。ここではself.parse_topicsを指定しているので、parse_topics()メソッドが呼び出されます。コールバック関数を指定しない場合は、デフォルトのparse()メソッドが呼び出されます。parse_topics()メソッドでは処理を行わないので、何もしないことを表すpass文を書いています。これを実行すると、個別のトピックスのページをクロールできていることがわかります。

▼ リスト6.4　news.py — 抜き出したトピックスのリンクをたどるSpider

```
import scrapy


class NewsSpider(scrapy.Spider):
    name = 'news'  # Spiderの名前。
    allowed_domains = ['news.yahoo.co.jp']  # クロール対象とするドメインのリスト。
    start_urls = ['https://news.yahoo.co.jp/']  # クロールを開始するURLのリスト。

    def parse(self, response):
        """
        トップページのトピックス一覧から個々のトピックスへのリンクを抜き出してたどる。
        """
        for url in response.css('ul.topicsList_main a::attr("href")').re(r'/pickup/\d+$'):
            yield response.follow(url, self.parse_topics)
```

```
    def parse_topics(self, response):
        pass
```

```
(scraping) $ scrapy crawl news
...
2019-04-14 16:30:31 [scrapy.core.engine] DEBUG: Crawled (200) <GET https://news.yahoo.co.jp/robot ↵
s.txt> (referer: None)
2019-04-14 16:30:32 [scrapy.core.engine] DEBUG: Crawled (200) <GET https://news.yahoo.co.jp/> (re ↵
ferer: None)
2019-04-14 16:30:33 [scrapy.core.engine] DEBUG: Crawled (200) <GET https://news.yahoo.co.jp/picku ↵
p/6320308> (referer: https://news.yahoo.co.jp/)
2019-04-14 16:30:34 [scrapy.core.engine] DEBUG: Crawled (200) <GET https://news.yahoo.co.jp/picku ↵
p/6320307> (referer: https://news.yahoo.co.jp/)
2019-04-14 16:30:35 [scrapy.core.engine] DEBUG: Crawled (200) <GET https://news.yahoo.co.jp/picku ↵
p/6320317> (referer: https://news.yahoo.co.jp/)
2019-04-14 16:30:37 [scrapy.core.engine] DEBUG: Crawled (200) <GET https://news.yahoo.co.jp/picku ↵
p/6320301> (referer: https://news.yahoo.co.jp/)
2019-04-14 16:30:38 [scrapy.core.engine] DEBUG: Crawled (200) <GET https://news.yahoo.co.jp/picku ↵
p/6320296> (referer: https://news.yahoo.co.jp/)
...
```

6.2.4 Scrapy Shellによるインタラクティブなスクレイピング

個別のトピックスページからヘッドラインのタイトルと本文を抜き出します。ページからデータを抜き出すにはCSSセレクターやXPathを使います。これらを試行錯誤して記述しようとしたときに、Spiderのコードを修正しては実行しての繰り返しでは時間がかかってしまいます。

このようなときには**Scrapy Shell**が便利です。Scrapy ShellはScrapyのためのインタラクティブシェルで、CSSセレクターやXPathによる抽出を簡単に試せます。Spiderを作成するときは、ブラウザーでページの構造を確認し、Scrapy ShellでCSSセレクターやXPathを試しつつ作成していきましょう。下記ページ*8を対象にScrapy Shellでデータを抜き出すCSSセレクターを見つけます。

- 世界最大の飛行機が初飛行 米 | 2019/4/14(日) 13:28 - Yahoo!ニュース
  https://news.yahoo.co.jp/pickup/6320296

● Scrapy Shellを起動する

`scrapy shell`コマンドにURLを引数として与えることでScrapy Shellが起動します。

---

*8　Yahoo!ニュースのトピックスは掲載期間が終了すると消えてしまいます。このトピックスが存在しなくなっている場合は、適当なトピックスに置き換えて実施してください。

```
(scraping) $ scrapy shell https://news.yahoo.co.jp/pickup/6320296
...
2019-04-14 16:36:49 [scrapy.core.engine] DEBUG: Crawled (200) <GET https://news.yahoo.co.jp/picku ↵
p/6320296> (referer: None)
[s] Available Scrapy objects:
[s]   scrapy     scrapy module (contains scrapy.Request, scrapy.Selector, etc)
[s]   crawler    <scrapy.crawler.Crawler object at 0x10fc443c8>
[s]   item       {}
[s]   request    <GET https://news.yahoo.co.jp/pickup/6320296>
[s]   response   <200 https://news.yahoo.co.jp/pickup/6320296>
[s]   settings   <scrapy.settings.Settings object at 0x112db8ac8>
[s]   spider     <NewsSpider 'news' at 0x113177358>
[s] Useful shortcuts:
[s]   fetch(url[, redirect=True]) Fetch URL and update local objects (by default, redirects are f ↵
ollowed)
[s]   fetch(req)                  Fetch a scrapy.Request and update local objects
[s]   shelp()           Shell help (print this help)
[s]   view(response)    View response in a browser
>>>
```

Scrapy Shellが起動すると、Spiderを実行したときと同じようにログが表示され、引数として与えたURLが取得されます。最後に、Scrapy Shell内で使える変数や関数のヘルプが表示され、入力待ち状態となります。

Scrapy Shellでは、通常のPythonのインタラクティブシェルと同様にPythonのコードを実行できます。例えば、requestやresponseという変数で、RequestオブジェクトやResponseオブジェクトを参照できます。

```
>>> request  # Requestオブジェクト。
<GET https://news.yahoo.co.jp/pickup/6320296>
>>> request.url  # リクエストしたURL。
'https://news.yahoo.co.jp/pickup/6320296'
>>> request.method  # リクエストのメソッド。
'GET'
>>> response  # Responseオブジェクト。
<200 https://news.yahoo.co.jp/pickup/6320296>
>>> response.url  # 取得したURL(リダイレクトが発生した場合はrequest.urlと異なる場合がある)。
'https://news.yahoo.co.jp/pickup/6320296'
>>> response.status  # レスポンスのステータスコード。
200
>>> response.encoding  # レスポンスのエンコーディング。
'utf-8'
>>> response.body  # レスポンスボディをバイト文字列として取得する。
b'<!DOCTYPE html>\n<html lang="ja">\n<head>\n<meta charset="UTF-8">\n<title>\xe4\xb8\x96\xe7\x95...
>>> response.text  # レスポンスボディをUnicode文字列として取得する。
'<!DOCTYPE html>\n<html lang="ja">\n<head>\n<meta charset="UTF-8">\n<title>世界最大の飛行機が初飛行...
```

さらにヘルプに表示されている関数も使用できます。

- shelp()
  Scrapy Shellのヘルプを表示する。
- fetch(url[, redirect=True]) または fetch(req)
  引数で指定したURLまたはRequestオブジェクトのページを新しく取得し、requestやresponseなどの変数の値を置き換える。
- view(response)
  引数で指定したResponseオブジェクトをブラウザーで表示する。

● CSSセレクターやXPathでノードを取得する

それでは、CSSセレクターやXPathでノードを取得してみましょう。Responseオブジェクトのcss()メソッドとxpath()メソッドでノードの一覧を取得できます。

```
>>> response.css('title')  # CSSセレクターにマッチするノードの一覧を取得する。
[<Selector xpath='descendant-or-self::title' data='<title>世界最大の飛行機が初飛行 米 | 2019/4/14( ↵
日) 13:'>]
>>> response.xpath('//title')  # XPathにマッチするノードの一覧を取得する。
[<Selector xpath='//title' data='<title>世界最大の飛行機が初飛行 米 | 2019/4/14(日) 13:'>]
```

これら2つのメソッドは引数として与えるセレクターの種類が異なるだけで、どちらもセレクターに該当するノードの一覧を取得できるという意味では同じです。このため、以降ではcss()メソッドのみを使用して解説します。なお、CSSセレクターはcssselectモジュールによってXPathに自動変換されています。

```
# css()メソッドの戻り値はSelectorListオブジェクト。
>>> type(response.css('title'))
<class 'scrapy.selector.unified.SelectorList'>
# SelectorListはlistを継承したクラスで、その要素はSelectorオブジェクト。
# Scrapyでは基本的にSelectorListを使って要素の一覧をまとめて取り扱うので、Selectorオブジェクト自体を使用 ↵
する機会はあまりない。
>>> type(response.css('title')[0])
<class 'scrapy.selector.unified.Selector'>
```

SelectorListオブジェクトの主なメソッドは次のものです*9。このうち、getall()とre()は既に紹介しました。

---

*9 Scrapy 1.5以前ではgetall()とget()のエイリアスであるextract()とextract_first()が主に使われてきました。Scrapy 1.6以降ではgetall()とget()が推奨されています。

- `getall()`
  ノードの一覧を文字列の`list`として取得する。
- `get()`
  ノードの一覧の最初の要素を文字列として取得する。
- `re(regex)`
  ノードの一覧のうち、引数に指定した正規表現 (`regex`) にマッチする部分のみを文字列の`list`として取得する。
- `re_first(regex)`
  ノードの一覧のうち、引数に指定した正規表現 (`regex`) にマッチする最初の部分を文字列として取得する。
- `css(query)`
  ノードの一覧の要素に対して、引数に指定したCSSセレクター (`query`) にマッチするノードの一覧を`SelectorList`として取得する。
- `xpath(query)`
  ノードの一覧の要素に対して、引数に指定したXPath (`query`) にマッチするノードの一覧を`SelectorList`として取得する。

注意すべき点として、HTML要素を表すノードに対して`get()`を適用すると、タグを含む文字列が得られるという点があります。

```
# title要素からget()すると、タグを含む文字列が得られる。
>>> response.css('title').get()
'<title>世界最大の飛行機が初飛行 米 | 2019/4/14(日) 13:28 - Yahoo!ニュース</title>'
```

HTML要素内のテキストのみを取得したい場合は、`::text`疑似要素でテキストノードを取得してから`get()`を適用します。複数のノードから文字列の`list`を取得したい場合は`getall()`を使います。

```
>>> response.css('title::text')  # テキストノードを取得する。
[<Selector xpath='descendant-or-self::title/text()' data='世界最大の飛行機が初飛行 米 | 2019/4/14( ↵
日) 13:28 - Ya'>]
# テキストノードからget()すると、タグを含まない文字列が得られる。
>>> response.css('title::text').get()
'世界最大の飛行機が初飛行 米 | 2019/4/14(日) 13:28 - Yahoo!ニュース'
# getall()を使うと文字列のlistが得られる。
>>> response.css('title::text').getall()
['世界最大の飛行機が初飛行 米 | 2019/4/14(日) 13:28 - Yahoo!ニュース']
```

`re()`メソッドや`re_first()`メソッドを使うと正規表現にマッチした部分だけを取得できます。

```
>>> response.css('title::text').re(r'\w+')
['世界最大の飛行機が初飛行', '米', '2019', '4', '14', '日', '13', '28', 'Yahoo', 'ニュース']
>>> response.css('title::text').re_first(r'\w+')
'世界最大の飛行機が初飛行'
```

● ヘッドラインのタイトルと本文を取得する

それではヘッドラインのタイトルと本文を取得してみましょう。トピックスのページをブラウザーで開き、開発者ツールで確認すると、タイトルはclass="tpcNews_title"のh2要素内に格納されています（**図6.2**）。CSSセレクターでタイトルを取得します。

```
>>> response.css('.tpcNews_title::text').get()
'世界最大の飛行機「ストラトローンチ」が初飛行に成功'
```

▼ 図6.2　ヘッドラインのタイトルが格納されている要素

本文はclass="tpcNews_summary"のp要素内に格納されています（**図6.3**）。CSSセレクターで本文を取得します。

```
>>> response.css('.tpcNews_summary::text').get()
'米ストラトローンチは4月13日(現地時間)、世界最大の飛行機「スケールド・コンポジッツ・ストラトローンチ(あるい ↵
はロック)」の初飛行に成功しました。'
```

▼ 図6.3 ヘッドラインの本文が格納されている要素

このページではこのCSSセレクターでも十分ですが、一般にp要素にはbr要素やa要素、strong要素など様々な要素が含まれる可能性があります。このような要素からすべてのテキストを抽出するためのイディオムとして、次の書き方があります。CSSセレクターの::textの代わりに、XPathのstring()関数を使って要素の子孫のすべてのテキストを取得します*10。

```
>>> response.css('.tpcNews_summary').xpath('string()').get()
'米ストラトローンチは4月13日（現地時間）、世界最大の飛行機「スケールド・コンポジッツ・ストラトローンチ（あるい ↵
はロック）」の初飛行に成功しました。'
```

● Spiderのメソッドを実装する

これらをもとにNewsSpiderのparse_topics()メソッドを実装したのが**リスト6.5**です。

▼ リスト6.5 news.py ― Yahoo!ニュースからトピックスを抽出するSpider（最終形）

```
import scrapy

from myproject.items import Headline  # ItemのHeadlineクラスをインポート。
```

*10 CSSセレクターのみを使って''.join(response.css('.tpcNews_summary ::text').getall())と書くこともできます。.tpcNews_summaryと::textの間に空白を入れて、.tpcNews_summaryの子孫のすべてのテキストノードを取得し、''.join()でつなげてテキストを取得します。

```
class NewsSpider(scrapy.Spider):
    name = 'news'  # Spiderの名前。
    allowed_domains = ['news.yahoo.co.jp']  # クロール対象とするドメインのリスト。
    start_urls = ['https://news.yahoo.co.jp/']  # クロールを開始するURLのリスト。

    def parse(self, response):
        """
        トップページのトピックス一覧から個々のトピックスへのリンクを抜き出してたどる。
        """
        for url in response.css('ul.topicsList_main a::attr("href")').re(r'/pickup/\d+$'):
            yield response.follow(url, self.parse_topics)

    def parse_topics(self, response):
        """
        トピックスのページからタイトルと本文を抜き出す。
        """
        item = Headline()  # Headlineオブジェクトを作成。
        item['title'] = response.css('.tpcNews_title::text').get()  # タイトル
        item['body'] = response.css('.tpcNews_summary').xpath('string()').get()  # 本文
        yield item  # Itemをyieldして、データを抽出する。
```

column Scrapyのスクレイピング APIの特徴

Scrapyでスクレイピングするための APIは、これまでの章で使用してきたlxmlやBeautiful SoupなどのAPIとは考え方がやや異なります。

```
# CSSセレクターでtitle要素のテキストを取得する。
html.cssselect('title').text  # lxml + cssselectの場合
soup.select('title').text  # Beautiful Soupの場合
response.css('title::text').get()  # Scrapyの場合

# class="twitter"のa要素のhref属性を取得する。
html.cssselect('a.twitter').get('href') # lxml + cssselectの場合
soup.select('a.twitter')['href']  # Beautiful Soupの場合
response.css('a.twitter::attr("href")').get()  # Scrapyの場合
```

これまでのライブラリでは、HTML要素に対応するオブジェクトが存在し、要素のテキストや属性はそのオブジェクトを経由して取得します。

一方、Scrapyではオブジェクトはテキストや属性などのノードに対応し、`get()`などのメソッドでノードを文字列に変換して値を得ます。CSSセレクターを書くときに、取得したいテキストや属性まで考えておく必要があるので、慣れるまでは難しく感じられるかもしれません。逆に、1つのセレクターだけですっきりと記述できるとも言えます。

Scrapyのスクレイピング APIが好みでないなら、Spiderのコールバック関数内で、他のライブラリを使用しても構いません。`response.body`や`response.text`の値を他のライブラリに渡して、目的の値を抜き出すと良いでしょう。特にScrapyはlxmlとcssselectに依存しているので、これらは追加でインストールすることなく使えます。ScrapyのAPIのほうが好みの場合、このAPIはParsel*[a]というライブラリとして外出しされているため、Scrapy以外のスクリプトで使用することも可能です。

*a　https://pypi.org/project/parsel/

6.2.5　作成したSpiderの実行

Spiderを実行します。ここまで解説してこなかったログの読み方や実行結果の出力フォーマット、実行の流れを改めて解説します。

● Spiderを実行する

完成したSpiderを実行します。`-o news.jl`というオプションはスクレイピングしたItemを`news.jl`というファイルに保存することを意味します。指定したファイルが既に存在する場合は、そのファイルに追記されます。

```
(scraping) $ scrapy crawl news -o news.jl
```

Spider実行時に指定できるオプションを**表6.1**にまとめました。これらは`scrapy crawl`コマンドだけではなく、`scrapy runspider`コマンドでも使用できます。

▼ 表6.1　Spider実行時に指定できるオプション

オプション	説明
`--help, -h`	ヘルプを表示する。
`-a NAME=VALUE`	Spiderの`__init__()`メソッドにキーワード引数を渡す。複数回指定可能。
`--output=FILE, -o FILE`	抽出したItemを保存するファイルパスを指定する。
`--output-format=FORMAT, -t FORMAT`	抽出したItemを保存する際のフォーマットを指定する。**表6.2**を参照。
`--logfile=FILE`	ログの出力先のパスを指定する。デフォルトでは標準エラー出力。
`--loglevel=LEVEL, -L LEVEL`	ログレベルを指定する。デフォルト値はDEBUG。
`--nolog`	ログの出力を完全に無効化する。
`--profile=FILE`	プロファイルの統計を出力するパスを指定する。
`--pidfile=FILE`	プロセスIDを指定したパスのファイルに出力する。
`--set=NAME=VALUE, -s NAME=VALUE`	設定を指定する。複数回指定可能。使用例は**6.5.1**を参照。
`--pdb`	例外発生時にpdbによるデバッグを開始する。

実行するとログが表示され、十数秒程度でクロールが完了します。途中でSpiderの実行を停止するには、Ctrl-Cを2回押します。Ctrl-Cを1回押した時点でSpiderがシャットダウンを開始し、Schedulerのキューに新しいURLが追加されなくなります。そのまま待つと、キューが空になった時点

で終了しますが、2回目のCtrl-Cを押すと即座に停止します。

```
2019-04-14 22:45:31 [scrapy.utils.log] INFO: Scrapy 1.6.0 started (bot: myproject)
...
2019-04-14 22:45:31 [scrapy.middleware] INFO: Enabled item pipelines:
  []
2019-04-14 22:45:31 [scrapy.core.engine] INFO: Spider opened
2019-04-14 22:45:31 [scrapy.extensions.logstats] INFO: Crawled 0 pages (at 0 pages/min), scraped 0 items (at 0 items/min)
2019-04-14 22:45:31 [scrapy.extensions.telnet] INFO: Telnet console listening on 127.0.0.1:6023
2019-04-14 22:45:31 [scrapy.core.engine] DEBUG: Crawled (200) <GET https://news.yahoo.co.jp/robots.txt> (referer: None)
2019-04-14 22:45:32 [scrapy.core.engine] DEBUG: Crawled (200) <GET https://news.yahoo.co.jp/> (referer: None)
2019-04-14 22:45:33 [scrapy.core.engine] DEBUG: Crawled (200) <GET https://news.yahoo.co.jp/pickup/6320344> (referer: https://news.yahoo.co.jp/)
2019-04-14 22:45:33 [scrapy.core.scraper] DEBUG: Scraped from <200 https://news.yahoo.co.jp/pickup/6320344>
{'body': 'およそ5年半ぶりに、福島第1原子力発電所を訪れた。\n'
         '\n'
         '安倍首相「現場のみなさんの大変なご努力によって、廃炉作業が1歩1歩、確実に進んでいます」',
 'title': '防護服やマスク付けず...安倍首相 5年半ぶり原発視察'}
...
2019-04-14 22:45:42 [scrapy.core.engine] INFO: Closing spider (finished)
2019-04-14 22:45:42 [scrapy.extensions.feedexport] INFO: Stored jl feed (8 items) in: news.jl
2019-04-14 22:45:42 [scrapy.statscollectors] INFO: Dumping Scrapy stats:
{'downloader/request_bytes': 2832,
 'downloader/request_count': 10,
 'downloader/request_method_count/GET': 10,
 'downloader/response_bytes': 224045,
 'downloader/response_count': 10,
 'downloader/response_status_count/200': 10,
 'finish_reason': 'finished',
 'finish_time': datetime.datetime(2019, 4, 14, 13, 45, 42, 378786),
 'item_scraped_count': 8,
 'log_count/DEBUG': 18,
 'log_count/INFO': 10,
 'memusage/max': 49754112,
 'memusage/startup': 49754112,
 'request_depth_max': 1,
 'response_received_count': 10,
 'robotstxt/request_count': 1,
 'robotstxt/response_count': 1,
 'robotstxt/response_status_count/200': 1,
 'scheduler/dequeued': 9,
 'scheduler/dequeued/memory': 9,
 'scheduler/enqueued': 9,
 'scheduler/enqueued/memory': 9,
 'start_time': datetime.datetime(2019, 4, 14, 13, 45, 31, 662282)}
2019-04-14 22:45:42 [scrapy.core.engine] INFO: Spider closed (finished)
```

ログを読むと、冒頭5行目のSpider openedまでは実行するSpiderに関連する設定が出力されています。8〜10行目のCrawledというログで、次の順序でクロールしていることがわかります。

1. robots.txt
2. トップページ
3. リンクされているトピックスのページ

10行目のログは、https://news.yahoo.co.jp/からリンクされたhttps://news.yahoo.co.jp/pickup/6320344をGETメソッドで取得し、レスポンスコードが200だったことを意味します。

11行目にはScrapedというログがあり、ページからデータを抜き出していることがわかります。実際に抜き出したトピックスのタイトルと本文は、12〜15行目にdictの形式で書かれています。

なお、bodyフィールドの値として、文字列リテラルが複数並んでいます。これはbodyフィールドの値が、複数の文字列を結合した文字列であることを意味します。Pythonでは、隣り合った文字列リテラルは結合された文字列と等価です('a' 'b' == 'ab')。日本語では半端な位置で分割されてしまってわかりにくいかもしれませんが、気にする必要はありません。

最終的にクロールが完了すると、20〜42行目にあるようにクロールの統計データが表示されます。送信したリクエストは10個(downloader/request_count)で、得られたレスポンスも10個(downloader/response_count)であり、抜き出したデータの数は8個(item_scraped_count)だったことがわかります。

● スクレイピングしたデータの出力

-oオプションで出力先のファイルパスを指定したので、抜き出したデータがnews.jlにJSON Lines形式で出力されています。jqコマンド*11を使うと読みやすく整形できます。

```
(scraping) $ cat news.jl | jq .
{
  "title": "防護服やマスク付けず...安倍首相 5年半ぶり原発視察",
  "body": "およそ5年半ぶりに、福島第1原子力発電所を訪れた。\n\n安倍首相「現場のみなさんの大変なご努力に ⏎
よって、廃炉作業が1歩1歩、確実に進んでいます」"
}
...
```

出力されるフォーマットは-oまたは--outputオプションで指定するファイルパスの拡張子で決まりますが、-tまたは--output-formatオプションで明示的にフォーマットの拡張子を指定することも可能です。指定可能なフォーマットは**表6.2**の通りです。

*11 jqコマンドについては**5.7.1**のコラムで解説しました。

▼ 表6.2　Spider実行時に指定可能なフォーマット

拡張子	フォーマットの説明
json	JSON形式の配列
jlまたはjsonlines	JSON Lines形式（各行にJSONのオブジェクトを持つテキスト）
csv	CSV形式
xml	XML形式
marshal	marshalモジュール（https://docs.python.org/3/library/marshal.html）でシリアライズしたバイナリ形式
pickle	pickleモジュール（https://docs.python.org/3/library/pickle.html）でシリアライズしたバイナリ形式

scrapy runspiderでも同じように出力先のファイルパスやファイルフォーマットを指定できます。

column　FTPサーバーやAmazon S3などにデータを保存する

データをローカルに保存する代わりに、FTPサーバーやAmazon S3に保存したり、標準出力に出力したりできます。-oオプションにURLを指定します。

- FTPサーバーのURLの例：ftp://user:pass@ftp.example.com/path/to/export.csv
  - FTPユーザー名：user
  - FTPパスワード：pass
  - FTPホスト：ftp.example.com
  - FTPサーバー上のパス：/path/to/export.csv
- Amazon S3のURLの例：s3://mybucket/path/to/export.csv
  - S3バケット名：mybucket
  - S3オブジェクトキー：/path/to/export.csv
- 標準出力のURL：stdout:または-

Amazon S3に保存する場合は、botocore*aを追加でインストールしておきます。S3への書き込みに必要なAWSのアクセスキーIDとシークレットアクセスキーは、それぞれ環境変数AWS_ACCESS_KEY_IDとAWS_SECRET_ACCESS_KEYで指定します。Scrapyの同名の設定でも指定できるほか、**7.3.1**で解説する~/.aws/credentialsファイルやIAMロールでも指定できます。

```
(scraping) $ pip install botocore
```

*a　https://pypi.org/project/botocore/

● 実行の流れ

Scrapyのアーキテクチャー（**図6.4**）の観点からSpider実行の流れを見ると、より理解が進むでしょう。この図で矢印はデータの流れを表します。それぞれのコンポーネントの役割は次の通りです。

- Scrapy Engine
  他のコンポーネントを制御する実行エンジン。
- Scheduler
  Requestをキューに溜める。
- Downloader
  Requestが指すURLのページを実際にダウンロードする。
- Spider
  ダウンロードしたResponseを受け取り、ページからItemや次にたどるリンクを表すRequestを抜き出す。
- Feed Exporter
  Spiderが抜き出したItemをファイルなどに保存する。
- Item Pipeline
  Spiderが抜き出したItemに関する処理を行う（**6.4**参照）。
- Downloader Middleware
  Downloaderの処理を拡張する（**6.6.1**参照）。
- Spider Middleware
  Spiderへの入力となるResponseや、Spiderからの出力となるItemやRequestに対しての処理を拡張する（**6.6.2**）。

▼ 図6.4　Scrapyのアーキテクチャーと Spider実行の流れ

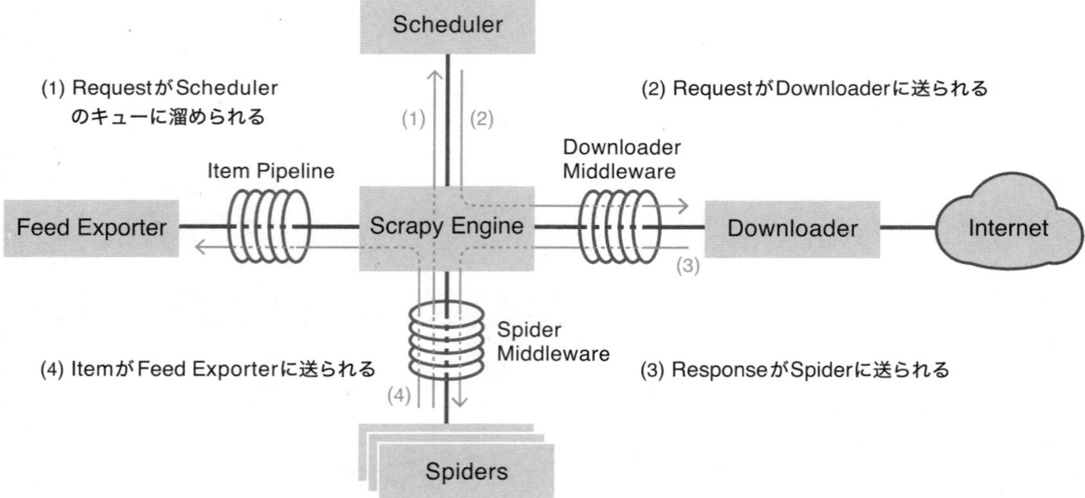

Spiderを実行すると、最初に`start_urls`属性に含まれるURLを指す`Request`オブジェクトがScrapyのSchedulerに渡され、Webページの取得を待つキューに追加されます(1)。キューに追加された`Request`オブジェクトは順にDownloaderに渡されます(2)。Downloaderは`Request`オブジェクトに指

定されたURLのページを取得し、`Response`オブジェクトを作成します。

Downloaderの処理が完了すると、Scrapy EngineがSpiderのコールバック関数を呼び出します。デフォルトのコールバック関数はSpiderの`parse()`メソッドです。コールバック関数には引数として`Response`オブジェクトが渡されるので、ここからリンクやデータを抽出します(3)。

コールバック関数ではyield文で複数のオブジェクトを返せます。リンクを抽出して次のページをクロールしたい場合は、`Request`オブジェクトをyieldします。データを抽出したい場合は、`Item`オブジェクト（または`dict`）をyieldします。1つのメソッドで`Request`オブジェクトと`Item`オブジェクトの両方をyieldしても構いませんし、yieldする順序にも制約はありません。`Request`オブジェクトをyieldした場合、再びSchedulerのキューに追加されます(1)。`Item`オブジェクトをyieldした場合、Feed Exporterに送られ、ファイルなどに保存されます(4)。

このように、SchedulerのキューにRequestが存在する限りSpiderの実行は継続し、すべてのRequestの処理が完了するとSpiderの実行は終了します。

6.3 実践的なクローリング

前節のSpiderでは、一覧ページから詳細ページに遷移するためにコードを書いてリンクを抽出しました。Scrapyの機能を活用すると、より簡単にリンクをたどれます。Webページから正規表現でリンクを抽出したり、XMLサイトマップからリンクを抽出したりすることで、リンクをたどる方法を解説します。

6.3.1 クローリングでリンクをたどる

Webページからリンクを抽出し、そのリンクをたどるのはクローラーでは典型的なパターンです。このようなときは`CrawlSpider`が便利です。`CrawlSpider`を使うと、Webページからa要素を抽出するコードを書く代わりに、たどりたいリンクの正規表現を書くだけで、マッチするリンクを抽出してたどれます。

● CrawlSpiderを作る

リスト6.5を`CrawlSpider`を継承するよう書き換えると**リスト6.6**になります。これを`spiders`ディレクトリ内に`news_crawl.py`という名前で保存します。

▼ リスト6.6　news_crawl.py ― Yahoo!ニュースからトピックスを抽出するCrawlSpider

```
from scrapy.spiders import CrawlSpider, Rule
from scrapy.linkextractors import LinkExtractor

from myproject.items import Headline


class NewsCrawlSpider(CrawlSpider):
    name = 'news_crawl'
    allowed_domains = ['news.yahoo.co.jp']
    start_urls = ['https://news.yahoo.co.jp/']

    # リンクをたどるためのルールのリスト。
    rules = (
        # トピックスのページへのリンクをたどり、レスポンスをparse_topics()メソッドで処理する。
        Rule(LinkExtractor(allow=r'/pickup/\d+$'), callback='parse_topics'),
    )

    def parse_topics(self, response):
        """
        トピックスのページからタイトルと本文を抜き出す。
        """
        item = Headline()
        item['title'] = response.css('.tpcNews_title::text').get()
        item['body'] = response.css('.tpcNews_summary').xpath('string()').get()
        yield item
```

冒頭のimport文は必要なクラスをインポートするために変更し、クラス名とname属性は異なるSpiderだとわかりやすくするために変更していますが、これらの変更は特に気にしなくても大丈夫です。allowed_domains属性やstart_urls属性、parse_topics()メソッドは変更していません。

一番の変更点は、トップページからトピックスのページへのリンクをたどるためのparse()メソッドがなくなり、代わりにrules属性が追加された点です。これまでリンクをたどるためにコードを書いていましたが、CrawlSpiderなら正規表現で宣言的にルールを記述するだけでよくなります。ここでは1つのルールしか記述していませんが、rules属性はRuleオブジェクトのリストで複数のルールを記述できます。ルールは上から順番にチェックされ、最初にマッチしたルールが使用されます。

● ルールの指定例

ルールの指定例です。ここでは架空のサイトを用いています。

```
# 書籍ページとニュースページへのリンクをたどり、それぞれparse_book()とparse_news()メソッドで処理する。
rules = (
    Rule(LinkExtractor(allow=r'/book/\w+'), callback='parse_book'),
    Rule(LinkExtractor(allow=r'/news/\w+'), callback='parse_news'),
```

```
)

# カテゴリページ→商品ページへとリンクをたどり、商品ページをparse_product()メソッドで処理する。
rules = (
    Rule(LinkExtractor(allow=r'/category/\w+')),
    Rule(LinkExtractor(allow=r'/product/\w+'), callback='parse_product'),
)

# 1つ前の例で、カテゴリページもparse_category()メソッドで処理する。
rules = (
    Rule(LinkExtractor(allow=r'/category/\w+'), callback='parse_category', follow=True),
    Rule(LinkExtractor(allow=r'/product/\w+'), callback='parse_product'),
)
```


● RuleとLinkExtractor

Ruleクラスのコンストラクター*12の第1引数には、リンクの抽出条件を表すLinkExtractorオブジェクト（後述）を指定します。

キーワード引数callbackには、レスポンスを処理するコールバック関数を指定します。関数などの呼び出し可能オブジェクトを指定するか、メソッド名を文字列で指定します。なお、parseという名前のメソッドは、CrawlSpiderが内部的に使用するため、継承したクラスでは使用できません。

キーワード引数followは、レスポンスを処理した後に、さらにそのページからリンクを抽出してたどるかどうかを真偽値で指定します。デフォルト値は、callbackが指定されている場合はFalse（リンクをたどらない）で、指定されていない場合はTrue（リンクをたどる）です。

LinkExtractorクラスのコンストラクターには、様々なキーワード引数でリンクを抽出する条件を指定できます*13。よく使うのはallowとdenyです。

allowには、正規表現または正規表現のリストを指定します。allowに指定した正規表現にマッチするURLのみが抜き出されます。一方、denyに指定した正規表現にマッチするURLは抜き出されません。denyのほうがallowより先に判断されるため、allowとdenyの両方にマッチするURLは抜き出されません。

● CrawlSpiderの実行

作成したCrawlSpiderは通常のSpiderと同じように名前を指定して実行できます。

```
(scraping) $ scrapy crawl news_crawl
```

---

*12 詳しくはRuleのドキュメント（https://doc.scrapy.org/en/1.6/topics/spiders.html#scrapy.spiders.Rule）を参照してください。

*13 詳しくはLinkExtractorのドキュメント（https://doc.scrapy.org/en/1.6/topics/link-extractors.html）を参照してください。

6.3.2 XMLサイトマップを使ったクローリング

XMLサイトマップ（**4.3.3**参照）を提供しているWebサイトでは、Scrapyの`SitemapSpider`を使うと手軽にクロールできます。XMLサイトマップを提供しているWebサイトの例として、IKEA.comをクロールします。IKEA.comはスウェーデン発祥の家具量販店IKEAのWebサイトです。

- IKEA.com – International homepage – IKEA
  https://www.ikea.com/

● XMLサイトマップからWebサイトの構造を把握する

IKEA.comのrobots.txt（https://www.ikea.com/robots.txt）を確認すると、Sitemapディレクティブで XMLサイトマップのURLが2つ指定されています。

```
User-agent: *
Disallow: *catalog/availability/
Disallow: */compare*
...

Sitemap: https://www.ikea.com/domainwide-sitemaps/ow-index.xml
Sitemap: https://www.ikea.com/domainwide-sitemaps/index.xml
```

2つ目のhttps://www.ikea.com/domainwide-sitemaps/index.xmlをブラウザーで開くと次のようなXMLを確認できます[*14]。

```
<?xml version="1.0" encoding="UTF-8"?>
<sitemapindex xmlns="http://www.sitemaps.org/schemas/sitemap/0.9" xmlns:xsi="http://www.w3.org/20 ↵
01/XMLSchema-instance">
<sitemap>
  <loc>https://www.ikea.com/domainwide-sitemaps/cat-cs_CZ_1.xml</loc>
</sitemap>
<sitemap>
  <loc>https://www.ikea.com/domainwide-sitemaps/cat-da_DK_1.xml</loc>
</sitemap>
...
<sitemap>
  <loc>https://www.ikea.com/domainwide-sitemaps/prod-cs_CZ_1.xml</loc>
</sitemap>
<sitemap>
  <loc>https://www.ikea.com/domainwide-sitemaps/prod-cs_CZ_2.xml</loc>
</sitemap>
```

＊14　XMLサイトマップによってはスタイルシートが適用されてHTMLとして表示されることもあります。その場合はソースを表示するとXMLの内容を確認できます。

```
...
</sitemapindex>
```

このファイルはサイトマップインデックスであり、個別のXMLサイトマップのURLが列挙されています。ファイル名がcat-で始まるカテゴリページのXMLサイトマップとprod-で始まる製品ページのXMLサイトマップがあります。さらに個別のXMLサイトマップを確認すると、個別の記事のURLが列挙されています。サイト全体として、robots.txtを起点に次のようにリンクをたどることができます。


```
/robots.txt
  ├─→ /domainwide-sitemaps/ow-index.xml
  └─→ /domainwide-sitemaps/index.xml
          ├─→ /domainwide-sitemaps/cat-cs_CZ_1.xml
          ├─→ /domainwide-sitemaps/cat-da_DK_1.xml
          ├─→ ...
          ├─→ /domainwide-sitemaps/prod-cs_CZ_1.xml
          ├─→ /domainwide-sitemaps/prod-cs_CZ_2.xml
          ├─→ ...
          ├─→ /domainwide-sitemaps/prod-ja_JP_1.xml
          │       ├─→ /jp/ja/catalog/products/00110904/
          │       ├─→ /jp/ja/catalog/products/00124784/
          │       └─→ ...
          ├─→ /domainwide-sitemaps/prod-ja_JP_2.xml
          └─→ ...
```

● SitemapSpiderの作成と実行

Webサイトの構造を把握できたら、SitemapSpiderを使ってIKEA.comの製品ページをクロールしてみましょう。Spiderのコードは**リスト6.7**です。これを、spidersディレクトリ内にikea.pyという名前で保存します。

▼ **リスト6.7** ikea.py — IKEA.comをクロールするSitemapSpider

```python
from scrapy.spiders import SitemapSpider


class IkeaSpider(SitemapSpider):
    name = 'ikea'
    allowed_domains = ['www.ikea.com']

    # この設定がないと 504 Gateway Time-out となることがある。
    # settings.pyでUSER_AGENTを設定している場合、この設定は削除してよい。
    custom_settings = {
        'USER_AGENT': 'ikeabot',
    }
```

```
    # XMLサイトマップのURLのリスト。
    # robots.txtのURLを指定すると、SitemapディレクティブからXMLサイトマップのURLを取得する。
    sitemap_urls = [
        'https://www.ikea.com/robots.txt',
    ]
    # サイトマップインデックスからたどるサイトマップURLの正規表現のリスト。
    # このリストの正規表現にマッチするURLのサイトマップのみをたどる。
    # sitemap_followを指定しない場合は、すべてのサイトマップをたどる。
    sitemap_follow = [
        r'prod-ja_JP',  # 日本語の製品のサイトマップのみたどる。
    ]
    # サイトマップに含まれるURLを処理するコールバック関数を指定するルールのリスト。
    # ルールは（正規表現，正規表現にマッチするURLを処理するコールバック関数）という2要素のタプルで指定する。
    # sitemap_rulesを指定しない場合はすべてのURLのコールバック関数はparseメソッドとなる。
    sitemap_rules = [
        (r'/products/', 'parse_product'),  # 製品ページをparse_productで処理する。
    ]

    def parse_product(self, response):
        # 製品ページから製品の情報を抜き出す。
        yield {
            'url': response.url,  # URL
            'name': response.css('#name::text').get().strip(),  # 名前
            'type': response.css('#type::text').get().strip(),  # 種類
            # 価格。円記号と数値の間に \xa0（HTMLでは   ）が含まれているのでこれをスペースに置き換える。
            'price': response.css('#price1::text').re_first('[\S\xa0]+').replace('\xa0', ' '),
        }
```

IkeaSpiderはSitemapSpiderを継承しています。SitemapSpiderで一番重要な属性は、sitemap_urlsです。通常のSpiderでstart_urlsを指定する代わりに、sitemap_urlsにXMLサイトマップのURLのリストを指定します。上記のコードのように、robots.txtのURLも指定可能です。この場合、SitemapディレクティブからXMLサイトマップのURLを取得します。

sitemap_urls属性を指定すれば、そのXMLサイトマップからたどれるURLをすべてクロールできますが、一部のページのみをクロールすれば十分な場合もあります。sitemap_follow属性とsitemap_rules属性でクロールするページを絞ります。

作成したSpiderを実行すると、XMLサイトマップをたどって製品ページから製品情報を抜き出せます。すべてのページをクロールするには時間がかかるのでCtrl-Cを2回押して終了します。

```
(scraping) $ scrapy crawl ikea
2019-05-25 09:58:35 [scrapy.utils.log] INFO: Scrapy 1.6.0 started (bot: myproject)
...
2019-05-25 09:58:35 [scrapy.core.engine] DEBUG: Crawled (200) <GET https://www.ikea.com/robots.tx ⏎
t> (referer: None)
2019-05-25 09:58:35 [scrapy.core.engine] DEBUG: Crawled (200) <GET https://www.ikea.com/robots.tx ⏎
t> (referer: None)
```

```
2019-05-25 09:58:37 [scrapy.core.engine] DEBUG: Crawled (200) <GET https://www.ikea.com/domainwid ↵
e-sitemaps/index.xml> (referer: https://www.ikea.com/robots.txt)
2019-05-25 09:58:39 [scrapy.core.engine] DEBUG: Crawled (200) <GET https://www.ikea.com/domainwid ↵
e-sitemaps/ow-index.xml> (referer: https://www.ikea.com/robots.txt)
2019-05-25 09:58:48 [scrapy.core.engine] DEBUG: Crawled (200) <GET https://www.ikea.com/domainwid ↵
e-sitemaps/prod-ja_JP_2.xml> (referer: https://www.ikea.com/domainwide-sitemaps/index.xml)
2019-05-25 09:58:50 [scrapy.core.engine] DEBUG: Crawled (200) <GET https://www.ikea.com/domainwid ↵
e-sitemaps/prod-ja_JP_1.xml> (referer: https://www.ikea.com/domainwide-sitemaps/index.xml)
2019-05-25 09:58:54 [scrapy.core.engine] DEBUG: Crawled (200) <GET https://www.ikea.com/jp/ja/catal ↵
og/products/S09209910/> (referer: https://www.ikea.com/domainwide-sitemaps/prod-ja_JP_1.xml)
2019-05-25 09:58:54 [scrapy.core.scraper] DEBUG: Scraped from <200 https://www.ikea.com/jp/ja/catal ↵
og/products/S09209910/>
{'url': 'https://www.ikea.com/jp/ja/catalog/products/S09209910/', 'name': 'BESTÅ ベストー', 'type': ↵
 '収納コンビネーション 扉付, ホワイト, ヴァルヴィーケン グレーターコイズ', 'price': '¥ 22,500'}
2019-05-25 09:58:56 [scrapy.core.engine] DEBUG: Crawled (200) <GET https://www.ikea.com/jp/ja/catal ↵
og/products/S09209905/> (referer: https://www.ikea.com/domainwide-sitemaps/prod-ja_JP_1.xml)
2019-05-25 09:58:56 [scrapy.core.scraper] DEBUG: Scraped from <200 https://www.ikea.com/jp/ja/catal ↵
og/products/S09209905/>
{'url': 'https://www.ikea.com/jp/ja/catalog/products/S09209905/', 'name': 'BESTÅ ベストー', 'type': ↵
 '収納コンビネーション 扉付, ブラックブラウン, ヴァルヴィーケン グレーターコイズ', 'price': '¥ 22,500'}
...
```

6.4 抜き出したデータの処理

Spiderが抜き出したItemは、**6.1.2**で解説したようにファイルに出力できますが、Item Pipelineという機能を使うとその前に任意の処理を行えます。Itemのフィールドが想定通りに埋められているかを検証(バリデーション)したり、Itemをデータベースに保存したりできます。Item Pipelineでデータを検証したり、データをMongoDBとMySQLに保存したりする方法を解説します。

6.4.1 Item Pipelineの概要

Item Pipeline(以降では単にPipelineと表記します)はSpiderから抽出したItemに対して任意の処理を行うためのコンポーネントです。Spiderのコールバック関数でyieldしたItemは、プロジェクトで使用されるすべてのPipelineを通過した後、出力先のファイルパスが指定されていればファイルに出力されます。

● Pipelineの作成

Pipelineの実体は特定のメソッドを持つクラスです。通常はプロジェクトに存在する`pipelines.py`にクラスを定義します。複数のプロジェクトで使い回せるものはサードパーティライブラリとしても良いでしょう。特定のクラスを継承するといったルールはないので、`object`型を継承するクラスとして定義するのが一般的です*15。

プロジェクトを作成した際に、pipelines.py（**リスト6.8**）にクラスの雛形が定義されているはずです。Pipelineでは、送られてきたItemを処理するためのprocess_item()メソッドを定義する必要があります。第1引数のitemは処理するItem（またはdict）オブジェクトです。第2引数のspiderはそのItemを生成したSpiderオブジェクトです。

▼ リスト6.8　pipelines.pyに定義されたPipelineの雛形

```
class MyprojectPipeline(object):
    def process_item(self, item, spider):
        return item
```

process_item()メソッドでは、引数のItemに対して何らかの処理を行い、Itemを返すか例外DropItemを発生させます。Itemを返した場合はそのItemが次のPipelineに送られ、最終的にFeed Exportsに送られます。例外DropItemを発生させた場合、Itemは破棄され、それ以降のPipelineには送られません。

Pipelineでは、他にも次のメソッドを実装して、特定のタイミングで実行される処理を書くことができます。

- open_spider(self, spider)
  Spiderの開始時に呼ばれる。引数のspiderはSpiderオブジェクト。
- close_spider(self, spider)
  Spiderの終了時に呼ばれる。引数のspiderはSpiderオブジェクト。
- from_crawler(cls, crawler)
  このクラスメソッドが存在する場合、Pipelineがインスタンス化されるタイミングで呼ばれるので、Pipelineのインスタンスを作成して返す。引数のCrawlerオブジェクト（crawler）経由でクローラーのコンポーネントにアクセスできる。

● Pipelineの使用

作成したPipelineを使うには、プロジェクトのsettings.pyに設定を追加する必要があります。

```
ITEM_PIPELINES = {
    'myproject.pipelines.ValidationPipeline': 300,
    'myproject.pipelines.DatabasePipeline': 800,
}
```

*15　Python 3では、クラス定義に親クラスを記述しない場合、デフォルトでobject型を継承します。

変数ITEM_PIPELINESは、このプロジェクトで使用するPipelineを指定します。dictを指定し、そのキーは'モジュール名.クラス名'という形式の文字列、値はPipelineの適用順を表す数値です。Spider実行時には、Scrapyプロジェクトのディレクトリ（scrapy.cfgがあるディレクトリ）がPythonモジュールの検索パス（sys.path）に追加されるので、myproject/pipelines.pyのモジュール名はmyproject.pipelinesとなります。Pipelineの適用順は0から1000の数値で指定し、数値が小さいものから順に適用されます。Itemの検証や書き換え・フィルタリングなどを行うPipelineは小さめの数値にして、Itemをデータベースなどに保存するためのPipelineは大きめの数値にします。

6.4.2 データの検証

スクレイピングには例外的なデータがつきものです。例えば、ECサイトで商品の価格を収集しようとしたときに、販売終了した商品には価格が表示されないとします。このようにデータが不完全な場合、単に破棄してしまったほうが扱いやすいこともあります。Pipelineを使うと、データが想定通りに取得できているか検証し、不要なデータを破棄できます。

Itemのtitleフィールドが正しく取得できているか検証するためのPipelineが**リスト6.9**です。titleフィールドが存在しない場合や、値がNoneや空文字の場合に例外DropItemを発生させてItemを破棄します。このクラスをプロジェクトのpipelines.py内に作成し、プロジェクトのsettings.pyに設定を追加します。

▼ リスト6.9　Itemを検証するPipeline

```
from scrapy.exceptions import DropItem


class ValidationPipeline:
    """
    Itemを検証するPipeline。
    """

    def process_item(self, item, spider):
        if not item['title']:
            # titleフィールドが取得できていない場合は破棄する。
            # DropItem()の引数は破棄する理由を表すメッセージ。
            raise DropItem('Missing title')

        return item  # titleフィールドが正しく取得できている場合。
```

```
ITEM_PIPELINES = {
    'myproject.pipelines.ValidationPipeline': 300,
}
```

Spiderを実行し、titleフィールドが取得できていないItemがあった場合、"WARNING: Dropped: Missing title"というログが表示されてそのItemは破棄されます。より複雑なルールを記述したい場合は、jsonschema（**4.4.2**参照）などを使用しましょう。

6.4.3 MongoDBへのデータの保存

Webページから抜き出したItemをMongoDBに保存するPipelineが**リスト6.10**です。このクラスをプロジェクトのpipelines.py内に作成し、同じくプロジェクトのsettings.pyに設定を追加します。MongoDBへのデータの保存には、**3.3.3**で紹介したPyMongoを使用します。

▼ リスト6.10　MongoDBにデータを保存するPipeline

```
from pymongo import MongoClient


class MongoPipeline:
    """
    ItemをMongoDBに保存するPipeline。
    """

    def open_spider(self, spider):
        """
        Spiderの開始時にMongoDBに接続する。
        """
        self.client = MongoClient('localhost', 27017)  # ホストとポートを指定してクライアントを作成。
        self.db = self.client['scraping-book']  # scraping-book データベースを取得。
        self.collection = self.db['items']  # items コレクションを取得。

    def close_spider(self, spider):
        """
        Spiderの終了時にMongoDBへの接続を切断する。
        """
        self.client.close()

    def process_item(self, item, spider):
        """
        Itemをコレクションに追加する。
        """
        # insert_one()の引数は書き換えられるので、コピーしたdictを渡す。
        self.collection.insert_one(dict(item))
        return item
```

```
ITEM_PIPELINES = {
    'myproject.pipelines.MongoPipeline': 800,
}
```

open_spider()とclose_spider()でMongoDBへの接続・切断を行い、process_item()で実際にMongoDBにItemを挿入します。process_item()では単純に挿入するコードを書いていますが、Spiderを繰り返し実行すると同じ値を持つデータが複数挿入される可能性があります。このような事態を防ぐためには、**3.4.2**で解説したように、URLからデータを一意に識別するキーとなる値を抜き出し、それを一緒に挿入しましょう。コレクションのキーを格納するフィールドにユニークインデックスを設定しておけば、同じキーを持つ値を挿入したときにエラーとなります。

Spiderを実行すると、ページから抜き出したデータがMongoDBに保存されます。実行前にMongoDBのサーバーを起動させておきます。

● ライブラリとして提供されているMongoDBPipeline

ここでは解説のためにPipelineを自作しましたが、MongoDBに保存するためのPipelineを含むライブラリとしてscrapy-mongodb*16があります。pipでインストールし、settings.pyに設定を追加するだけでMongoDBに保存できます。

```
ITEM_PIPELINES = {
    'scrapy_mongodb.MongoDBPipeline': 800,
}

MONGODB_URI = 'mongodb://localhost:27017'
MONGODB_DATABASE = 'scraping-book'
MONGODB_COLLECTION = 'items'
```

ここで作成したPipeline及びscrapy-mongodbが利用するPyMongoは、MongoDBに同期的に書き込むライブラリです。このためMongoDBへの書き込み時に、Scrapyが非同期処理のために使用しているTwistedの処理をブロックしてしまいます。実際にはScrapy実行時にはWebページを取得する処理とその間のウェイトで待ち時間が多いため、このことはほとんど問題になりません。ブロッキングが問題になる場合は、TxMongo*17のような非同期I/Oに対応したライブラリを使用すると良いでしょう。

6.4.4 MySQLへのデータの保存

MySQLに保存する場合も、MongoDBに保存する場合と同様にPipelineを作成します。MySQLへの接続には**3.3.2**で紹介したmysqlclientを使用します。

MySQLに保存するPipelineのコードが**リスト6.11**です。これをpipelines.pyに追加し、settings.py

---

*16 https://pypi.org/project/scrapy-mongodb/ 本書ではバージョン0.12.0を使用します。
*17 https://pypi.org/project/txmongo/

に設定を追加します。

▼ リスト6.11　MySQLにデータを保存するPipeline

```
import MySQLdb


class MySQLPipeline:
    """
    ItemをMySQLに保存するPipeline。
    """

    def open_spider(self, spider):
        """
        Spiderの開始時にMySQLサーバーに接続する。
        itemsテーブルが存在しない場合は作成する。
        """
        settings = spider.settings  # settings.pyから設定を読み込む。
        params = {
            'host': settings.get('MYSQL_HOST', 'localhost'),  # ホスト
            'db': settings.get('MYSQL_DATABASE', 'scraping'),  # データベース名
            'user': settings.get('MYSQL_USER', ''),  # ユーザー名
            'passwd': settings.get('MYSQL_PASSWORD', ''),  # パスワード
            'charset': settings.get('MYSQL_CHARSET', 'utf8mb4'),  # 文字コード
        }
        self.conn = MySQLdb.connect(**params)  # MySQLサーバーに接続。
        self.c = self.conn.cursor()  # カーソルを取得。
        # itemsテーブルが存在しない場合は作成。
        self.c.execute("""
            CREATE TABLE IF NOT EXISTS `items` (
                `id` INTEGER NOT NULL AUTO_INCREMENT,
                `title` VARCHAR(200) NOT NULL,
                PRIMARY KEY (`id`)
            )
        """)
        self.conn.commit()  # 変更をコミット。

    def close_spider(self, spider):
        """
        Spiderの終了時にMySQLサーバーへの接続を切断する。
        """
        self.conn.close()

    def process_item(self, item, spider):
        """
        Itemをitemsテーブルに挿入する。
        """
        self.c.execute('INSERT INTO `items` (`title`) VALUES (%(title)s)', dict(item))
        self.conn.commit()  # 変更をコミット。
        return item
```

```
ITEM_PIPELINES = {
    'myproject.pipelines.MySQLPipeline': 800,
}
```

open_spider()とclose_spider()でMySQLへの接続・切断を行い、process_item()で実際にMySQLにItemを挿入します。itemsテーブルが存在しない場合は作成します。MongoDBと異なり、MySQLではテーブルのスキーマをあらかじめ決めておく必要があります。追加したいデータの形式に合わせて、CREATE TABLE文やINSERT文を書き換えてください。

このPipelineでは、MySQLサーバーへの接続に使うパラメーターをsettings.py内の変数で指定できます。

- MYSQL_HOST: MySQLサーバーのホスト。デフォルト値はlocalhost。
- MYSQL_DATABASE: データベース名。デフォルト値はscraping。
- MYSQL_USER: ユーザー名。デフォルト値は空白。
- MYSQL_PASSWORD: パスワード。デフォルト値は空白。
- MYSQL_CHARSET: 文字コード。デフォルト値はutf8mb4。

3.3.2で作成したデータベースを使う場合は次のようになります。

```
MYSQL_USER = 'scraper'
MYSQL_PASSWORD = 'password'
```

Spiderを実行すると、MySQLのテーブルにデータが書き込まれます。実行前に、データベースをあらかじめ作成し、MySQLサーバーを起動しておきます。

mysqlclientはMySQLに同期的に書き込みます。非同期に書き込みたい場合は、twisted.enterprise.adbapiモジュールを使います。詳しくはドキュメント*18を参照してください。

6.5 Scrapyの設定

Scrapyの動作は設定でカスタマイズ可能です。主にsettings.pyに設定を記述してきましたが、他にも指定方法はあります。

Scrapyの設定項目は100を超え、紹介しきれないので、まだ本書で取り上げていない主要なものだけを紹介します。その他の設定項目や取りうる値については、Scrapyの設定に関するドキュメント*19

*18 https://twistedmatrix.com/documents/current/core/howto/rdbms.html
*19 https://doc.scrapy.org/en/1.6/topics/settings.html

を参照してください。

6.5.1 設定の方法

Scrapyでは設定の方法はいくつかあり、優先順位の高い順に並べると次の通りです。それぞれ説明します。

1. コマンドラインオプション
2. Spiderごとの設定
3. プロジェクトの設定(settings.py)
4. サブコマンドごとのデフォルトの設定
5. グローバルなデフォルトの設定

1. コマンドラインオプション

コマンドラインオプションの-sまたは--setに設定項目をNAME=VALUEという形式で指定すると、実行時に設定を変更できます。複数の設定項目を変更するには、このオプションを複数回指定します。

```
(scraping) $ scrapy crawl ikea -s DOWNLOAD_DELAY=3
```

2. Spiderごとの設定

Spiderのcustom_settings属性によってSpiderごとに設定を変更できます。dictで記述します。

```
class BlogSpider(scrapy.Spider):
    name = 'blogspider'
    ...

    custom_settings = {
        'DOWNLOAD_DELAY': 3,
    }

    ...
```

3. プロジェクトの設定(settings.py)

プロジェクトのsettings.pyに設定を記述できます。

4. サブコマンドごとのデフォルトの設定

scrapyコマンドのサブコマンドでは個別にデフォルトの設定(ログの設定など)が決められている場

合があります。通常、気にする必要はありません。

5. グローバルなデフォルトの設定

グローバルなデフォルト設定はscrapy.settings.default_settingsモジュールに記述されています。

6.5.2 クロール先に迷惑をかけないための設定項目

クロール先に迷惑をかけないための設定項目を紹介します。

● DOWNLOAD_DELAY

デフォルト値: 0

同じWebサイトに連続してリクエストを送る際に待つダウンロード間隔の秒数。本書では1.0以上の値にすることを推奨。

● RANDOMIZE_DOWNLOAD_DELAY

デフォルト値: True

Webページのダウンロード間隔をランダムにするかどうか。Trueの場合、実際のダウンロード間隔はDOWNLOAD_DELAY * 0.5～DOWNLOAD_DELAY * 1.5の間でランダムになる。

● ROBOTSTXT_OBEY

デフォルト値: False

Webサイトのrobots.txtに従うかどうか。後方互換のためデフォルト値はFalseだが、新規プロジェクト作成時にTrueにするコードが生成される。

6.5.3 並行処理に関する設定項目

並行処理に関する設定項目を紹介します。1つのWebサイトに並行して大量にアクセスすると迷惑ですが、不特定多数のWebサイトをクロールするなら、これらのパラメーターを調整してクロール時間を短縮できます。

Scrapyドキュメントの Broad Crawlsという項目*20では、不特定多数のWebサイトをクロールする場合になるべく高速にクロールするための設定のポイントが解説されています。

---

*20　https://doc.scrapy.org/en/1.6/topics/broad-crawls.html

● CONCURRENT_REQUESTS

デフォルト値: 16

同時並行処理するリクエスト数の最大値。

● CONCURRENT_REQUESTS_PER_DOMAIN

デフォルト値: 8

Webサイトのドメインごとの同時並行リクエスト数の最大値。

● CONCURRENT_REQUESTS_PER_IP

デフォルト値: 0

WebサイトのIPアドレスごとの同時並行リクエスト数の最大値。CONCURRENT_REQUESTS_PER_IPを1以上の値にすると、CONCURRENT_REQUESTS_PER_DOMAINは無視され、DOWNLOAD_DELAYもIPアドレスごとのダウンロード間隔を意味するようになる*21。

6.5.4 HTTPリクエストに関する設定項目

Scrapyが送信するHTTPリクエストをカスタマイズするための設定項目を紹介します。

● USER_AGENT

デフォルト値: 'Scrapy/VERSION (+https://scrapy.org)'

HTTPリクエストに含まれるUser-Agentヘッダーの値を指定する。デフォルト値のVERSIONの部分はScrapyのバージョンで置き換えられる。

● COOKIES_ENABLED

デフォルト値: True

Cookieを有効にするかどうか。

● COOKIES_DEBUG

デフォルト値: False

Trueにすると、送受信するCookieの値をログに出力する。

---

*21 IPアドレスごとの同時並行リクエスト数やダウンロード間隔の制御には、DNSキャッシュの結果が使われます。このため、あるドメインに対して名前解決が行われる前、すなわち実際にそのドメインに最初のリクエストが送信される前にキューに追加されたリクエストは、意図した通りに制御されないことがあります。

● REFERER_ENABLED

デフォルト値: True

リクエストにRefererヘッダーを自動的に含めるかどうか。

● DEFAULT_REQUEST_HEADERS

デフォルト値:

```
{
    'Accept': 'text/html,application/xhtml+xml,application/xml;q=0.9,*/*;q=0.8',
    'Accept-Language': 'en',
}
```

HTTPリクエストにデフォルトで含めるヘッダーをdictで指定する。

6.5.5 HTTPキャッシュの設定項目

Spiderの作成中に試行錯誤して、何度も実行することがよくあります。HTTPキャッシュを活用すると相手のサーバーに大きな負荷をかけずに済みます。HTTPキャッシュを有効にすると、初回にサーバーから取得したレスポンスがローカルファイルシステムのキャッシュに保存され、2回目以降はサーバーにリクエストが送られず、レスポンスがキャッシュから取得されます。また、レスポンスをキャッシュから取得したときには、リクエスト間にウェイトが挟まれないので、高速に実行できます。

● HTTPCACHE_ENABLED

デフォルト値: False

TrueにするとHTTPキャッシュが有効になる。

● HTTPCACHE_EXPIRATION_SECS

デフォルト値: 0

キャッシュの有効期限の秒数。0の場合は無限。

● HTTPCACHE_DIR

デフォルト値: 'httpcache'

キャッシュを保存するディレクトリのパス。相対パスを指定した場合はプロジェクトの.scrapyディレクトリが基準となる。

● HTTPCACHE_IGNORE_HTTP_CODES

デフォルト値: `[]`

レスポンスをキャッシュしないHTTPステータスコードのリスト。

● HTTPCACHE_IGNORE_SCHEMES

デフォルト値: `['file']`

レスポンスをキャッシュしないURLのスキーマのリスト。

● HTTPCACHE_IGNORE_MISSING

デフォルト値: `False`

`True`にすると、リクエストが未キャッシュの場合に、リクエストをサーバーに送らずに無視する。

● HTTPCACHE_POLICY

デフォルト値: `'scrapy.extensions.httpcache.DummyPolicy'`

キャッシュのポリシーを表すクラス。デフォルトの`DummyPolicy`ではすべてのレスポンスがキャッシュされる。`'scrapy.extensions.httpcache.RFC2616Policy'`を指定すると、RFC 2616すなわちHTTP/1.1に従い、Cache-ControlなどのHTTPヘッダーを参照してキャッシュされる。

6.5.6 エラー処理に関する設定

エラー処理の方針をカスタマイズするための設定を紹介します。

● RETRY_ENABLED

デフォルト値: `True`

タイムアウトやHTTPステータスコード500 (Internal Server Error) などのエラーが発生したときに、自動的にリトライするかどうか。

この設定に関わらず、`Request.meta`属性で`dont_retry`というキーの値を`True`にすると、そのリクエストはリトライされない。

```
yield scrapy.Request(url, meta={'dont_retry': True})'
```

● RETRY_TIMES

デフォルト値: `2`

リトライする回数の最大値。デフォルトの2の場合、初回のリクエスト1回+リトライ2回で、最大3

回リクエストが送信される。

● RETRY_HTTP_CODES

デフォルト値：[500, 502, 503, 504, 408]

リトライ対象とするHTTPステータスコードのリスト（**4.3.5**参照）。

● HTTPERROR_ALLOWED_CODES

デフォルト値：[]

エラー扱いにしないHTTPステータスコードのリスト。デフォルトではHTTPステータスコードが200番台以外の場合は、エラー扱いになりSpiderのコールバック関数は呼び出されない。次のように指定するとステータスコードが404のときでもSpiderのコールバック関数が呼び出されて処理を実行できる。

```
HTTPERROR_ALLOWED_CODES = [404]
```

Spiderのhandle_httpstatus_list属性で、Spiderごとに指定することも可能。

```
class MySpider(scrapy.Spider):
    handle_httpstatus_list = [404]
```

Request.meta属性のhandle_httpstatus_listというキーの値で設定することも可能。

```
yield scrapy.Request(url, meta={'handle_httpstatus_list': [404]})'
```

● HTTPERROR_ALLOW_ALL

デフォルト値：False

Trueにすると、すべてのステータスコードをエラー扱いとせず、Spiderのコールバック関数が呼び出される。Request.meta属性のhandle_httpstatus_allというキーの値で設定することも可能。

```
yield scrapy.Request(url, meta={'handle_httpstatus_all': True})'
```

6.5.7 プロキシを使用する

4.4.1のコラムで解説したように、プロキシを使うことで相手のWebサイトの負荷を減らせます。企業内のネットワークからクローリングを行う場合、プロキシの設定が必要な場合もあります。

Scrapyにおいてプロキシ経由でリクエストを送るには、Requestsと同じように必要な環境変数を設定します。

- `http_proxy`
  HTTP接続に使用するプロキシのURL。例: `http://some-proxy:8080/`
- `https_proxy`
  HTTPS接続に使用するプロキシのURL。例: `http://some-proxy:8080/`
- `no_proxy`
  プロキシを使用しないドメインの接尾辞をカンマで区切ったリスト。
  例: `127.0.0.1,localhost,intra.mycompany.com`

また、特定のリクエストのみでプロキシを使用したい場合は、`Request.meta`属性の`proxy`というキーの値でプロキシのURLを指定できます。

```
Request(url, meta={'proxy': 'http://some-proxy:8080/'})
```

6.6 Scrapyの拡張

Scrapyには多くの拡張ポイントが用意されており、組み込みの機能で足りない場合は、自分でコードを書いて機能を拡張できます。拡張するためのコンポーネントとして次のものがあります。Scrapy組み込みの機能も、これらのコンポーネントとして実装されているものが少なくありません。

- Downloader Middleware
  Webページのダウンロード処理を拡張する。
- Spider Middleware
  Spiderのコールバック関数の処理を拡張する。
- Extension
  イベントに応じて、上記2つにとらわれない任意の処理を行う。

Downloader MiddlewareとSpider Middlewareの作り方と使い方を簡単に解説します。これらは、**図6.4**にあるように、Scrapyのコンポーネント間でのデータのやり取りをフックして処理を拡張します。

通常のクローリング・スクレイピングでExtensionの作成が必要になることはほとんどないので、Extensionについては本書では解説しません。ScrapyのExtensionに関するドキュメント*22を参照してください。

*22 https://doc.scrapy.org/en/1.6/topics/extensions.html

6.6.1 ダウンロード処理を拡張する

Downloader Middlewareを使うと、Webページのダウンロード処理をフックして拡張できます。

● Downloader Middlewareの概要

Downloader Middlewareの実体は、インターフェイスとして次のメソッドのうち必要なものを実装したクラスのオブジェクトです*23。

- `process_request(self, request, spider)`
  HTTPリクエスト送信前に何らかの処理を行う。
- `process_response(self, request, response, spider)`
  HTTPレスポンス受信後に何らかの処理を行う。
- `process_exception(self, request, exception, spider)`
  ダウンロード処理での例外発生時に何らかの処理を行う。
- `from_crawler(cls, crawler)`
  このクラスメソッドが存在する場合、Downloader Middlewareがインスタンス化されるタイミングで呼ばれるので、Downloader Middlewareのインスタンスを作成して返す。

デフォルトでは**表6.3**のDownloader Middlewareが設定されています。設定で明示的に有効にしない限り実際の処理を行わないものもあります。

▼ 表6.3 デフォルトのDownloader Middleware

クラス名	説明	順序
RobotsTxtMiddleware	robots.txtに基いてリクエストをフィルタリングする。	100
HttpAuthMiddleware	Basic認証のためのヘッダーを付加する。	300
DownloadTimeoutMiddleware	ダウンロードのタイムアウトを設定する。	350
DefaultHeadersMiddleware	デフォルトのHTTPヘッダーを付加する。	400
UserAgentMiddleware	User-Agentヘッダーを付加する。	500
RetryMiddleware	エラー時にリトライする。	550
AjaxCrawlMiddleware	Ajaxクロール可能なページをクロールし直す。	560
MetaRefreshMiddleware	meta refreshタグによるリダイレクトを処理する。	580
HttpCompressionMiddleware	圧縮されたレスポンスを展開する。	590
RedirectMiddleware	リダイレクトを処理する。	600
CookiesMiddleware	Cookieを処理する。	700
HttpProxyMiddleware	HTTPプロキシを設定する。	750
DownloaderStats	Downloaderの統計を収集する。	850
HttpCacheMiddleware	HTTPキャッシュを処理する。	900

*23 詳しくは、ScrapyのDownloader Middlewareに関するドキュメント（https://doc.scrapy.org/en/1.6/topics/downloader-middleware.html）を参照してください。

Downloader Middlewareの処理の流れは**図6.5**のようになります。HTTPリクエストを送信する前に、順序が小さいものから順番に`process_request()`が呼び出され、すべてのミドルウェアの処理が完了するとDownloaderによって実際のダウンロード処理が実行されます。DownloaderがHTTPレスポンスを受信した後は逆順で`process_response()`が呼び出され、すべてのミドルウェアの処理が完了するとScrapy EngineによってSpiderのコールバック関数が実行されます。

`process_request()`またはダウンロード処理の途中で例外が発生した場合は、`process_response()`の代わりに`process_exception()`が呼び出されます。

▼ 図6.5 Downloader Middlewareの処理の流れ

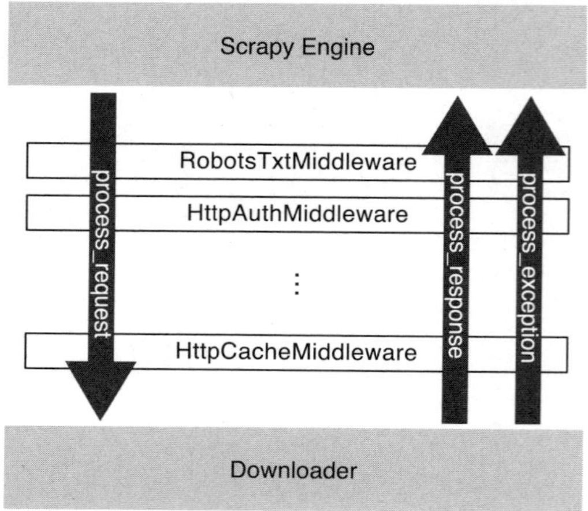

● 自作のDownloader Middlewareを使用する

自分で作成したDownloader Middlewareを使うには、`settings.py`に設定を追加します。

```
DOWNLOADER_MIDDLEWARES = {
    'myproject.middlewares.CustomDownloaderMiddleware': 450,
}
```

`DOWNLOADER_MIDDLEWARES`は`dict`であり、キーはDownloader Middlewareの'モジュール名.クラス名'という形式の文字列で、値は順序を表す数値です。

表6.3のデフォルトのDonwloader Middlewareは、`DOWNLOADER_MIDDLEWARES_BASE`という設定で定義されています。実際の処理は、`DOWNLOADER_MIDDLEWARES_BASE`に`DOWNLOADER_MIDDLEWARES`がマージされた状態で順序の数値によってソートされ、順序の小さい順に実行されます。`450`という数値を指定すると、DefaultHeadersMiddlewareとUserAgentMiddlewareの間に実行されることになります。

column **ScrapyでJavaScriptを使ったページに対応する：Splash**

Scrapyはスクレイピングライブラリのlxmlをベースにしており、単体ではJavaScriptを解釈できません。**5.6**で紹介したSeleniumでページをダウンロードするDownloader Middlewareの自作もできますが、Splashを使用すると、JavaScriptを使用したページに手軽に対応できます。**Splash**はWebKitをベースにしたヘッドレスブラウザーを組み込んだサーバーで、クライアントとWebサイトの通信を中継します（**図6.6**）。Splashはページ内のJavaScriptを実行し、JavaScriptのonloadイベントが発生した時点のDOMツリーをHTMLにしたものを返します。クライアントはJavaScriptで読み込まれるコンテンツが含まれた状態のHTMLを取得できます。

▼ 図6.6　Splashの動作イメージ

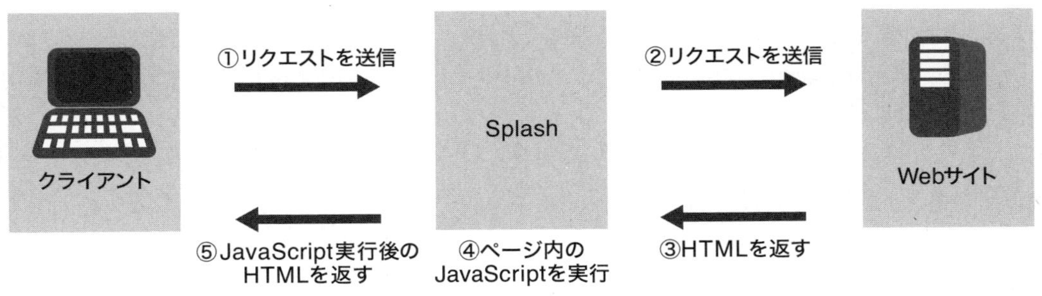

次の手順でScrapyのSpiderからSplashを使用します。詳しくは、scrapy-splashのドキュメント*aを参照してください。

1. scrapy-splashというライブラリをインストールする。
2. Splashのサーバーを起動する。
3. プロジェクトの`settings.py`にSplash関連の設定を追加する。
4. Spiderで`Request`クラスの代わりに`SplashRequest`クラスを使う。

*a　https://github.com/scrapy-plugins/scrapy-splash

6.6.2　Spiderの挙動を拡張する

Spider Middlewareを使うと、Spiderのコールバック関数処理をフックして拡張できます。Spider Middlewareの実体は、インターフェイスとして次のメソッドのうち必要なものを実装したクラスのオブジェクトです*24。

- `process_spider_input(self, response, spider)`
  Spiderのコールバック関数実行前に何らかの処理を行う。
- `process_spider_output(self, response, result, spider)`
  Spiderのコールバック関数実行後に何らかの処理を行う。
- `process_spider_exception(self, response, exception, spider)`
  Spiderのコールバック関数で例外が発生したときに何らかの処理を行う。
- `process_start_requests(self, start_requests, spider)`
  Spiderがクロールを開始する際に何らかの処理を行う。
- `from_crawler(cls, crawler)`
  このクラスメソッドが存在する場合、Spider Middlewareがインスタンス化されるタイミングで呼ばれるので、Spider Middlewareのインスタンスを作成して返す。

デフォルトでは**表6.4**のSpider Middlewareが設定されています。設定で明示的に有効にしない限り実際の処理を行わないものもあります。

▼ **表6.4 デフォルトのSpider Middleware**

クラス名	説明	順序
HttpErrorMiddleware	レスポンスがエラーだった場合に破棄する。	50
OffsiteMiddleware	allowed_domains以外のドメインをクロールしないようにする。	500
RefererMiddleware	Refererヘッダーを付加する。	700
UrlLengthMiddleware	長過ぎるURLを破棄する。	800
DepthMiddleware	リンクをたどる深さに基づく処理をする。	900

自作のSpider Middlewareを使用する場合は、Downloader Middlewareと同じように、`settings.py`に次のような設定を追加します。

```
SPIDER_MIDDLEWARES = {
    'myproject.middlewares.CustomSpiderMiddleware': 300,
}
```

*24　詳しくは、ScrapyのSpider Middlewareに関するドキュメント(https://doc.scrapy.org/en/1.6/topics/spider-middleware.html)を参照してください。

6.7 クローリングによるデータの収集と活用

Scrapyは大量のWebページをクロールしてデータを収集するSpiderを簡単に作成・実行できます。単一のWebサイト、不特定多数のWebサイトからデータを収集する例をそれぞれ解説し、簡単な検索サービスも作成します。

6.7.1 レストラン情報の収集

単一のWebサイトの例として、食べログをクロールしてレストラン情報を収集してみましょう。食べログは利用者が投稿する口コミや評価に基づいてレストランを検索できるグルメサイトです。

- 食べログ - ランキングと口コミで探せるグルメサイト
  https://tabelog.com/

● 食べログのサイトの構造

ここでは、東京のランチ(～2,000円)ランキングからレストランの情報を収集します。食べログのトップページから、「東京」→「ランチ」→「東京のランチ(～2,000円)ランキングをもっと見る」とたどると次のページが表示されます。

https://tabelog.com/tokyo/rstLst/lunch/?LstCos=0&LstCosT=2&RdoCosTp=1&LstSitu=0&ChkCoupon=0&ChkCampaign=0

値が0のクエリパラメーターは省略しても結果が変わらないので、次のURLからクロールを開始することを考えます。

- 東京のランチ 昼の人気ランキング [食べログ]
  https://tabelog.com/tokyo/rstLst/lunch/?LstCosT=2&RdoCosTp=1

このページは検索条件にマッチするレストランをランキング順に並べた一覧ページです。一覧ページは1ページあたり20件に分割されており、20件を超えるレストラン情報を取得するには、ページャーをたどる必要があります。一覧ページからは個別のレストランの詳細ページにリンクされており、一覧・詳細パターンになっています。

各ページのURLは、次のようになっています。

- 一覧ページ(1ページ目)
  `https://tabelog.com/<ローマ字の都道府県名>/rstLst/lunch/?LstCosT=2&RdoCosTp=1`
  例: https://tabelog.com/tokyo/rstLst/lunch/?LstCosT=2&RdoCosTp=1
- 一覧ページ(2ページ目以降)
  `https://tabelog.com/<ローマ字の都道府県名>/rstLst/lunch/<ページ番号>/?LstCosT=2&RdoCosTp=1`
  例: https://tabelog.com/tokyo/rstLst/lunch/2/?LstCosT=2&RdoCosTp=1
- 詳細ページ
  `https://tabelog.com/<ローマ字の都道府県名>/A<数字4桁>/A<数字6桁>/<数字8桁>/`
  例: https://tabelog.com/tokyo/A1305/A130503/13114695/

一覧ページのクエリパラメーターは、それぞれ次のことを表していると推測されます。

- `LstCosT=2`: 昼の予算の上限が2,000円
- `RdoCosTp=1`: ランチの営業時間帯

一覧ページから詳細ページをクロールするには、CrawlSpiderが便利です。ページをたどるための正規表現は次のようになります。

- 一覧ページの2ページ目以降: `/\w+/rstLst/lunch/\d+/`
- 詳細ページ: `/\w+/A\d+/A\d+/\d+/$`

詳細ページの数値の桁数はレストランによって異なる可能性もあるので、`\d{4}`のように具体的な桁数を指定するのではなく、`\d+`として桁数が変わっても対応できるようにしています。

● 詳細ページからデータを抜き出す

詳細ページ(https://tabelog.com/tokyo/A1305/A130503/13114695/)からデータを抜き出します。ブラウザーとScrapy Shellを使って次の流れでコードを組み立てます。

1. 取得したい情報に対応する要素を開発者ツールで確認する。
2. その要素を取得するのに適したCSSセレクターを考える。
3. Scrapy Shellを使い、考えたCSSセレクターで情報を取得できることを確認する。

```
(scraping) $ scrapy shell https://tabelog.com/tokyo/A1305/A130503/13114695/
...
# レストラン名を取得。
>>> response.css('.display-name').xpath('string()').get().strip()
'なりくら'
# 住所を取得。住所の要素(都道府県、市区町村など)が個別にマークアップされているので、
```

```
# 子孫のすべてのテキストを取得する。
>>> response.css('.rstinfo-table__address').xpath('string()').get().strip()
'東京都新宿区高田馬場1-32-11 小澤ビル地下1F'

# Google Static Mapsの画像のURLを取得。
# この画像は遅延読込されるので、URLが<img>タグのsrc属性ではなく、
# data-original属性に含まれていることに注意。
>>> response.css('img.js-map-lazyload::attr("data-original")').get()
'https://maps.googleapis.com/maps/api/staticmap?client=gme-kakakucominc&channel=tabelog.com&sensor= ↵
false&hl=ja&center=35.710812338496076,139.70379120191873&markers=color:red%7C35.710812338496076,139 ↵
.70379120191873&zoom=15&size=490x145&signature=mKa4FbvkDdTveSQdkAqS7N6Pcs0='
# re()メソッドで、Google Static Mapsの画像のURLから正規表現で緯度と経度を取得。
>>> response.css('img.js-map-lazyload::attr("data-original")').re(r'markers=.*?%7C([\d.]+),([\d.]+)')
['35.710812338496076', '139.70379120191873']

# 最寄り駅を取得。
>>> response.css('dt:contains("最寄り駅")+dd span::text').get()
'高田馬場駅'
# スコアを取得。
>>> response.css('[rel="v:rating"] span::text').get()
'4.12'
```

● Spiderを作成する

items.pyに**リスト6.12**のItemを定義しておきます。

▼ リスト6.12　レストラン情報を格納するItem

```
class Restaurant(scrapy.Item):
    """
    食べログのレストラン情報。
    """

    name = scrapy.Field()
    address = scrapy.Field()
    latitude = scrapy.Field()
    longitude = scrapy.Field()
    station = scrapy.Field()
    score = scrapy.Field()
```

最終的なSpiderのコードは**リスト6.13**です。クロールを開始するページをstart_urls属性に指定し、リンクをたどるための正規表現をrules属性に指定しています。parse_restaurant()メソッドでは、Scrapy Shellで実行していたコードと同じようにデータを取得し、Restaurantオブジェクトに設定してyieldしています。

6

▼ リスト6.13　tabelog.py ― 食べログのレストラン情報を収集するSpider

```
from scrapy.spiders import CrawlSpider, Rule
from scrapy.linkextractors import LinkExtractor

from myproject.items import Restaurant


class TabelogSpider(CrawlSpider):
    name = 'tabelog'
    allowed_domains = ['tabelog.com']
    start_urls = [
        # 東京の昼のランキングのURL。
        # 普通にWebサイトを見ていると、多くのクエリパラメーターがついているが、
        # ページャーのリンクを見ると、値が0のクエリパラメーターは省略できることがわかる。
        'https://tabelog.com/tokyo/rstLst/lunch/?LstCosT=2&RdoCosTp=1',
    ]

    rules = [
        # ページャーをたどる(最大9ページまで)。
        # 正規表現の \d を \d+ に変えると10ページ目以降もたどれる。
        Rule(LinkExtractor(allow=r'/\w+/rstLst/lunch/\d/')),
        # レストランの詳細ページをパースする。
        Rule(LinkExtractor(allow=r'/\w+/A\d+/A\d+/\d+/$'), callback='parse_restaurant'),
    ]

    def parse_restaurant(self, response):
        """
        レストランの詳細ページをパースする。
        """
        # Google Static Mapsの画像のURLから緯度と経度を取得。
        latitude, longitude = response.css(
            'img.js-map-lazyload::attr("data-original")').re(r'markers=.*?%7C([\d.]+),([\d.]+)')

        # キーの値を指定してRestaurantオブジェクトを作成。
        item = Restaurant(
            name=response.css('.display-name').xpath('string()').get().strip(),
            address=response.css('.rstinfo-table__address').xpath('string()').get().strip(),
            latitude=latitude,
            longitude=longitude,
            station=response.css('dt:contains("最寄り駅")+dd span::text').get(),
            score=response.css('[rel="v:rating"] span::text').get(),
        )

        yield item
```

Spiderをspiders/tabelog.pyに保存し、実行します。ログから、レストランの情報を正しく取得できていることがわかるでしょう。

```
(scraping) $ scrapy crawl tabelog -o restaurants.jl
...
2019-04-16 23:36:35 [scrapy.core.scraper] DEBUG: Scraped from <200 https://tabelog.com/tokyo/A130 ↵
5/A130503/13114695/>
{'address': '東京都新宿区高田馬場1-32-11 小澤ビル地下1F',
 'latitude': '35.710812338496076',
 'longitude': '139.70379120191873',
 'name': 'なりくら',
 'score': '4.12',
 'station': '高田馬場駅'}
...
```


column JSON-LD形式でマークアップされたデータの取得

食べログでお店のページのソースを見ると、次のような記述が見つかります（読みやすいよう整形しています）。

```
<script type="application/ld+json">
{
  "@context": "http://schema.org",
  "@type": "Restaurant",
  "@id": "https://tabelog.com/tokyo/A1305/A130503/13114695/",
  "name": "なりくら",
  "image": "https://tblg.k-img.com/restaurant/images/Rvw/77221/200x200_square_77221060.jpg",
  "address": {
    "@type": "PostalAddress",
    "streetAddress": "高田馬場1-32-11 小澤ビル地下1F",
    "addressLocality": "新宿区",
    "addressRegion": "東京都",
    "postalCode": "1690075",
    "addressCountry": "JP"
  },
  "geo": {
    "@type": "GeoCoordinates",
    "latitude": 35.707589722222224,
    "longitude": 139.70699694444443
  },
  "telephone": "03-6380-3823",
  "priceRange": "￥2,000～￥2,999",
  "servesCuisine": "とんかつ",
  "aggregateRating": {
    "@type": "AggregateRating",
    "ratingCount": "1067",
    "ratingValue": "4.12"
  }
}
```

```
</script>
```

これは、Webサイトが提供しているJSON-LD*a形式のデータです。例えばGoogle検索はこのようなデータを見つけると、検索結果にレビューの点数を表示するなど、特別な対応を行う場合があります*b。

JSON-LD形式のデータはWebサイトが検索エンジンのクローラー向けに提供しているものです。JSON-LDを提供しているWebサイトでは、ここからスクレイピングすると簡単かつ確実にデータを抜き出せます。

Scrapy ShellでJSON-LDからスクレイピングする処理は次のようになります。最寄り駅の情報はJSON-LDに含まれていないので、HTMLからスクレイピングする必要があります。

```
(scraping) $ scrapy shell https://tabelog.com/tokyo/A1305/A130503/13114695/
...
>>> import json
>>> json_ld = response.css('script[type="application/ld+json"]::text').get()
>>> data = json.loads(json_ld)
>>> data['name']  # レストラン名を取得。
'なりくら'
>>> a = data['address']
>>> a['addressRegion'] + a['addressLocality'] + a['streetAddress']  # 住所を取得。
'東京都新宿区高田馬場1-32-11 小澤ビル地下1F'
>>> data['geo']['latitude']  # 緯度を取得。
35.707589722222224
>>> data['geo']['longitude']  # 経度を取得。
139.70699694444443
>>> data['aggregateRating']['ratingValue']  # スコアを取得。
'4.12'
```

*a JSON for Linked Data https://json-ld.org/
*b https://developers.google.com/search/docs/guides/intro-structured-data

6.7.2 不特定多数のWebサイトのクローリング

不特定多数のWebサイトをクロールし、Webページから本文を抜き出します。本節での「本文」は、Webページのヘッダー・フッター・サイドバーなどを除いたメインのコンテンツを指します。SafariやFirefoxなどで「リーダー表示」や「リーダービュー」と呼ばれる表示モードにしたときに表示されるコンテンツをイメージするとわかりやすいでしょう。

● はてなブックマークの新着エントリー

クロール対象とする不特定多数のWebサイトを得るために、はてなブックマークの新着エントリーページを使用します。はてなブックマークはソーシャルブックマークサービスで、利用者がWebページ（エントリーと呼ばれる）をブックマークして共有できます。このページには、最近ある程度の人数にブックマークされた様々なエントリーが一覧表示されます。

- はてなブックマーク - 新着エントリー - 総合
  http://b.hatena.ne.jp/entrylist/all

ブラウザーの開発者ツールで確認すると、個々のWebページへのリンクはclass="entrylist-contents-title"のh3要素の子要素であるa要素に格納されています。

一覧ページは29件ずつのページに分かれており、「次のページ」ボタンのURLは次のようになっています。

```
http://b.hatena.ne.jp/entrylist/all?page=2
```

各ページの「次のページ」ボタンをクリックすると次のページをたどることができ、クエリパラメーターpageの値が1ずつ増えていきます。

● Webページからの本文の抽出

一口にWebページと言っても、様々なレイアウトのページが存在します。Webページから本文を抜き出そうとしたときに、それぞれのWebサイトごとに抜き出す要素を指定するのは大変です。このような場合は、Webページの本文を抜き出すためのライブラリが使えます。ここではreadability-lxml*25を利用します。

```
(scraping) $ pip install readability-lxml
```

インタラクティブシェルで使ってみましょう。

```
>>> import requests
>>> from readability import Document
>>> r = requests.get('https://wired.jp/2019/01/27/black-mirror-bandersnatch/')
>>> doc = Document(r.text)
>>> doc.short_title()  # 短いタイトルを取得する。
'製作秘話：Netflixの双方向ドラマ「ブラック・ミラー：バンダースナッチ」はこうして生まれた|WIRED.jp'
>>> print(doc.summary())  # 本文のHTMLを取得する。結果は見やすいよう整形している。
<html><body><div>
    <article class="article-detail" data-url="/2019/01/27/black-mirror-bandersnatch/" data-title=" ↵
製作秘話：Netflixの双方向ドラマ「ブラック・ミラー：バンダースナッチ」はこうして生まれた" data-description=" ↵
Netflixの人気ドラマ「ブラック・ミラー」の双方向版となる「ブラック・ミラー：バンダースナッチ」の配信が、このほど ↵
始まった。観ている人が操作して好きなようにストーリー展開を選ぶインタ" itemscope="" itemtype="http://sche ↵
ma.org/Article">
        <header>
            <span class="post-category" itemprop="about"><a href="/story/">STORY</a></span>
            <time datetime="2019-01-27T11:00:20+00:00" itemprop="datePublished">2019.01.27 SUN 11:0 ↵
0</time>
```

*25 https://pypi.org/project/readability-lxml/ 本書ではバージョン0.7を使用します。

```
            <h1 class="post-title" itemprop="name">製作秘話：Netflixの双方向ドラマ「ブラック・ミラー： ↵
バンダースナッチ」はこうして生まれた</h1>
            <p class="post-intro" itemprop="description"><a href="/tag/netflix">Netflix</a>の人気ド ↵
ラマ「ブラック・ミラー」の双方向版となる「ブラック・ミラー：バンダースナッチ」の配信が、このほど始まった。観てい ↵
る人が操作して好きなようにストーリー展開を選ぶインタラクティヴ作品は、いかに誕生したのか。子ども向け番組のア ↵
イデアが、いかに「ブラック・ミラー」シリーズへと発展していったのか——。その映像製作の裏側を関係者にインタヴ ↵
ューした。</p>
...
```

このページでは、short_title()で取得できるタイトルはtitle要素に含まれるものそのままですが、ページによってはh1、h2、h3要素の中身や、title要素に含まれる区切り文字などを考慮して、特に重要な部分だけが抽出されます。

summary()メソッドでは、本文に相当する部分をHTML文字列として抜き出せていることがわかるでしょう。

● readability-lxmlを利用するSpiderの実装

Spiderからreadability-lxmlの機能を利用するために、get_content()という関数を定義しましょう。**リスト6.14**をutils.pyという名前で、settings.pyと同じディレクトリに保存します。

▼ リスト6.14　utils.py — HTMLの文字列から本文を抽出する関数

```
import logging
from typing import Tuple

import lxml.html
import readability

# readability-lxmlのDEBUG/INFOレベルのログを表示しないようにする。
# Spider実行時にreadability-lxmlのログが大量に表示されて、ログが見づらくなるのを防ぐため。
logging.getLogger('readability.readability').setLevel(logging.WARNING)


def get_content(html: str) -> Tuple[str, str]:
    """
    HTMLの文字列から（タイトル, 本文）のタプルを取得する。
    """
    document = readability.Document(html)
    content_html = document.summary()
    # HTMLタグを除去して本文のテキストのみを取得する。
    content_text = lxml.html.fromstring(content_html).text_content().strip()
    short_title = document.short_title()

    return short_title, content_text
```

Webページの情報を保存するためのItemクラスを**リスト6.15**のように定義し、items.pyに追加します。本文を格納するcontentフィールドは長くなるため、100文字以上の場合は省略して表示するよう__repr__()メソッド*26を定義しています。

▼ リスト6.15　Pageの定義

```
class Page(scrapy.Item):
    """
    Webページ。
    """

    url = scrapy.Field()
    title = scrapy.Field()
    content = scrapy.Field()

    def __repr__(self):
        """
        ログへの出力時に長くなり過ぎないよう、contentを省略する。
        """
        p = Page(self)  # このPageを複製したPageを得る。
        if len(p['content']) > 100:
            p['content'] = p['content'][:100] + '...'  # 100文字より長い場合は省略する。

        return super(Page, p).__repr__()  # 複製したPageの文字列表現を返す。
```

これらを使用して、不特定多数のページをクロールするためのSpiderは**リスト6.16**のようになります。spiders/broad.pyに保存します。

start_urls属性に新着エントリーページを指定し、parse()メソッドでそのレスポンスをパースします。parse_page()メソッドでは、個別のWebページを処理します。ここでは、Webサイトごとに特有の処理は何も行っていないことに注目してください。

▼ リスト6.16　broad.py ― 不特定多数のページをクロールするSpider

```
import scrapy

from myproject.items import Page
from myproject.utils import get_content


class BroadSpider(scrapy.Spider):
    name = 'broad'
    # はてなブックマークの新着エントリーページ。
    start_urls = ['http://b.hatena.ne.jp/entrylist/all']
```

*26　__repr__()メソッドは、Itemがログに表示されるときにrepr()関数を経由して呼ばれる特殊メソッドで、人間にとって読みやすいオブジェクトの表現を返します。

6

```
    def parse(self, response):
        """
        はてなブックマークの新着エントリーページをパースする。
        """
        # 個別のWebページへのリンクをたどる。
        for url in response.css('.entrylist-contents-title > a::attr("href")').getall():
            # parse_page() メソッドをコールバック関数として指定する。
            yield scrapy.Request(url, callback=self.parse_page)

        # page=の値が1桁である間のみ「次の20件」のリンクをたどる（最大9ページ目まで）。
        url_more = response.css('.entrylist-readmore > a::attr("href")').re_first(r'.*\?page=\d{1}$')
        if url_more:
            yield response.follow(url_more)

    def parse_page(self, response):
        """
        個別のWebページをパースする。
        """
        # utils.pyに定義したget_content()関数でタイトルと本文を抽出する。
        title, content = get_content(response.text)
        # Pageオブジェクトを作成してyieldする。
        yield Page(url=response.url, title=title, content=content)
```

実行すると、200個程度のWebページをクロールできます。それぞれのWebページは異なるドメインのものが多いため、Scrapyの同時並行処理性能が活き、比較的短時間で終了します。

```
(scraping) $ scrapy crawl broad -o pages.jl
```

jqコマンドで確認すると、ページの本文を取得できています。

```
(scraping) $ cat pages.jl | jq .
{
  "url": "https://qiita.com/ryuichi1208/items/3354322b5d57e7215e18",
  "title": "bashで忘れがちな機能とかいろいろの備忘録 - Qiita",
  "content": "背景\n\nシェルスクリプトを書くことが結構あるのでその備忘録代わりに記事を書いてみました。\n\n ↵
\n特殊変数とは\n\n..."
}
...
```

一方で、次のように本文を抽出できていないページや、本文以外の箇所が抽出されているページもあるかもしれません。

```
{
  "url": "https://anond.hatelabo.jp/20190203114124",
  "title": "それJavaとJavaScriptくらい違うよ",
```

```
  "content": ""
}
```

このような場合は、本文抽出のパラメーターや使用するライブラリを変更するとうまく取得できることがあります。本文を抽出するためのライブラリはいくつかありますが、中には日本語のWebサイトではうまく動作しないものもあるので注意が必要です。readability-lxmlのほかに有名なライブラリとして、ExtractContent3*27があります。これはRubyの実装をPythonにポートしたExtractContentというライブラリをPython 3に対応させたものです。残念ながらあまりアクティブにメンテナンスされているとは言えませんが、日本の開発者によるライブラリなので日本語のWebサイトでも問題なく使用でき、本文抽出の精度も比較的高いです。

4.1.3で解説したように、特定のWebサイトからデータを収集するのに比べて、不特定のWebサイトから正確にデータを収集するのは難易度があがります。多くのWebサイトを対象とすればするほど、どうしてもうまく取得できないWebサイトは出てきます。そもそもJavaScriptを解釈（column「ScrapyでJavaScriptを使ったページに対応する：Splash」参照）しないと取得できないこともあります。原因を1つずつ調べて、改善していく必要があるでしょう。

column OGP (Open Graph Protocol) によるWebページの情報の取得

OGP (Open Graph Protocol) *aはFacebookによって作られた、Webページが表すオブジェクトの情報をシンプルに記述するためのプロトコルです。Webサイトの作成者は、HTMLに決められた`meta`タグを書くことで、FacebookなどのSNSでシェアされたときに目を引く形で表示されることを期待できます。Twitter Cards*bも似たような目的で使われます。

例えば、技術評論社のWebサイトにおける本書の初版のページ*cには次のように記載されています。

```
<meta property="og:title" content="Pythonクローリング＆スクレイピング —データ収集・解析のための ⏎
実践開発ガイド—" />
<meta property="og:type" content="book" />
<meta property="og:description" content="Pythonによるクローリング・スクレイピングの入門から実践ま ⏎
でを解説した書籍です。基本的なクローリングやAPIを活用したデータ収集，HTMLやXMLの解析から，データ取 ⏎
得後の分析や機械学習前の処理まで解説。データの収集・解析，活用がしっかりと基本から学べます。Webサ ⏎
ービスの開発やデータサイエンスや機械学習分野で実用したい人はもちろん，基礎から解説しているのでPytho ⏎
n初心者でもつまずかずに学習できます。多数のライブラリ，強力なフレームワークを活用して高効率に開発でき ⏎
ます。" />
<meta property="og:url" content="https://gihyo.jp/book/2017/978-4-7741-8367-1" />
<meta property="og:image" content="https://image.gihyo.co.jp/assets/images/cover/2017/978477 ⏎
4183671.jpg" />
<meta property="og:site_name" content="技術評論社" />
```

*27 https://github.com/kanjirz50/python-extractcontent3

使われているプロパティの意味は次のとおりです。なお、ここでのオブジェクトは本書の初版を指します。

- `og:title` — オブジェクトのタイトル（必須）
- `og:type` — オブジェクトの種類（必須）
- `og:description` — オブジェクトの説明（任意）
- `og:url` — オブジェクトの正規化されたURL（必須）
- `og:image` — オブジェクトを表す画像のURL。`og:image:url`も同じ意味（必須）
- `og:site_name` — オブジェクトが属するWebサイトの名前（任意）

最近では多くのWebサイトでOGPの`meta`タグが記載されているため、不特定多数のWebサイトをクロールする場合はここからスクレイピングすると、一定のフォーマットの情報を得やすいでしょう。

*a　http://ogp.me/
*b　https://developer.twitter.com/en/docs/tweets/optimize-with-cards/overview/abouts-cards
*c　https://gihyo.jp/book/2017/978-4-7741-8367-1

6.7.3 Elasticsearchによる全文検索

Webから収集したデータの活用方法の1つに、検索があります。GoogleのWeb検索はわかりやすい例ですが、検索によって大量の情報から目的の情報を見つけることができます。Googleのように全世界のWebページを検索できるようにするのは大変ですが、特定の複数のWebサイトを横断して検索できるようにするだけでも便利な場合があります。例えば、筆者は複数の電子書籍販売サイトを横断検索できるWebサービスを作成しました。

ある文書群の全文を対象として、特定のキーワードを含む文書を検索することを、**全文検索**と呼びます。ここで、文書とはWebページやファイル、データベースの行など、ある程度の長さの文字列を含むものの総称とします。リレーショナルデータベースで全文検索を実現しようとした場合、愚直なやり方としてLIKE演算子を使う方法があります。

```
SELECT * FROM documents WHERE content LIKE '%APPLE%'
```

しかし、一般的にこのようなLIKE演算子による検索ではインデックスを使用できません。すべてのデータをスキャンするため、対象となる文書が増えるに従って時間がかかり、実用的ではありません。そこで、ある程度の規模の文書群を対象に全文検索を行う場合は、**転置インデックス**と呼ばれる、どの文書にどのキーワードが出現するかという索引をあらかじめ作成しておく方法が使われます*28。

Elasticsearch*29はApache Luceneという全文検索ライブラリを使用した、Javaで書かれた全文検索

*28　最近ではリレーショナルデータベースにも、転置インデックスを用いた全文検索の機能が備わっていることが増えてきています。ですが、検索結果の細かなカスタマイズを考えると、全文検索専用のサーバーを使うほうが便利な場合も多くあります。

*29　https://www.elastic.co/jp/products/elasticsearch

サーバーです。立ち位置の似たソフトウェアとしてApache Solr*30がありますが、Elasticsearchのほうが後発なこともあり、複数のサーバーへの拡張性の高さや使い勝手の良いREST APIなどで人気を集めています。

6.7.2で収集したWebページをElasticsearchにインデックス化して、全文検索できるようにします。集めたのはわずか200ページ程度なので、全文検索サーバーを使うメリットは少ないですが、データが増えるに従ってメリットは大きくなっていきます。

● Elasticsearchのインストールと起動

macOSではHomebrewでインストールします。Elasticsearchをインストールすると使えるようになる`elasticsearch-plugin`コマンドで、日本語を扱うときに役立つJapanese (kuromoji) Analysisプラグイン*31も一緒にインストールしておきます。

```
$ brew install elasticsearch
$ elasticsearch-plugin install analysis-kuromoji
```

Ubuntuでは、Elastic社のリポジトリを追加してOSS版をインストールします。Javaが必要ですが、自動的にはインストールされないので、JREを一緒にインストールします。

```
$ wget -qO - https://artifacts.elastic.co/GPG-KEY-elasticsearch | sudo apt-key add -
$ sudo apt update
$ sudo apt install -y apt-transport-https
$ echo "deb https://artifacts.elastic.co/packages/oss-6.x/apt stable main" | sudo tee -a /etc/ap ↵
t/sources.list.d/elastic-6.x.list
$ sudo apt update
$ sudo apt install -y default-jre-headless
$ sudo apt install -y elasticsearch-oss
$ sudo /usr/share/elasticsearch/bin/elasticsearch-plugin install analysis-kuromoji
```

本書では、バージョン6.5.4を使います*32。

```
$ elasticsearch --version  # macOSの場合
Version: 6.5.4, Build: oss/tar/d2ef93d/2018-12-17T21:17:40.758843Z, JVM: 1.8.0_51
```

macOSでは、次のコマンドでElasticsearchのサーバーを起動します。サーバーはフォアグラウンドで起動し、Ctrl-Cで終了できます。データは、`/usr/local/var/elasticsearch/`以下に保存されます。

---

*30 http://lucene.apache.org/solr/

*31 https://www.elastic.co/guide/en/elasticsearch/plugins/6.5/analysis-kuromoji.html

*32 Ubuntuでは`sudo /usr/share/elasticsearch/bin/elasticsearch --version`を実行します。

```
$ elasticsearch  # macOSの場合
```

Ubuntuでは、次のコマンドでElasticsearchのサーバーを起動します。終了するにはstartをstopに置き換えて実行します。データは、/var/lib/elasticsearch/以下に保存されます。


```
$ sudo systemctl start elasticsearch  # Ubuntuの場合
```

ElasticsearchのHTTPサーバーはデフォルトで9200ポートを待ち受けます。curlコマンドでサーバーが動作していることを確認できます。

```
$ curl http://localhost:9200/
{
  "name" : "*******",
  "cluster_name" : "elasticsearch_****",
  "cluster_uuid" : "********************",
  "version" : {
    "number" : "6.5.4",
    "build_flavor" : "oss",
    "build_type" : "tar",
    "build_hash" : "d2ef93d",
    "build_date" : "2018-12-17T21:17:40.758843Z",
    "build_snapshot" : false,
    "lucene_version" : "7.5.0",
    "minimum_wire_compatibility_version" : "5.6.0",
    "minimum_index_compatibility_version" : "5.0.0"
  },
  "tagline" : "You Know, for Search"
}
```

● Elasticsearchへのデータの投入

Elasticsearchにデータを投入する前に、基本的な概念を確認しておきましょう。

- クラスター(Cluster)
  1つ以上のノードを束ねたもので、すべてのデータはクラスター単位で保存される。
- ノード(Node)
  一般に1つのサーバーに対応するもの。複数のノードを使用することで、可用性の向上やデータの水平分散が可能。
- インデックス(Index)
  複数のドキュメントを束ねたもので、複数のノードに分散して保存できる。リレーショナルデータベースのテーブルに相当する。
- ドキュメント(Document)
  1つの文書に対応するもので、JSON形式で表される。リレーショナルデータベースのテーブルの行に相当する。

図で表すと**図6.7**のようになります。先ほど起動したのは1つのノードを持つクラスターです。`curl http://localhost:9200/`の実行結果で、`name`の値がノードの名前を、`cluster_name`の値がクラスターの名前を表します。

▼ 図6.7　Elasticsearchの基本的な概念

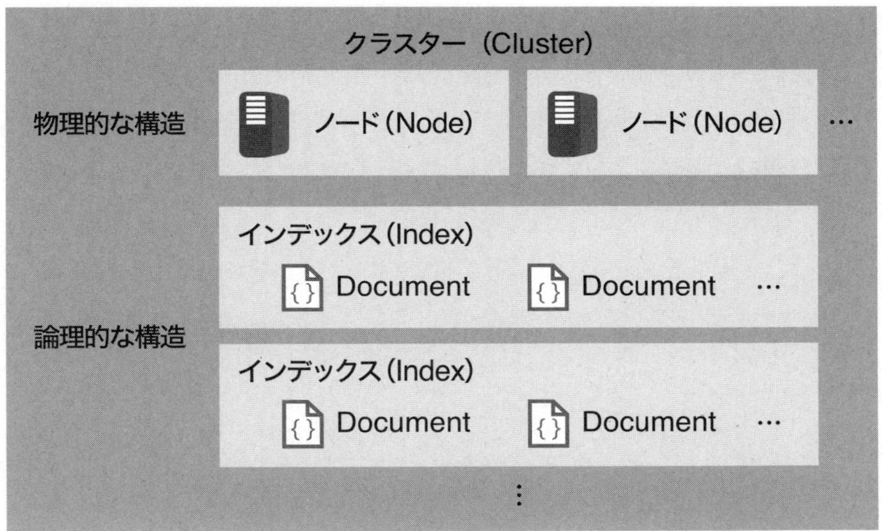

ElasticsearchはREST APIで操作できるので、curlコマンドを使っても構いませんが、ここではPythonのクライアント[*33]を使用します。次のようにpipでインストールします。

```
(scraping) $ pip install elasticsearch
```

リスト6.17は、インデックスを作成し、JSON Lines形式のファイルから読み込んだデータをElasticsearchに保存するスクリプトです。Elasticsearchではあらかじめフィールドを定義せずとも値を保存できますが、転置インデックスに関する細かい設定を行う場合は、あらかじめ定義しておく必要があります。

▼ リスト6.17　insert_into_es.py — Elasticsearchにデータを保存する

```
import sys
import hashlib
import json
import logging
```

＊33　https://pypi.org/project/elasticsearch/ 本書ではバージョン6.3.1を使用します。

```
from elasticsearch import Elasticsearch


def main():
    """
    メインとなる処理。
    """
    # Elasticsearchのクライアントを作成する。
    # 第1引数でノードのリストを指定できる。デフォルトではlocalhostの9200ポートに接続するため省略可能。
    es = Elasticsearch(['localhost:9200'])
    create_pages_index(es)  # pagesインデックスを作成。

    for line in sys.stdin:  # 標準入力から1行ずつ読み込む。
        page = json.loads(line)  # 読み込んだ行をJSONとしてパースする。
        # ドキュメントIDとして、URLのSHA-1ダイジェストを使用する。
        doc_id = hashlib.sha1(page['url'].encode('utf-8')).hexdigest()
        # pagesインデックスにインデックス化(保存)する。
        es.index(index='pages', doc_type='_doc', id=doc_id, body=page)


def create_pages_index(es: Elasticsearch):
    """
    Elasticsearchにpagesインデックスを作成する。
    """
    # キーワード引数bodyでJSONに相当するdictを指定する。
    # ignore=400はインデックスが存在する場合でもエラーにしないという意味。
    es.indices.create(index='pages', ignore=400, body={
        # settingsという項目で、kuromoji_analyzerというアナライザーを定義する。
        # アナライザーは転置インデックスの作成方法を指定するもの。
        "settings": {
            "analysis": {
                "analyzer": {
                    "kuromoji_analyzer": {
                        # 日本語形態素解析を使って文字列を分割するkuromoji_tokenizerを使用。
                        "tokenizer": "kuromoji_tokenizer"
                    }
                }
            }
        },
        # mappingsという項目で、ドキュメントが持つフィールドを定義する。
        "mappings": {
            "_doc": {
                # url、title、contentの3つのフィールドを定義。
                # titleとcontentではアナライザーとして上で定義したkuromoji_analyzerを使用。
                "properties": {
                    "url": {"type": "text"},
                    "title": {"type": "text", "analyzer": "kuromoji_analyzer"},
                    "content": {"type": "text", "analyzer": "kuromoji_analyzer"}
                }
```

```
            }
        }
    })

if __name__ == '__main__':
    logging.basicConfig(level=logging.INFO)  # INFOレベル以上のログを出力するよう設定する。
    main()
```


リスト6.17を`insert_into_es.py`という名前で保存し、次のように実行してElasticsearchにデータを投入します。標準入力として**6.7.2**で作成した`pages.jl`のパスを指定します。

```
(scraping) $ python insert_into_es.py < pages.jl
INFO:elasticsearch:PUT http://localhost:9200/pages [status:200 request:0.153s]
INFO:elasticsearch:PUT http://localhost:9200/pages/_doc/d1ed7786dd6c33454aba544ed1acd8873097635e ↵
 [status:201 request:0.028s]
INFO:elasticsearch:PUT http://localhost:9200/pages/_doc/860a83610d06b9a01714bfd7f84eb2f3207dfbe0 ↵
 [status:201 request:0.033s]
...
```

● Elasticsearchによる検索

データの投入が完了したら検索してみましょう。http://localhost:9200/pages/_search?pretty&q=今日のように、`http://<Elasticsearchのホスト>:9200/<インデックス>/_search?pretty&q=<検索語>`というURLで検索結果が得られます。

`curl`コマンドでは、URLのクエリパラメーターは自動でURLエンコードされません。`-G`オプションと`--data-urlencode`オプションを使って、GETメソッドを送信する際に明示的にクエリパラメーターをURLエンコードします。

```
$ curl 'http://localhost:9200/pages/_search?pretty' -G --data-urlencode 'q=今日'
{
  "took" : 12,
  "timed_out" : false,
  "_shards" : {
    "total" : 5,
    "successful" : 5,
    "skipped" : 0,
    "failed" : 0
  },
  "hits" : {
    "total" : 13,
    "max_score" : 4.413439,
    "hits" : [
      {
        "_index" : "pages",
```

```
        "_type" : "_doc",
        "_id" : "38a4af6ca4abf3aa65c526de98418aba27387098",
        "_score" : 4.413439,
        "_source" : {
          "url" : "https://www.goldnegi.com/entry/First_turn_in_work",
          "title" : "転職 初出勤 1日目は初めての連続で精神的にヘトヘトに疲弊した",
          "content" : "転職1日目、ついに初出勤の日を迎えた。\r\n \r\n昨夜寝付いたのは深夜2時ごろ。\r ↵
\nそれほど緊張していないつもりだったが、..."
        }
      },
      ...
    ]
  }
}
```

実際にクロールしたページの内容によって検索結果は異なるので、結果が0件だった場合は適当な検索語に変えて試してください。prettyは結果を読みやすい形で得るためのクエリパラメーターなので、省略しても構いません。

q=今日のように単純に検索語を指定した場合、デフォルトではすべてのフィールドが検索対象になります。q=title:今日のようにフィールド名を指定すると、titleフィールドのみを検索対象にできます。他にもソート順を指定するsortや取得する結果の数を指定するsizeなど、様々なクエリパラメーターがあります。詳しくはURI Searchのドキュメント*34を参照してください。

URLのクエリパラメーターではなく、リクエストボディにJSON形式の文字列を指定すると、より高度な指定が可能です。例えば次の例では、「今日」と「テレビ」を含むページを検索します。

```
$ curl -H 'content-type: application/json' 'http://localhost:9200/pages/_search?pretty' -d '
{
  "query": {
    "simple_query_string": {
      "query": "今日 テレビ",
      "fields": ["title^5", "content"],
      "default_operator": "and"
    }
  }
}'
```

Elasticsearchではクエリの指定方法がいくつかあり、simple_query_stringというキーは、ユーザーの入力をそのまま使うことを想定したSimple Query String*35を使うことを意味します。パラメーターの意味は次のとおりです。

*34 https://www.elastic.co/guide/en/elasticsearch/reference/6.5/search-uri-request.html
*35 https://www.elastic.co/guide/en/elasticsearch/reference/6.5/query-dsl-simple-query-string-query.html

- query: 検索語を表す。
- fields: 検索対象とするフィールドのリストを指定する。^5という表記の数値はブースト値と呼ばれ、検索語へのマッチ度合いを表すスコアを算出する際の重みを表す。title^5は、ブースト値の指定がないcontentフィールドに比べて、titleフィールドを5倍重視するという意味。
- default_operator: スペースで区切られた検索語の解釈を指定する。デフォルトはOR検索だが、andを指定するとAND検索になる。

● 検索サイトの作成

Elasticsearchを使ってWebページを検索できる簡単なWebサイトを作成してみましょう。Webアプリケーションフレームワークとして、Bottle*36を使用します。Bottleは必要最低限の機能だけを備えたシンプルなマイクロフレームワークです。

```
(scraping) $ pip install bottle
```

Bottleで、検索サイトを実装すると**リスト6.18**のようになります。処理の流れは**図6.8**のようになります。

▼ 図6.8　検索サイトの処理の流れ

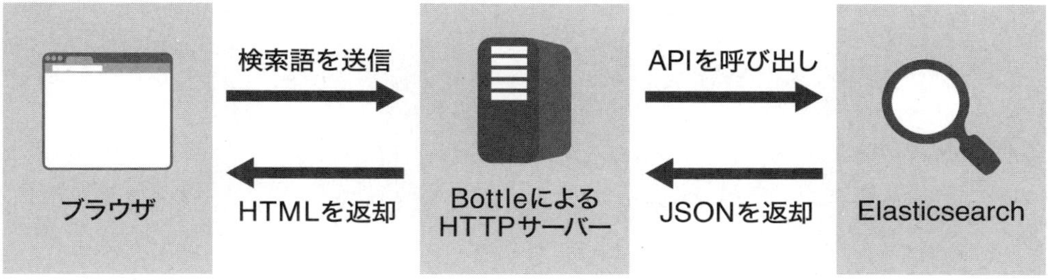

ブラウザーからのリクエストを処理するindex()関数と、Elasticsearchで検索を行うsearch_pages()関数の2つがあり、前者が後者を呼び出しています。index()関数を修飾しているデコレーター@route('/')は、/というパスへのHTTPリクエストをindex()関数で処理することを意味します。

▼ リスト6.18　server.py ― Webページを検索するWebサイトのサーバー

```
from typing import List  # 型ヒントのためにインポート

from elasticsearch import Elasticsearch
from bottle import route, run, request, template
```

*36　http://bottlepy.org/ 本書ではバージョン0.12.16を使用します。

```
es = Elasticsearch(['localhost:9200'])


@route('/')
def index():
    """
    / へのリクエストを処理する。
    """
    query = request.query.q  # クエリ(?q= の値)を取得する。
    # クエリがある場合は検索結果を、ない場合は[]をpagesに代入する。
    pages = search_pages(query) if query else []
    # Bottleのテンプレート機能を使って、search.tplというファイルから読み込んだテンプレートに
    # queryとpagesの値を渡してレンダリングした結果をレスポンスボディとして返す。
    return template('search', query=query, pages=pages)


def search_pages(query: str) -> List[dict]:
    """
    引数のクエリでElasticsearchからWebページを検索し、結果のリストを返す。
    """
    # Simple Query Stringを使って検索する。
    result = es.search(index='pages', body={
        "query": {
            "simple_query_string": {
                "query": query,
                "fields": ["title^5", "content"],
                "default_operator": "and"
            }
        },
        # contentフィールドでマッチする部分をハイライトするよう設定。
        "highlight": {
            "fields": {
                "content": {
                    "fragment_size": 150,
                    "number_of_fragments": 1,
                    "no_match_size": 150
                }
            }
        }
    })
    # 個々のページを含むリストを返す。
    return result['hits']['hits']

if __name__ == '__main__':
    # 開発用のHTTPサーバーを起動する。
    run(host='0.0.0.0', port=8000, debug=True, reloader=True)
```

テンプレートsearch.tpl*37の中身を**リスト6.19**に示しました。ページ上部に検索窓、その下に検索結果を表示するだけの簡単なWebページです。{{ 変数名 }}というブロックはtemplate()関数に渡した変数の値で置き換えられ、<% %>のブロックはPythonのコードとして実行されます。ただし、<% end %>はfor文などインデントが必要なブロックの終わりを表します。

contentフィールドではハイライト機能を使用しているため、urlフィールドやtitleフィールドと2点処理が異なります。1点目として、ハイライトされた結果はリストで得られるため、リストの要素を取得するために、page["highlight"]["content"][0]としています。2点目として、Bottleではクロスサイトスクリプティングを防ぐため、{{ 変数名 }}の部分では自動的にHTMLエスケープが行われます。しかし、ハイライトされた結果にはHTMLの<em>タグが含まれるため、HTMLエスケープされると<em>という文字列がそのまま表示されてしまいます。ブロックの先頭に!をつけることで、HTMLエスケープを無効化しています。

▼ **リスト6.19 search.tpl — HTMLのテンプレート**

```
<!DOCTYPE HTML>
<html>
<head>
    <meta charset="utf-8">
    <title>Elasticsearchによる全文検索</title>
    <style>
    input { font-size: 120%; }
    h3 { font-weight: normal; margin-bottom: 0; }
    em { font-weight: bold; font-style: normal; }
    .link { color: green; }
    .fragment { font-size: 90%; }
    </style>
</head>
<body>
    <!-- 検索フォーム -->
    <form>
        <input type="text" name="q" value="{{ query }}">
        <input type="submit" value="検索する">
    </form>

    <!-- 検索結果 -->
    <% for page in pages: %>
    <div>
        <h3><a href="{{ page["_source"]["url"] }}">{{ page["_source"]["title"] }}</a></h3>
        <div class="link">{{ page["_source"]["url"] }}</div>
        <div class="fragment">{{! page["highlight"]["content"][0] }}</div>
    </div>
    <% end %>
```

*37 このテンプレートファイルはserver.pyと同じディレクトリに置きます。好みでviewsディレクトリを作成してその中に置くこともできます。

```
</body>
</html>
```

localhostの8000ポートでHTTPサーバーを起動します。Elasticsearchをあらかじめ起動しておく必要があります。


```
(scraping) $ python server.py
```

ブラウザーでhttp://localhost:8000/を開くと検索窓が表示され、検索語を入力して Enter を押すと**図6.9**のように検索結果が表示されます。

▼ 図6.9 Elasticsearchを使った検索サイト

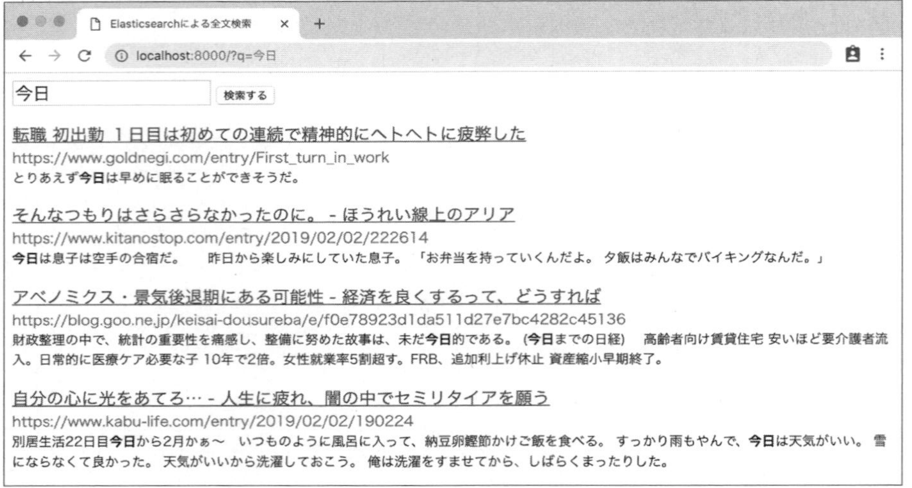

今回使用したサーバーは開発用の簡単なもので、同時に複数の接続を処理するには向きません。実際に使用する場合は、Gunicorn*38などのWSGIサーバー上にデプロイすると良いでしょう。

ローカルPC上やLAN内で個人的に使用する分にはあまり気にする必要はありませんが、インターネット上に公開する場合は、著作権やセキュリティに気をつけてください。**4.2.1**で解説したように、検索エンジンサービスの作成を目的としたクロールでは、一定の条件を守る必要があります。また、インターネット上に公開するWebサイトは世界中の攻撃者の前に晒されることになります。最低限、IPAが公開している『安全なウェブサイトの作り方*39』の内容を理解し、脆弱性を作りこまないよう気をつけてください。

---

*38 https://gunicorn.org/
*39 https://www.ipa.go.jp/security/vuln/websecurity.html

6.8 画像の収集と活用

クローラーでHTMLのWebページだけでなく、画像ファイルも収集できます。HTTPでバイト列を受け取るという意味では、Webページも画像などのバイナリファイルも処理に大きな違いはありません。ただし、一般に画像ファイルはHTMLファイルに比べてサイズが大きく、サーバーやネットワークに与える負荷も大きくなります。ダウンロード間隔を長めに取るなど、より一層注意が必要です。

昨今話題のディープラーニングによる画像認識では、学習のために大量の画像を教師データとして与える必要があります。このような用途でもインターネットから収集した画像が役に立ちます。

オンライン写真共有サイトのFlickrからAPIを使って画像ファイルを収集します。画像ファイルの収集にはScrapyのFiles Pipelineを使用します。このPipelineを使うと、Itemに画像のURLを含めるだけでファイルをダウンロードできます。ダウンロードした画像の活用例として、OpenCVを使って画像から人の顔を抽出します。

6.8.1 Flickrからの画像の収集

Flickrから画像を収集します。Flickr*40は米Yahoo!が提供するオンライン写真共有サイトです。APIを提供しており、アップロードされる写真のライセンスが明確なため、画像の収集に向いています*41。

● FlickrのAPIキー取得

Flickr APIを使用するには、米Yahoo!のアカウントを作成し、APIキーを取得する必要があります。APIキーの申し込みページ*42を開き、次の手順でAPIキーを取得できます。

1. 「Apply for your key online now」というリンクをクリックする。
2. ログインしていない場合はログインを求められるので、米Yahoo!のアカウントでログインする。
3. APIキーの種類を聞かれるので、非商用のキーを表す「APPLY FOR A NON-COMMERCIAL KEY」ボタンをクリックする。
4. アプリケーションの名前や概要を記入し、APIの規約を読んで同意した上で「SUBMIT」ボタンをクリックする。
5. 画面にKey（これがAPIキー）とSecretという値が表示される。

---

*40 https://www.flickr.com/

*41 ライセンスが明確な画像をAPIで検索してダウンロード可能なサービスとしては、Pixabay（https://pixabay.com/）も有名です。

*42 https://www.flickr.com/services/api/misc.api_keys.html

後で使用するので、プロジェクトのディレクトリに.envファイルを作成し、APIキーを保存しておきます。Secretの値は本書では使用しません。

```
FLICKR_API_KEY=<FlickrのAPIキー>
```


● Flickr APIの使用

APIキーを取得できたら、Flickr APIで画像を検索してみましょう。curlでURLを呼び出すとXML形式の結果が得られます。

```
$ curl 'https://api.flickr.com/services/rest/?method=flickr.photos.search&api_key=<FlickrのAPIキー> ↵
&text=sushi&sort=relevance&license=4,5,6,9'
<?xml version="1.0" encoding="utf-8" ?>
<rsp stat="ok">
<photos page="1" pages="295" perpage="100" total="29472">
    <photo id="8012757028" owner="50048728@N00" secret="379b7db1af" server="8295" farm="9" title= ↵
"Sushi" ispublic="1" isfriend="0" isfamily="0" />
    <photo id="348622907" owner="93291596@N00" secret="d759f02862" server="152" farm="1" title="sus ↵
hi" ispublic="1" isfriend="0" isfamily="0" />
    <photo id="5644913484" owner="14771153@N04" secret="e841deeb4e" server="5147" farm="6" title= ↵
"Sushi" ispublic="1" isfriend="0" isfamily="0" />
    <photo id="4307841317" owner="7617731@N02" secret="e491e127bd" server="4063" farm="5" title="Su ↵
shi" ispublic="1" isfriend="0" isfamily="0" />
    ...
    <photo id="14612884400" owner="14671868@N00" secret="69d513ef5f" server="3883" farm="4" title ↵
="Matsusaka" ispublic="1" isfriend="0" isfamily="0" />
</photos>
</rsp>
```

FlickrのAPIはいくつかの形式をサポートしていますが、ここでは一番シンプルなREST APIを使用します。REST APIのエンドポイントはhttps://api.flickr.com/services/rest/です。URLのクエリパラメーターはそれぞれ次の意味を表します。

- method (必須)
  呼び出すAPIのメソッド名。flickr.photos.searchは、指定した条件で写真を検索するメソッド。
- api_key (必須)
  あらかじめ取得しておいたFlickrのAPIキー。
- text (オプショナル)
  検索語句。ここではsushiを指定して寿司の画像を検索している。Flickrは海外のユーザーが多いため、一般に日本語よりも英語の検索語句のほうが多くの検索結果を得られる。
- sort (オプショナル)
  結果をソートする順序。relevanceは検索語句との関連度の高い順を表す。

- license（オプショナル）
  カンマで区切ったライセンスIDのリスト。ここでは商用利用可能なCC BY 2.0, CC BY-SA 2.0, CC BY-ND 2.0, CC0を指定している。指定できるライセンスIDの値は`flickr.photos.licenses.getInfo`メソッド*43で取得できる。

他にも様々なクエリパラメーターを指定できます*44。

レスポンスのXMLは、`rsp`要素の中に`photos`要素、その中に個々の写真を表す`photo`要素があります。1つの`photo`要素に注目してみましょう。

```
<photo id="8012757028" owner="50048728@N00" secret="379b7db1af" server="8295" farm="9" title="Sush ↵
i" ispublic="1" isfriend="0" isfamily="0" />
```

`photo`要素の属性を次のフォーマットに当てはめると、画像のURLを生成できます。

```
https://farm{farm}.staticflickr.com/{server}/{id}_{secret}_{size}.jpg
```

`{size}`はアルファベット1文字で値を設定できます。例を示します。詳しくはFlickrのURLに関するドキュメント*45を参照してください。

- t: サムネイル（長辺100px）
- n: 小（長辺320px）
- z: 中（長辺640px）
- b: 大（長辺1024px）

実際に当てはめると次のようになります。ブラウザーでこのURLを開くと、巻き寿司の写真を閲覧できます。

```
https://farm9.staticflickr.com/8295/8012757028_379b7db1af_b.jpg
```

● Scrapyによるファイルダウンロード

ScrapyでHTMLやXML以外のファイルをダウンロードするには、標準添付されている**Files Pipeline**と**Images Pipeline**が便利です。Files Pipelineは`file_urls`フィールドを持つItemを見つけると、そのURLのリストをダウンロードして指定した場所に保存します。その際、一度ダウンロードしたファイルは一定期間内（デフォルトでは90日以内）は再度ダウンロードしません。

*43 https://www.flickr.com/services/api/flickr.photos.licenses.getInfo.html
*44 https://www.flickr.com/services/api/flickr.photos.search.html
*45 https://www.flickr.com/services/api/misc.urls.html

Images PipelineはFiles Pipelineの機能に加えて次の機能を持っており、使用するにはサードパーティライブラリのPillow*46を追加でインストールする必要があります。

- ダウンロードした画像ファイルをRGBのJPEGファイルに変換する。
- サムネイル画像を作成する。
- 幅や高さが一定以下の画像ファイルを除去する。

ここでは、単純に画像ファイルをダウンロードしたいだけで、Images Pipelineの機能は不要なのでFiles Pipelineを使用します。Files Pipelineを使用するのに必要な次の設定を`settings.py`に追加します。

```
# ダウンロードした画像ファイルの保存場所。
# 相対パスを指定すると、Spider実行時のカレントディレクトリにimagesディレクトリが作成され、その中に保存される。
FILES_STORE = 'images'
# SpiderでyieldしたItemを処理するパイプライン。
ITEM_PIPELINES = {
    'scrapy.pipelines.files.FilesPipeline': 1
}
```

● Spiderの作成と実行

Flickrから画像を検索してダウンロードするSpiderのコードが**リスト6.20**です。

検索語句をSpider実行時に指定できるようにするため、Spider引数という機能を使用しています。Spider引数とは、Spider実行時に`-a NAME=VALUE`というコマンドライン引数で指定された値を、`__init__()`メソッドのキーワード引数として受け取れるものです。検索語句によって最初に取得すべきURLも変わるので、クラス定義の中で`start_urls`属性を設定する代わりに、`__init__()`メソッドの中で、URLを組み立てて`start_urls`属性を設定しています。

▼ リスト6.20　flickr.py — Flickrから画像をダウンロードするSpider

```
import os
from urllib.parse import urlencode

import scrapy


class FlickrSpider(scrapy.Spider):
    name = 'flickr'
    # Files Pipelineでダウンロードされる画像ファイルはallowed_domainsに
    # 制限されないので、allowed_domainsに'staticflickr.com'を追加する必要はない。
    allowed_domains = ['api.flickr.com']
```

*46　https://github.com/python-pillow/Pillow

```
    # キーワード引数でSpider引数の値を受け取る。
    def __init__(self, text='sushi'):
        super().__init__()  # 親クラスの__init__()を実行。

        # 環境変数とSpider引数の値を使ってstart_urlsを組み立てる。
        # urlencode()関数は、引数に指定したdictのキーと値をURLエンコードして
        # key1=value1&key2=value2 という形式の文字列を返す。
        self.start_urls = [
            'https://api.flickr.com/services/rest/?' + urlencode({
                'method': 'flickr.photos.search',
                'api_key': os.environ['FLICKR_API_KEY'],  # FlickrのAPIキーは環境変数から取得。
                'text': text,
                'sort': 'relevance',
                'license': '4,5,9',  # CC BY 2.0, CC BY-SA 2.0, CC0を指定。
            }),
        ]

    def parse(self, response):
        """
        APIのレスポンスをパースしてfile_urlsというキーを含むdictをyieldする。
        """
        for photo in response.css('photo'):
            yield {'file_urls': [flickr_photo_url(photo)]}


def flickr_photo_url(photo: scrapy.Selector) -> str:
    """
    Flickrの写真のURLを組み立てる。
    参考: https://www.flickr.com/services/api/misc.urls.html
    """
    attrib = dict(photo.attrib)  # photo要素の属性をdictとして取得。
    attrib['size'] = 'b'  # サイズの値を追加。
    return 'https://farm{farm}.staticflickr.com/{server}/{id}_{secret}_{size}.jpg'.format(**attrib)
```

.envファイルからFlickrのAPIキーを読み込むためにforegoでSpiderを実行します。

```
(scraping) $ forego run scrapy crawl flickr -a text=people  # 人々(people)で検索。
```

Spiderを実行すると、imagesディレクトリ（settings.pyのFILES_STOREで指定したディレクトリ）内にfullというディレクトリが作成され、その中に個々の画像ファイルが保存されます。個々のファイル名は、URLのSHA-1ハッシュ値になります。ログから画像ファイルがダウンロードされていることを確認できます。

```
(scraping) $ tree images/
images/
└── full
    ├── 00bb14b77f5392b3e470f66f28c62b54dbe7fced.jpg
    ├── 0102f8860082eba8e14f82e7fffeb66f169a8b6e.jpg
    ├── 03ae081a6385a04e6cfb5a87fe56d1b4ae78bd1e.jpg
    ├── 0686bfc3d25451ad945c35d7d6d095bbb8c27e7e.jpg
...
```

```
2019-02-02 16:59:04 [scrapy.pipelines.files] DEBUG: File (downloaded): Downloaded file from <GET ↵
 https://farm8.staticflickr.com/7145/6714181131_16b7aac866_b.jpg> referred in <None>
2019-02-02 16:59:04 [scrapy.core.scraper] DEBUG: Scraped from <200 https://api.flickr.com/service ↵
s/rest/?method=flickr.photos.search&api_key=*********&text=people&sort=relevance&license=4%2C5%2C9>
{'file_urls': ['https://farm8.staticflickr.com/7145/6714181131_16b7aac866_b.jpg'], 'files': [{'url ↵
': 'https://farm8.staticflickr.com/7145/6714181131_16b7aac866_b.jpg', 'path': 'full/f01ef1598ac8d3b ↵
0b1b322ab127a76b87949994e.jpg', 'checksum': '8250ded5670c142b70040721a5e60548'}]}
```

Files Pipelineは、file_urlsフィールドで指定したURLのリストのファイルをダウンロードし終わると、filesフィールドにそのファイルのメタ情報を表すdictのリストを書き込みます。メタ情報には次の値が含まれます。

- url: ファイルのURL
- path: ファイルを保存したパス。FILES_STOREからの相対パス
- checksum: ファイルのMD5チェックサム

このメタ情報を後続のPipelineで参照して何らかの処理をしたり、-oオプションで指定したファイルに保存しておいて別のプログラムで処理をしたりできます。dictではなくItemクラスを定義して使う場合は、file_urlsフィールドだけでなく、filesフィールドも定義しておく必要があるので注意してください。Files PipelineやImages Pipelineについて詳しくはドキュメント*47を参照してください。

6.8.2 OpenCVによる顔画像の抽出

ディープラーニングで画像認識を行うためには､学習用に多くの画像が必要です｡このような学習データとして、インターネットから収集した画像を使用できますが、そのまま使用できるとは限りません。例えば人の顔を認識できるようにするためには、人の顔の画像を学習データとして与える必要があります。

*47 https://doc.scrapy.org/en/1.6/topics/media-pipeline.html

ここでは収集した画像からOpenCV*48を使って人の顔を検出し、顔の画像のみを抽出します。OpenCVはコンピュータービジョンのためのオープンソースのライブラリです。コンピュータービジョンとは、現実世界の画像や映像を処理・解析して情報を抜き出すための研究分野です。クローラーで収集した画像からOpenCVを使って顔を抽出することで、比較的簡単に大量の顔画像を得られます。

● OpenCVのインストール

OpenCVはC++で書かれたライブラリで、公式にPythonバインディングが提供されています。しかし、公式のPythonバインディングはpipではインストールできず、OpenCV自体をインストールして利用する必要があります*49。本書では環境構築を容易にするため、非公式にPythonバインディングのwheelを提供しているopencv-python*50を使用します。

opencv-pythonは次の4つのパッケージをPyPIに公開しています。この中から適切なものを1つだけ選んで使用します。

- opencv-python
- opencv-contrib-python
- opencv-python-headless
- opencv-contrib-python-headless

名前にcontribが含まれるものは、OpenCVのメインモジュールだけでなく追加のモジュールがインストールされます。名前にheadlessが含まれるものは、GUI関連の機能が取り除かれています。本書では追加のモジュールやGUI関連の機能は使用しないので、opencv-python-headlessを使用します。

```
(scraping) $ pip install opencv-python-headless
```

● 画像から顔を検出する

OpenCVで顔検出を行ってみましょう。顔検出の対象とする画像として、プログラミング言語COBOLの開発者であるグレース・ホッパー氏の画像（**図6.10**）をWikimedia Commons*51からダウンロードしておきます。

```
(scraping) $ wget https://upload.wikimedia.org/wikipedia/commons/5/55/Grace_Hopper.jpg
```

*48 https://opencv.org/
*49 https://docs.opencv.org/4.0.0/da/df6/tutorial_py_table_of_contents_setup.html
*50 https://pypi.org/project/opencv-python/ 本書ではバージョン4.0.0.21を使用します。
*51 https://commons.wikimedia.org/wiki/File:Grace_Hopper.jpg

▼ 図6.10　Grace_Hopper.jpg — 顔検出の対象とする画像

OpenCVで顔を検出するスクリプトは**リスト6.21**のようになります。第1引数に指定したパスの画像から顔を検出し、第2引数のパスに顔を四角で囲った画像を出力します。

▼ リスト6.21　detect_faces.py — 画像から顔を検出して白い四角で囲うスクリプト

```
import sys
import logging

import cv2

logging.basicConfig(level=logging.INFO)  # INFOレベル以上のログを出力する。

try:
    input_path = sys.argv[1]  # 第1引数は入力画像のパス。
    output_path = sys.argv[2]  # 第2引数は出力画像のパス。
except IndexError:
    # コマンドライン引数が足りない場合は使い方を表示して終了する。
    print('Usage: python detect_faces.py INPUT_PATH OUTPUT_PATH', file=sys.stderr)
    exit(1)

# 特徴量ファイルのパスを指定して、分類器オブジェクトを作成する。
# ここではOpenCVに付属している学習済みの顔の特徴量ファイルを使用する。
# cv2.data.haarcascadesはデータディレクトリのパス。公式のPythonバインディングには存在しないので注意。
classifier = cv2.CascadeClassifier(cv2.data.haarcascades + 'haarcascade_frontalface_alt.xml')

image = cv2.imread(input_path)  # 画像ファイルを読み込む。
if image is None:
    # 画像ファイルが存在しない場合はエラーを表示して終了する。
    logging.error(f'Image "{input_path}" not found.')
    exit(1)

# 顔を検出する。特徴量ファイルが存在しない場合はこの時点でエラーになるので注意。
faces = classifier.detectMultiScale(image)
logging.info(f'Found {len(faces)} faces.')  # 検出できた顔の数を出力。
```

```
# 検出された顔のリストについて反復処理し、顔を囲む白い四角形を描画する。
# x、y、w、hはそれぞれ検出された顔のX座標、Y座標、幅、高さを表す。
for x, y, w, h in faces:
    cv2.rectangle(image, (x, y), (x + w, y + h), color=(255, 255, 255), thickness=2)

cv2.imwrite(output_path, image)  # 四角形を描画した結果の画像を保存する。
```


次のように実行すると、faces.jpgというファイルが作成されます。**図6.11**のように検出された顔が白い四角で囲われます。

```
(scraping) $ python detect_faces.py Grace_Hopper.jpg faces.jpg
INFO:root:Found 1 faces.
```

入力とする画像ファイルを変えて試してみると、うまく検出できる場合とできない場合があることがわかるでしょう。CascadeClassifier()の引数として指定する特徴量ファイルを変えると検出できるものが変わります。例えばhaarcascade_frontalface_alt.xmlからhaarcascade_eye.xmlに変更すると目を検出できます*52。

▼ **図6.11　faces.jpg — 検出された顔が白い四角で囲われる**

● Flickrから収集した画像から人の顔を抽出する

OpenCVによる顔検出ができたので、**6.8.1**でFlickrSpiderで収集した人々の画像から、顔の部分だけを抽出してみましょう。**リスト6.22**は画像ファイルから顔の部分だけを切り取った画像をfacesディレクトリに保存するスクリプトです。

*52　ただし、この画像で試すと左目しか検出できません。

▼ リスト6.22　extract_faces.py ― 画像から顔を抽出して保存するスクリプト

```
import sys
import logging
from pathlib import Path
from typing import Iterator  # 型ヒントのためにインポート

import cv2
from numpy import array  # 型ヒントのためにインポート


def main():
    """
    メインとなる処理。
    """
    # 顔画像の出力先のディレクトリが存在しない場合は作成しておく。
    output_dir = Path('faces')
    output_dir.mkdir(exist_ok=True)
    # 特徴量ファイルのパスを指定して、分類器オブジェクトを作成する。
    classifier = cv2.CascadeClassifier(cv2.data.haarcascades + 'haarcascade_frontalface_alt.xml')
    # コマンドライン引数のファイルパスについて反復処理する。
    for image_path in sys.argv[1:]:
        process_image(classifier, Path(image_path), output_dir)


def process_image(classifier: cv2.CascadeClassifier, image_path: Path, output_dir: Path):
    """
    1つの画像ファイルを処理する。画像から抽出した顔画像をファイルに保存する。
    """
    logging.info(f'Processing {image_path}...')
    image = cv2.imread(str(image_path))  # 引数のパスの画像ファイルを読み込む。
    if image is None:
        # 画像ファイルが存在しない場合はエラーを表示して終了する。
        logging.error(f'Image "{image_path}" not found.')
        exit(1)

    face_images = extract_faces(classifier, image)  # 顔を抽出する。

    for i, face_image in enumerate(face_images):
        # 出力先のファイルパスを組み立てる。stemはファイル名の拡張子を除いた部分を表す。
        output_path = output_dir.joinpath(f'{image_path.stem}_{i}.jpg')
        # 顔の画像を保存する。
        cv2.imwrite(str(output_path), face_image)


def extract_faces(classifier: cv2.CascadeClassifier, image: array) -> Iterator[array]:
    """
    画像から顔を検出して、顔の部分を切り取った画像をyieldする。
    """
    # 顔検出を高速化するため、画像をグレースケールに変換する。
    gray_image = cv2.cvtColor(image, cv2.COLOR_BGR2GRAY)
```

```
    # 顔を検出する。
    faces = classifier.detectMultiScale(gray_image)
    # 検出した顔のリストについて反復処理する。
    for x, y, w, h in faces:
        yield image[y:y + h, x:x + w]  # 顔の部分だけを切り取った画像をyieldする。

if __name__ == '__main__':
    logging.basicConfig(level=logging.INFO)  # INFOレベル以上のログを出力する。
    main()
```

リスト6.22をextract_faces.pyという名前で保存して実行します。引数としてFlickrSpiderでダウンロードした画像のパスを*を使って指定します。

```
(scraping) $ python extract_faces.py myproject/images/full/*
```

実行すると、**図6.12**のようにfacesディレクトリに顔の画像が保存されます。顔でないものが誤検出されているところもありますが、概ね正しく抽出できています*53。

▼ **図6.12　抽出された顔の画像**

*53　画像はCC BY 2.0に従い使用しています。
00bb～: https://www.flickr.com/photos/76413978@N08/9686219473 © 2013 Possible
1faa～: https://www.flickr.com/photos/90784784@N08/8268008683 © 2012 peteandcharlotte
2b09～: https://www.flickr.com/photos/30330906@N04/9906533494 © 2013 Francisco Osorio
03ae～: https://www.flickr.com/photos/33591211@N04/7493800066 © 2012 JD Harvill
3bd7～: https://www.flickr.com/photos/77016855@N00/33096034275 © 2013 marksontok

OpenCVの公式ドキュメントは基本的にC++のインターフェイスについて書かれています。Pythonのバインディングは C++のコードから生成されているので、インターフェイスもほぼ同じですが、わかりやすいとは言えません。OpenCV-Python Tutorials*54が参考になります。

6.9 まとめ

クローリング・スクレイピングのためのフレームワークScrapyとその後のデータ活用を紹介しました。フレームワークを使うことで、定型的な処理を書く必要がなく、Webサイトに応じた処理を書くことに集中できるのがおわかりいただけたでしょうか。また、Scrapyはイベント駆動型のフレームワークであるTwistedをベースにしているため、クローリング・スクレイピングが非同期に実行され、特に注意しなくても効率よく実行される点も大きな魅力です。Webから簡単に大量のデータを収集できると、そのデータを活用してできることも広がります。ぜひご自身のアイデアで面白い活用方法を見つけてください。

次章では、クローラーを継続的に運用するためのノウハウを紹介します。

*54 https://docs.opencv.org/4.0.0/d6/d00/tutorial_py_root.html

第 7 章

Python Crawling & Scraping

クローラーの継続的な運用・管理

第7章 クローラーの継続的な運用・管理

クローラーで思い通りにデータを取得できるようになったら、次に考えるのは運用です。必要なときに手動でクローラーを実行してデータを収集できれば十分な場合は運用を考慮しなくても良いですが、毎日自動でクローラーを実行して最新のデータを収集したい場合も多いでしょう。

例えば、ECサイトに掲載されている商品の価格情報を毎日チェックして、値下げされたら通知するという使い道が考えられます。また、通常ECサイトには最新の価格情報しか掲載されていませんが、毎日クローラーを実行してその日の価格をデータベースに保存しておけば、後から価格の推移がわかります。価格の推移を見て、商品の買い時を判断できるかもしれません。

本章では、クローラーを継続的に実行し続けるために必要な運用・管理の方法を紹介します。大きく分けて3つのトピックを扱います。

- サーバーでのクローラーの実行（**7.1**、**7.2**）
- クローラーの大規模化への対応（**7.3**、**7.4**）
- クラウド・外部サービスの活用（**7.5**）

なお、本章では他の章とは異なり、いくつかの箇所でローカルマシンではなくAmazon Web Servicesを前提として操作を解説しています。特定のクラウドサービスに限定しない汎用的な知識を解説しているので、興味があれば他の環境で実行してもいいでしょう。

7.1 クローラーをサーバーで実行する

スケジュールを指定して定期的にクローラーを実行することを考えた場合、クライアントマシンでは難しい部分があります。スケジュールした時刻にマシンを起動しておき、クローラーの実行中にマシンがスタンバイや終了しないよう注意しなくてはなりません。電源をつけっぱなしにするのも1つの手ですが、クライアントマシン（特にノートPC）は24時間連続稼働を想定しない設計のこともままあります。このため継続的に実行するクローラーは、クライアントマシンとは別の環境で実行するのがオススメです。

このような環境を使う方法として、次のような選択肢が考えられます。

1. VPS（Virtual Private Server）やクラウド環境の仮想サーバーを使用する

2. AWS Fargate（**7.5.3**参照）などのコンテナー実行基盤を使用する
3. Scrapy Cloud（**7.1.4**参照）などのクローラーのためのPaaS（Platform as a Service）を使用する
4. AWS Lambda（**7.5.3**参照）などのサーバーレス実行環境を使用する

それぞれメリット・デメリットがあり、これがベストとは言いにくい状況です。下のものほどサービス提供企業に運用を任せられるメリットがある代わりに、実装がサービスに依存してロックインされるデメリットがあります。

本書では、知識の汎用性を重視して1の方法を解説します*1。具体的にはAmazon EC2でUbuntu 18.04のサーバーを使用します。Amazon EC2（以下EC2）は、Amazon Web Services（以下AWS）が提供するサービスの1つで、仮想サーバーを従量課金制の料金体系で借りられます。主な課金対象は次の通りです。

- サーバーを起動している時間
- 確保しているディスクの容量
- EC2からインターネットへ出る方向のネットワークトラフィックの転送量

本書の執筆時点ではアカウント作成から12ヶ月間は一定の無料使用枠があり、小さなLinuxサーバーを1台起動しておくだけであれば無料使用枠に収まります。詳しくはEC2の料金表*2を参照してください。

本書では比較的安価にUbuntuのサーバーを用意する手段としてEC2を使用するだけなので、他の手段でサーバーを用意しても構いません。なお**7.3**や**7.5**でもAWSのサービスを活用します。

仮想サーバーを作成・起動し、手元のコードをサーバーに転送して実行する方法を解説します。

7.1.1 仮想サーバー作成の準備

EC2で仮想サーバーを作成するには、次の手順が必要です。最初は面倒に感じるかもしれませんが、2回目以降は4の手順だけで簡単に仮想サーバーを作成・起動できます。

1. AWSアカウントの作成
2. IAMユーザーの作成
3. キーペアの作成
4. 仮想サーバーの作成・起動

---

*1 2の方法も有力ですが、コンテナーについての事前知識が必要になるので、本書では扱いません。興味のある方はぜひ書籍などで学習してみてください。

*2 https://aws.amazon.com/jp/ec2/pricing/

本項では3までの手順を行い、次項で4の手順を行います。

● AWSアカウントの作成

EC2を使用するには、AWSのアカウントが必要です。アカウントを持っていない場合は、次のページを参考にアカウントを作成してください。アカウントの作成にはクレジットカードが必須です。

- AWS アカウント作成の流れ | AWS
  https://aws.amazon.com/jp/register-flow/

アカウントを作成できたら、マネジメントコンソール(https://console.aws.amazon.com/console/home)にログインします。ログインすると**図7.1**の画面が表示されます。「サービスを検索する」という検索欄でサービス名で検索したり、「すべてのサービス」を展開してサービス名をクリックしたりすることで、AWSが提供する様々なサービスの管理画面を表示できます。

▼ 図7.1 AWSのマネジメントコンソール

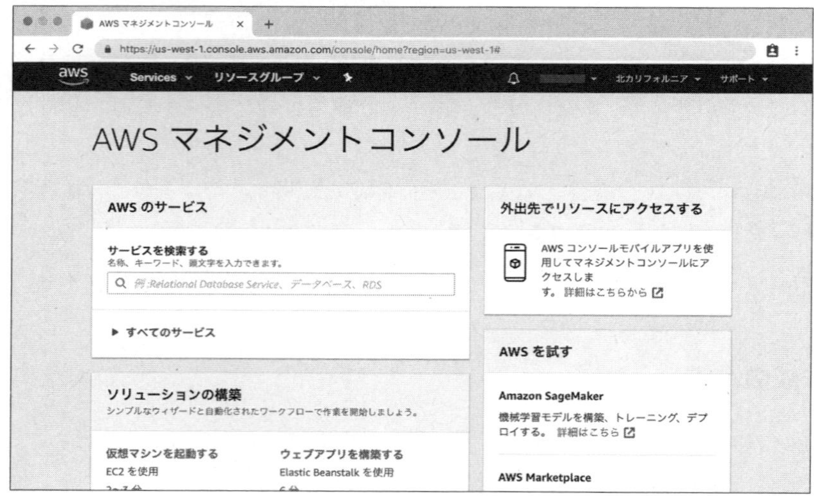

● IAMユーザーの作成

AWSのアカウントはルートアカウントとも呼ばれ、一番強い権限を持ちます。AWSでは、IAMユーザーという権限を限定したユーザーを作成し、普段はIAMユーザーを使用することが推奨されています。

マネジメントコンソールの検索欄で「IAM」と検索してIAM(Identity and Access Management)の管理画面を表示します(**図7.2**)。

▼ 図7.2 Identity and Access Management

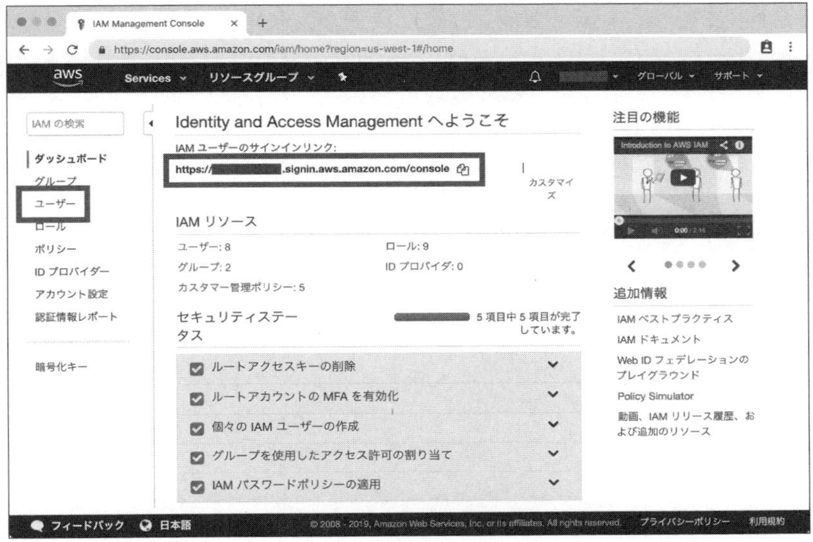

左側のメニューから「ユーザー」を開き、「ユーザーを追加」をクリックします。好きなユーザー名(ここではmyuser)を入力します。アクセスキーは必要に応じて作成することにして、今は「AWSマネジメントコンソールへのアクセス」のみにチェックして次のステップに進みます(**図7.3**)。

▼ 図7.3 IAMユーザーの作成

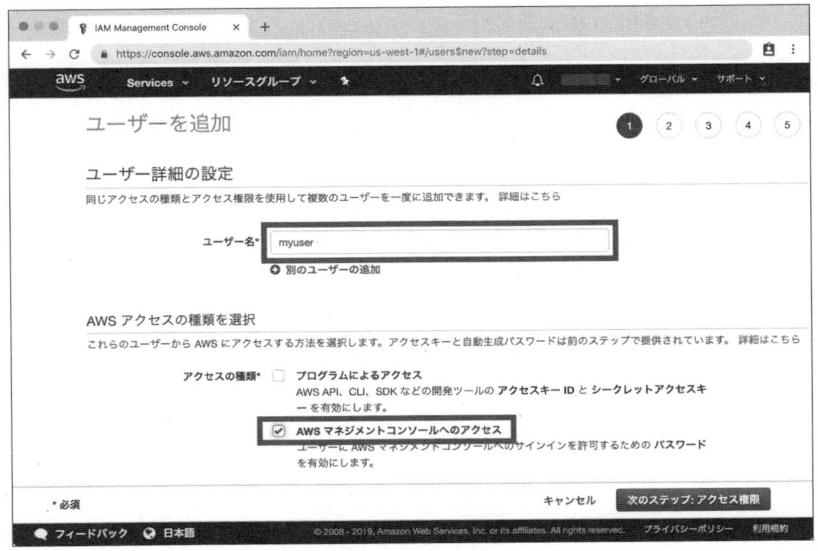

「アクセス許可の設定」という画面が表示されるので「既存のポリシーを直接アタッチ」をクリックします。ポリシーの一覧が表示されるので、「PowerUserAccess」*3を検索して選択し、次のステップに進みます（**図7.4**）。

▼ 図7.4　作成するIAMユーザーにポリシーをアタッチする

タグの追加はしないでさらに次のステップに進み、「ユーザーの作成」をクリックするとユーザーを作成できます。「.csvのダウンロード」をクリックすると`credentials.csv`というファイルがダウンロードされます。このファイルにIAMユーザーでマネジメントコンソールにログインするのに必要な「ログインURL」「ユーザー名」「パスワード」が記載されています。ファイルの取り扱いには注意してください。

以降の操作は作成したIAMユーザーで行うので、一旦サインアウトします。

● キーペアの作成

IAMユーザーのログインフォームは、ルートアカウントとは異なります。ダウンロードした`credentials.csv`に記載されているログインURLをブラウザーで開き、ユーザー名とパスワードを入力してログインします。初回ログイン時にパスワードを変更するよう求められるので、新しいパスワードを設定します。

マネジメントコンソールで「EC2」と検索してEC2の管理画面を表示します（**図7.5**）。上部のメニューからリージョンを「東京」に変更しておきます。AWSではサーバーなどの様々なリソースが「リージョン」

---

*3　PowerUserAccessは、請求情報やIAM以外の操作は何でもできるという権限を意味します。

という地理的に異なる場所で管理されます。日本で使用する場合は東京リージョンに作成するとレイテンシが小さくなります。

▼ 図7.5　EC2の管理画面

仮想マシンを作成する際に必要となるので、あらかじめキーペア(SSH秘密鍵・公開鍵のペア)を作成しておきます。左側のメニューから「キーペア」を開き、「キーペアの作成」ボタンをクリックします。キーペアの名前を入力して「作成」ボタンをクリックすると、キーペアが作成され、<キーペア名>.pemというファイルがダウンロードされます。これが秘密鍵です。

この秘密鍵をなくすと仮想マシンを作成してもログインできなくなってしまうので、なくさないように気をつけてください。また、秘密鍵を公開しないように注意してください。

7.1.2　仮想サーバーの作成・起動

キーペアの作成が済んだら、いよいよ仮想サーバーを作成・起動します。EC2では仮想サーバーをインスタンスと呼びます。

● EC2インスタンスの作成・起動

EC2の管理画面から**表7.1**のパラメーターでインスタンスを作成します。

▼ 表7.1　起動するEC2インスタンスのパラメーター

項目	値
AMI	Ubuntu Server 18.04 LTS
インスタンスタイプ	t2.micro

左側のメニューから「インスタンス」を開き、「インスタンスの作成」ボタンをクリックすると、AMIを選択する画面が表示されます。AMIとはインスタンスを作成するためのテンプレートです。Ubuntu Server 18.04 LTSの「選択」ボタンをクリックします（**図7.6**）*4。

▼ 図7.6　EC2インスタンスの作成：AMIの選択

次にインスタンスタイプを選択する画面が表示されます。インスタンスタイプによってメモリやCPUなどの性能が変わり、性能が良い物ほど価格も高くなります。ここではt2.microという2番目に小さいインスタンスタイプを選択し、「確認と作成」ボタンをクリックします（**図7.7**）*5。

▼ 図7.7　EC2インスタンスの作成：インスタンスタイプの選択

	General purpose	t2.micro 無料利用枠の対象	1	1	EBS のみ	-	低から中	はい

作成するインスタンスの設定を確認する画面が表示されます（**図7.8**）。EC2ではセキュリティグループという機能でファイアウォールを設定できます。本書の手順通りに操作すると、すべてのホストからSSH接続（TCPポート22）を許可し、それ以外の外部からの通信を遮断する設定のセキュリティグループが新しく作成されます。

*4　この「クイックスタート」の項目に表示されていない場合、「AWS Marketplace」という項目から検索してCanonical社が提供しているAMIを使用してください。

*5　「次の手順：インスタンスの詳細の設定」ボタンをクリックするとインスタンスについて細かく設定できますが、ここではデフォルトの設定を使用します。

▼ 図7.8　EC2インスタンスの作成：インスタンス作成の確認

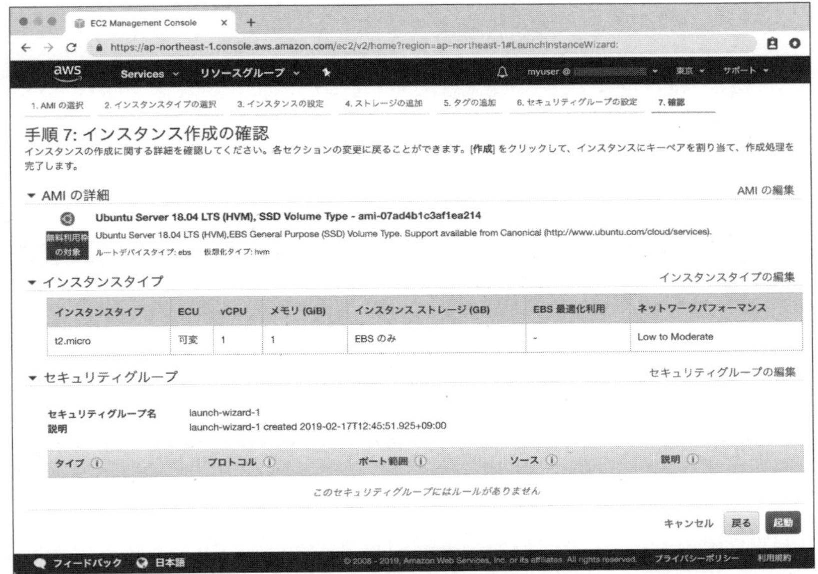

「起動」ボタンをクリックすると、キーペアを選択または作成するダイアログが表示されます。先ほど作成しておいたキーペアを選択し、「選択したプライベートキーファイル〜」にチェックをつけて「インスタンスの作成」ボタンをクリックします。

インスタンス一覧の画面に戻り、起動するまで数分待ちます。**図7.9**のように、「インスタンスの状態」が「running」になり、「ステータスチェック」が「2/2のチェックに合格しました」となったら、起動完了です。しばらく待っても表示に変化がない場合は、一覧の上部にある更新ボタンをクリックすると表示を更新できます。

後で必要になるので、**図7.9**で右にスクロールすると表示される「IPv4パブリックIP」の欄にあるIPアドレスを控えておきます。

▼ 図7.9　EC2インスタンスの起動完了

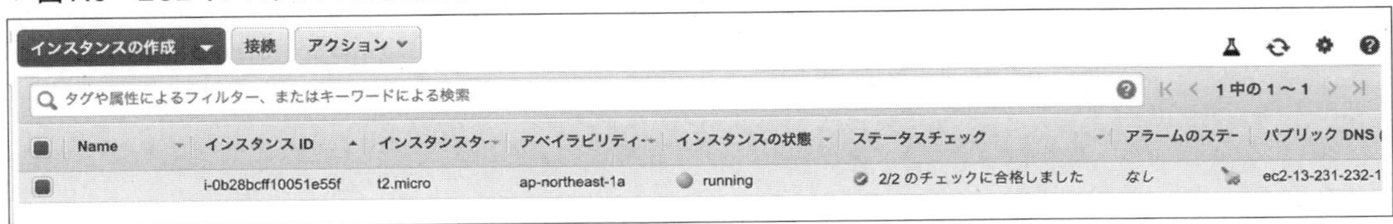

● EC2インスタンスへのログイン

起動が完了したらsshコマンドを使ってログインします。Windows 7などのsshコマンドが使えない環境では、ローカルマシンのゲストOSに秘密鍵をコピーした上で以降の手順を実施するか、column「Tera TermでEC2インスタンスにSSH接続する」を参照してください。

最初に、次のコマンドでダウンロードした秘密鍵(キーペア名.pem)のパーミッションを変更しておきます。この操作はダウンロードした秘密鍵に対して一度だけ行えば大丈夫です。パーミッションを変更しない場合、「UNPROTECTED PRIVATE KEY FILE!」という警告が表示されてログインできません。Windows 10ではこの手順は不要です。

7

```
$ chmod 600 <ダウンロードしたキーペア名.pemへのパス>
```

控えておいたインスタンスのIPアドレスを使い、次のコマンドでログインします。このコマンドは、ダウンロードした秘密鍵を使って、ユーザー名`ubuntu`*6でインスタンスのIPアドレスに接続するという意味です。

```
$ ssh -i <ダウンロードしたキーペア名.pemへのパス> ubuntu@<インスタンスのIPアドレス>
```

毎回このコマンドを入力するのは手間なので、`~/.ssh/config`というファイルに**リスト7.1**の設定を記述すると、次のコマンドだけでログインできるようになります。以降では、この設定が行われていることを前提として解説します。

```
$ ssh ec2
```

▼ **リスト7.1　~/.ssh/configの設定**

```
Host ec2
  HostName <インスタンスのIPアドレス>
  User ubuntu
  IdentityFile <ダウンロードしたキーペア名.pemへのパス>
```

初回のログイン時に次のように表示された場合はyesと入力して Enter を押します。

```
Are you sure you want to continue connecting (yes/no)?
```

ログインに成功すると**図7.10**のように表示されます。

*6　EC2で広く使われるAmazon Linuxではデフォルトのユーザー名は`ec2-user`ですが、Ubuntuではデフォルトのユーザー名は`ubuntu`です。

▼ 図7.10　SSHで接続

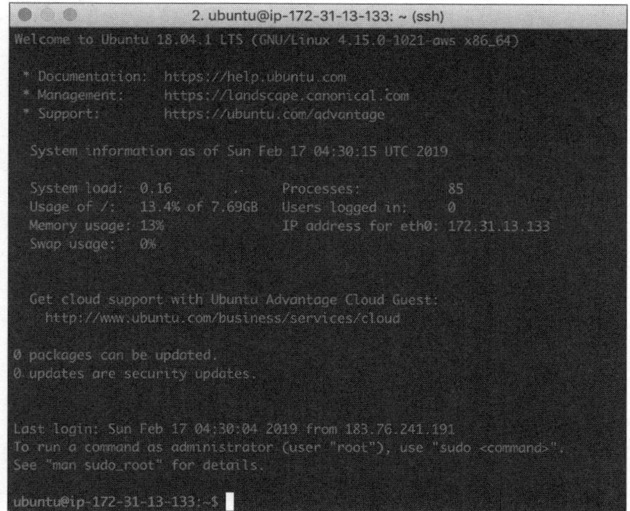

column　Tera TermでEC2インスタンスにSSH接続する

Windowsから SSH接続する場合、Appendixの **A.6.1** で紹介しているTera TermなどのSSHクライアントが使えます。Tera TermでEC2インスタンスに接続する手順は次のとおりです。

1. Tera Termを起動する。
2. 接続先を入力するダイアログが表示されるので、「ホスト」の欄にインスタンスのIPアドレスを入力して「OK」をクリックする。
3. 初回は「known hostsリストにサーバ"<IPアドレス>"のエントリはありません」という警告が表示されるので、「このホストをknown hostsリストに追加する」がチェックされていることを確認して「続行」をクリックする。
4. SSH認証というダイアログが表示されるので、ユーザ名に「ubuntu」と入力し、秘密鍵のパスを指定する（**図7.11**）*a。

▼ 図7.11 Tera Termで公開鍵認証を使用する

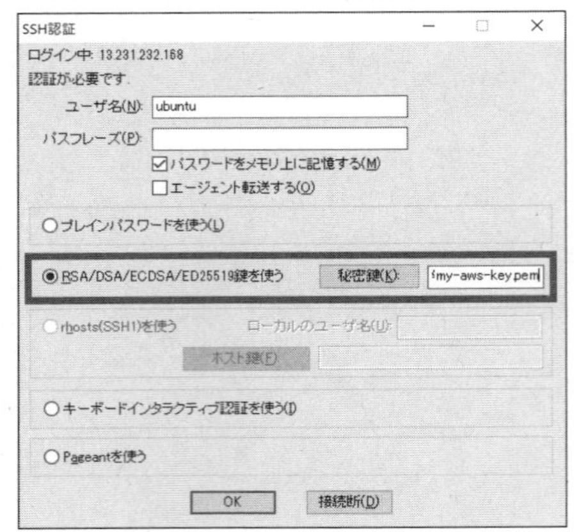

＊a　「秘密鍵」ボタンをクリックして秘密鍵を選択する際は、ダイアログのファイルの形式で「すべてのファイル」を選択しないと、.pemファイルが表示されないので注意してください。

● 最低限の初期設定

EC2インスタンスのタイムゾーンはデフォルトでUTCになっているので、日本で使う場合はJSTに変更しておくほうが使いやすいでしょう。次のコマンドでタイムゾーンを変更できます。

```
$ sudo timedatectl set-timezone Asia/Tokyo
```

次のコマンドでタイムゾーンを確認できます。

```
$ timedatectl
                      Local time: Sun 2019-02-17 14:04:06 JST
                  Universal time: Sun 2019-02-17 05:04:06 UTC
                        RTC time: Sun 2019-02-17 05:04:07
                       Time zone: Asia/Tokyo (JST, +0900)
       System clock synchronized: yes
systemd-timesyncd.service active: yes
                 RTC in local TZ: no
```

次のコマンドを実行し、インストール済みのパッケージを最新にしておきます。

```
$ sudo apt update
$ sudo apt upgrade -y
```

● 仮想サーバーの停止と削除

インスタンスを停止するには、インスタンスにログインした状態で sudo shutdown -h now でシャットダウンするか、マネジメントコンソールから停止します。インスタンスを停止した後に再び起動するとパブリックIPアドレスが変わるので注意してください*7。

インスタンスが不要になったらマネジメントコンソールから削除できます。本書の手順で作成したインスタンスでは、インスタンスに関連付けられたストレージ(EBS)も一緒に削除されます。

column AWS利用におけるセキュリティの注意点

AWSの認証情報を悪意ある第三者に知られると、サーバーを勝手に利用されて多額の請求が来たり、犯罪行為の踏み台として使われたりする可能性があります。AWSのパスワードやアクセスキーID、シークレットアクセスキー、SSH秘密鍵などの認証情報は絶対に公開してはいけません。ソースコードと一緒にGitHubなどに誤って公開しないように気をつけてください。できるだけ権限の制限されたIAMユーザーを使うことで、万が一漏れた場合の被害を最小化できます。

他にもマネジメントコンソールへのログインに多要素認証(Multi-Factor Authentication:MFA)を必須とするなど、セキュリティを向上する設定が可能です。詳しくは以下のページを参照してください。

- IAM のベストプラクティス - AWS Identity and Access Management
  https://docs.aws.amazon.com/ja_jp/IAM/latest/UserGuide/best-practices.html

7.1.3 サーバーへのデプロイ

ローカルマシンで作成したスクリプトをサーバーで実行するためには、サーバーにもPython実行環境を整えた上で、サーバーにスクリプトを転送する必要があります。このようにプログラムを別の環境で実行できるようにする作業をデプロイと呼びます。本項では、サーバーへのデプロイ方法を解説します。

● Python実行環境の作成

ここではローカルマシンで構築したPython実行環境(venvモジュールで作成した仮想環境含む)と同等のものをサーバー上に構築し、ローカルマシンで使用したパッケージをそのまま利用できるようにします。まず**2.2**のUbuntuの手順に従って、サーバー側で次の作業を行ってください。

- APTを使ってPythonをインストールする
- venvモジュールで仮想環境を作成する
- 作成した仮想環境を有効化する

＊7 Elastic IPアドレスという機能を使うとパブリックIPアドレスを固定できます。Elastic IPアドレスは実行中のEC2インスタンスに関連付けられている間は追加費用なく使用できますが、それ以外の時間は少額であるものの課金対象になります。

続いて、ローカルマシンの仮想環境にpipでインストールしたライブラリと同じものを、サーバー側に作成した仮想環境にもインストールします。pip freezeコマンドを使うと、ローカルマシンの仮想環境内にインストールされたライブラリの厳密なバージョンつきのリストが得られます。

```
(scraping) $ pip freeze  # ローカルマシンでの操作
cssselect==1.0.3
lxml==4.2.3
requests==2.19.1
```

これを次のようにしてrequirements.txtというテキストファイルに保存し、後述する方法でサーバーに転送します。

```
(scraping) $ pip freeze > requirements.txt  # ローカルマシンでの操作
```

サーバー側の仮想環境で、pip installコマンドの-rオプションにrequirements.txtを指定すると、同じバージョンのライブラリをインストールできます。

```
(scraping) $ pip install -r requirements.txt  # サーバーでの操作
```

このように同じバージョンのライブラリを使うことで、手元では動いていたスクリプトがサーバーでは動かないという問題が起きにくくなります。

なお、C拡張ライブラリをコンパイルするのに必要な開発用のパッケージはあらかじめインストールしておく必要があります。例えばmysqlclientを使用する場合、次のように開発用のパッケージをインストールします。

```
$ sudo apt install -y libmysqlclient-dev  # サーバーでの操作
```

● サーバーへのファイルの転送

手元のローカルマシンで作成したスクリプトをサーバーに転送する方法は、主に次のようなものが考えられます。

- rsyncなどのツールで直接サーバーにファイルを転送する
- Gitなどのバージョン管理ツールを使い、GitHubなどのリポジトリ経由でファイルを転送する
- Dockerなどのコンテナーイメージに含め、Docker Hubなどのレジストリ経由でイメージを転送する

ここでは、手軽に利用できる方法としてrsyncによるファイル転送方法を解説します。Windowsでは、後のコラムに従ってファイルを転送してください。前項でローカルマシンのゲストOSからSSHで接続できるよう設定した場合は、以降の手順に従って進めることもできます。

rsyncはファイルを同期するためのツールです。転送元と転送先で差分があるファイルのみを転送す

るため、高速に転送できます。macOSでは標準でインストールされていますが、Ubuntuでインストールされていない場合は次のコマンドでインストールします。

```
$ sudo apt install -y rsync  # ローカルマシンでの操作
```

rsyncの基本的な使い方は次の通りで、ファイルをコピーするcpコマンドと似ています。


```
$ rsync [オプション] 転送元 転送先
```

cpコマンドと大きく異なるのは、転送元か転送先のいずれかにサーバーを指定できる点です。以下のように実行すると、SSH接続を使って手元のマシンからサーバーにファイルを転送できます。

```
$ rsync [オプション] 転送元 [ユーザー@]転送先のホスト:転送先のパス
```

サーバー上のパスを相対パスで指定した場合、SSHでログインした際のディレクトリ（通常はホームディレクトリ）からの相対パスになります。例えば次のコマンドで、カレントディレクトリのファイルをサーバー上のcrawlerディレクトリに転送できます。ここで、転送先のホストに指定しているec2という名前は、前項で~/.ssh/configのHostという項目に書いたものです。

```
$ rsync -av . ec2:crawler  # ローカルマシンでの操作
```

rsyncの代表的なオプションは**表7.2**の通りです。

▼ **表7.2　rsyncの代表的なオプション**

オプション	説明
-a, --archive	アーカイブモードでコピーする。-rlptgoDオプションと同等。多くの場合これを使用すると良い。
-v, --verbose	実行状況を詳細に表示する。
-r, --recursive	ディレクトリを再帰的にコピーする。
-l, --links	シンボリックリンクをシンボリックリンクとしてコピーする。
-p, --perms	パーミッションを保持したままコピーする。
-t, --times	ファイルの時刻を保持したままコピーする。
-g, --group	ファイルのグループを保持したままコピーする。ただし転送先の管理者権限がある場合のみ。
-o, --owner	ファイルのユーザーを保持したままコピーする。ただし転送先の管理者権限がある場合のみ。
-D	デバイスファイルや特別なファイルをそのままコピーする。
--exclude=*PATTERN*	*PATTERN*にマッチするファイルはコピーしない。
-c, --checksum	ファイルの変更を検出するのに変更日時とサイズではなく、ファイルのチェックサムを使用する。

rsyncの注意点として、転送元にディレクトリを指定する場合、ディレクトリのパスの末尾に/がついているかどうかで挙動が変わることがあります。例えば、srcディレクトリにtest.txtというファイルがある状況を考えます。

次のように/をつけない場合は、srcディレクトリ自体が転送されて、dest/src/test.txtというディレクトリ構造になります。

```
$ rsync -av src ec2:dest
```

一方次のように/をつけた場合は、srcディレクトリの中身が転送されて、dest/test.txtというディレクトリ構造になります。

7

```
$ rsync -av src/ ec2:dest
```

column　Windowsでサーバーにファイルを転送する

Windowsでサーバーにファイルを転送するには、Tera TermのSCP機能が手軽です。サーバーに接続した状態で、Tera Termのウィンドウにファイルをドラッグ&ドロップすると、**図7.12**のダイアログが表示されます。転送先のディレクトリ（デフォルトではホームディレクトリ）を指定して、「SCP」をクリックするとサーバーにファイルを転送できます。

また、多くのファイルを転送する場合は、WinSCP*aのようなSCP/SFTP専用のアプリケーションを使うと効率的です。

▼ 図7.12　Tera Termによるファイル転送

*a　https://winscp.net/eng/docs/lang:jp

7.1.4 Scrapy Cloudでのクローラーの実行

ここまではEC2にクローラーをデプロイする方法を解説してきましたが、ここでは一旦EC2から離れ、別の手段としてScrapyのSpiderをScrapy Cloudにデプロイする方法を解説します。Scrapy Cloud*8はScrapinghub社が提供するPaaSで、ScrapyのSpiderをデプロイしてクラウド環境で実行できます。無料の範囲では次の制約があるものの、簡単なSpiderを実行するだけであれば十分でしょう。

- ジョブ（Spider）の並行実行数：1
- データ保持期間：7日
- ジョブの最大実行時間：1時間

*8　https://scrapinghub.com/scrapy-cloud

- 定期的なジョブの実行：利用不可

ここでは、**6.3.1**で作成した`NewsCrawlSpider`をScrapy Cloudで実行します。Scrapyのプロジェクトは次を満たすものとします。

- プロジェクトに`NewsCrawlSpider`が含まれていること
- プロジェクトの設定でMySQLやMongoDBを使うPipelineが有効になっていないこと
- Scrapy以外の依存ライブラリは`requirements.txt`に記述されていること
  例えば**6.7.2**で作成した`BroadSpider`が含まれている場合は、`readability-lxml==0.7`と記述する

● Scrapy Cloudへのデプロイ

まずScrapy Cloudにログインします。GoogleまたはGitHubのアカウントでログインするか、Scrapinghubのアカウントを作成してログインします。

ログイン後に表示される画面で、右上の「CREATE PROJECT」ボタンをクリックしてプロジェクトを作成します。適当なプロジェクト名（`myproject`など）を入力して、「SCRAPY」を選択して「CREATE」します（**図7.13**）。

▼ 図7.13　Scrapy Cloudでプロジェクトを作成

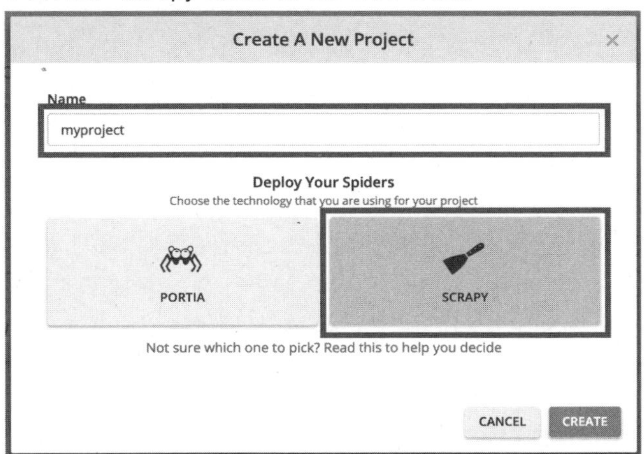

画面にコマンドラインでのデプロイ方法が表示されるので、これに従います。コマンドはScrapyのプロジェクトディレクトリをカレントディレクトリとして実行します。

```
(scraping) $ pip install shub              # shub (ScrapinghubのCLI) をインストール
(scraping) $ shub login                    # APIキーの入力を求められるので、画面に表示されている文字列を入力
(scraping) $ shub deploy <プロジェクトID>  # プロジェクトIDは画面に表示されている数値を入力
```

本書の執筆時点では、デフォルトでPython 2系の実行環境（スタックと呼ばれる）が使われるため、SyntaxErrorが表示されてデプロイに失敗します*9。使用するスタックを変更するには、shub deployの実行時にカレントディレクトリに生成された設定ファイルscrapinghub.ymlを編集します。


```
project: <プロジェクトID>
# 次の行を追加
stack: scrapy:1.6-py3
# 以降の行は、Scrapy以外の依存ライブラリがある場合のみ追加
requirements:
  file: requirements.txt
```

次のコマンドで再デプロイします。

```
(scraping) $ shub deploy
```

成功すると次のように表示され、Web画面でも確認できます（**図7.14**）。

```
{"status": "ok", "project": ******, "version": "1.0", "spiders": 7}
Run your spiders at: https://app.scrapinghub.com/p/******/
```

▼ **図7.14　デプロイ結果の確認**

● Spiderの実行

デプロイしたSpiderを実行しましょう。左側のメニューで「JOBS」→「Dashboard」を選択すると、ジョブのダッシュボードが表示されます。右上の「RUN」ボタンをクリックするとダイアログが表示されるので、「Spiders」でnews_crawlを選択し、「RUN」ボタンをクリックして実行します（**図7.15**）。

*9　Scrapyプロジェクトに Python 2系でも動作するSpiderのみが含まれている場合は、デプロイに成功します。その場合でも、開発環境と実行環境はなるべく統一しておくのが無難なので、以降の手順を実施して再デプロイしてください。

▼ 図7.15　Scrapy CloudでSpiderを実行

「Running Jobs」欄に実行中のジョブの状況が表示されます。ジョブの実行が完了すると「Completed Jobs」欄に移動します（**図7.16**）。

▼ 図7.16　Scrapy Cloudの完了したジョブの一覧

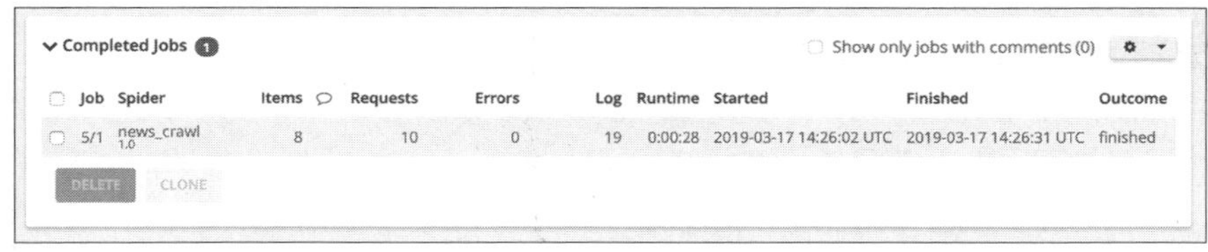

「Items」列に表示された数値をクリックするとスクレイピングしたItemの一覧が表示されます。「EXPORT」ボタンをクリックすると、好みのデータ形式でダウンロードできます（**図7.17**）。

▼ 図7.17　Scrapy Cloudでクロールしたデータ

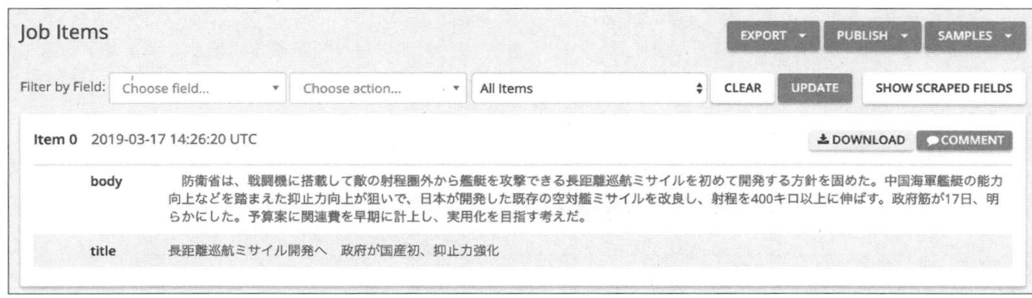

このようにして、Scrapy Cloudを使うとScrapyのSpiderをクラウド環境で手軽に実行できます。CLIのshubコマンドやScrapy Cloud API*10から実行したり、結果を取得したりすることも可能です。

なお、クローリングは国外にあるScrapy Cloudのサーバーで実行されます。Webサイトによっては、日本からクロールしたときとは異なる結果が得られる場合があるので注意が必要です。

column　PortiaによるGUIでのスクレイピング

Scrapy Cloudでは、PortiaというGUIでスクレイピング対象を選択できるツールも提供されています。本コラムでは、Portiaを使ってiTunesの無料アプリのランキングを取得する方法を解説します。Portiaを使うとプログラムを書かずにスクレイピングできますが、魔法のようにページからデータを抜き出してくれるわけではありません。内部的にはScrapyのSpiderが作成されていることを意識しておくと理解しやすいでしょう。

Scrapy Cloudで新しいプロジェクトを作成する際に、「PORTIA」を選択します。ダッシュボードに表示される「OPEN PORTIA」ボタンをクリックするとPortiaの画面が開きます。

URLの入力欄に `https://www.apple.com/jp/itunes/charts/free-apps/` というURLを入力して Enter を押します。ページ内に入力したページが表示されるので、「New Spider」ボタンをクリックします。すると、現在表示されているページをクロール開始ページとするSpiderが作成されます（**図7.18**）。

▼ **図7.18　PortiaでSpiderを作成する**

左側の「LINK CRAWLING」という設定でリンクのたどり方を変更できます。デフォルトでは「Follow all in-domain links」つまりドメインが同じリンクをすべてたどる設定になっています。ここではリンクをたどらず、1ページ内からデータを取得するため、「Don't follow links」に変更します。

上部の「New sample」ボタンをクリックすると、ページから抜き出す箇所を指定する状態になります。ここではアプリの順位、画像のURL、アプリ名を取得することを目指します。最終的に全100個のアプリの情報を取得しますが、まずは1つ目のアプリにフォーカスします。

アプリの順位を表す「1.」という文字列を選択します。左側の「ITEMS」欄にフィールドが追加されるので、フィールド名をrankに変更します。

次にアプリの画像を選択し、フィールド名をimageに変更します。画像の場合は画像のURLを取得できます。

*10　https://doc.scrapinghub.com/scrapy-cloud.html

右側の「Extracted items」欄に取得できる値が表示されます。

続いてアプリ名を選択します。アプリ名はリンクになっているため、自動的にリンクのURLが取得されます。ここで欲しいのはURLではなく表示されているテキストなので、右上の「Inspector」欄で、「content」の右側の「+」ボタンをクリックします（**図7.19**）。追加したフィールドは`name`という名前に変更します。URLを表すフィールド（`field1`）は不要なので、フィールド右側の「-」ボタンで削除します。これで1つ目のアプリの順位、画像、名前は取得できるようになりました。

▼ 図7.19　Portiaでリンクのテキストを取得する

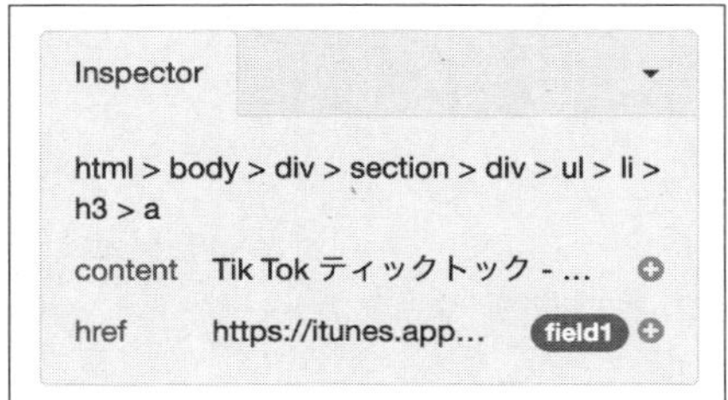

この状態で、隣のアプリにマウスカーソルをホバーすると、窓のような4つの四角のアイコンが表示されます（**図7.20**）。これはページ内から繰り返しのデータを取得する機能です。クリックすると、これまで選択した3つのフィールドの左側の数字が「1」から「100」に変わります。これはページ内で100個のデータを取得できることを表します。

▼ 図7.20　Portiaで繰り返しのデータを取得する

上部の「Close sample」ボタンをクリックしたらSpiderの完成です。左側のメニューでプロジェクト名の右側にあるメニューボタンをクリックし、「Publish project」を選択してSpiderをデプロイします。デプロイ完了後にScrapy CloudのJobsのダッシュボードに戻ると、ScrapyのSpiderと同様に実行できます。Spider名はデフォルトでドメイン名（この例では`www.apple.com`）です。

このようにしてPortiaを使うとGUIでスクレイピング対象を指定できます。PortiaはOSSとして公開されている*aため、ローカルで実行することも可能です。

*a　https://github.com/scrapinghub/portia

7

7.2 クローラーの定期的な実行

作成したクローラーを定期的に実行することで、変化があったときに通知したり、時系列データを取得したりできます。Ubuntuでプログラムを定期的に実行するには、systemd*11のタイマー機能が使えます。変化があったときや、エラーが発生したときにメールで通知する方法も解説します。

7.2.1 systemdタイマーの設定

systemdのタイマー機能を使って、時刻や日付、曜日などを指定してプログラムを実行する方法を解説します。このような用途では従来Cronというソフトウェアが広く使われてきたため、Cronについても後のコラムで解説します。

● シェルスクリプトの作成

systemdから実行するプログラムは、通常のシェルから実行するプログラムとは異なる環境で実行されます。特に最低限の環境変数しか設定されていないため、シェルから実行すると問題なく実行できるのに、systemdから実行すると失敗するという問題が起こりがちです。このようなトラブルを避けるため、クローラーを実行するためのシェルスクリプト(**リスト7.2**)を作成します。

▼ リスト7.2　run_crawler.sh ― クローラーを実行するシェルスクリプト

```
#!/bin/bash

# このシェルスクリプトがあるディレクトリに移動する。
cd $(dirname $0)

# 仮想環境を有効にする。
. scraping/bin/activate

# Pythonスクリプトを実行する。
# .envファイルの環境変数が必要な場合は、forego runをつける。
python crawler.py
```

これを次のディレクトリ構造になるよう`run_crawler.sh`という名前で保存します。

*11　systemdは近年のLinuxディストリビューションで広く採用されているシステム管理のためのソフトウェアです。これまでの章で何度か使用した`systemctl`もsystemdの操作を行うコマンドです。

```
home/
└─── ubuntu/
     └─── crawler/
          ├─── scraping/       # 仮想環境
          ├─── crawler.py      # Pythonのスクリプト
          └─── run_crawler.sh  # Cronから呼び出すシェルスクリプト
```

次のコマンドでスクリプトを実行可能にします。

```
$ chmod +x run_crawler.sh
```

この時点でスクリプトを実行できることを確認しておきます。

```
$ ./run_crawler.sh
```

● タイマーの設定

systemdでは管理するオブジェクトをユニットと呼び、ユニットごとに1つのファイルに設定を記述します。ここではサービスとタイマーという2つのユニットを作成します。設定ファイルは/etc/systemd/system/以下に作成します*12。

まずクローラーを実行するサービスを作成します。**リスト7.3**の内容を/etc/systemd/system/crawler.serviceに保存します。ExecStartという項目に先ほど作成したシェルスクリプトのフルパスを、Userという項目に実行するユーザーを指定します。通常のサービスは常に実行し続けるものですが、Type=oneshotと指定しているので、シェルスクリプトが終了したらこのサービスも終了します。

▼ リスト7.3　crawler.service — クローラーを実行するサービス

```
[Unit]
Description=Python crawler

[Service]
Type=oneshot
ExecStart=/home/ubuntu/crawler/run_crawler.sh
User=ubuntu
```

次のコマンドで動作を確認できます。

```
$ sudo systemctl start crawler.service   # systemdからクローラーを実行する
$ systemctl status crawler.service  # 実行結果を確認する
```

*12　ファイルの作成には管理者権限が必要なので、vimコマンドにsudoを付けて実行するなどします。

続いて作成したサービスを定期的に実行するタイマーを作成します。**リスト7.4**の内容を/etc/systemd/system/crawler.timerに保存します。OnCalendarという項目にスケジュールを、Unitという項目に実行するサービスを指定します。

▼ **リスト7.4** crawler.timer — **クローラーを定期的に実行するタイマー**

```
[Unit]
Description=Timer for python crawler

[Timer]
OnCalendar=6:13
Unit=crawler.service

[Install]
WantedBy=multi-user.target
```

スケジュールは年-月-日 時:分:秒の形式ですが、不要な項目は省略したり、先頭に曜日を指定したりできます。*はワイルドカードを、..は範囲を意味します。例えば**表7.3**のような指定ができ、**リスト7.4**の例は毎日6時13分を意味します。

なお、スケジュールとして毎時0分や30分のような切りの良い時刻を指定したくなるかもしれませんが、特にクローラーを実行する場合は避けましょう。同じことを考える他の人と実行タイミングが重なりやすく、その時刻だけ相手のサーバーの負荷が高くなってしまうことがあるためです。

▼ **表7.3 タイマーに指定できるスケジュールの例**

スケジュールの指定	意味
*:17:00	毎時17分0秒
23:05	毎日23時5分
*-1 0:05	毎月1日の0時5分
Mon..Fri *-* 8:33	毎週月～金曜日の8時33分

作成したタイマーを有効化（OS再起動後に自動起動するよう設定）して、起動します*13。

```
$ sudo systemctl enable crawler.timer
$ sudo systemctl start crawler.timer
```

次のコマンドでタイマーの一覧を表示でき、次の実行時刻などを確認できます。

*13 起動後にタイマーの設定を変更した場合は、コマンド sudo systemctl daemon-reload でリロードする必要があります。

```
$ systemctl list-timers
NEXT                          LEFT       LAST          PASSED      UNIT              ACTIVATES
...
Sat 2019-02-23 06:13:00 JST  15h left   n/a           n/a         crawler.timer     crawler.service
...
```

OnCalendarで指定した時刻になったら、次のいずれかのコマンドでクローラーが実行されたことを確認できます。


```
$ systemctl status crawler.service  # 直近のサービスの実行状況を確認する
$ journalctl -u crawler.service     # これまでのログを表示する(Shift-Gで末尾にジャンプ可能)
```

column Cronによる定期的な実行

Cronは時刻や日付、曜日などを指定してプログラムを実行するソフトウェアです。多くのLinuxディストリビューションで現在も広く使われています。

Cronの設定方法は、大きく分けてシステム全体の設定とユーザーごとの設定の2つがありますが、ここではシステム全体の設定を解説します。システム全体の設定では、/etc/crontabというファイルに設定を記述します。

このファイルには変数名=値という形式の環境変数と、実行するジョブを指定できます。実行するジョブは、スペースなどの空白文字で区切って次のように指定します。

```
分 時 日 月 曜日 ユーザー コマンド
```

曜日までの5つの列では、ジョブを実行する時刻のパターンを指定します。各列に数値を指定するとその数値ちょうどの時に実行するという意味になり、*(アスタリスク)を指定するとその列の値に関わらず実行するという意味になります。曜日の列は0が日曜日、1が月曜日に対応し、6が土曜日、7が日曜日を表します。日曜日の指定は0と7のどちらを使用しても構いません。

例えば次のように設定すると、毎日6時13分にubuntuユーザーで/home/ubuntu/crawler/run_crawler.shのスクリプトを実行します。Cron自体にはログを管理する仕組みがないので、明示的に標準出力と標準エラー出力を/tmp/crawler.logにリダイレクトしています。

```
13 6 * * * ubuntu /home/ubuntu/crawler/run_crawler.sh > /tmp/crawler.log 2>&1
```

7.2.2 メールによる更新の通知

クローラーを定期的に実行し、変化があった場合に通知できると便利です。ここではメールによる通知を解説します。**5.6.4**ではSlackによる通知を扱ったので参考にしてください。

メールを送信する場合、送り先のSMTPサーバーに直接送信しようとするとOP25B*14と呼ばれるスパムメール対策の影響で、メールが届かないことがあります。そこで、GmailのSMTPサーバーを経由してメールを送ります。GmailのSMTPサーバーへの通信は、TCPポート587番を使用するのでOP25Bの対象となりません。

GmailのSMTPサーバーでは認証が必須です。OAuth 2.0による認証もありますが、ここでは手短なユーザー名とアプリパスワードによる認証を使用します。Googleアカウントで2段階認証を有効にしている場合、セキュリティページ*15からアプリパスワードを生成して利用します。2段階認証を有効にしていない場合は、セキュリティ設定で「安全性の低いアプリの許可」を有効にして、アプリパスワードの代わりにGoogleアカウントのパスワードを使用します*16。本書では2段階認証を有効にすることを強く推奨しますが、2段階認証を有効にしていない場合、Googleアカウントのパスワードが漏洩することのないよう気をつけてください。

Pythonのスクリプトからメールを送信するコードは**リスト7.5**のようになります。標準ライブラリのemailモジュールとsmtplibモジュールを使います。

▼ **リスト**7.5　send_email.py — **メールを送信する**

```
import os
import smtplib
from email.mime.text import MIMEText
from email.header import Header

SMTP_USER = os.environ['SMTP_USER']  # Googleアカウントのユーザ名
SMTP_PASSWORD = os.environ['SMTP_PASSWORD']  # Googleアカウントで生成したアプリパスワード
MAIL_FROM = os.environ['MAIL_FROM']  # 送信元のメールアドレス


def main():
    send_email('<送信先のメールアドレス>', 'メールの件名', 'メールの本文')


def send_email(to: str, subject: str, body: str):
    """
    メールを送信する。
    """
    msg = MIMEText(body)  # MIMETextオブジェクトでメッセージを組み立てる。
    msg['Subject'] = Header(subject, 'utf-8')  # 件名に日本語を含める場合はHeaderオブジェクトを使う。
```

---

*14　OP25B（Outbound Port 25 Blocking）とは、インターネットサービスプロバイダーがTCPポート25番によるSMTP通信をブロックするというもので、AWSでも同様の対策が行われています。AWSではTCPポート25番を使っても、ある程度は送信できる場合もあります。ですが、いざエラーが起きたときにメールが届かないようでは困るので、他のSMTPサーバーを経由してメールを送信するほうが無難です。

*15　https://myaccount.google.com/security

*16　2段階認証を設定していない場合、パスワードが正しくてもログインがブロックされることがあります。その場合、自身によるアクセスであることを確認する必要があります。

```
    msg['From'] = MAIL_FROM
    msg['To'] = to

    with smtplib.SMTP_SSL('smtp.gmail.com') as smtp:
        smtp.login(SMTP_USER, SMTP_PASSWORD)  # 環境変数のユーザー名とパスワードでログインする。
        smtp.send_message(msg)  # send_message()メソッドでメールを送信する。

if __name__ == '__main__':
    main()
```


.envファイルに次の環境変数を設定します。

```
SMTP_USER=<Googleアカウントのユーザー名>
SMTP_PASSWORD=<Googleアカウントで生成したアプリパスワード>
MAIL_FROM=<送信元のメールアドレス>
```

7.2.3 エラーの通知

サーバー上で自動的に実行されるプログラムの場合、コマンドを打ち込んで実行するのに比べ、問題が起きたときに気づくのは難しくなります。特にクローラーは異常な動作をすると相手のサーバーに迷惑をかけることになるので、問題に素早く対応できるようにする必要があります。

クローラーのスクリプト内で例外発生時に通知する処理を書いても良いですが、様々なコマンドを組み合わせるときなど、Pythonに依存しない仕組みのほうが便利な場合もあります。systemdには、あるサービスでエラーが発生した場合に別のサービスを実行する機能があります。この機能を使って、エラー時にメールで通知する方法を解説します。流れは次の通りです。

1. SMTPクライアントのsSMTPをインストールして設定する
2. sSMTPを使ってメールを送信するsystemdのサービスを作成する
3. クローラーのサービスでエラーが発生したときにメールを送信するサービスを実行する

● sSMTPのインストールと設定

メールの送信にはPythonに依存しない手段としてsSMTPを使用します。sSMTPはシンプルなSMTPクライアントです。次のコマンドでメール関連のユーティリティと一緒にインストールします。

```
$ sudo apt install -y ssmtp mailutils
```

sSMTPの設定は`/etc/ssmtp/ssmtp.conf`に記述します。**リスト7.6**のように設定を変更・追加して保存します。前節と同様にGmailのSMTPサーバーを経由してメールを送ります。

▼ リスト7.6 ssmtp.conf — sSMTPの設定ファイル

```
# The place where the mail goes. The actual machine name is required no
# MX records are consulted. Commonly mailhosts are named mail.domain.com
mailhub=smtp.gmail.com:587

# TLSを使用する
UseTLS=Yes
UseSTARTTLS=Yes

# 認証の設定
AuthUser=<Googleアカウントのユーザ名>
AuthPass=<Googleアカウントで生成したアプリパスワード>
AuthMethod=LOGIN
```

次のコマンドでメールを送り、正しく設定できたことを確認します。

```
$ echo "これはテストです" | mail -s "テスト" <自分のメールアドレス>
```

メールが届かない場合は/var/log/mail.logや/var/log/mail.errなどのログファイルにエラーが書き込まれていないか確認してください。これらのログに問題がないにも関わらずメールが届かない場合は、受信側で迷惑メールと判定されていないか確認してみてください。

● メールを送信するサービスの作成

メール送信用のサービスを作成します。**リスト7.7**の内容を/etc/systemd/system/error-email@.serviceに保存します。

▼ リスト7.7 /etc/systemd/system/error-email@.service — メールを送信するテンプレートサービス

```
[Unit]
Description=Failure notfication for %i

[Service]
Type=oneshot
ExecStart=/bin/sh -c 'systemctl status --full "%i" | mail -s "[%i] Failure notification" <自分のメールアドレス>'
User=nobody
Group=systemd-journal
```

ファイル名に@が含まれるユニットはテンプレートユニットと呼ばれ、実行時に引数を取れます。例えば次のように実行すると、@の直後のcrawler.serviceの部分が引数と解釈され、サービスの%iに渡されます。

```
$ sudo systemctl start error-email@crawler.service.service
```

このサービスのExecStartは引数のユニットの状態を取得し、メールで送信するというものです。実際にこのコマンドを実行してメールが届くことを確認してください。

● systemdでエラー時にメールで通知する

クローラーの失敗時にメールを送信するには、/etc/systemd/system/crawler.serviceの[Unit]セクションに次の行を追加します。なお%nの部分は現在のサービス名(crawler.service)で置き換えられます。


```
OnFailure=error-email@%n.service
```

サービスファイルを編集した後は次のコマンドでリロードします。

```
$ sudo systemctl daemon-reload
```

これで、クローラーの実行に失敗した場合にメールでエラー内容が通知されます。クローラーの最後でわざと例外を発生させれば、エラーの通知が動作していることを確認できます。

7.3 クローリングとスクレイピングの分離

クローリングとスクレイピングの2つの処理を分離しておくと、運用が楽になります。クローリング処理では取得したHTMLをファイルやデータベースに保存するだけにして、スクレイピング処理ではそのHTMLからデータを抜き出すようにするのです。こうすると次のようなメリットがあります。

- スクレイピングの処理が失敗してもクロールしなおす必要がない。
- 2つの処理のうち、一方の処理を止めたとしても、もう一方の処理を継続できる。
- 単純な2つの処理に分割できるのでコードの見通しが良くなる。
- クローリングとスクレイピングの処理をそれぞれ独立してスケールさせやすくなる。

2つの処理を比較すると、一般にスクレイピングの処理のほうが失敗する可能性が高いです。取得するつもりの要素がページによって存在しなかったり、想定外のデータが含まれていたりするためです。また、Webサイトのリニューアルによってページの構造が大きく変わってしまうこともあります。

クローリング処理とスクレイピング処理を分離しておけば、スクレイピングに失敗してもクロール処理をやり直す必要はありません。失敗したスクレイピング処理のコードを修正し、保存したHTMLからスクレイピングしなおせば良いのです。処理にかかる時間が短くて済むだけでなく、相手のWebサイトに無駄な負荷を与えずに済むというメリットもあります。

また、スクレイピング処理のコードを修正している間も、クローリング処理は継続できます。特に、適切にリクエスト間隔を空けてクロールしている場合、多くのページをクロールするのには時間がかかるので、このことは大きなメリットになります。

分離した2つの処理は、何らかの方法で結びつけてやる必要があります。クローリングにかかる時間が短い場合は、クローリングの処理が終了してからスクレイピングの処理を実行しても良いでしょう。クローリングに時間がかかる場合は、メッセージキューを使って2つの処理を結びつけると効率よく処理できます(**図7.21**)。本節では、クローリングとスクレイピングを分離し、メッセージキューを使って連携させる方法を解説します。メッセージキューとしてAmazon SQSを使います。

処理を分離することによるデメリットもあります。メッセージキューというコンポーネントが増えることで、全体としてシステムは複雑になります。また、クローリング時に起きた問題にスクレイピングの時点まで気づかないこともあります。ある程度大規模にクロールする場合でないと、メリットが得られにくいかもしれません。

▼ 図7.21　メッセージキューによる連携

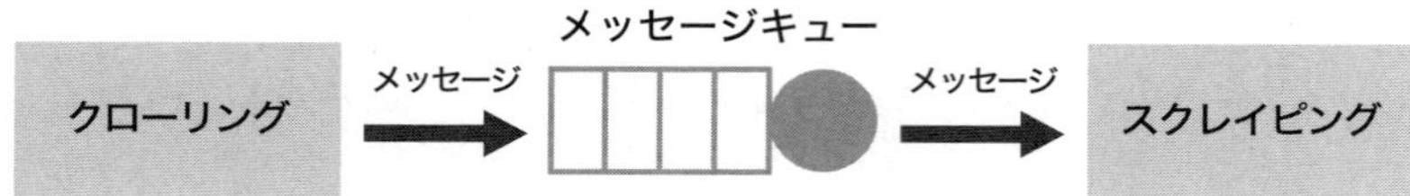

7.3.1　メッセージキューの使い方

メッセージキューとは、キュー(待ち行列)を使ってメッセージを伝達する仕組みを指します。一般的にメッセージの送信側と受信側は別のスレッドやプロセスで動作し、ホストが異なる場合もあります。送信側はメッセージをキューに送信し、受信側はキューにあるメッセージを順次処理します。送信側も受信側もキューとだけ通信を行い、その先を知る必要はありません。

メッセージキューは様々なものがありますが、ここでは環境構築の容易さを考慮して、Amazon SQS(以下SQS)を使用します。SQSはAWSが提供しているメッセージキューのマネージドサービスで、キューのメッセージを保管しておくためのストレージを意識せずに使えます。執筆時点では毎月100万リクエストまで無料なので、小規模な使い方であれば課金対象にはならないでしょう。SQSはローカル開発環境など、AWS外からも利用できますが、AWSからインターネットに出る方向のトラフィックは毎月1GBを超えると課金対象になります。詳しくはSQSの料金表*17を参照してください。

SQSを使うために、PyQS*18というライブラリを使用します。Pythonでメッセージキューを扱うラ

*17　https://aws.amazon.com/jp/sqs/pricing/
*18　https://pypi.org/project/pyqs/ 本書ではバージョン0.1.2を使用します。

イブラリとしては、様々なキューのバックエンドに対応しているCelery*[19]も有名です。しかしSQSのみを扱うことを考えるとやや高機能なので、ここではより気軽に使用できるPyQSを使います。

column **メッセージキューを自前で構築する**

SQSに依存せずに自前でメッセージキューを構築するには、次のような組み合わせが考えられます。

- Celery + RabbitMQ（またはRedis）
- RQ + Redis

RabbigMQ*[a]はメッセージングのためのミドルウェアで、Redis*[b]はkey-valueストアです。RQ*[c]はPythonのライブラリで、Celeryに比べてシンプルなので気軽に利用できます。

*a https://www.rabbitmq.com/
*b https://redis.io/
*c https://python-rq.org/

● PyQSのインストール

PyQSはSQSを介してタスク（Pythonの関数）を実行するためのライブラリです。Celery互換のインターフェイスを提供しています。

```
(scraping) $ pip install pyqs
```

インストールに成功するとpyqsコマンドが使えるようになります。

```
(scraping) $ pyqs -h
usage: pyqs [-h] [-c CONCURRENCY] [--loglevel LOGGING_LEVEL]
            [--access-key-id ACCESS_KEY_ID]
            [--secret-access-key SECRET_ACCESS_KEY] [--region REGION]
            [--interval INTERVAL] [--batchsize BATCHSIZE]
            [--prefetch-multiplier PREFETCH_MULTIPLIER]
            QUEUE_NAME [QUEUE_NAME ...]

Run PyQS workers for the given queues

positional arguments:
  QUEUE_NAME            Queues to process

...
```

*19 http://www.celeryproject.org/

● AWS CLIのインストールと設定

Pythonのスクリプトから SQS を使用するには、アクセスキー（アクセスキーIDとシークレットアクセスキー）が必要です*20。再びAWSのルートアカウントでログインし、IAMの画面でユーザーを選択します。「認証情報」のタブで「アクセスキーの作成」ボタンをクリックすると、アクセスキーを生成できます（**図7.22**）。

▼ 図7.22　アクセスキーを作成する

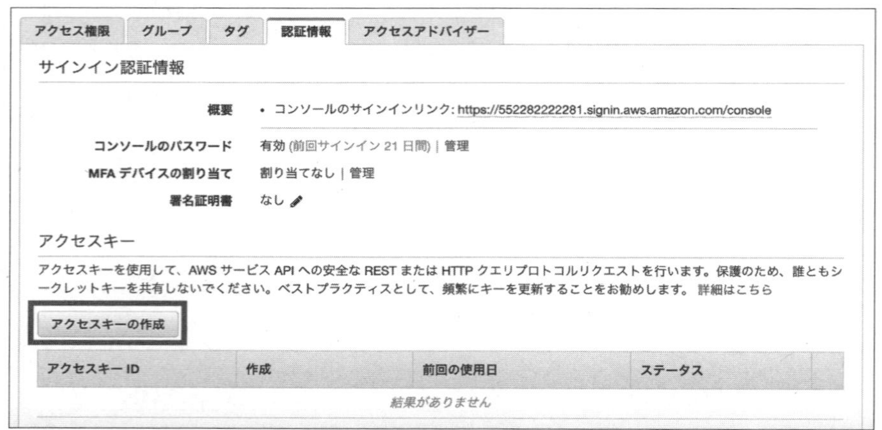

シークレットアクセスキーは生成時にしか参照できないので、画面に表示させて控えるか、ダウンロードしておきます。忘れてしまった場合はアクセスキーを削除して再生成しましょう。生成したアクセスキーはパスワードと同様に厳重に管理します。

Pythonのスクリプトからアクセスキーを参照できるようにするため、AWS CLIをインストールします。

```
(scraping) $ pip install awscli
```

次のコマンドを実行し、コンソール上で1つずつ設定を入力していきます。リージョン名として入力するap-northeast-1は東京リージョンのコードです。

```
(scraping) $ aws configure
AWS Access Key ID [None]: <アクセスキーID>
AWS Secret Access Key [None]: <シークレットアクセスキー>
Default region name [None]: ap-northeast-1
Default output format [None]: <そのままEnter>
```

*20　EC2インスタンス上で実行する場合、インスタンス作成時にIAMロールを設定すると、アクセスキーの生成や`aws configure`を行うことなく、よりセキュアにSQSなどを使用できます。詳しくはEC2のドキュメント（https://docs.aws.amazon.com/ja_jp/AWSEC2/latest/UserGuide/iam-roles-for-amazon-ec2.html）を参照してください。

入力した内容は~/.aws/configと~/.aws/credentialsに保存されます。

● PyQSで簡単なタスクを実行する

PyQSの動作イメージは**図7.23**のようになります。送信側でタスクをキューに投入し、受信側のワーカーがそのタスクを処理します。送信側はタスクの結果を関知しません。

▼ 図7.23　PyQSの動作イメージ

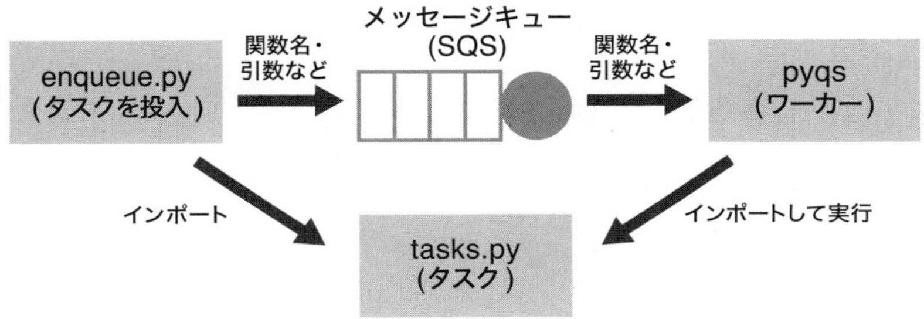

メッセージキューを介して実行する処理をタスクと呼び、タスクはデコレーターがついたPythonの関数として定義します。**リスト7.8**のadd()関数は、2つの数値を足してその結果を表示する関数です。@taskデコレーターがPyQSで実行するタスクであることを表し、引数queueでSQSのキュー名を指定します。ワーカーからこの関数をインポートできる必要があるので、tasks.pyという名前のファイルに保存しておきます。

▼ リスト7.8　tasks.py — タスクを関数として定義する

```
from pyqs import task


@task(queue='math')
def add(x, y):
    print(f'{x} + {y} = {x + y}')
```

タスクを投入するスクリプトは**リスト7.9**のようになります。add()関数をそのまま呼び出す代わりに、add.delay()のように.delayをつけて呼び出します。

▼ リスト7.9　enqueue.py — タスクを投入するスクリプト

```
from tasks import add

add.delay(3, 4)
```

これを保存して、次のように実行します。

```
(scraping) $ python enqueue.py
```

何も表示されなければSQSのキューに関数名や引数の情報が書き込まれた状態になっています。AWSのマネジメントコンソールからSQSの管理画面を開くと、mathという名前のキューが作成され、利用可能なメッセージが1になっていることを確認できます（**図7.24**）。

▼ 図7.24　SQSのキュー

別のターミナルを開き、カレントディレクトリがtasks.pyと同じであることを確認して、次のコマンドでワーカーを起動します。コマンドの引数でキューの名前（ここではmath）を指定します。キューの名前はカンマ区切りで複数指定できます。--loglevelは表示するログレベルを指定します。

```
(scraping) $ pyqs math --loglevel INFO
[INFO]: Starting PyQS version 0.1.2
[INFO]: Loading Queues:
[INFO]: [Queue] math
[INFO]: Found credentials in shared credentials file: ~/.aws/credentials
[INFO]: Found matching SQS Queues: ['https://ap-northeast-1.queue.amazonaws.com/*******/math']
[INFO]: Running ReadWorker: https://ap-northeast-1.queue.amazonaws.com/*******/math, pid: 11013
[INFO]: Running ProcessWorker, pid: 11014
[INFO]: Successfully got 1 messages from SQS queue https://ap-northeast-1.queue.amazonaws.com/*******/math
3 + 4 = 7
[INFO]: Processed task tasks.add in 0.0001 seconds with args: [3, 4] and kwargs: {}
```

ワーカーを起動すると、タスクが実行されてログが表示されます。9行目に3 + 4 = 7と表示されていることがわかるでしょう。

ワーカーを起動した状態で、再度python enqueue.pyを実行すると直ちにワーカー側でタスクが実行されることが確認できます。PyQSを使うと、このようにタスクを別プロセスで非同期的に実行可能です。起動したワーカーはCtrl-Cで終了できます。最大20秒のロングポーリングを待ってから終了するので、しばらく時間がかかる場合があります。

7.3.2　メッセージキューによる連携

PyQSを使い、**3.5.4**で作成したクローラーのクローリングとスクレイピングの処理を分離します。このクローラーは、技術評論社の電子書籍販売サイトから一覧・詳細パターンでクロールして、電子書籍のタイトルや価格、目次などをMongoDBに格納するというものでした。Webページの取得にはRequestsを、スクレイピングにはlxmlを、MongoDBへの保存にはPyMongoを使っています。

このクローラーをメッセージキューで分離すると、**リスト7.10**と**リスト7.11**のようになります。前者がクローリング処理、後者がスクレイピング処理を担当します。全体の構成は**図7.25**のようになります。

▼ 図7.25　PyQSを使ったクローリングとスクレイピングの分離

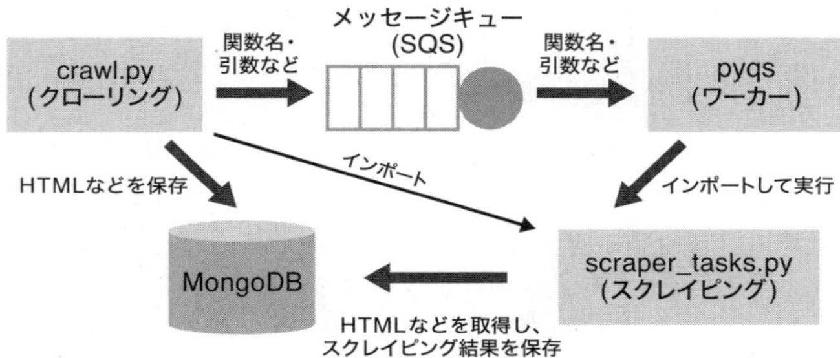

クローリング処理で大きく変わっているのは、main()関数のfor文の中です。scrape_detail_page()関数を呼び出してスクレイピングしていたところが、MongoDBのebook_htmlsコレクションにHTMLやURLなどを格納した上でSQSにタスクを投入するという処理に変わっています。

SQSにタスクを投入する際は、引数としてkeyのみを指定しています。ワーカー側ではこのkeyを使ってMongoDBからHTMLを取得します。タスクの引数としてHTMLを直接渡す方法も考えられますが、このような構成にすると次のメリットがあります。

- SQSのメッセージサイズの制限(256KB)に引っかかる心配をしなくて良い。
- スクレイピングに成功してメッセージを削除した後でも、再度スクレイピングできる。
- キューにタスクを投入した後でHTMLに変更を加えた場合に、ワーカー側から変更後のHTMLを参照できる。

▼ リスト7.10　crawl.py — クローリング処理

```
import time
import re
from typing import Iterator
import logging

import requests
import lxml.html
```

```
from pymongo import MongoClient

from scraper_tasks import scrape


def main():
    """
    クローラーのメインの処理。
    """
    client = MongoClient('localhost', 27017)  # ローカルホストのMongoDBに接続する。
    collection = client.scraping.ebook_htmls  # scrapingデータベースのebook_htmlsコレクションを得る。
    # keyで高速に検索できるように、ユニークなインデックスを作成する。
    collection.create_index('key', unique=True)

    session = requests.Session()
    response = session.get('https://gihyo.jp/dp')  # 一覧ページを取得する。
    urls = scrape_list_page(response)  # 詳細ページのURL一覧を得る。
    for url in urls:
        key = extract_key(url)  # URLからキーを取得する。

        ebook_html = collection.find_one({'key': key})  # MongoDBからkeyに該当するデータを探す。
        if not ebook_html:  # MongoDBに存在しない場合だけ、詳細ページをクロールする。
            time.sleep(1)
            logging.info(f'Fetching {url}')
            response = session.get(url)  # 詳細ページを取得する。

            # HTMLをMongoDBに保存する。
            collection.insert_one({
                'url': url,
                'key': key,
                'html': response.content,
            })
            scrape.delay(key)  # キューにタスクを追加する。


def scrape_list_page(response: requests.Response) -> Iterator[str]:
    """
    一覧ページのResponseから詳細ページのURLを抜き出すジェネレーター関数。
    """
    html = lxml.html.fromstring(response.text)
    html.make_links_absolute(response.url)

    for a in html.cssselect('#listBook > li > a[itemprop="url"]'):
        url = a.get('href')
        yield url


def extract_key(url: str) -> str:
    """
    URLからキー（URLの末尾のISBN）を抜き出す。
```

```
    """
    m = re.search(r'/([^/]+)$', url)  # 最後の/から文字列末尾までを正規表現で取得。
    return m.group(1)

if __name__ == '__main__':
    logging.basicConfig(level=logging.INFO)  # INFOレベル以上のログを出力する。
    main()
```


ワーカーで実行するのは、**リスト7.11**のscrape()関数です。この関数は引数としてkeyを取り、MongoDBのebook_htmlsコレクションからHTMLなどを取得します。そしてHTMLからスクレイピングして得られた電子書籍の情報をebooksコレクションに保存します。

なお、SQSでは明示的にFIFOキューを使用しない限り、同じメッセージを複数回取得してしまう可能性があるので注意が必要です。この対策として、scrape()関数はべき等(何回実行しても結果が変わらない)にしています。

▼ **リスト7.11** scraper_tasks.py ― **スクレイピング処理**

```
import re

from pyqs import task
import lxml.html
from pymongo import MongoClient


@task(queue='ebook')
def scrape(key: str):
    """
    ワーカーで実行するタスク。
    """
    client = MongoClient('localhost', 27017)  # ローカルホストのMongoDBに接続する。
    html_collection = client.scraping.ebook_htmls  # scrapingデータベースのebook_htmlsコレクションを得る。

    ebook_html = html_collection.find_one({'key': key})  # MongoDBからkeyに該当するデータを探す。
    ebook = scrape_detail_page(key, ebook_html['url'], ebook_html['html'])

    ebook_collection = client.scraping.ebooks  # ebooksコレクションを得る。
    # keyで高速に検索できるように、ユニークなインデックスを作成する。
    ebook_collection.create_index('key', unique=True)
    # ebookを保存する。複数回実行してもエラーにならないようupsertを使用する。
    ebook_collection.update_one({'key': key}, {'$set': ebook}, upsert=True)


def scrape_detail_page(key: str, url: str, html: str) -> dict:
    """
    詳細ページのResponseから電子書籍の情報をdictで得る。
    """
```

```
    root = lxml.html.fromstring(html)
    ebook = {
        'url': url,  # URL
        'key': key,  # URLから抜き出したキー
        'title': root.cssselect('#bookTitle')[0].text_content(),  # タイトル
        'price': root.cssselect('.buy')[0].text.strip(),  # 価格
        'content': [normalize_spaces(h3.text_content()) for h3 in root.cssselect('#content > h3')],  # 目次
    }
    return ebook


def normalize_spaces(s: str) -> str:
    """
    連続する空白を1つのスペースに置き換え、前後の空白を削除した新しい文字列を取得する。
    """
    return re.sub(r'\s+', ' ', s).strip()
```

それではこのクローラーを実行してみましょう。あらかじめMongoDBを起動しておきます。scraping.ebooksコレクションが既に存在する場合は、削除しておいたほうが動作がわかりやすいでしょう。

リスト7.10をcrawl.pyという名前で、**リスト7.11**をscraper_tasks.pyという名前で保存し、クローラーを実行します。

```
(scraping) $ python crawl.py
INFO:root:Fetching https://gihyo.jp/dp/ebook/2019/978-4-297-10564-8
INFO:botocore.credentials:Found credentials in shared credentials file: ~/.aws/credentials
INFO:pyqs:Delaying task scraper_tasks.scrape: ('978-4-297-10564-8',), {}
INFO:root:Fetching https://gihyo.jp/dp/ebook/2019/978-4-297-10565-5
INFO:pyqs:Delaying task scraper_tasks.scrape: ('978-4-297-10565-5',), {}
...
```

別のターミナルでワーカーを起動すると次のように表示され、スクレイピング処理が行われます。

```
(scraping) $ pyqs ebook --loglevel INFO
...
[INFO]: Successfully got 1 messages from SQS queue https://ap-northeast-1.queue.amazonaws.com/***** ⏎
**/ebook
[INFO]: Successfully got 1 messages from SQS queue https://ap-northeast-1.queue.amazonaws.com/***** ⏎
**/ebook
[INFO]: Successfully got 1 messages from SQS queue https://ap-northeast-1.queue.amazonaws.com/***** ⏎
**/ebook
[INFO]: Successfully got 2 messages from SQS queue https://ap-northeast-1.queue.amazonaws.com/***** ⏎
**/ebook
[INFO]: Processed task scraper_tasks.scrape in 0.0245 seconds with args: ['978-4-297-10416-0'] an ⏎
d kwargs: {}
[INFO]: Processed task scraper_tasks.scrape in 0.0102 seconds with args: ['978-4-297-10288-3'] an ⏎
```

```
d kwargs: {}
[INFO]: Processed task scraper_tasks.scrape in 0.0088 seconds with args: ['978-4-297-10565-5'] an ⏎
d kwargs: {}
...
```

MongoDBでebooksコレクションの中身を確認すると、正しくスクレイピングできていることがわかるでしょう。クローラーの実行中にワーカーを停止させてもクロール処理は問題なく継続します。再度ワーカーを起動するとキューに溜まっていたタスクが順次処理されます。元のクローラーに比べて、クローリング処理とスクレイピング処理を分割して見通しが良くなりました。

pyqs起動時に-cオプションで起動するワーカー数を指定できます。今回のクローラーではクローリング処理のほうが時間がかかるのであまり効果はありませんが、不特定多数のサイトをクロールする場合など、スクレイピングに時間がかかるときはワーカー数を増やすと並行に処理して高速化できます。

column　Scrapyからメッセージキューにタスクを投入する

Scrapyを使用している場合でも、クローリング処理とスクレイピング処理を分離する方法は有効です。クローリング処理はScrapyのSpiderで行い、スクレイピング処理はワーカーで行うのです。

まず、Spiderでは**リスト7.12**のようにして、ItemにHTMLをそのまま格納します。response.textでstr型のHTMLを取得できます。

▼ リスト7.12　SpiderではItemにHTMLを格納する

```
class MySpider(scrapy.Spider):
    # ...

    def parse(self, response):
        yield MyItem(
            url=response.url,
            key=extract_key(response.url),
            html=response.text)
```

Spiderで抽出したItemをPipelineで処理するようプロジェクトのsettings.pyで設定します。次のように、MongoPipeline（**6.4.3**参照）でMongoDBに保存した後に、EnqueuePipelineでキューにタスクを追加するという流れにします。

```
ITEM_PIPELINES = {
    'myproject.pipelines.MongoPipeline': 800,
    'myproject.pipelines.EnqueuePipeline': 900,
}
```

EnqueuePipelineは**リスト7.13**のようになります。

▼ リスト7.13　キューにタスクを投入するPipeline

```
from scraper_tasks import scrape


class EnqueuePipeline:
    """
    キューにタスクを投入するPipeline。
    """

    def process_item(self, item, spider):
        """
        キーを引数として、キューにタスクを投入する。
        """
        scrape.delay(item['key'])
        return item
```

このように設定した上で別途ワーカーを起動しておき、Spiderを実行すると、スクレイピング処理をワーカー側で行えます。

なお、ItemにHTMLを格納するとSpider実行時にログにHTML全体が表示され、読みにくくなりがちです。Itemの`__repr__()`メソッドを定義してHTMLを含むフィールドの表示を省略すると、ログが読みやすくなります。**6.7.2**で作成した`Page`クラスの処理を参照してください。

7.3.3　メッセージキューの運用

メッセージキューを運用するにあたって必要な、ワーカーのサービス化とエラー処理について解説します。

● ワーカーのサービス化

サーバー上でPyQSのワーカーを動作させる場合、常に起動させておくことになります。このような場合、ワーカーをsystemdのサービスとして起動するのが手軽です。

7.2.1と同様に、**リスト7.14**のシェルスクリプトを作成します。

▼ リスト7.14　run_worker.sh — PyQSのワーカーを実行するシェルスクリプト

```
#!/bin/bash

# このシェルスクリプトがあるディレクトリに移動する。
cd $(dirname $0)

# 仮想環境を有効にする。
. scraping/bin/activate
```

```
# PyQSのワーカーを実行する。
# .envファイルの環境変数が必要な場合は、forego runをつける。
pyqs ebook --loglevel INFO
```

これを次のディレクトリ構造になるようrun_worker.shという名前で保存します。

```
home/
└── ubuntu/
    └── crawler/
        ├── scraping/          # 仮想環境
        ├── scraper_tasks.py   # スクレイピングのためのPythonのスクリプト
        └── run_worker.sh      # サービスから呼び出すシェルスクリプト
```

次のコマンドでスクリプトを実行可能にします。

```
$ chmod +x run_worker.sh
```

リスト7.15の内容を/etc/systemd/system/pyqs-worker.serviceに保存します。

▼ リスト7.15　pyqs-worker.service ― PyQSのワーカーを実行するサービス

```
[Unit]
Description=PyQS worker

[Service]
Type=simple
# ワーカーを起動するシェルスクリプトを実行する。
ExecStart=/home/ubuntu/crawler/run_worker.sh
# ubuntuユーザーで実行する。
User=ubuntu

[Install]
WantedBy=multi-user.target
```

設定ファイルを保存したらサービスを起動し、マシンの再起動時にも自動で起動するよう有効化します。

```
$ sudo systemctl start pyqs-worker
$ sudo systemctl enable pyqs-worker
```

次のコマンドでサービスの状態を確認できます。

```
$ sudo systemctl status pyqs-worker
```

サービスのログを見るには次のコマンドを実行します。

```
$ sudo journalctl -u pyqs-worker
```

● エラー処理

スクレイピング処理ではしばしばエラーが起きるので、エラーの処理も大切です。PyQSでは、タスクの処理中に例外が発生した場合、キューからタスクを取り除かずそのままにします。すると、タスクの処理が始まってからSQSの可視性タイムアウト*21の時間（デフォルトは30秒）が過ぎると、再びタスクがキューに現れて再実行されます。再実行しても例外が発生する場合は、メッセージ保持期間（デフォルトは4日）が過ぎるまで何度もリトライすることになります。

エラーを検知するには、デッドレターキューという機能を使います。SQSでは、あるキューのデッドレターキューとして他のキューを設定すると、一定回数以上処理に失敗したメッセージを他のキューに移動できます。例えば、dead-letterという名前のキューを作成し、キューebookの設定で**図7.26**のように設定します。この設定だと、2回例外が発生した場合にメッセージがキューdead-letterに移動されます。

▼ 図7.26　デッドレターキューの設定

デッドレターキュー設定		
再処理ポリシーの使用	☑	
デッドレターキュー	dead-letter	値は既存のキュー名である必要があります。
最大受信数	2	値は 1 ~ 1000 の間である必要があります。

AWSにおけるモニタリングのためのサービスであるCloudWatchを使い、デッドレターキューとして設定したキューにメッセージがある場合に通知すれば、エラーに気づけるでしょう。具体的にはCloudWatchの管理画面からアラームを作成し、次の手順で選択できるメトリクスの値が1以上の場合に、指定したメールアドレスに通知を送信するよう設定します。

1.「メトリクスの選択」をクリック
2.「SQS」を選択
3.「キューメトリクス」を選択
4.QueueNameがdead-letterで、メトリクス名がApproximateNumberOfMessagesVisibleの行をチェック

このように設定すると、デッドレターキューにメッセージが移動したときにメールで通知が届きます。

*21　可視性タイムアウトはSQSを扱う上での重要な概念です。詳しくはSQSのドキュメント（https://docs.aws.amazon.com/ja_jp/AWSSimpleQueueService/latest/SQSDeveloperGuide/sqs-visibility-timeout.html）を参照してください。

SQSの管理画面で、キューdead-letter内のメッセージを表示したり、削除したりできます。

7.4 クローリングの高速化・非同期化

クローリング処理を高速化するための手法を解説します。ページのダウンロード自体を速くするのは難しいので、並行して実行できる部分を並行処理することで、全体としての高速化を目指します。

高速化するためには、並行して実行したい処理がCPUバウンドの処理であるかI/Oバウンドの処理であるかを見極めるのが大切です。CPUバウンドの処理とは、数値計算のようにCPUで計算を行う時間が多くを占めている処理で、I/Oバウンドの処理とはディスクからの読み込みや通信のようなI/O（入出力）の時間が多くを占めている処理です。クローラーでよくある処理は次のように分類できます

- Webページの取得：I/Oバウンド
- Webページからのスクレイピング：CPUバウンド
- ファイルやデータベースの読み書き：I/Oバウンド

一口に並行処理と言ってもいくつか方法があります。ここでは次の2つを解説します。

- マルチプロセス：同時に複数のプロセスを使う*22
- 非同期I/O：1つのプロセスで同時に複数のI/Oを行う

それぞれ、**表7.4**のメリット・デメリットがあります。

▼ **表7.4 マルチプロセスと非同期I/Oのメリット・デメリット**

	メリット	デメリット
マルチプロセス	CPUコアが複数あれば、CPUバウンドの処理もI/Oバウンドの処理も高速化が期待できる	細かい単位での処理の分割やプロセス間での状態の共有が不得意
非同期I/O	I/Oバウンドの処理ならコアが1つでも高速化が期待できる	CPUバウンドの処理は高速化できない

なお、**第6章**で紹介したScrapyは非同期I/OフレームワークのTwistedをベースにしているため、ユーザーが意識しなくても非同期I/Oの恩恵を受けて高速にクロールできます。設定のチューニングは、**6.5.3**を参照してください。

並行処理できるからと言って、1つのWebサイトに対して10や20も同時にアクセスしては相手側の迷惑になってしまいます。複数のWebサイトを対象にクロールするときに使うべきでしょう。

*22 マルチスレッドを使うこともできますが、PythonではGlobal Interpreter Lock（GIL）というロック機構により、マルチプロセスに比べて速度改善の効果が出にくいため本書では扱いません。

7.4.1 マルチプロセス化

Pythonで並行処理をするために手軽に使えるのが、マルチプロセス化です。標準ライブラリにマルチプロセスを管理するためのmultiprocessingモジュールがあり、それをラップした高レベルのAPIとしてconcurrent.futuresモジュールも用意されています。単に並行処理を行いたいだけでプロセスの細かい制御が不要な場合は、concurrent.futuresモジュールのProcessPoolExecutorクラスが便利です。このクラスを使うと、指定した数のプロセスをプールとして用意しておき、空いたプロセスに順次処理を割り当てて実行できます。

● マルチプロセスでのクローリング

リスト7.16は、はてなブックマークの人気エントリーのRSSからURLを取得し、個々のページをマルチプロセスでクロールするスクリプトです。

fetch_and_scrape()関数はRequestsやBeautiful Soupを使った普通の関数ですが、これがmain()関数とは別のプロセスで並行処理されます。fetch_and_scrape()関数で一番時間がかかるのはWebページを取得する処理なので、I/Oバウンドの処理と言えます。

ProcessPoolExecutorは指定した数（ここでは3つ）のプロセスで、与えられた関数を順次並行処理していくためのクラスです。executor.submit()メソッドで個々のURLを引数としてfetch_and_scrape()関数の実行をスケジューリングします。このメソッドは処理をスケジューリングするだけなので、fetch_and_scrape()関数の終了を待つことなく、直ちにFutureオブジェクトを返します。スケジューリングされた関数は、3つのプロセスで順次実行されます。

すべてのURLをスケジューリングし終えたら、あとは結果を待つだけです。future.result()メソッドはfetch_and_scrape()関数の実行が完了するまで待ち、その戻り値を返します。

▼ リスト7.16　crawl_with_multi_process.py ― マルチプロセスでクロールするスクリプト

```
import concurrent.futures
import logging

import feedparser
import requests
from bs4 import BeautifulSoup


def main():
    # 人気エントリーのRSSからURLのリストを取得する。
    d = feedparser.parse('http://b.hatena.ne.jp/hotentry.rss')
    urls = [entry.link for entry in d.entries]
    logging.info(f'Extracted {len(urls)} URLs')
```

```
    # 最大3プロセスで並行処理するためのExecutorオブジェクトを作成。
    executer = concurrent.futures.ProcessPoolExecutor(max_workers=3)
    futures = []  # Futureオブジェクトを格納しておくためのリスト。
    for url in urls:
        # 関数の実行をスケジューリングし、Futureオブジェクトを得る。
        # submit()の第2引数以降はfetch_and_scrape()関数の引数として渡される。
        future = executer.submit(fetch_and_scrape, url)
        futures.append(future)

    # Futureオブジェクトを完了したものから取得する。
    for future in concurrent.futures.as_completed(futures):
        print(future.result())  # Futureオブジェクトから結果（関数の戻り値）を取得して表示する。


def fetch_and_scrape(url: str) -> dict:
    """
    引数で指定したURLのページを取得して、URLとタイトルを含むdictを返す。
    """
    logging.info(f'Start downloading {url}')

    response = requests.get(url)
    soup = BeautifulSoup(response.content, 'lxml')
    return {
        'url': url,
        'title': soup.title.text.strip(),
    }

if __name__ == '__main__':
    # INFOレベル以上のログを出力し、ログにプロセスIDを含める。
    logging.basicConfig(level=logging.INFO, format='[%(process)d] %(message)s')
    main()
```

リスト7.16をcrawl_with_multi_process.pyという名前で保存して実行します。実行すると次のように表示され、複数プロセスで並行処理されていることがわかります。[]内の数値はプロセスIDです。筆者の環境で試したときには、1プロセスで実行すると13秒程度かかっていたのが、3プロセスで実行することで4秒程度で完了するようになりました。

```
(scraping) $ python crawl_with_multi_thread.py
[78922] Extracted 30 URLs
[78923] Start downloading https://dailyportalz.jp/dpq/affiliate-dayo-2019-03
[78925] Start downloading https://www3.nhk.or.jp/news/html/20190303/k10011834231000.html
[78924] Start downloading https://headlines.yahoo.co.jp/hl?a=20190302-00000000-jct-soci
[78923] Start downloading https://anond.hatelabo.jp/20190302004438
{'url': 'https://dailyportalz.jp/dpq/affiliate-dayo-2019-03', 'title': '調味料リンク〜これをかけるだけ ↵
でうまい :: デイリーポータルZ'}
[78925] Start downloading https://www3.nhk.or.jp/news/html/20190302/k10011834211000.html
{'url': 'https://www3.nhk.or.jp/news/html/20190303/k10011834231000.html', 'title': '外国人技能実習 ↵
```

```
生 幅広い作業可能に見直し検討 厚労省 | NHKニュース'}
[78924] Start downloading http://karapaia.com/archives/52271654.html
...
```

7.4.2 非同期I/Oを使った効率的なクローリング

非同期I/Oを使うと単一プロセスで複数のI/Oを同時に処理できるため、効率よく実行できます。標準モジュールのasyncioが非同期I/Oの機能を提供しています。asyncioの上で動作するaiohttpというライブラリを使って、非同期にクロールする方法を解説します。

● asyncioとは

asyncioではコルーチンと呼ばれる軽量プロセスを使って非同期処理を実現します。コルーチンはプロセスやスレッドよりも生成コストが小さいため、多くのコルーチンを生成しても問題ありません。I/Oバウンドの処理を小さな単位で非同期に実行し、全体として効率よく処理できます。

Node.jsやWebサーバーのnginxなど非同期I/Oを活用したソフトウェアの性能の高さは広く認識されています。PythonにもScrapyがベースにしているTwistedを始めとして、WebサーバーのTornado、geventなど様々な非同期I/Oフレームワークがあります。しかし、これらのフレームワーク同士は互換性がなく、コールバック関数の多用でコードの可読性が低いなど問題がありました。

そこで、非同期I/Oを標準化するためにasyncioが導入されました。さらにPython 3.5から非同期I/Oのためのasync/await構文が追加され、よりわかりやすいコードを書けるようになっています。

● asyncioの使い方

簡単なサンプルを通してasyncioの使い方とasync/await構文を解説します。**リスト7.17**は、非同期で3つのジョブを同時に実行するスクリプトです。これを実行します。

▼ リスト7.17 slow_jobs_async.py ― asyncioを使って時間のかかる処理を非同期的に実行する

```
import asyncio
import logging


def main():
    # 3つのコルーチンを作成。コルーチンはこの時点では実行されない。
    coroutines = [slow_job(1), slow_job(2), slow_job(3)]
    # イベントループで3つのコルーチンを並行実行し、3つとも終了するまで待つ。
    asyncio.run(asyncio.wait(coroutines))


async def slow_job(n: int):
    """
```

```
    引数で指定した秒数だけ時間のかかる処理を非同期で行うコルーチン。
    asyncio.sleep()を使って擬似的に時間がかかるようにしている。
    """
    logging.info(f'Job {n} will take {n} seconds')
    await asyncio.sleep(n)  # n秒sleepする処理が終わるまで待つ。
    logging.info(f'Job {n} finished')

if __name__ == '__main__':
    # INFOレベル以上のログを出力し、ログに時刻を含める。
    logging.basicConfig(level=logging.INFO, format='[%(asctime)s] %(message)s')
    main()
```



```
(scraping) $ python slow_jobs_async.py
[2019-03-05 20:47:14,409] Job 2 will take 2 seconds
[2019-03-05 20:47:14,409] Job 3 will take 3 seconds
[2019-03-05 20:47:14,409] Job 1 will take 1 seconds
[2019-03-05 20:47:15,412] Job 1 finished
[2019-03-05 20:47:16,412] Job 2 finished
[2019-03-05 20:47:17,412] Job 3 finished
```

3つのジョブはすぐに実行開始されますが、終わるタイミングはそれぞれ1秒後、2秒後、3秒後です。非同期I/Oを待つ時間（sleepしている時間）は別の処理を実行できるので、全体としては3秒で終了します。

同様の処理を非同期I/Oを使わずに同期的に書いたのが**リスト7.18**です。これを実行します。

▼ **リスト**7.18　slow_jobs_sync.py ― **時間のかかる処理を同期的に実行する**

```
import time
import logging


def main():
    slow_job(1)
    slow_job(2)
    slow_job(3)


def slow_job(n):
    """
    引数で指定した秒数だけ時間のかかる処理を行う関数。
    time.sleep()を使って擬似的に時間がかかるようにしている。
    """
    logging.info(f'Job {n} will take {n} seconds')
    time.sleep(n)  # n秒待つ。
    logging.info(f'Job {n} finished')

if __name__ == '__main__':
```

```
    # INFOレベル以上のログを出力し、ログに時刻を含める。
    logging.basicConfig(level=logging.INFO, format='[%(asctime)s] %(message)s')
    main()
```

```
(scraping) $ python slow_jobs_sync.py
[2019-03-05 20:49:40,614] Job 1 will take 1 seconds
[2019-03-05 20:49:41,618] Job 1 finished
[2019-03-05 20:49:41,619] Job 2 will take 2 seconds
[2019-03-05 20:49:43,621] Job 2 finished
[2019-03-05 20:49:43,621] Job 3 will take 3 seconds
[2019-03-05 20:49:46,624] Job 3 finished
```


3つのジョブは順番に実行され、sleepしている時間は他の処理を実行できないので、全体としては1+2+3=6秒かかります。つまりこの例では、非同期I/Oを活用したほうが2倍高速であると言えます。非同期I/Oのポイントは、I/O処理待ちというCPUが使われていない時間に他の処理を行うことで、全体として効率よく処理できるという点です。

それでは**リスト7.17**のコードを詳しく見ていきましょう。**async def文**はコルーチン関数を宣言します。**コルーチン関数**とは、呼び出したときに中身がすぐには実行されず、コルーチンオブジェクトが得られる特殊な関数です。**コルーチンオブジェクト**は何らかの処理(典型的にはコルーチン関数の中身)を表し、実行するとしばらくして結果が得られるオブジェクトです。以降では厳密な区別が必要な場合を除き、コルーチン関数とコルーチンオブジェクトを総称して**コルーチン**と呼びます。

コルーチンオブジェクトを実行するには、イベントループに登録する必要があります。**イベントループ**はコルーチンが実際に実行される場所です。`asyncio.run()`は新しいイベントループを作成し、引数のコルーチンをイベントループ上で実行し、イベントループを閉じます。`asyncio.wait()`は引数で指定した複数のコルーチンを並行実行し、すべて終わるまで待つ新しいコルーチンを返します。

コルーチン`slow_job()`内では、`await asyncio.sleep(n)`として`n`秒待っています。`asyncio.sleep()`は`time.sleep()`の非同期版です。**await文**はコルーチン内で指定した別のコルーチンを実行し、そのコルーチンの処理が完了するまでイベントループに処理を戻します。実行したコルーチンの処理が完了すると、await文はコルーチンの結果を返し、元のコルーチンの処理を再開します。await文はasync def文で定義したコルーチン内にしか記述できません。

実行の様子を図で表すと**図7.27**のようになります。この図で下向きの矢印がイベントループを表します。コルーチンの処理はあくまで1スレッドのイベントループ上で順次実行されるという点が重要です。時間のかかる非同期I/O(ここでは`asyncio.sleep()`)の完了を待っている間に他のコルーチンの処理を実行できるので、全体として複数の処理を効率よく実行できます。

▼ 図7.27　slow_jobs_async.pyの実行イメージ

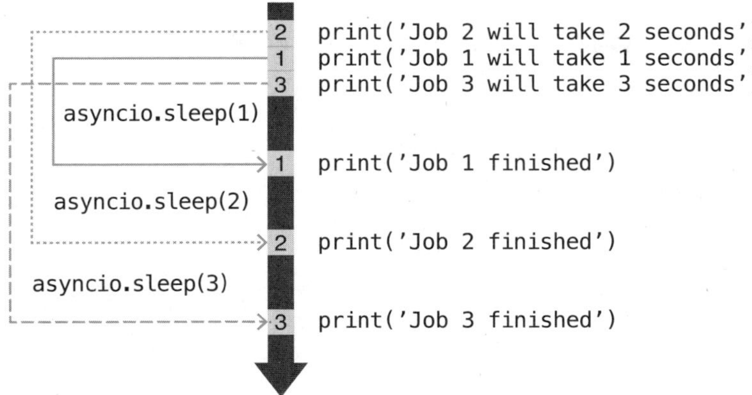

column　Python 3.6以前でコルーチンを実行する

`asyncio.run()`はPython 3.7で新しく導入された関数です。Python 3.6以前では、`asyncio.run(coroutine)`を次のように置き換えられます。

```
loop = asyncio.get_event_loop()  # イベントループを取得する。
loop.run_until_complete(coroutine)  # イベントループで引数のコルーチンを実行し、終わるまでブロックする。
loop.close()  # イベントループを閉じる。本書の使い方のように直後にスクリプトが終了する場合は呼ばなくても良い。
```

● asyncioを使ったクローリング

asyncioは非同期I/Oの基盤となる機能を提供するライブラリであり、Webページを取得する機能は含まれていません。そこでasyncioをベースにしたHTTPクライアント／サーバーを提供するライブラリのaiohttp*23を使用します。

```
(scraping) $ pip install aiohttp
```

aiohttpは非同期I/Oを使っていることを除けば、Requestsと似たようなAPIを提供しています。aiohttpを使ってはてなブックマークの人気エントリーのURLを非同期にクロールするスクリプトが**リスト7.19**です。

*23　https://pypi.org/project/aiohttp/ 本書ではバージョン3.5.4を使用します。

単純に実装すると全リクエストが同時に実行されてしまうので、引数を指定したTCPConnectorオブジェクトを明示的に作成しています。**async with文**はwith文の非同期版で、最初の値の取得と後処理を非同期で行います。最初の値の取得と後処理をawaitをつけて実行していると考えるとわかりやすいでしょう。

▼ リスト7.19　crawl_with_aiohttp.py ― aiohttpを使って非同期にクロールする

```
import asyncio
import logging

import aiohttp
import feedparser
from bs4 import BeautifulSoup


async def main():
    """
    メインとなる処理のコルーチン。はてなブックマークの人気エントリーを非同期でクロールする。
    """
    # 人気エントリーのRSSからURLのリストを取得する。
    d = feedparser.parse('http://b.hatena.ne.jp/hotentry.rss')
    urls = [entry.link for entry in d.entries]
    # 同時リクエスト数を全体で5に、ホスト単位で1に制限するTCPConnectorオブジェクトを作成。
    connector = aiohttp.TCPConnector(limit=5, limit_per_host=1)
    # セッションオブジェクトを作成。
    async with aiohttp.ClientSession(connector=connector) as session:
        # URLのリストに対応するコルーチンのリストを作成。
        coroutines = []
        for url in urls:
            coroutine = fetch_and_scrape(session, url)
            coroutines.append(coroutine)

        # コルーチンを並行実行し、完了した順に返す。
        for coroutine in asyncio.as_completed(coroutines):
            print(await coroutine)  # コルーチンの結果を表示する。


async def fetch_and_scrape(session: aiohttp.ClientSession, url: str) -> dict:
    """
    引数で指定したURLのページを取得して、URLとタイトルを含むdictを返すコルーチン。
    """
    logging.info(f'Request queued {url}')
    # 非同期にリクエストを送り、レスポンスヘッダを取得する。
    async with session.get(url) as response:
        # レスポンスボディを非同期に取得してパースする。
        soup = BeautifulSoup(await response.read(), 'lxml')
        return {
            'url': url,
```

```
            'title': soup.title.text.strip(),
        }

if __name__ == '__main__':
    logging.basicConfig(level=logging.INFO)  # INFOレベル以上のログを出力する。
    asyncio.run(main())
```

リスト7.19をcrawl_with_aiohttp.pyという名前で保存して実行します。実行すると次のように表示され、非同期にクロールできていることがわかります。


```
(scraping) $ python crawl_with_aiohttp.py
INFO:root:Request queued https://logmi.jp/business/articles/320847
INFO:root:Request queued https://twitter.com/hibitti/status/1101505446010019840
INFO:root:Request queued http://karapaia.com/archives/52271654.html
...
{'url': 'http://karapaia.com/archives/52271654.html', 'title': '知的障害を持った青年が冤罪で死刑と ↵
なり「世界一幸せな(楽しそうな)死刑囚」と呼ばれるまでの物語(アメリカ)※追記あり : カラパイア'}
{'url': 'https://www3.nhk.or.jp/news/html/20190303/k10011834231000.html', 'title': '外国人技能実習 ↵
生 幅広い作業可能に見直し検討 厚労省 | NHKニュース'}
{'url': 'https://logmi.jp/business/articles/320847', 'title': 'シンギュラリティは来ないし、完全自動運 ↵
転も実現しない\u3000人工知能ブームの先にある豊かな未来のかたち\n - ログミー[o_O]'}
...
```

ここでは同時リクエスト数を5に制限しているので、マルチプロセスによるダウンロード処理との違いが感じられないかもしれません。しかし、同時リクエスト数が増えるにつれて違いが明確になっていきます。プロセス数が増えると必要なメモリも増えていきますが、非同期I/Oを使うと1つのプロセスだけで効率よく処理できます。ただし本来これらは対立する概念ではなく、非同期I/Oを使う処理をマルチプロセスで実行すれば、より多くの処理を同時に実行できます。

column 複数のマシンによる分散クローリング

ここまで解説した高速化の手法はすべて1台のマシンだけを使うものでした。1台のマシンで十分な性能が得られない場合、複数のマシンを使います。クラウド環境であれば複数のマシンを簡単に用意できます。

複数のマシンによる分散クローリングの実現方法は、大きく2つに分けられます。

- リクエスト対象のホストによってマシンを分割する
- メッセージキューを使って複数のマシンを連携させる

前者の方法は、特に同時実行制御を行わず、それぞれのマシンが完全に別のホストを対象にクロールします。それぞれのマシンでのクロール方法は、1台のマシンでクロールするときと変わりません。リクエスト対象のホストを複数のマシンに均等に分割できない場合や、リンクをたどった結果としてそれぞれのマシンが同じサイトをクロールしてしまう可能性がある場合には、この方法は向きません。このような場合は、後者のメッセージキューによって複数のマシンを連携させる方法が良いでしょう。

後者の方法では、クロール時にページから抽出したリンクをメッセージキューに追加し、次にクロールするリンクをメッセージキューから取得します。1つのキューに複数のマシンから接続すれば、複数のマシンに処理を分散できます。**7.3**では、クローリング処理とスクレイピング処理をメッセージキューによって分離する方法を解説しましたが、クローリング処理にもメッセージキューを使う形です。

このように複数のマシンで分散処理する場合、マシンの数が増えるに従ってキューの負荷は高まります。また、クロール済みのURLを保持したり、スクレイピング結果を保存するためのデータベースも高い性能が要求されます。Amazon SQSはスケーラブルなキューサービスですが、分散key-valueストアのDynamoDBも助けになるでしょう。クローラーを自作することにあまりこだわらず、Apache Nutch[*a]のような分散クローリング専用のソフトウェアを使うことを検討しても良いでしょう。

*a　https://nutch.apache.org/

7.5 クラウドを活用する

本章では、サーバーの環境としてAmazon EC2を、メッセージキューとしてAmazon SQSを使ってきました。マネジメントコンソールに表示されているように、AWSには他にも様々なサービスが存在します。本節では改めてクラウドを使うメリットを解説し、さらなる活用としてクラウドストレージサービス(Amazon S3)とサーバーレス実行環境(AWS Lambda)の使い方を紹介します。本書ではAWSのサービスを紹介しますが、他社のクラウドサービスでも概ね同等のサービスが提供されています。

7.5.1 クラウドを使うメリット

クラウドを使うことで、次のようなメリットがあります。

- リソースを簡単に調達でき、増減させやすい
- クラウド事業者に運用を任せられる
- クラウドのサービスをAPIで操作できる

必要なときに必要な量のサーバーをすぐに用意できます。一時的に複数のサーバーを用意して、処理が終わったら削除するのも簡単です。従量課金なので、料金も使った分だけの支払いです。

運用の多くをクラウド事業者に任せられるのもメリットです。例えばEC2では仮想サーバーが動作するハードウェアについて気にする必要はありません。EC2以外でも、次のようなマネージドサービスと呼ばれるサービスを使うと、運用の大部分をクラウド事業者に任せられます。例えばAmazon RDSはデータベースが稼働するOSを管理することなくデータベースだけを使用できます。

- リレーショナルデータベース（Amazon RDS）
- key-valueストア（Amazon DynamoDB）
- メモリキャッシュ（Amazon ElastiCache）
- メール送信（Amazon SES）

マネージドサービスは制約もあるものの、運用に多くの人的リソースを割けないような組織・チームでは特に効果的です。一方でマネージドサービスに依存し過ぎると、他のサービスを使いたくても乗り換えにくくなってしまうので、使いどころはよく考える必要があります。

クラウドのサービスはAPIを使ってコードから制御できるので、自動化も容易です。各種のサービスをプログラムの部品として組み合わせることができます。AWSでは、コマンドラインから使うCLIに加えて、Pythonを含む各種プログラミング言語から使えるSDKが提供されています。

クローリングという作業に注目すると、上記のメリットに加えて、異なるIPアドレスのサーバーを利用しやすいというメリットもあります。Webサイトによってはアクセスした国や地域によって異なるコンテンツを返すものがあります。全世界にデータセンターを持つクラウドサービスを使うと、手軽に海外のサーバーを使ってクロールできます。

一方で、IPアドレスはサーバーを立ち上げる度に割り振られるので、そのIPアドレスが運悪く相手のサーバーからBANされている（アクセスが拒否されている）可能性もあります。そのような場合は、サーバーを再起動してIPアドレスを変更しましょう。

7.5.2 クラウドストレージを使う

Amazon S3（Simple Storage Service）を使うと、クラウド上のストレージにファイルを保存できます。ファイルは地理的に分散した複数のデータセンターに複製されるため、データ消失の可能性を限りなく減らせます。S3上のファイルは、通常のファイルシステムのようにマウントするのではなく、API経由で読み書きします。クロールしたHTMLファイルや画像ファイルなどを格納しておくのに便利です。

● S3の使い方

S3では、**バケット**という入れ物を作り、その中にファイルに相当する**オブジェクト**を格納します。S3の管理画面で「バケットを作成する」ボタンをクリックして表示されるダイアログでバケット名とリージョンを指定し、左下の「作成」ボタンをクリックして作成します（**図7.28**）。バケット名は全世界でユニークな名前をつける必要があります。リージョンはEC2のリージョンと必ずしも同じである必要はありませんが、同じリージョンのほうが転送料金は安く済みます。

▼ 図7.28　S3でバケットを作成する

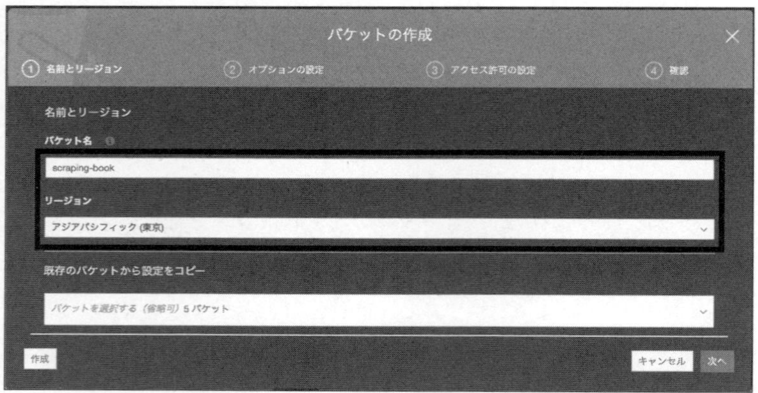

バケットを作成したら、管理画面からファイルをアップロードしたり、フォルダを作成したりできます。

ここではPythonのインタラクティブシェルからAWSのSDKを使用します。Python向けのSDKはBoto3*24という名前のライブラリです。**7.3.1**の手順でAWS CLIをインストールしたときに依存関係としてインストールされます。`aws configure`の手順も実施済みであるものとします。

```
(scraping) $ python
>>> import boto3
>>> s3 = boto3.resource('s3')
>>> list(s3.buckets.all())  # バケットを一覧する。
[..., s3.Bucket(name='scraping-book'), ...]
# Bucketオブジェクトを作成する。バケット名は自分で作成したものに置き換えてください。
>>> bucket = s3.Bucket('scraping-book')
# アップロードしたいファイルをバイナリ形式で開く。
>>> f = open('requirements.txt', 'rb')
# ファイルの中身をS3にアップロードする。Keyにはファイル名を、
# Bodyにはファイルオブジェクトまたはbytesオブジェクトを指定する。
>>> bucket.put_object(Key='requirements.txt', Body=f)
s3.Object(bucket_name='scraping-book', key='requirements.txt')
>>> list(bucket.objects.all())  # バケット内のオブジェクトを一覧する。
[s3.ObjectSummary(bucket_name='scraping-book', key='requirements.txt')]
```

● 画像をS3に保存するクローラー

Wikimedia Commons*25から画像ファイルをダウンロードしてS3に保存するスクリプトは**リスト7.20**のようになります。これを`crawl_images.py`という名前で保存して実行します。実行すると次のように

---

*24　https://pypi.org/project/boto3/ 本書ではバージョン1.9.108を使用します。

*25　https://commons.wikimedia.org/wiki/Main_Page

表示され、ダウンロードした画像ファイルがS3に保存されます。

```
(scraping) python crawl_images.py
INFO:botocore.credentials:Found credentials in shared credentials file: ~/.aws/credentials
INFO:root:Downloading https://upload.wikimedia.org/wikipedia/commons/0/02/Aosta_Kathedrale_-_Blic ↵
k_zum_Mont_Blanc.jpg
INFO:root:Putting Aosta_Kathedrale_-_Blick_zum_Mont_Blanc.jpg
INFO:root:Downloading https://upload.wikimedia.org/wikipedia/commons/c/ca/Chardonnet_Argentiere.jpg
INFO:root:Putting Chardonnet_Argentiere.jpg
...
```


▼ リスト7.20 crawl_images.py — Wikimedia Commonsから画像ファイルをダウンロードしてS3に保存する

```
import time
import logging
from typing import Iterator

import requests
import lxml.html
import boto3

# S3のバケット名。自分で作成したバケットに置き換えてください。
S3_BUCKET_NAME = 'scraping-book'


def main():
    # S3のBucketオブジェクトを取得する。
    s3 = boto3.resource('s3')
    bucket = s3.Bucket(S3_BUCKET_NAME)

    # Wikimedia Commonsのページから画像のURLを抽出する。
    session = requests.Session()
    response = session.get('https://commons.wikimedia.org/wiki/Category:Mountain_glaciers')
    image_urls = scrape_image_urls(response)

    for image_url in image_urls:
        time.sleep(2)  # 2秒のウェイトを入れる。

        # 画像ファイルをダウンロードする。
        logging.info(f'Downloading {image_url}')
        response = session.get(image_url)

        # URLからファイル名（'/'で区切った一番右側の部分）を取得する。
        _, filename = image_url.rsplit('/', maxsplit=1)

        # ダウンロードしたファイルをS3に保存する。
        logging.info(f'Putting {filename}')
        bucket.put_object(Key=filename, Body=response.content)
```

```
def scrape_image_urls(response: requests.Response) -> Iterator[str]:
    """
    引数のレスポンスのページから、サムネイル画像の元画像のURLをyieldする。
    """
    html = lxml.html.fromstring(response.text)
    for img in html.cssselect('.thumb img'):
        thumbnail_url = img.get('src')
        yield get_original_url(thumbnail_url)


def get_original_url(thumbnail_url: str) -> str:
    """
    サムネイルのURLから元画像のURLを取得する。
    """
    # 一番最後の/で区切り、ディレクトリに相当する部分のURLを得る。
    directory_url, _ = thumbnail_url.rsplit('/', maxsplit=1)
    # /thumb/を/に置き換えて元画像のURLを得る。
    original_url = directory_url.replace('/thumb/', '/')
    return original_url

if __name__ == '__main__':
    logging.basicConfig(level=logging.INFO)
    main()
```

7.5.3 サーバーレスなクローラー

近年**サーバーレス**と呼ばれる、クラウド環境でサーバーを意識せずに使えるアプリケーション実行環境が注目を集めています。サーバーレスには次のメリットがあります。

- サーバー管理の手間を省ける
- 純粋なアプリケーション実行時間のみが課金対象になる
- スケールしやすい

例えばEC2上で毎日1回実行するクローラーが1時間で完了する場合でも、24時間インスタンスを起動し続けていると、クローラーを実行していない時間も課金対象になります。後述のAWS Lambdaを使って、指定時刻にインスタンスを起動・停止すれば節約できますが、サーバー管理は必要です。ここでは、費用を節約しつつサーバー管理も不要な構成として、AWS LambdaとAWS Fargateを使ったサーバーレスなクローラーを紹介します。具体的なコードを説明すると長くなるので、大まかなアーキテクチャーのみを解説します。

AWS Lambda*26（以下Lambda）はサーバーレスなコード実行基盤です。Pythonを含む様々なプログ

*26 https://aws.amazon.com/jp/lambda/

ラミング言語でハンドラー（Pythonでは関数）を記述し、イベントをトリガーにしてハンドラーを実行できます。イベントは、CloudWatchのスケジュール、SQSのメッセージ、S3へのファイル保存、API GatewayへのHTTPリクエストなど多岐にわたります。100ms単位の実行時間に応じた課金で、コードを実行していないときは料金が発生しません。Lambdaには実行時間が15分までという制約があり、長く実行するタスクには向きません。また、実行環境に追加のソフトウェアをインストールできないため、C拡張ライブラリを使うには手間がかかる場合もあります。

AWS Fargate*27（以下Fargate）はサーバー管理が不要なコンテナー実行基盤です。コンテナーを使って、Lambdaよりも自由な実行環境でアプリケーションを実行できます。実行時間の制限もないので、バッチ処理に向いています。Lambdaと同様に（コンテナーの）実行時間のみが課金対象となります。

7.3では、クローリングとスクレイピングを分離する方法を説明しました。似たような形で、クローリングをFargateで、スクレイピングをLambdaで行います。クローリングして得られたHTMLをS3に保存し、そのイベントをトリガーにしてLambdaでスクレイピングします（**図7.29**）。筆者のブログ記事*28では、クローリングをScrapyで行う場合の構成を紹介しているので、参考にしてください。

▼ **図7.29　サーバーレスなクローラー**

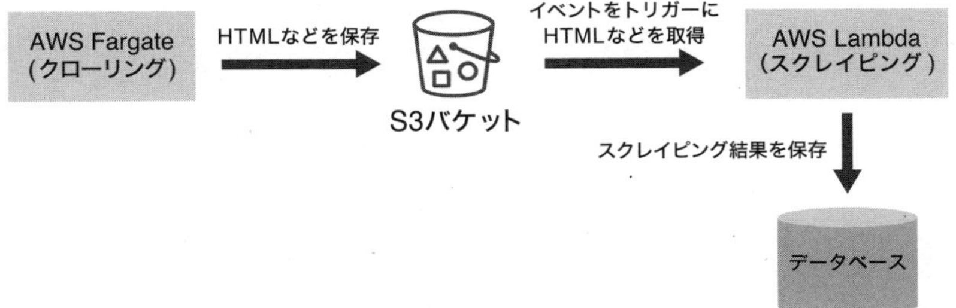

7.6　まとめ

本章ではクローラーを継続的に運用・管理するためのコツを解説しました。クローラーをサーバーで動かせば、systemdのタイマーによって定期的に実行できます。サーバーで動かすとエラーに気づきにくくなるので、エラー時にメールを送るなどの通知は大切です。

クローラーの規模が大きくなってきたら、クローリング処理とスクレイピング処理を分離すると運用が楽になります。メッセージキューを使って2つの処理を連携させられます。

*27　https://aws.amazon.com/jp/fargate/
*28　https://orangain.hatenablog.com/entry/serverless-crawler

多くのWebサイトをクロールしようとするとどうしても時間がかかります。相手のサーバーに負荷をかけ過ぎないように注意した上で、マルチプロセス・非同期I/Oを使って並行処理すると高速にクロールできます。

クラウドサービスでは、自前で用意するのは難しいサービス（データを複数のデータセンターに複製して保管できるクラウドストレージなど）が安価に提供されています。特に小さな組織では、これらのサービスを活用すると運用の多くをクラウド事業者に任せることができ、開発に集中できるでしょう。

ここで解説した内容を必ずしもすべて実践する必要はありません。クローラーを運用していく中で困ったときの助けになれば幸いです。

Appendix

Python Crawling & Scraping

Vagrantによる開発環境の構築

Vagrantの導入、基本操作を紹介します。Windowsでの操作を中心にmacOSについても一部補足します。

A.1 VirtualBoxとVagrant

本書ではWindows上でLinux（Ubuntu）を使い、クローリング・スクレイピングをするための環境として、仮想化ソフトウェアであるVirtualBoxと、仮想マシンの操作を簡略化するVagrantを利用します。VirtualBox、Vagrantともにオープンソースソフトウェアで、無償で利用できます。

A.1.1 VirtualBoxとは

VirtualBoxはWindowsやmacOS、Linuxなどで利用できるオープンソースの仮想化ソフトウェアです。仮想化ソフトウェアとは、あるマシン（物理マシンと呼ぶ）上で別のマシン（仮想マシンと呼ぶ）を動かすためのソフトウェアです。物理マシンと仮想マシンで動作するOSをそれぞれホストOS、ゲストOSと呼びます（**図A.1**）。仮想化ソフトウェアには次のメリットがあり、開発・検証用途に便利です。

- ホストOSとは独立した環境を使用できるので、ホストOSを汚さなくて済む
- ホストOSと異なるOSを使用できる（例：Windows上でLinuxを使うなど）
- 仮想マシンを必要に応じて簡単に作成・削除・複製できる

▼ 図A.1　仮想化ソフトウェア

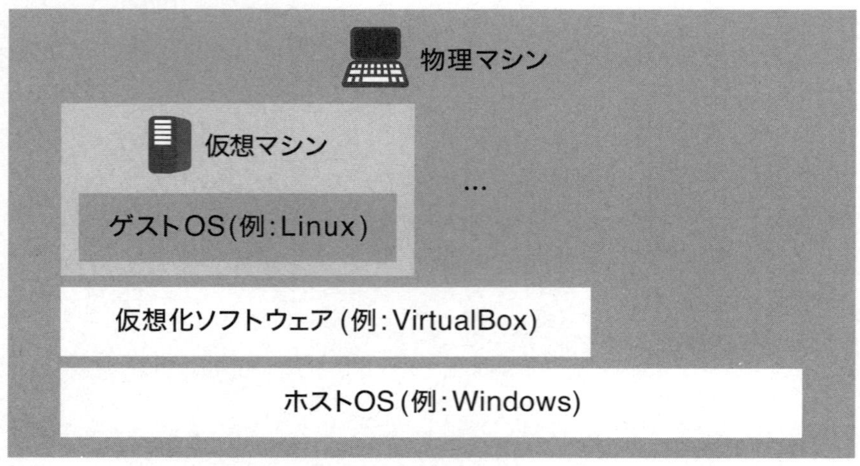

A.1.2 Vagrantとは

Vagrantは仮想マシンを簡単に作成、削除、管理できるオープンソースソフトウェアです。Boxと呼ばれる仮想マシンのテンプレートをダウンロードすれば、仮想マシン作成時にOSのインストール作業をせずに済みます。ネットワークや共有フォルダなど仮想マシンに関する設定を`Vagrantfile`というファイルに書いて、起動時に自動で適用できます。仮想マシンを削除して作りなおすのも簡単です。Vagrantはプロバイダーと呼ばれるライブラリを通して仮想化ソフトウェアを操作します。デフォルトではVirtualBoxプロバイダーが使用されます。

A.2 CPUの仮想化支援機能を有効にする

VirtualBoxのゲストOSとしてUbuntu 18.04 64bitを使用します。VirtualBoxで64bitのゲストOSを使用する場合は、物理マシンのCPUでIntel VT-xやAMD-Vと呼ばれる仮想化支援機能が有効になっている必要があります。仮想化支援機能の有効/無効の確認と、無効になっていた場合の有効化方法を解説します。これらのうちBIOS（UEFI）画面を表示するまではOSやメーカーごとに操作が異なります。CPUによってはそもそも対応していないものもあるので、その場合は別のマシンを使う必要があります。VirtualBoxを使う代わりに**7.1**で解説するようにクラウド環境を使っても構いません。

A.2.1 Windows 10の場合

Windowsの仮想化機能であるHyper-Vが有効になっている場合は、これを無効にする必要があります。スタートボタンを右クリックし、メニューから「プログラムと機能」→「Windowsの機能の有効化または無効化」とたどり、「Hyper-V」→「Hyper-Vプラットフォーム」→「Hyper-V Hypervisor」のチェックを外します。

続いて仮想化支援機能が有効か確認します。スタートボタンを右クリックし、メニューからタスクマネージャーを起動します。タスクマネージャーが簡易表示の場合は、「詳細」をクリックして詳細表示に切り替えます。「パフォーマンス」タブを開き、CPUの仮想化の欄を確認します。「有効」の場合は仮想化支援機能が有効なので、次節に進みます。「無効」の場合は次の手順で有効化します。

▼ 図A.2　Windows 10で仮想化支援機能の状態を確認する

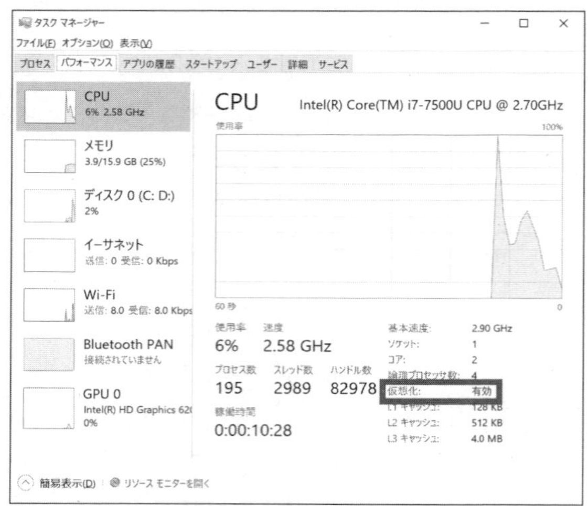

「スタートボタン」→「設定」→「更新とセキュリティ」→「回復」とたどり、「今すぐ再起動」をクリックするとPCがシャットダウンし、メニューが表示されます。このメニューで「トラブルシューティング」→「詳細オプション」→「UEFIファームウェアの設定」→「再起動」とたどるとファームウェアの設定画面が表示されます。

「UEFIファームウェアの設定」という項目が表示されない場合は一旦戻り、PCを再起動してWindows 7の場合で紹介している有効化を試してください。BIOS (UEFI) 画面が表示されたら**A.2.3**を参照して仮想化支援機能を有効にします。

A.2.2　Windows 7の場合

Hardware-Assisted Virtualization Detection Tool (havdetectiontool.exe) をダウンロードします。

- Download Microsoft® Hardware-Assisted Virtualization Detection Tool from Official Microsoft Download Center
  https://www.microsoft.com/en-us/download/details.aspx?id=592

実行して表示された内容によって、次のように判断できます。

- 青色のiアイコン：This computer is configured with hardware-assisted virtualization
  仮想化支援機能が有効になっている。
- 黄色の!アイコン：Hardware-assisted virtualization is not enabled on this computer

仮想化支援機能が無効になっているので有効にする必要がある。

- 赤色の×アイコン：This computer does not have hardware-assisted virtualization
CPUが仮想化支援機能に対応していないため、別のマシンを使う必要がある。

無効の場合はBIOSから有効にします。PCを再起動して起動画面（メーカーロゴなどが表示される画面）が表示されたら、BIOS画面に入るキーを押します。このキーは起動画面に表示されますが、メーカーによって異なります。F1 F2 F10 Delete Esc などがあります。BIOS画面が表示されたら、**A.2.3**を参照して仮想化支援機能を有効にします。

A.2.3 ファームウェアの設定で仮想化支援機能を有効にする

ファームウェアの設定画面が表示されたら、仮想化支援機能を有効にします。設定やその名称はファームウェアによって異なるため、次に記す手順で出てくる名称では表示されていないこともあります。詳しくは利用しているファームウェアのドキュメントなどを参照してください。

CPUの設定画面（「Processor」や「Chipset」など）を開き、「Intel Virtualization Technology」を有効にします。有効にしたら「Save & Exit」のような内容の保存と終了を示す項目を選択し、変更を保存してからBIOS画面を終了してPCを再起動します。起動したら、仮想化支援機能が有効になっていることを確認してください。

なお、Macでは、通常CPUが仮想化支援機能に対応していれば有効になっています。`sysctl -a | grep machdep.cpu.features`とコマンドを実行して、「VMX」という表示があれば仮想化支援機能に対応したCPUです。

A.3 VirtualBoxのインストール

仮想化支援機能の設定が終わったら、VirtualBoxをインストールします。VirtualBoxのWebサイトを開き、左側のメニューにある「Downloads」というリンクをクリックします（**図A.3**）。

- Oracle VM VirtualBox
https://www.virtualbox.org/

▼ 図A.3　VirtualBoxのWebサイト

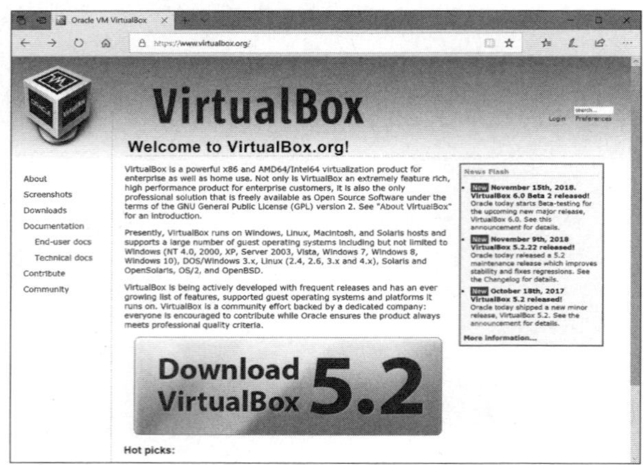

ダウンロードページが表示されます。ホストOSに合わせて適切なインストーラーをダウンロードし、実行します。本書ではバージョン5.2.12を使います。

Windowsではインストール途中で、ネットワーク接続が一時切断されることがあるので注意してください。「このアプリがデバイスに変更を加えることを許可しますか？」というダイアログが表示された場合は、「はい」をクリックします。「このデバイスソフトウェアをインストールしますか？」というダイアログが表示された場合は、「"Oracle Corporation"からのソフトウェアを常に信頼する」にチェックを入れて「インストール」をクリックします。インストーラーを完了し、**図A.4**の画面が表示されたらインストール成功です。macOSでは、アプリケーションディレクトリに作成されたVirtualBox.appをダブルクリックして起動すると同様の画面が表示されます。

▼ 図A.4　VirtualBoxのインストール完了

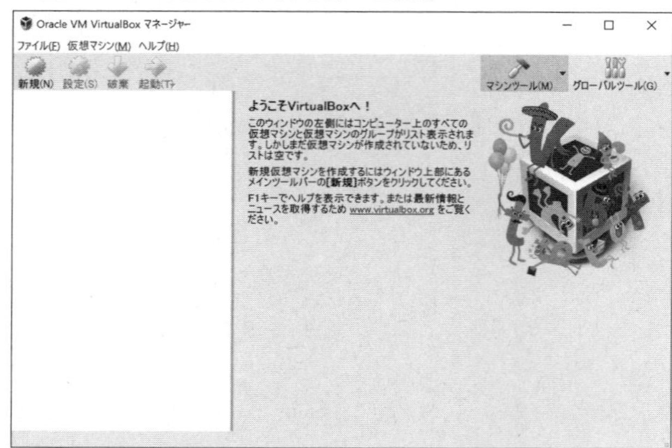

A.4　Vagrantのインストール

続いてVagrantをインストールします。WindowsでVagrantを使う場合、ユーザー名に日本語などASCII以外の文字列が含まれていると正常に動作しないことが知られています。日本語ユーザー名を使用している場合は、新しく英数字からなる名前のユーザーを作成して使用してください。

VagrantのWebサイトを開き、ダウンロードボタンをクリックします（**図A.5**）。

- Vagrant by HashiCorp
  https://www.vagrantup.com/

▼ 図A.5　VagrantのWebサイト

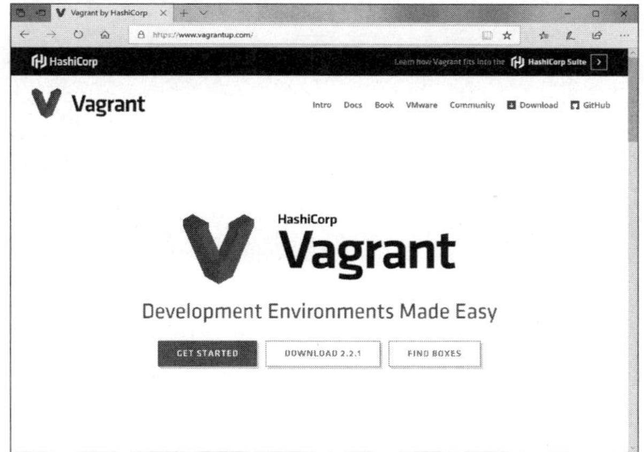

ダウンロードページが表示されるので、ホストOSに合わせて適切なインストーラーをダウンロードします。本書ではバージョン2.1.1を使います。

ダウンロードしたインストーラーを起動して、インストールします。Windowsで再起動を促すダイアログが表示されたら、「Yes」をクリックしてコンピューターを再起動します。

再起動後、コマンドプロンプト（またはPowerShell、macOSではターミナル）を開いて`vagrant version`と入力して実行します。バージョン番号が表示されたらインストール成功です。

```
>vagrant version
Installed Version: 2.1.1
Latest Version: 2.1.1

You're running an up-to-date version of Vagrant!
```

A.5 仮想マシンを起動する

コマンドプロンプトで適当なディレクトリ（ここではscraping-bookディレクトリ）を作成し、cdコマンドでそこに移動します。

```
>mkdir scraping-book
>cd scraping-book
```


vagrant box addコマンドでBoxをダウンロードします。Ubuntu 18.04 (Bionic Beaver) 64bitのBox名*1を指定しています。

```
scraping-book>vagrant box add ubuntu/bionic64
==> box: Loading metadata for box 'ubuntu/bionic64'
    box: URL: https://vagrantcloud.com/ubuntu/bionic64
==> box: Adding box 'ubuntu/bionic64' (v20180613.0.0) for provider: virtualbox
    box: Downloading: https://vagrantcloud.com/ubuntu/boxes/bionic64/versions/20180613.0.0/provide ↵
rs/virtualbox.box
    box: Download redirected to host: cloud-images.ubuntu.com
    box: Progress: 100% (Rate: 4280k/s, Estimated time remaining: --:--:--)
==> box: Successfully added box 'ubuntu/bionic64' (v20180613.0.0) for 'virtualbox'!
```

ダウンロードにはしばらく時間がかかります*2。完了したら、次のようにvagrant initコマンドの引数にBox名を指定して、Vagrantfileを生成します。VagrantfileはVagrantで管理する仮想マシンの設定を記述するファイルです。

```
scraping-book>vagrant init ubuntu/bionic64
A `Vagrantfile` has been placed in this directory. You are now
ready to `vagrant up` your first virtual environment! Please read
the comments in the Vagrantfile as well as documentation on
`vagrantup.com` for more information on using Vagrant.
```

生成されたVagrantfileに2つの設定を追加します。次のように、config.vm.networkで始まる設定とconfig.vm.providerで始まる設定を追加して保存してください。なお、このファイルはRubyのスクリプトとして解釈されます。

---

*1　Boxの名前はHashiCorp社のWebページ https://app.vagrantup.com/boxes/search で検索できます。

*2　筆者が試したときには途中でダウンロードが止まってしまうことがありましたが、適当にキーを押すとコマンドが終了し、再度同じコマンドを実行したらダウンロードが再開しました。

```
...

Vagrant.configure("2") do |config|
  # The most common configuration options are documented and commented below.
  # For a complete reference, please see the online documentation at
  # https://docs.vagrantup.com.

  # Every Vagrant development environment requires a box. You can search for
  # boxes at https://vagrantcloud.com/search.
  config.vm.box = "ubuntu/bionic64"

  # 次の2つの設定を追加する。

  # ホストOSのTCPポート8000番をゲストOSのTCPポート8000番にフォワードする。
  # これによって、ゲストOSのサーバーに http://localhost:8000/ でアクセスできるようになる。
  config.vm.network "forwarded_port", guest: 8000, host: 8000, host_ip: "127.0.0.1"

  # 割当メモリが少ないとElasticsearchを起動できないので、最低2GB程度割り当てる。
  config.vm.provider :virtualbox do |vb|
    vb.memory = 2048
  end

  ...
end
```

vagrant upコマンドで新しく仮想マシンを作成して起動します。

```
scraping-book>vagrant up
Bringing machine 'default' up with 'virtualbox' provider...
==> default: Importing base box 'ubuntu/bionic64'...
==> default: Matching MAC address for NAT networking...
==> default: Checking if box 'ubuntu/bionic64' is up to date...
...
==> default: Mounting shared folders...
    default: /vagrant => C:/Users/*****/scraping-book
```

仮想マシンはヘッドレスモードで起動するため、画面は表示されません。VirtualBoxの仮想マシン管理画面であるVirtualBoxマネージャーで確認すると、**図A.6**のように仮想マシンが作成されていることがわかります。

▼ 図A.6　Vagrantで作成された仮想マシン

仮想マシンが正常に起動しない場合は、VirtualBoxマネージャーから仮想マシンを起動すると仮想マシンの画面が表示されるので、問題の解決に繋がる場合があります。

デフォルトではゲストOS専用のネットワークが作成され、NATを介してホストOSの外部(インターネットなど)に接続できます。また、ホストOSのTCPポート2222番がゲストOSのTCPポート22番にフォワードされ、ホストOSからゲストOSにSSH接続できます。

`vagrant up`を実行したコマンドプロンプトやシェルを終了しても、起動した仮想マシンは終了しません。仮想マシンを終了するには後述の`vagrant halt`コマンドを使います。

A.6 ゲストOSにSSH接続する

画面が表示されない仮想マシンのゲストOSを操作するには、`vagrant ssh`コマンドを使ってSSHで接続します。

```
scraping-book>vagrant ssh
```

Windows 10やmacOSなど`ssh`コマンドが使える環境では、**図A.7**のようにそのままSSH接続が行われ、ゲストOSをCLIで操作できるようになるので**A.7**に進みます。

▼ 図A.7 vagrant sshコマンドでSSH接続する

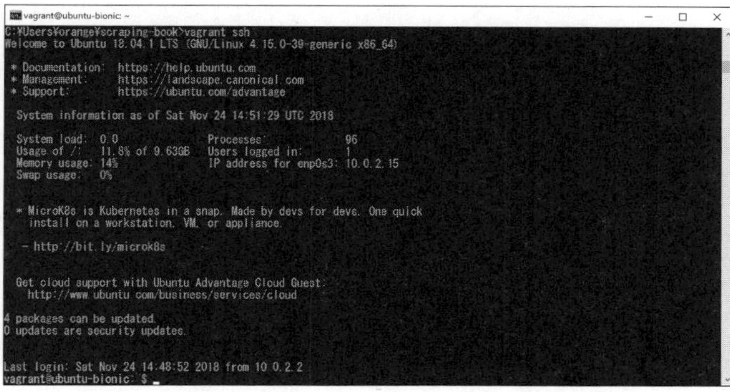

Windows 7などsshコマンドが使えない環境では、次のようにSSH接続に必要な情報が表示されるので、SSHクライアントを使って接続します。ここでは、SSHクライアントとしてTera Termをインストールして使用する方法を解説します。

```
scraping-book>vagrant ssh
`ssh` executable not found in any directories in the %PATH% variable. Is an
SSH client installed? Try installing Cygwin, MinGW or Git, all of which
contain an SSH client. Or use your favorite SSH client with the following
authentication information shown below:

Host: 127.0.0.1
Port: 2222
Username: vagrant
Private key: C:/Users/*****/scraping-book/.vagrant/machines/default/virtualbox/private_key
```

A.6.1 Tera TermでSSH接続する

Tera Termはターミナルエミュレーターと呼ばれるソフトウェアで、CLIでサーバーに接続し操作することを前提としています。見た目はコマンドプロンプトに似ています。

● Tera Termのインストール

Tera TermプロジェクトのWebページ(https://ja.osdn.net/projects/ttssh2/)中程の「ダウンロードファイル一覧」ボタンをクリックします。ダウンロードページが表示されるので、ダウンロードパッケージ一覧にある「teraterm-X.XX.exe」をクリックして最新バージョンのexeファイルをダウンロードします。本書ではバージョン4.99を使います。ダウンロードが完了したら、exeファイルをダブルクリックし、インストーラーに従ってインストールします。

● Vagrant TeraTerm Pluginのインストール

手動でTera Termを起動して接続するのは手間なので、次のコマンドでVagrant TeraTerm Pluginをインストールします。

```
scraping-book>vagrant plugin install vagrant-teraterm
Installing the 'vagrant-teraterm' plugin. This can take a few minutes...
Fetching: vagrant-teraterm-1.0.0.gem (100%)
Installed the plugin 'vagrant-teraterm (1.0.0)'!
```

● Tera TermでゲストOSにSSH接続する

SSHで接続するにはゲストOSが起動している必要があります。次のコマンドを実行すると、Tera Termが起動してゲストOSにSSHで接続されます。

```
scraping-book>vagrant teraterm
```

図A.8のように表示されたらログイン成功です。

▼ 図A.8　Tera TermでSSH接続する

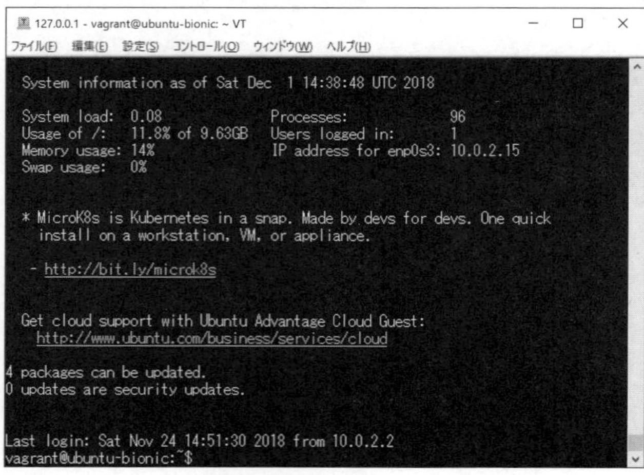

● Tera Termの便利な操作

Tera Termを使用する上で覚えておくと便利な操作として、コピー&ペーストがあります。

Tera Term上でマウスを使ってテキストを選択すると、選択したテキストがクリップボードにコピーされます。また、画面上で右クリックするとクリップボードのテキストが貼り付けられます。複数行のテキストを貼り付けようとしたときには確認のためのダイアログが表示されるので「OK」をクリックします。

A.7 Pythonのスクリプトファイルを実行する

Vagrantの環境でPythonの実行環境を構築してスクリプトファイルを実行するまでの手順を説明します。詳しくは**第2章**の解説を参照してください。

● ホストOSとの共有フォルダ

説明の前提として、Vagrantの共有フォルダについて解説します。

`ls /vagrant/`コマンド*3を実行すると、`/vagrant/`ディレクトリ内に`Vagrantfile`が存在することがわかります。これはホストOSで`Vagrantfile`の置かれているディレクトリが、ゲストOSの`/vagrant/`というパスに共有フォルダとしてマウントされているためです。これによって、ホストOSのテキストエディターで編集したスクリプトをゲストOSで実行したり、ゲストOSで出力されたファイルをホストOSのビューアーで確認したりできます。

```
$ ls /vagrant/
Vagrantfile  ubuntu-bionic-18.04-cloudimg-console.log
```

なお、画面には入力を促す`vagrant@ubuntu-bionic:~$`という表示がありますが、本書では特に必要な場合を除き、これを単に`$`と表します。

● Python実行環境の構築

必要なパッケージをインストールします。

```
$ sudo apt update
$ sudo apt install -y python3.7 python3.7-venv libpython3.7-dev python3-pip build-essential
```

ホームディレクトリに`scraping`という名前の仮想環境を作成します*4。

```
$ python3.7 -m venv ~/scraping
```

仮想環境を有効化します。

```
$ . ~/scraping/bin/activate
```

---

*3 `ls`コマンドはディレクトリの中身を表示するコマンドです。

*4 WindowsのVirtualBox上で仮想マシンを実行している場合、共有フォルダとしてマウントされているディレクトリ内に仮想環境を作成するとシンボリックリンクの作成に失敗します。これを回避するため、この手順では共有フォルダではないホームディレクトリに仮想環境を作成しています。

● Pythonスクリプトファイルの作成と実行

ここまで準備できたらPythonのスクリプトファイルを作成します。ホストOS側でVagrantfileがあるフォルダに、hello.pyというファイルを次の中身で作成します（**図A.9**）。

```
print('Hello, Python!')
```

▼ **図A.9　ホストOS側でVagrantfileと同じフォルダにファイルを作成する**

ファイルを作成したらゲストOS側に戻り、実行します。まず共有フォルダの/vagrant/ディレクトリに移動します。

```
(scraping) $ cd /vagrant/
```

lsコマンドを実行すると、ホストOSで作成したhello.pyを確認できます。

```
(scraping) $ ls
Vagrantfile  hello.py  ubuntu-bionic-18.04-cloudimg-console.log
```

次のコマンドでスクリプトファイルを実行すると、実行結果が表示されます。

```
(scraping) $ python hello.py
Hello, Python!
```

このようにして、ホストOS側で作成したファイルをゲストOS側で実行できます。

A.8 Linuxの基本操作

Linuxのコマンドを簡単に紹介します。ここで解説するのはごく基本的な操作なので、詳しくはLinuxの入門書を参考にしてください。『新しいLinuxの教科書』がオススメです(**参考文献**参照)。

ディレクトリの移動やファイル一覧を表示するためのコマンドを紹介します。

```
$ pwd  # カレントディレクトリを表示する。
/home/vagrant
$ cd /vagrant/  # カレントディレクトリを移動する。
$ pwd  # カレントディレクトリが変わっていることを確認する。
/vagrant
$ ls  # ディレクトリにあるファイル・ディレクトリの一覧を表示する。
Vagrantfile
$ ls -l  # -lオプションで詳細な情報を表示できる。
total 4
-rwxrwxrwx 1 vagrant vagrant 3098 Mar  9 03:32 Vagrantfile
$ ls -al  # -aオプションをつけると隠しファイル・ディレクトリも表示できる。
total 12
drwxrwxrwx  1 vagrant vagrant 4096 Mar 13 03:03 .
drwxr-xr-x 23 root    root    4096 Mar 13 02:58 ..
drwxrwxrwx  1 vagrant vagrant    0 Mar  9 05:25 .vagrant
-rwxrwxrwx  1 vagrant vagrant 3098 Mar  9 03:32 Vagrantfile
```

ファイルやディレクトリを操作するためのコマンドを紹介します。

```
$ mkdir temp  # ディレクトリを作成する。
$ ls  # ディレクトリが作成されていることを確認する。
temp  Vagrantfile
# Helloという中身を持つテキストファイルをtemp/greeting.txtという名前で作成する。
$ echo 'Hello' > temp/greeting.txt
$ ls temp/  # greeting.txtが作成されていることを確認する。
greeting.txt
# cpコマンドでgreeting.txtをgreeting2.txtという名前でコピーする。
$ cp temp/greeting.txt temp/greeting2.txt
$ ls temp/  # greeting2.txtが作成されていることを確認する。
greeting2.txt  greeting.txt
# mvコマンドでgreeting.txtを移動してgreeting1.txtという名前にする。
$ mv temp/greeting.txt temp/greeting1.txt
$ ls temp/  # greeting1.txtという名前になっていることを確認する。
greeting1.txt  greeting2.txt
$ cat temp/greeting1.txt  # ファイルの中身を表示する。
Hello
$ rm temp/greeting1.txt  # ファイルを削除する。
$ ls temp/  # greeting1.txtが削除されていることを確認する。
greeting2.txt
$ rm -r temp/  # ディレクトリを削除する場合は-rオプションをつける。
```

```
$ ls  # tempディレクトリが削除されていることを確認する。
Vagrantfile
```

長いファイルはlessコマンドでスクロールしながら表示できます。次のように実行するとファイルの中身が表示され、**表A.1**のように操作できます。

```
$ less Vagrantfile
```

▼ 表A.1　lessコマンドでの操作

キー	操作
↓または j	下に1行スクロールする。
↑または k	上に1行スクロールする。
Ctrl - F	下に1画面分スクロールする。
Ctrl - B	上に1画面分スクロールする。
q	lessを終了する。
h	ヘルプを表示する。

● テキストエディターVim

共有フォルダ内のファイルはホストOSのエディターで編集すれば良いですが、それ以外のファイルを編集するにはゲストOSでCLIのテキストエディターを使います。Linuxでは大抵Vim（またはvi）というテキストエディターが標準でインストールされているので、使えると役立ちます。引数に編集したいファイルを指定して実行します。

```
$ vim Vagrantfile
```

Vimの特徴としてモードという概念が挙げられます。文字の入力を行うインサートモードとその他の操作を行うノーマルモードの2つが代表的なもので、これらのモードを切り替えて使用します。インサートモードでは入力した文字がそのまま表示されますが、ノーマルモードでは入力はコマンドとして扱われます。起動直後はノーマルモードになっています。主な操作方法は**表A.2**の通りです。Vimに慣れない場合、Ubuntuにはnanoという Windowsのメモ帳に近い感覚で使えるテキストエディターも同梱されているので、これを使用してみてください。

▼ 表A.2　vimコマンドでの操作

入力	モード	操作
:q Enter	ノーマルモード	Vimを終了する。
:q! Enter	ノーマルモード	変更を破棄してVimを終了する。
:w Enter	ノーマルモード	ファイルを保存する。
:wq Enter	ノーマルモード	ファイルを保存してVimを終了する。

入力	モード	操作
i	ノーマルモード	インサートモードに切り替える。
Esc	インサートモード	インサートモードを終了してノーマルモードに戻る。
↓	ノーマルモード・インサートモード	カーソルを下に移動する（ノーマルモードではjでも良い）。
↑	ノーマルモード・インサートモード	カーソルを上に移動する（ノーマルモードではkでも良い）。
←	ノーマルモード・インサートモード	カーソルを左に移動する（ノーマルモードではhでも良い）。
→	ノーマルモード・インサートモード	カーソルを右に移動する（ノーマルモードではlでも良い）。
u	ノーマルモード	操作を元に戻す。
Ctrl-r	ノーマルモード	元に戻した操作をやり直す。
dd	ノーマルモード	カーソルのある行を切り取る。
yy	ノーマルモード	カーソルのある行をコピーする。
p	ノーマルモード	切り取ったりコピーしたテキストを貼り付ける。

A.9 Vagrantで仮想マシンを操作するコマンド

ここからは物理マシン（ホストOS）側から仮想マシン（ゲストOS）を操作するコマンドを紹介します。これらのコマンドはVagrantfileがあるディレクトリで実行します。

その他のコマンドについては、vagrant helpのヘルプを参照してください。

A.9.1 仮想マシンを起動する（vagrant up）

vagrant upコマンドで仮想マシンを起動します。起動時にはカレントディレクトリのVagrantfileが読み込まれ、仮想マシンに設定が適用されます。仮想マシンが未作成の場合は新しく作成されます。

カレントディレクトリにVagrantfileが存在しない場合は、Vagrantfileの作成を促すエラーメッセージが表示されます。vagrant initコマンドでVagrantfileを作成してから再度実行してください。

A.9.2 仮想マシンを終了・再起動する（vagrant halt/reload）

vagrant haltコマンドは仮想マシンを終了します。終了前の確認などはなく、仮想マシン上で実行中のプロセスは終了されるので注意してください。仮想マシン上で編集中のファイルを必ず保存してから終了してください。

```
scraping-book>vagrant halt
==> default: Attempting graceful shutdown of VM...
```

vagrant reloadコマンドは仮想マシンを再起動します。vagrant haltの後にvagrant upを実行するのと同じです。Vagrantfileを変更した後、その変更を仮想マシンに反映させるためによく使います。

A.9.3 仮想マシンを削除する(vagrant destroy)

vagrant destroyコマンドは仮想マシンを削除します。本当に削除しても良いか確認されるので、yを入力して Enter を押します。

仮想マシンを削除すると、仮想マシン上に保存したデータは失われ、元に戻せないので注意してください。失われると困るデータは、ホストOSとの共有フォルダ(デフォルトではゲストOSの/vagrant/ディレクトリ)内に保存するか、後述のvagrant packageコマンドで仮想マシンごとエクスポートしておきましょう。


```
scraping-book>vagrant destroy
    default: Are you sure you want to destroy the 'default' VM? [y/N] y
==> default: Forcing shutdown of VM...
==> default: Destroying VM and associated drives...
```

A.9.4 仮想マシンの状態を表示する(vagrant status)

vagrant statusコマンドは仮想マシンの状態を表示します。

```
scraping-book>vagrant status
Current machine states:

default                   running (virtualbox)
...
```

A.9.5 仮想マシンにSSH接続する(vagrant ssh)

vagrant sshコマンドはsshマンドで仮想マシンにSSH接続します。sshコマンドが存在しない場合はSSH接続に必要な情報を表示します。

```
scraping-book>vagrant ssh
```

A.9.6 仮想マシンをエクスポートする(vagrant package)

vagrant packageコマンドは仮想マシンをBoxファイルとしてエクスポートします。仮想マシンが起動中の場合は、終了された後にエクスポートされます。デフォルトではpackage.boxという名前のファイルが作成されますが、--outputオプションでファイルパスを指定することも可能です。

```
scraping-book>vagrant package

==> default: Attempting graceful shutdown of VM...
...
```

エクスポートしたBoxファイルは、次のようにしてBoxとして追加できます。

```
>vagrant box add --name <Box名> <Boxファイル>
```

おわりに

クローリング・スクレイピングはグレーなイメージを持たれることもありますが、筆者は改善を提案する手段だと考えています。

ブラウザーで閲覧できても活用しづらいデータを収集して加工することで、新しい価値を示せます。

身近なところでは、組織内の使いづらいシステムからデータを抜き出し、集計して毎日チャットに通知するような例があります。

こんな風にデータを活用できたら便利というアイデアを、実際に動作するデモとして周囲に提案できます。

インターネットを通じて世の中に改善を提案することも可能です。

例えば、アカウントアグリゲーションサービス（インターネットバンキングなどの明細を一元管理するサービス）では、APIを提供していない銀行からデータを収集するためにクローリング・スクレイピングが必要です。

泥臭い作業ですが、そうして作られたサービスの価値を認められれば、銀行からAPIが提供されるようになることもあります。

巨人の肩に乗ることで、何も持たない個人であっても技術の力で世界を良くしていける、プログラミングの面白さが詰まった分野です。

読者の皆さんが世界をより良くするお手伝いができたら何よりです。

参考文献

『Coroを使ったやさしいクローラの作り方』「WEB+DB PRESS Vol.76」（ISBN: 978-4774158747）pp.127―135
mala（著）、技術評論社（2013）

『Pythonによるデータ分析入門――NumPy、pandasを使ったデータ処理』（ISBN: 978-4873116556）
Wes McKinney（著）、小林儀匡、鈴木宏尚、瀬戸山雅人、滝口開資、野上大介（訳）、O'Reilly Japan（2013）

『Pythonプロフェッショナルプログラミング』（ISBN: 978-4798032948）
株式会社ビープラウド（著）、秀和システム（2012）

『Real World HTTP――歴史とコードに学ぶインターネットとウェブ技術』（ISBN: 978-4873118048）
渋川 よしき（著）、O'Reilly Japan（2017）

『Rubyによるクローラー開発技法』（ISBN: 978-4797380354）
佐々木拓郎、るびきち（著）、SBクリエイティブ（2014）

『UNIXという考え方――その設計思想と哲学』（ISBN: 978-4274064067）
Mike Gancarz（著）、芳尾桂（訳）、オーム社（2001）

『Web Scraping with Python――Collecting Data from the Modern Web』（ISBN: 978-1491910290）
Ryan Mitchell（著）、O'Reilly Media（2015）

『Webフロントエンド ハイパフォーマンス チューニング』（ISBN: 978-4774189673）
久保田光則（著）、技術評論社（2017）

『Webを支える技術――HTTP，URI，HTML，そしてREST』（ISBN: 978-4774142043）
山本陽平（著）、技術評論社（2010）

『新しいLinuxの教科書』（ISBN: 978-4797380941）
三宅英明、大角祐介（著）、SBクリエイティブ（2015）

『エキスパートPythonプログラミング改訂2版』（ISBN: 978-4048930611）
Michal Jaworski、Tarek Ziade（著）、稲田直哉、芝田将、渋川よしき、清水川貴之、森本哲也（訳）、KADOKAWA（2018）

『オープンデータ時代の標準Web API SPARQL』（ISBN: 978-4802090438）
加藤文彦、川島秀一、岡別府陽子、山本泰智、片山俊明（著）、インプレスR&D（2015）

『「コルーチン」とは何だったのか？』「n月刊ラムダノート Vol.1, No.1」pp.37―53（ISBN
遠藤侑介（著）、ラムダノート（2019）

『実践 Webスクレイピング＆クローリング――オープンデータ時代の収集・整形テクニック』（ISBN: 978-4839956479）
nezuq（著）、マイナビ出版（2015）

『正規表現技術入門――最新エンジン実装と理論的背景』（ISBN: 978-4774172705）
新屋良磨、鈴木勇介、高田謙（著）、技術評論社（2015）

『入門 自然言語処理』(ISBN: 978-4873114705)
Steven Bird、Ewan Klein、Edward Loper(著)、萩原正人、中山敬広、水野貴明(訳)、O'Reilly Japan(2010)

『バッドデータハンドブック——データにまつわる問題への19の処方箋』(ISBN: 978-4873116402)
Q. Ethan McCallum(著)、磯蘭水(監訳)、笹井崇司(訳)、O'Reilly Japan(2013)

『プログラマのための文字コード技術入門』(ISBN: 978-4774141640)
矢野啓介(著)、技術評論社(2010)

Index ┊ 索引

記号

A

B

C

D

E

F

G

H

I

J

L

M

N

O

P

R

S

T

U

V

W

さ行

た行

な行

は行

ま行

や行

ら行

◆著者紹介

加藤 耕太

ソフトウェアエンジニア。Pythonとの出会いはDjango。関西在住で、企業向けのSaaSを提供する企業に勤務。圧倒的に使いやすいプロダクトを作りたい。

◆装丁：西岡裕二
◆本文デザイン：BUCH⁺
◆図版：加藤槙子
◆組版：株式会社トップスタジオ
◆編集：野田大貴

Python（パイソン）クローリング＆スクレイピング［増補改訂版（ぞうほかいていばん）］
― データ収集（しゅうしゅう）・解析（かいせき）のための実践開発（じっせんかいはつ）ガイド ―

2017年　1月25日　初　版　第1刷発行
2019年　8月23日　第2版　第1刷発行

著　者　加藤（かとう） 耕太（こうた）
発行者　片岡 巌
発行所　株式会社技術評論社
東京都新宿区市谷左内町21-13
電話　03-3513-6150　販売促進部
03-3513-6177　雑誌編集部
印刷／製本　昭和情報プロセス株式会社

定価はカバーに印刷してあります

ISBN978-4-297-10738-3 C3055
Printed in Japan

●問い合わせについて
ご質問は本書記載の内容のみとさせていただきます。本書の内容以外のご質問には一切お答えできませんのでご了承ください。お電話でのご質問は受け付けておりませんので書面、FAX、もしくは下記のWebサイトよりお問い合わせください。情報は回答にのみ利用します。

◆問い合わせ先
〒162-0846
東京都新宿区市谷左内町21-13
株式会社技術評論社　雑誌編集部
「Pythonクローリング＆スクレイピング［増補改訂版］-データ収集・解析のための実践開発ガイド-」係

FAX: 03-3513-6173

Web:gihyo.jp/site/inquiry/book